平成 27 年

練習用 天 測 暦

航海技術研究会 編

成 山 堂 書 店

海上保安庁図誌利用第270008号

航海には海上保安庁刊行の当年の
「天測暦」を使用してください。

はしがき

　従来から海技国家試験の受験生の勉学用あるいは学校や講習会などの教材用として、海技国家試験の航海の天測計算問題に使用される特定年度の天測暦を抜粋し、安価に入手できる練習用天測暦を編集し、ご要望に応えてきました。

　本書は、海上保安庁刊行の「平成27年 天測暦」から、航海の海技国家試験受験者のために特に必要な部分を抜粋したものであり、実際の天文航法用のものではなく練習用のものです。これまでと同様の趣旨で海上保安庁海洋情報部のご承認をいただき、編集しました。

　海技国家試験には、平成27年4月実施の定期試験から、平成27年天測暦に基づいた出題が行われています。

　なお、過去の国家試験問題を勉強・練習される場合、平成12年10月から19年2月までは平成12年天測暦、平成19年4月から27年2月までは平成19年天測暦によって出題されていますので、それぞれの年の天測暦を使用してください。

平成27年4月

編者識す

凡　例

毎日の天体位置その他についての抜粋要領は次のようにした。
1　全天体については毎月上旬における適当な日付1日分を載せた。
2　太陽と北極星については、1頁に7日間分毎日これを収録し、その頁の最終日については北極星以外の全恒星の分も載せた。したがって、1頁の中の日付が両月にまたがる部分もある。
3　収録は三級海技士(航海)、四級海技士(航海)、一級小型船舶操縦士程度の出題内容を目途にした。

平成 27 年　練習用 天測暦

目　　次

ページ

毎月の太陽、北極星 (付：月・惑星・恒星)
位置その他
　　　　　　　　　　　　　　　　ページ
1 月 ………………………………… 1 ～ 6
2 月 ………………………………… 6 ～ 11
3 月 ………………………………… 11 ～ 16
4 月 ………………………………… 16 ～ 21
5 月 ………………………………… 21 ～ 26
6 月 ………………………………… 26 ～ 31
7 月 ………………………………… 32 ～ 37
8 月 ………………………………… 37 ～ 42
9 月 ………………………………… 42 ～ 47
10 月 ……………………………… 47 ～ 52
11 月 ……………………………… 53 ～ 58
12 月 ……………………………… 58 ～ 63

（内　容）
- ☉ 太陽　$E_☉ \cdot d$（毎 2^h 値）及び d の比例部分，視半径（0^h 値）
- ✷ 恒星　常用恒星 45 個の $E_* \cdot d$（0^h 値），グリニジ子午線における R_0（0^h 値），E_* の比例部分表（見返し・しおり）
- P 惑星　$E_P \cdot d$（毎 2^h 値）及び $E_P \cdot d$ の比例部分，赤経・赤緯・等級・地平視差・視半径（0^h 値），グリニジ子午線正中時
- ☾ 月　$E_☾ \cdot d$（毎 30^m 値）及び $E_☾ \cdot d$ の比例部分，地平視差・視半径（$3^h \cdot 9^h \cdot 15^h \cdot 21^h$ 値），月齢（0^h 値），グリニジ子午線正中時

北緯日出没時と薄明時間表 …………… 64 ～ 67
南緯日出没時と薄明時間表 …………… 68 ～ 70
日付変更線 ……………………………… 71
月出没時表 (ただし 1 月～ 2 月) ……… 72, 73
北極星緯度表 …………………………… 74 ～ 77
北極星方位角表 ………………………… 78
常用恒星概略位置表 …………………… 79
天体出没方位角表 ……………………… 80, 82
天体出没時角表 ………………………… 81, 83
標　準　時 ……………………………… 84 ～ 86
天文略説 ………………………………… 87 ～ 92
表の説明 ………………………………… 93 ～ 101
恒星略図 ……………………………… 巻末見返し
略語・記号 ……………………………… 目次裏
E_* の比例部分 ……………………… 表裏見返し

天体の略記号

太 陽	Sun	☉
月	Moon	☾
惑 星	Planet	P
水 星	Mercury	☿
金 星	Venus	♀
火 星	Mars	♂
木 星	Jupiter	♃
土 星	Saturn	♄
恒 星	Star	✷

時角の算式

$h_G ☉ = U + E_☉$
$h_G ☾ = U + E_☾$
$h_G P = U + E_P$
$h_G ✷ = U + E_*$

$h = h_G \pm L$ in T.　$\begin{bmatrix} 東経 \text{ E. Long.} のとき ＋ \\ 西経 \text{ W. Long.} のとき － \end{bmatrix}$

略 語・記 号

平　時	Mean Time	M. T.
世界時	Universal Time	U
地方平時	Local Mean Time	L. M. T.
標準時	Standard Time	S. T.
日本時	Japan Standard Time	JST
地方標準時	Local Standard Time	L. S. T.
視　時	Apparent Solar Time	App. T.
地方視時	Local Apparent Solar Time	L. App. T.
恒星時	Sidereal Time	Sid. T.
グリニジ子午線正中時	Greenwich Meridian Transit	G. M. Tr.
赤　経	Right Ascension	R. A. (α)
平均太陽赤経	Right Ascension of the Mean Sun	R. A. M. S.
経　度	Longitude	L(Long.)
経度時	Longitude in Time	L in T. (Long. in T.)
経度差	Difference of Longitude	D. L (D. Long.)
変　経	Variation in Longitude	V. L (V. Long.)
赤　緯	Declination	d (Dec., δ)
緯　度	Latitude	l (Lat.)
緯度差	Difference of Latitude	D. l (D. Lat.)
変　緯	Variation in Latitude	V. l (V. Lat.)
時　角	Hour Angle	h (H. A.)
グリニジ時角	Greenwich Hour Angle	h_G (G. H. A.)
視太陽時角	Hour Angle of the Apparent Sun	H. A. A. S.
平均太陽時角	Hour Angle of the Mean Sun	H. A. M. S.
均時差	Equation of Time	Eq. of T.
等　級	Magnitude	Mag.
視半径	Semidiameter	S. D.
地平視差	Horizontal Parallax	H. P.
月　齢	Lunar Age	Age
高　度	Altitude	a
方位角	Azimuth	Z
眼高差	Dip	Dip
東	East	E
西	West	W
南	South	S
北	North	N
比例部分	Proportional Part	P. P.
暦表時	Ephemeris Time	ET
原子時	Atomic Time	AT
協定世界時	Coordinated Universal Time	UTC
力学時	Dynamical Time	TD
地球時	Terrestrial Time	TT
国際原子時	International Atomic Time	TAI

2015　　　　　　　　　　　　　１月１日　　　　　　　　　　　　　　　　1

⊙ 太陽

U	$E_⊙$	d	dのP.P.
h m s	° ′	h m	
0 11 56 49	S 23 02.4	0 00	0.0
2 11 56 46	S 23 02.0	10	0.0
4 11 56 44	S 23 01.6	20	0.1
6 11 56 42	S 23 01.2	30	0.1
8 11 56 39	S 23 00.8	40	0.1
10 11 56 37	S 23 00.4	0 50	0.2
12 11 56 35	S 23 00.0	1 00	0.2
14 11 56 32	S 22 59.6	10	0.2
16 11 56 30	S 22 59.2	20	0.3
18 11 56 27	S 22 58.8	30	0.3
20 11 56 25	S 22 58.4	40	0.3
22 11 56 23	S 22 57.9	1 50	0.4
24 11 56 20	S 22 57.5	2 00	0.4

視半径 S.D. 16′ 17″

✳ 恒星　$U = 0^h$ の値

No.		E_*	d
		h m s	° ′
1	Polaris	3 49 15	N89 19.9
2	Kochab	15 50 43	N74 05.4
3	Dubhe	19 36 41	N61 39.8
4	β Cassiop.	6 31 19	N59 14.3
5	Merak	19 38 35	N56 17.8
6	Alioth	17 46 39	N55 52.4
7	Schedir	5 59 56	N56 37.4
8	Mizar	17 16 49	N54 50.6
9	α Persei	3 15 53	N49 54.9
10	Benetnasch	16 53 13	N49 14.1
11	Capella	1 23 29	N46 00.6
12	Deneb	9 59 24	N45 20.3
13	Vega	12 03 54	N38 48.0
14	Castor	23 05 41	N31 51.0
15	Alpheratz	6 32 09	N29 10.6
16	Pollux	22 55 04	N27 59.1
17	α Cor. Bor.	15 06 01	N26 39.9
18	Arcturus	16 24 59	N19 06.2
19	Aldebaran	2 04 31	N16 32.6
20	Markab	7 35 49	N15 17.3
21	Denebola	18 51 30	N14 29.1
22	α Ophiuchi	13 05 43	N12 33.1
23	Regulus	20 32 08	N11 53.4
24	Altair	10 49 50	N 8 54.7
25	Betelgeuse	0 45 19	N 7 24.3
26	Bellatrix	1 15 22	N 6 21.6
27	Procyon	23 01 13	N 5 10.9
28	Rigel	1 26 02	S 8 11.3
29	α Hydrae	21 12 59	S 8 43.6
30	Spica	17 15 20	S 11 14.3
31	Sirius	23 55 29	S 16 44.5
32	β Ceti	5 56 59	S 17 54.4
33	Antares	14 11 00	S 26 27.7
34	σ Sagittarii	11 45 09	S 26 16.5
35	Fomalhaut	7 42 52	S 29 32.7
36	λ Scorpii	13 06 43	S 37 06.6
37	Canopus	0 17 00	S 52 42.5
38	α Pavonis	10 14 32	S 56 41.1
39	Achernar	5 03 03	S 57 10.0
40	β Crucis	17 52 42	S 59 45.9
41	β Centauri	16 36 25	S 60 26.4
42	α Centauri	16 00 42	S 60 53.5
43	α Crucis	18 13 51	S 63 10.6
44	α Tri. Aust.	13 51 06	S 69 02.9
45	β Carinae	21 27 53	S 69 46.7

R_0　　h m s
　　　　 6 41 19

P 惑星

♀ 金星　正中時 Tr. 13h 16m

U	E_P	d	E_P d
h m s	° ′	h m	
0 10 45 11	S 22 08.4	0 00	0.0
2 10 45 04	S 22 07.3	10	1 0.1
4 10 44 58	S 22 06.2	20	1 0.2
6 10 44 51	S 22 05.1	30	2 0.3
8 10 44 44	S 22 03.9	40	2 0.4
10 10 44 37	S 22 02.8	0 50	3 0.5
12 10 44 30	S 22 01.7	1 00	3 0.6
14 10 44 23	S 22 00.6	10	4 0.7
16 10 44 16	S 21 59.4	20	5 0.8
18 10 44 09	S 21 58.3	30	5 0.8
20 10 44 03	S 21 57.1	40	6 0.9
22 10 43 56	S 21 56.0	1 50	6 1.0
24 10 43 49	S 21 54.8	2 00	7 1.1

♂ 火星　正中時 Tr. 14h 53m

U	E_P	d	E_P d
h m s	° ′	h m	
0 9 06 04	S 15 33.3	0 00	0 0.0
2 9 06 08	S 15 32.0	10	0 0.1
4 9 06 13	S 15 30.7	20	1 0.2
6 9 06 17	S 15 29.3	30	1 0.3
8 9 06 21	S 15 28.0	40	1 0.4
10 9 06 26	S 15 26.7	0 50	2 0.5
12 9 06 30	S 15 25.4	1 00	2 0.7
14 9 06 34	S 15 24.1	10	3 0.8
16 9 06 39	S 15 22.8	20	3 0.9
18 9 06 44	S 15 21.5	30	3 1.0
20 9 06 48	S 15 20.2	40	4 1.1
22 9 06 52	S 15 18.9	1 50	4 1.2
24 9 06 57	S 15 17.6	2 00	4 1.3

♃ 木星　正中時 Tr. 2h 56m

U	E_P	d	E_P d
h m s	° ′	h m	
0 21 03 40	N15 03.6	0 00	0 0.0
2 21 04 01	N15 03.7	10	2 0.0
4 21 04 22	N15 03.9	20	4 0.0
6 21 04 43	N15 04.0	30	5 0.0
8 21 05 04	N15 04.1	40	7 0.0
10 21 05 25	N15 04.3	0 50	9 0.1
12 21 05 47	N15 04.4	1 00	11 0.1
14 21 06 08	N15 04.6	10	12 0.1
16 21 06 29	N15 04.7	20	14 0.1
18 21 06 50	N15 04.8	30	16 0.1
20 21 07 11	N15 05.0	40	18 0.1
22 21 07 32	N15 05.1	1 50	19 0.1
24 21 07 54	N15 05.3	2 00	21 0.1

♄ 土星　正中時 Tr. 9h 14m

U	E_P	d	E_P d
h m s	° ′	h m	
0 14 44 45	S 18 26.3	0 00	0 0.0
2 14 45 03	S 18 26.4	10	1 0.0
4 14 45 20	S 18 26.5	20	3 0.0
6 14 45 38	S 18 26.6	30	4 0.0
8 14 45 56	S 18 26.7	40	6 0.0
10 14 46 13	S 18 26.8	0 50	7 0.0
12 14 46 31	S 18 26.9	1 00	9 0.1
14 14 46 49	S 18 27.0	10	10 0.1
16 14 47 06	S 18 27.1	20	12 0.1
18 14 47 24	S 18 27.2	30	13 0.1
20 14 47 42	S 18 27.3	40	15 0.1
22 14 47 59	S 18 27.4	1 50	16 0.1
24 14 48 17	S 18 27.5	2 00	18 0.1

☾ 月　正中時 Tr. 21h 19m

U	$E_☾$	d
h m s	° ′	
0 3 25 25	N15 06.3	
3 24 23	N15 09.4	
1 3 23 20	N15 12.6	
3 22 18	N15 15.7	
2 3 21 16	N15 18.8	
3 20 14	N15 21.8	
3 3 19 11	N15 24.9	
3 18 09	N15 27.9	
4 3 17 07	N15 30.9	
3 16 04	N15 33.9	
5 3 15 02	N15 36.8	
3 14 00	N15 39.8	

H.P. 57.1′, S.D. 15′ 34″

U	$E_☾$	d
6 3 12 57	N15 42.7	
3 11 55	N15 45.6	
7 3 10 52	N15 48.4	
3 09 50	N15 51.3	
8 3 08 48	N15 54.1	
3 07 45	N15 56.9	
9 3 06 43	N15 59.7	
3 05 40	N16 02.5	
10 3 04 38	N16 05.2	
3 03 35	N16 07.9	
11 3 02 33	N16 10.6	
3 01 30	N16 13.2	

H.P. 57.0′, S.D. 15′ 32″

U	$E_☾$	d
12 3 00 28	N16 15.9	
2 59 25	N16 18.5	
13 2 58 23	N16 21.1	
2 57 20	N16 23.7	
14 2 56 18	N16 26.2	
2 55 15	N16 28.7	
15 2 54 13	N16 31.2	
2 53 10	N16 33.7	
16 2 52 08	N16 36.2	
2 51 05	N16 38.6	
17 2 50 03	N16 41.0	
2 49 00	N16 43.4	

H.P. 56.9′, S.D. 15′ 29″

U	$E_☾$	d
18 2 47 58	N16 45.8	
2 46 55	N16 48.1	
19 2 45 52	N16 50.4	
2 44 50	N16 52.7	
20 2 43 47	N16 55.0	
2 42 45	N16 57.2	
21 2 41 42	N16 59.4	
2 40 39	N17 01.6	
22 2 39 37	N17 03.8	
2 38 34	N17 06.0	
23 2 37 32	N17 08.1	
2 36 29	N17 10.2	
24 2 35 26	N17 12.3	

H.P. 56.7′, S.D. 15′ 27″

P 惑星

星名	赤経 R.A.	赤緯 d	等級 Mag.	地平視差 H.P.	視半径 S.D.
	h m	° ′		′	″
♀ 金星	19 56	S 22 08	-3.9	0.1	5
♂ 火星	21 35	S 15 33	+1.1	0.1	2
♃ 木星	9 38	N15 04	-2.4	0.1	20
♄ 土星	15 57	S 18 26	+0.6	0.0	7
☿ 水星	19 44	S 23 28	-0.8	0.1	3

1月2日～1月8日　2015

2日 ☉ 太陽

U	$E_☉$	d	dのP.P.
h	h m s	° ′	h m
0	11 56 20	S 22 57.5	0 00 0.0
2	11 56 18	S 22 57.1	10 0.0
4	11 56 16	S 22 56.6	20 0.1
6	11 56 13	S 22 56.2	30 0.1
8	11 56 11	S 22 55.8	40 0.1
10	11 56 09	S 22 55.3	0 50 0.2
12	11 56 06	S 22 54.9	1 00 0.2
14	11 56 04	S 22 54.4	10 0.3
16	11 56 02	S 22 54.0	20 0.3
18	11 55 59	S 22 53.5	30 0.3
20	11 55 57	S 22 53.1	40 0.4
22	11 55 55	S 22 52.6	1 50 0.4
24	11 55 53	S 22 52.1	2 00 0.4

視半径 S.D.　16′ 18″

✱ 恒星　E_*　$U=0^h$の値　d

No.		h m s	° ′
1	Polaris	3 53 13	N 89 19.9

3日 ☉ 太陽

U	$E_☉$	d	dのP.P.
h	h m s	° ′	h m
0	11 55 53	S 22 52.1	0 00 0.0
2	11 55 50	S 22 51.7	10 0.0
4	11 55 48	S 22 51.2	20 0.1
6	11 55 46	S 22 50.7	30 0.1
8	11 55 43	S 22 50.2	40 0.2
10	11 55 41	S 22 49.8	0 50 0.2
12	11 55 39	S 22 49.3	1 00 0.2
14	11 55 36	S 22 48.8	10 0.3
16	11 55 34	S 22 48.3	20 0.3
18	11 55 32	S 22 47.8	30 0.4
20	11 55 30	S 22 47.3	40 0.4
22	11 55 27	S 22 46.8	1 50 0.4
24	11 55 25	S 22 46.3	2 00 0.5

視半径 S.D.　16′ 18″

✱ 恒星　E_*　$U=0^h$の値　d

No.		h m s	° ′
1	Polaris	3 57 10	N 89 19.9

4日 ☉ 太陽

U	$E_☉$	d	dのP.P.
h	h m s	° ′	h m
0	11 55 25	S 22 46.3	0 00 0.0
2	11 55 23	S 22 45.8	10 0.0
4	11 55 20	S 22 45.3	20 0.1
6	11 55 18	S 22 44.8	30 0.1
8	11 55 16	S 22 44.3	40 0.2
10	11 55 14	S 22 43.7	0 50 0.2
12	11 55 11	S 22 43.2	1 00 0.3
14	11 55 09	S 22 42.7	10 0.3
16	11 55 07	S 22 42.2	20 0.3
18	11 55 05	S 22 41.6	30 0.4
20	11 55 02	S 22 41.1	40 0.4
22	11 55 00	S 22 40.6	1 50 0.5
24	11 54 58	S 22 40.0	2 00 0.5

視半径 S.D.　16′ 18″

✱ 恒星　E_*　$U=0^h$の値　d

No.		h m s	° ′
1	Polaris	4 01 08	N 89 19.9

5日 ☉ 太陽

U	$E_☉$	d	dのP.P.
h	h m s	° ′	h m
0	11 54 58	S 22 40.0	0 00 0.0
2	11 54 56	S 22 39.5	10 0.0
4	11 54 53	S 22 38.9	20 0.1
6	11 54 51	S 22 38.4	30 0.1
8	11 54 49	S 22 37.8	40 0.2
10	11 54 47	S 22 37.3	0 50 0.2
12	11 54 44	S 22 36.7	1 00 0.3
14	11 54 42	S 22 36.1	10 0.3
16	11 54 40	S 22 35.6	20 0.4
18	11 54 38	S 22 35.0	30 0.4
20	11 54 36	S 22 34.4	40 0.5
22	11 54 33	S 22 33.9	1 50 0.5
24	11 54 31	S 22 33.3	2 00 0.6

視半径 S.D.　16′ 18″

✱ 恒星　E_*　$U=0^h$の値　d

No.		h m s	° ′
1	Polaris	4 05 06	N 89 19.9

6日 ☉ 太陽

U	$E_☉$	d	dのP.P.
h	h m s	° ′	h m
0	11 54 31	S 22 33.3	0 00 0.0
2	11 54 29	S 22 32.7	10 0.0
4	11 54 27	S 22 32.1	20 0.1
6	11 54 25	S 22 31.5	30 0.1
8	11 54 22	S 22 30.9	40 0.2
10	11 54 20	S 22 30.3	0 50 0.2
12	11 54 18	S 22 29.7	1 00 0.3
14	11 54 16	S 22 29.1	10 0.3
16	11 54 14	S 22 28.5	20 0.4
18	11 54 11	S 22 27.9	30 0.4
20	11 54 09	S 22 27.3	40 0.5
22	11 54 07	S 22 26.7	1 50 0.5
24	11 54 05	S 22 26.1	2 00 0.6

視半径 S.D.　16′ 18″

✱ 恒星　E_*　$U=0^h$の値　d

No.		h m s	° ′
1	Polaris	4 09 04	N 89 19.9

7日 ☉ 太陽

U	$E_☉$	d	dのP.P.
h	h m s	° ′	h m
0	11 54 05	S 22 26.1	0 00 0.0
2	11 54 03	S 22 25.5	10 0.1
4	11 54 01	S 22 24.9	20 0.1
6	11 53 58	S 22 24.2	30 0.2
8	11 53 56	S 22 23.6	40 0.2
10	11 53 54	S 22 23.0	0 50 0.3
12	11 53 52	S 22 22.3	1 00 0.3
14	11 53 50	S 22 21.7	10 0.4
16	11 53 48	S 22 21.1	20 0.4
18	11 53 45	S 22 20.4	30 0.5
20	11 53 43	S 22 19.8	40 0.5
22	11 53 41	S 22 19.1	1 50 0.6
24	11 53 39	S 22 18.5	2 00 0.6

視半径 S.D.　16′ 18″

✱ 恒星　E_*　$U=0^h$の値　d

No.		h m s	° ′
1	Polaris	4 13 02	N 89 19.9

8日 ☉ 太陽

U	$E_☉$	d	dのP.P.
h	h m s	° ′	h m
0	11 53 39	S 22 18.5	0 00 0.0
2	11 53 37	S 22 17.8	10 0.1
4	11 53 35	S 22 17.2	20 0.1
6	11 53 33	S 22 16.5	30 0.2
8	11 53 31	S 22 15.8	40 0.2
10	11 53 28	S 22 15.2	0 50 0.3
12	11 53 26	S 22 14.5	1 00 0.3
14	11 53 24	S 22 13.8	10 0.4
16	11 53 22	S 22 13.2	20 0.4
18	11 53 20	S 22 12.5	30 0.5
20	11 53 18	S 22 11.8	40 0.6
22	11 53 16	S 22 11.1	1 50 0.6
24	11 53 14	S 22 10.4	2 00 0.7

視半径 S.D.　16′ 17″

✱ 恒星　E_*　$U=0^h$の値　d

No.		h m s	° ′
1	Polaris	4 17 01	N 89 19.9
2	Kochab	16 18 19	N 74 05.4
3	Dubhe	20 04 16	N 61 39.8
4	β Cassiop.	6 58 55	N 59 14.2
5	Merak	20 06 10	N 56 17.8
6	Alioth	18 14 15	N 55 52.4
7	Schedir	6 27 32	N 56 37.4
8	Mizar	17 44 24	N 54 50.6
9	α Persei	3 43 29	N 49 54.9
10	Benetnasch	17 20 48	N 49 14.1
11	Capella	1 51 05	N 46 00.6
12	Deneb	10 27 00	N 45 20.3
13	Vega	12 31 30	N 38 48.0
14	Castor	23 33 20	N 31 51.0
15	Alpheratz	6 59 45	N 29 10.6
16	Pollux	23 22 40	N 27 59.1
17	α Cor. Bor.	15 33 37	N 26 39.8
18	Arcturus	16 52 35	N 19 06.2
19	Aldebaran	2 32 07	N 16 32.2
20	Markab	8 03 25	N 15 17.3
21	Denebola	19 19 05	N 14 29.1
22	α Ophiuchi	13 33 18	N 12 33.1
23	Regulus	20 59 44	N 11 53.4
24	Altair	11 17 25	N 8 54.7
25	Betelgeuse	1 12 55	N 7 24.3
26	Bellatrix	1 42 57	N 6 21.6
27	Procyon	23 28 48	N 5 10.9
28	Rigel	1 53 38	S 8 11.3
29	α Hydrae	21 40 34	S 8 43.6
30	Spica	17 42 56	S 11 14.3
31	Sirius	0 23 05	S 16 44.5
32	β Ceti	6 24 35	S 17 54.4
33	Antares	14 38 36	S 26 27.7
34	σ Sagittarii	12 12 45	S 26 16.5
35	Fomalhaut	8 10 28	S 29 32.6
36	λ Scorpii	13 34 19	S 37 06.6
37	Canopus	0 44 36	S 52 42.5
38	α Pavonis	10 42 08	S 56 41.1
39	Achernar	5 30 39	S 57 10.0
40	β Crucis	18 20 17	S 59 46.0
41	β Centauri	17 04 01	S 60 26.4
42	α Centauri	16 28 17	S 60 53.5
43	α Crucis	18 41 27	S 63 10.7
44	α Tri. Aust.	14 18 41	S 69 02.9
45	β Carinae	21 55 29	S 69 46.7

R_0　　7 08 55 (h m s)

2015　　　　1月9日 〜 1月15日

9日 ☉ 太陽

U	$E_☉$	d	dのP.P.
h	h m s	° ′	h m ′
0	11 53 14	S 22 10.4	0 00 0.0
2	11 53 12	S 22 09.7	10 0.1
4	11 53 10	S 22 09.0	20 0.1
6	11 53 07	S 22 08.3	30 0.2
8	11 53 05	S 22 07.6	40 0.2
10	11 53 03	S 22 06.9	0 50 0.3
12	11 53 01	S 22 06.2	1 00 0.4
14	11 52 59	S 22 05.5	10 0.4
16	11 52 57	S 22 04.8	20 0.5
18	11 52 55	S 22 04.1	30 0.5
20	11 52 53	S 22 03.4	40 0.6
22	11 52 51	S 22 02.6	1 50 0.7
24	11 52 49	S 22 01.9	2 00 0.7

視半径 S.D.　16′ 17″

✴ 恒星　$U = 0^h$ の値

No.		E_*	d
		h m s	° ′
1	Polaris	4 20 59	N 89 19.9

10日 ☉ 太陽

U	$E_☉$	d	dのP.P.
h	h m s	° ′	h m ′
0	11 52 49	S 22 01.9	0 00 0.0
2	11 52 47	S 22 01.2	10 0.1
4	11 52 45	S 22 00.5	20 0.1
6	11 52 43	S 21 59.7	30 0.2
8	11 52 41	S 21 59.0	40 0.2
10	11 52 39	S 21 58.3	0 50 0.3
12	11 52 37	S 21 57.5	1 00 0.4
14	11 52 35	S 21 56.8	10 0.4
16	11 52 33	S 21 56.0	20 0.5
18	11 52 31	S 21 55.3	30 0.6
20	11 52 29	S 21 54.5	40 0.6
22	11 52 27	S 21 53.8	1 50 0.7
24	11 52 25	S 21 53.0	2 00 0.7

視半径 S.D.　16′ 17″

✴ 恒星　$U = 0^h$ の値

No.		E_*	d
		h m s	° ′
1	Polaris	4 24 57	N 89 19.9

11日 ☉ 太陽

U	$E_☉$	d	dのP.P.
h	h m s	° ′	h m ′
0	11 52 25	S 21 53.0	0 00 0.0
2	11 52 23	S 21 52.2	10 0.1
4	11 52 21	S 21 51.5	20 0.1
6	11 52 19	S 21 50.7	30 0.2
8	11 52 17	S 21 49.9	40 0.3
10	11 52 15	S 21 49.1	0 50 0.3
12	11 52 13	S 21 48.4	1 00 0.4
14	11 52 11	S 21 47.6	10 0.5
16	11 52 09	S 21 46.8	20 0.5
18	11 52 07	S 21 46.0	30 0.6
20	11 52 05	S 21 45.2	40 0.6
22	11 52 03	S 21 44.4	1 50 0.7
24	11 52 01	S 21 43.6	2 00 0.8

視半径 S.D.　16′ 17″

✴ 恒星　$U = 0^h$ の値

No.		E_*	d
		h m s	° ′
1	Polaris	4 28 55	N 89 19.9

12日 ☉ 太陽

U	$E_☉$	d	dのP.P.
h	h m s	° ′	h m ′
0	11 52 01	S 21 43.6	0 00 0.0
2	11 51 59	S 21 42.8	10 0.1
4	11 51 57	S 21 42.0	20 0.1
6	11 51 55	S 21 41.2	30 0.2
8	11 51 53	S 21 40.4	40 0.3
10	11 51 51	S 21 39.6	0 50 0.3
12	11 51 49	S 21 38.8	1 00 0.4
14	11 51 47	S 21 38.0	10 0.5
16	11 51 45	S 21 37.2	20 0.5
18	11 51 44	S 21 36.3	30 0.6
20	11 51 42	S 21 35.5	40 0.7
22	11 51 40	S 21 34.7	1 50 0.7
24	11 51 38	S 21 33.9	2 00 0.8

視半径 S.D.　16′ 17″

✴ 恒星　$U = 0^h$ の値

No.		E_*	d
		h m s	° ′
1	Polaris	4 32 54	N 89 19.9

13日 ☉ 太陽

U	$E_☉$	d	dのP.P.
h	h m s	° ′	h m ′
0	11 51 38	S 21 33.9	0 00 0.0
2	11 51 36	S 21 33.0	10 0.1
4	11 51 34	S 21 32.2	20 0.1
6	11 51 32	S 21 31.4	30 0.2
8	11 51 30	S 21 30.5	40 0.3
10	11 51 28	S 21 29.7	0 50 0.4
12	11 51 26	S 21 28.8	1 00 0.4
14	11 51 25	S 21 28.0	10 0.5
16	11 51 23	S 21 27.1	20 0.6
18	11 51 21	S 21 26.3	30 0.6
20	11 51 19	S 21 25.4	40 0.7
22	11 51 17	S 21 24.5	1 50 0.8
24	11 51 15	S 21 23.7	2 00 0.8

視半径 S.D.　16′ 17″

✴ 恒星　$U = 0^h$ の値

No.		E_*	d
		h m s	° ′
1	Polaris	4 36 52	N 89 19.9

14日 ☉ 太陽

U	$E_☉$	d	dのP.P.
h	h m s	° ′	h m ′
0	11 51 15	S 21 23.7	0 00 0.0
2	11 51 13	S 21 22.8	10 0.1
4	11 51 12	S 21 21.9	20 0.1
6	11 51 10	S 21 21.1	30 0.2
8	11 51 08	S 21 20.2	40 0.3
10	11 51 06	S 21 19.3	0 50 0.4
12	11 51 04	S 21 18.4	1 00 0.4
14	11 51 02	S 21 17.5	10 0.5
16	11 51 01	S 21 16.6	20 0.6
18	11 50 59	S 21 15.7	30 0.7
20	11 50 57	S 21 14.9	40 0.7
22	11 50 55	S 21 14.0	1 50 0.8
24	11 50 53	S 21 13.1	2 00 0.9

視半径 S.D.　16′ 17″

✴ 恒星　$U = 0^h$ の値

No.		E_*	d
		h m s	° ′
1	Polaris	4 40 50	N 89 19.9

15日 ☉ 太陽

U	$E_☉$	d	dのP.P.
h	h m s	° ′	h m ′
0	11 50 53	S 21 13.1	0 00 0.0
2	11 50 52	S 21 12.2	10 0.1
4	11 50 50	S 21 11.2	20 0.2
6	11 50 48	S 21 10.3	30 0.2
8	11 50 46	S 21 09.4	40 0.3
10	11 50 44	S 21 08.5	0 50 0.4
12	11 50 43	S 21 07.6	1 00 0.5
14	11 50 41	S 21 06.7	10 0.5
16	11 50 39	S 21 05.8	20 0.6
18	11 50 37	S 21 04.8	30 0.7
20	11 50 36	S 21 03.9	40 0.8
22	11 50 34	S 21 03.0	1 50 0.8
24	11 50 32	S 21 02.0	2 00 0.9

視半径 S.D.　16′ 17″

✴ 恒星　$U = 0^h$ の値

No.		E_*	d
		h m s	° ′
1	Polaris	4 44 48	N 89 19.9
2	Kochab	16 45 54	N 74 05.4
3	Dubhe	20 31 52	N 61 39.8
4	β Cassiop.	7 26 31	N 59 14.2
5	Merak	20 33 46	N 56 17.8
6	Alioth	18 41 50	N 55 52.4
7	Schedir	6 55 08	N 56 37.4
8	Mizar	18 12 00	N 54 50.5
9	α Persei	4 11 05	N 49 54.9
10	Benetnasch	17 48 24	N 49 14.1
11	Capella	2 18 41	N 46 00.7
12	Deneb	10 54 36	N 45 20.3
13	Vega	12 59 06	N 38 48.0
14	Castor	0 00 56	N 31 51.0
15	Alpheratz	7 27 21	N 29 10.5
16	Pollux	23 50 15	N 27 59.1
17	α Cor. Bor.	16 01 12	N 26 39.8
18	Arcturus	17 20 11	N 19 06.2
19	Aldebaran	2 59 43	N 16 32.2
20	Markab	8 31 01	N 15 17.3
21	Denebola	19 46 41	N 14 29.1
22	α Ophiuchi	14 00 54	N 12 33.1
23	Regulus	21 27 20	N 11 53.4
24	Altair	11 45 01	N 8 54.6
25	Betelgeuse	1 40 30	N 7 24.3
26	Bellatrix	2 10 33	N 6 21.5
27	Procyon	23 56 24	N 5 10.9
28	Rigel	2 21 14	S 8 11.3
29	α Hydrae	22 08 10	S 8 43.6
30	Spica	18 10 32	S 11 14.3
31	Sirius	0 50 41	S 16 44.5
32	β Ceti	6 52 11	S 17 54.4
33	Antares	16 58 15	S 26 27.7
34	σ Sagittarii	12 40 21	S 26 16.5
35	Fomalhaut	8 38 03	S 29 32.6
36	λ Scorpii	14 01 54	S 37 06.6
37	Canopus	1 12 12	S 52 42.5
38	α Pavonis	11 09 44	S 56 41.1
39	Achernar	5 58 15	S 57 10.0
40	β Crucis	18 47 53	S 59 46.0
41	β Centauri	17 31 36	S 60 26.4
42	α Centauri	16 55 53	S 60 53.5
43	α Crucis	19 09 02	S 63 10.7
44	α Tri. Aust.	14 46 17	S 69 02.9
45	β Carinae	22 23 05	S 69 46.8

R_0　 h m s
　　　7 36 31

1月16日 ~ 1月22日　2015

16日 ☉ 太陽

U	$E_☉$	d	dのP.P.
h	h m s	° ′	h m
0	11 50 32	S 21 02.0	0 00　0.0
2	11 50 30	S 21 01.1	10　0.1
4	11 50 29	S 21 00.2	20　0.2
6	11 50 27	S 20 59.2	30　0.2
8	11 50 25	S 20 58.3	40　0.3
10	11 50 23	S 20 57.3	0 50　0.4
12	11 50 22	S 20 56.4	1 00　0.5
14	11 50 20	S 20 55.4	10　0.6
16	11 50 18	S 20 54.5	20　0.6
18	11 50 17	S 20 53.5	30　0.7
20	11 50 15	S 20 52.5	40　0.8
22	11 50 13	S 20 51.6	1 50　0.9
24	11 50 12	S 20 50.6	2 00　1.0

視半径 S.D.　16′ 17″

✶ 恒星　$U = 0^h$の値

No.		E_*	d
		h m s	° ′
1	Polaris	4 48 46	N89 19.9

17日 ☉ 太陽

U	$E_☉$	d	dのP.P.
h	h m s	° ′	h m
0	11 50 12	S 20 50.6	0 00　0.0
2	11 50 10	S 20 49.6	10　0.1
4	11 50 08	S 20 48.7	20　0.2
6	11 50 06	S 20 47.7	30　0.2
8	11 50 05	S 20 46.7	40　0.3
10	11 50 03	S 20 45.7	0 50　0.4
12	11 50 01	S 20 44.8	1 00　0.5
14	11 50 00	S 20 43.8	10　0.6
16	11 49 58	S 20 42.8	20　0.7
18	11 49 57	S 20 41.8	30　0.7
20	11 49 55	S 20 40.8	40　0.8
22	11 49 53	S 20 39.8	1 50　0.9
24	11 49 52	S 20 38.8	2 00　1.0

視半径 S.D.　16′ 17″

✶ 恒星　$U = 0^h$の値

No.		E_*	d
		h m s	° ′
1	Polaris	4 52 44	N89 19.9

18日 ☉ 太陽

U	$E_☉$	d	dのP.P.
h	h m s	° ′	h m
0	11 49 52	S 20 38.8	0 00　0.0
2	11 49 50	S 20 37.8	10　0.1
4	11 49 48	S 20 36.8	20　0.2
6	11 49 47	S 20 35.8	30　0.3
8	11 49 45	S 20 34.8	40　0.3
10	11 49 43	S 20 33.8	0 50　0.4
12	11 49 42	S 20 32.7	1 00　0.5
14	11 49 40	S 20 31.7	10　0.6
16	11 49 39	S 20 30.7	20　0.7
18	11 49 37	S 20 29.7	30　0.8
20	11 49 36	S 20 28.7	40　0.8
22	11 49 34	S 20 27.6	1 50　0.9
24	11 49 32	S 20 26.6	2 00　1.0

視半径 S.D.　16′ 17″

✶ 恒星　$U = 0^h$の値

No.		E_*	d
		h m s	° ′
1	Polaris	4 56 42	N89 19.9

19日 ☉ 太陽

U	$E_☉$	d	dのP.P.
h	h m s	° ′	h m
0	11 49 32	S 20 26.6	0 00　0.0
2	11 49 31	S 20 25.6	10　0.1
4	11 49 29	S 20 24.5	20　0.2
6	11 49 28	S 20 23.5	30　0.3
8	11 49 26	S 20 22.4	40　0.3
10	11 49 25	S 20 21.4	0 50　0.4
12	11 49 23	S 20 20.3	1 00　0.5
14	11 49 21	S 20 19.3	10　0.6
16	11 49 20	S 20 18.2	20　0.7
18	11 49 18	S 20 17.2	30　0.8
20	11 49 17	S 20 16.1	40　0.9
22	11 49 15	S 20 15.1	1 50　1.0
24	11 49 14	S 20 14.0	2 00　1.0

視半径 S.D.　16′ 17″

✶ 恒星　$U = 0^h$の値

No.		E_*	d
		h m s	° ′
1	Polaris	5 00 41	N89 19.9

20日 ☉ 太陽

U	$E_☉$	d	dのP.P.
h	h m s	° ′	h m
0	11 49 14	S 20 14.0	0 00　0.0
2	11 49 12	S 20 12.9	10　0.1
4	11 49 11	S 20 11.9	20　0.2
6	11 49 09	S 20 10.8	30　0.3
8	11 49 08	S 20 09.7	40　0.4
10	11 49 06	S 20 08.6	0 50　0.5
12	11 49 05	S 20 07.6	1 00　0.5
14	11 49 03	S 20 06.5	10　0.6
16	11 49 02	S 20 05.4	20　0.7
18	11 49 00	S 20 04.3	30　0.8
20	11 48 59	S 20 03.2	40　0.9
22	11 48 58	S 20 02.1	1 50　1.0
24	11 48 56	S 20 01.0	2 00　1.1

視半径 S.D.　16′ 17″

✶ 恒星　$U = 0^h$の値

No.		E_*	d
		h m s	° ′
1	Polaris	5 04 39	N89 19.9

21日 ☉ 太陽

U	$E_☉$	d	dのP.P.
h	h m s	° ′	h m
0	11 48 56	S 20 01.0	0 00　0.0
2	11 48 55	S 19 59.9	10　0.1
4	11 48 53	S 19 58.8	20　0.2
6	11 48 52	S 19 57.7	30　0.3
8	11 48 50	S 19 56.6	40　0.4
10	11 48 49	S 19 55.5	0 50　0.5
12	11 48 47	S 19 54.4	1 00　0.6
14	11 48 46	S 19 53.3	10　0.6
16	11 48 45	S 19 52.2	20　0.7
18	11 48 43	S 19 51.0	30　0.8
20	11 48 42	S 19 49.9	40　0.9
22	11 48 40	S 19 48.8	1 50　1.0
24	11 48 39	S 19 47.7	2 00　1.1

視半径 S.D.　16′ 17″

✶ 恒星　$U = 0^h$の値

No.		E_*	d
		h m s	° ′
1	Polaris	5 08 37	N89 19.9

22日 ☉ 太陽

U	$E_☉$	d	dのP.P.
h	h m s	° ′	h m
0	11 48 39	S 19 47.7	0 00　0.0
2	11 48 38	S 19 46.5	10　0.1
4	11 48 36	S 19 45.4	20　0.2
6	11 48 35	S 19 44.3	30　0.3
8	11 48 34	S 19 43.1	40　0.4
10	11 48 32	S 19 42.0	0 50　0.5
12	11 48 31	S 19 40.9	1 00　0.6
14	11 48 29	S 19 39.7	10　0.7
16	11 48 28	S 19 38.6	20　0.8
18	11 48 27	S 19 37.4	30　0.9
20	11 48 25	S 19 36.3	40　1.0
22	11 48 24	S 19 35.1	1 50　1.0
24	11 48 23	S 19 34.0	2 00　1.1

視半径 S.D.　16′ 17″

✶ 恒星　$U = 0^h$の値

No.		E_*	d
		h m s	° ′
1	Polaris	5 12 36	N89 19.9
2	Kochab	17 13 29	N74 05.4
3	Dubhe	20 59 27	N61 39.8
4	β Cassiop.	7 54 08	N59 14.2
5	Merak	21 01 21	N56 17.8
6	Alioth	19 09 26	N55 52.4
7	Schedir	7 22 44	N56 37.4
8	Mizar	18 39 36	N54 50.5
9	α Persei	4 38 41	N49 54.9
10	Benetnasch	18 15 59	N49 14.0
11	Capella	2 46 17	N46 00.7
12	Deneb	11 22 12	N45 20.2
13	Vega	13 26 42	N38 47.9
14	Castor	0 28 32	N31 51.0
15	Alpheratz	7 54 57	N29 10.5
16	Pollux	0 17 51	N27 59.1
17	α Cor. Bor.	16 28 48	N26 39.8
18	Arcturus	17 47 46	N19 06.2
19	Aldebaran	3 27 19	N16 32.2
20	Markab	8 58 37	N15 17.3
21	Denebola	20 14 17	N14 29.1
22	α Ophiuchi	14 28 30	N12 33.0
23	Regulus	21 54 55	N11 53.4
24	Altair	12 12 37	N 8 54.6
25	Betelgeuse	2 08 06	N 7 24.3
26	Bellatrix	2 38 09	N 6 21.5
27	Procyon	0 24 00	N 5 10.9
28	Rigel	2 48 50	S 8 11.4
29	α Hydrae	22 35 46	S 8 43.6
30	Spica	18 38 07	S 11 14.4
31	Sirius	1 18 17	S 16 44.5
32	β Ceti	7 19 47	S 17 54.4
33	Antares	15 33 48	S 26 27.7
34	σ Sagittarii	13 07 56	S 26 16.5
35	Fomalhaut	9 05 39	S 29 32.6
36	λ Scorpii	14 29 30	S 37 06.6
37	Canopus	1 39 48	S 52 42.6
38	α Pavonis	11 37 20	S 56 41.1
39	Achernar	6 25 52	S 57 10.0
40	β Crucis	19 15 28	S 59 46.0
41	β Centauri	17 59 12	S 60 26.4
42	α Centauri	17 23 28	S 60 53.5
43	α Crucis	19 36 38	S 63 10.7
44	α Tri. Aust.	15 13 52	S 69 02.9
45	β Carinae	22 50 41	S 69 46.8

R_0　　h m s
　　　　 8 04 07

2015　　　1月 23 日 ～ 1 月 29 日

23 日 ⊙ 太陽

U	$E_⊙$	d	dのP.P.
h	h m s	° ′	h m ′
0	11 48 23	S19 34.0	0 00 0.0
2	11 48 21	S19 32.8	10 0.1
4	11 48 20	S19 31.6	20 0.2
6	11 48 19	S19 30.5	30 0.3
8	11 48 18	S19 29.3	40 0.4
10	11 48 16	S19 28.1	0 50 0.5
12	11 48 15	S19 27.0	1 00 0.6
14	11 48 14	S19 25.8	10 0.7
16	11 48 12	S19 24.6	20 0.8
18	11 48 11	S19 23.4	30 0.9
20	11 48 10	S19 22.2	40 1.0
22	11 48 09	S19 21.1	1 50 1.1
24	11 48 07	S19 19.9	2 00 1.2

視半径 S.D.　16′ 17″

✳ 恒 星　$U = 0^h$ の値

No.		E_*	d
		h m s	° ′
1	Polaris	5 16 34	N89 19.9

24 日 ⊙ 太陽

U	$E_⊙$	d	dのP.P.
h	h m s	° ′	h m ′
0	11 48 07	S19 19.9	0 00 0.0
2	11 48 06	S19 18.7	10 0.1
4	11 48 05	S19 17.5	20 0.2
6	11 48 04	S19 16.3	30 0.3
8	11 48 02	S19 15.1	40 0.4
10	11 48 01	S19 13.9	0 50 0.5
12	11 48 00	S19 12.7	1 00 0.6
14	11 47 59	S19 11.5	10 0.7
16	11 47 57	S19 10.3	20 0.8
18	11 47 56	S19 09.1	30 0.9
20	11 47 55	S19 07.9	40 1.0
22	11 47 54	S19 06.7	1 50 1.1
24	11 47 53	S19 05.4	2 00 1.2

視半径 S.D.　16′ 16″

✳ 恒 星　$U = 0^h$ の値

No.		E_*	d
		h m s	° ′
1	Polaris	5 20 33	N89 19.9

25 日 ⊙ 太陽

U	$E_⊙$	d	dのP.P.
h	h m s	° ′	h m ′
0	11 47 53	S19 05.4	0 00 0.0
2	11 47 51	S19 04.2	10 0.1
4	11 47 50	S19 03.0	20 0.2
6	11 47 49	S19 01.8	30 0.3
8	11 47 48	S19 00.6	40 0.4
10	11 47 47	S18 59.3	0 50 0.5
12	11 47 46	S18 58.1	1 00 0.6
14	11 47 44	S18 56.9	10 0.7
16	11 47 43	S18 55.6	20 0.8
18	11 47 42	S18 54.4	30 0.9
20	11 47 41	S18 53.1	40 1.0
22	11 47 40	S18 51.9	1 50 1.1
24	11 47 39	S18 50.7	2 00 1.2

視半径 S.D.　16′ 16″

✳ 恒 星　$U = 0^h$ の値

No.		E_*	d
		h m s	° ′
1	Polaris	5 24 31	N89 19.9

26 日 ⊙ 太陽

U	$E_⊙$	d	dのP.P.
h	h m s	° ′	h m ′
0	11 47 39	S18 50.7	0 00 0.0
2	11 47 38	S18 49.4	10 0.1
4	11 47 37	S18 48.2	20 0.2
6	11 47 35	S18 46.9	30 0.3
8	11 47 34	S18 45.7	40 0.4
10	11 47 33	S18 44.4	0 50 0.5
12	11 47 32	S18 43.1	1 00 0.6
14	11 47 31	S18 41.9	10 0.7
16	11 47 30	S18 40.6	20 0.8
18	11 47 29	S18 39.3	30 0.9
20	11 47 28	S18 38.1	40 1.1
22	11 47 27	S18 36.8	1 50 1.2
24	11 47 26	S18 35.5	2 00 1.3

視半径 S.D.　16′ 16″

✳ 恒 星　$U = 0^h$ の値

No.		E_*	d
		h m s	° ′
1	Polaris	5 28 30	N89 19.9

27 日 ⊙ 太陽

U	$E_⊙$	d	dのP.P.
h	h m s	° ′	h m ′
0	11 47 26	S18 35.5	0 00 0.0
2	11 47 25	S18 34.3	10 0.1
4	11 47 24	S18 33.0	20 0.2
6	11 47 23	S18 31.7	30 0.3
8	11 47 22	S18 30.4	40 0.4
10	11 47 21	S18 29.1	0 50 0.5
12	11 47 20	S18 27.8	1 00 0.6
14	11 47 19	S18 26.5	10 0.8
16	11 47 18	S18 25.3	20 0.9
18	11 47 17	S18 24.0	30 1.0
20	11 47 16	S18 22.7	40 1.1
22	11 47 15	S18 21.4	1 50 1.2
24	11 47 14	S18 20.1	2 00 1.3

視半径 S.D.　16′ 16″

✳ 恒 星　$U = 0^h$ の値

No.		E_*	d
		h m s	° ′
1	Polaris	5 32 28	N89 19.9

28 日 ⊙ 太陽

U	$E_⊙$	d	dのP.P.
h	h m s	° ′	h m ′
0	11 47 14	S18 20.1	0 00 0.0
2	11 47 13	S18 18.8	10 0.1
4	11 47 12	S18 17.5	20 0.2
6	11 47 11	S18 16.1	30 0.3
8	11 47 10	S18 14.8	40 0.4
10	11 47 09	S18 13.5	0 50 0.5
12	11 47 08	S18 12.2	1 00 0.7
14	11 47 07	S18 10.9	10 0.8
16	11 47 06	S18 09.6	20 0.9
18	11 47 05	S18 08.3	30 1.0
20	11 47 04	S18 06.9	40 1.1
22	11 47 03	S18 05.6	1 50 1.2
24	11 47 02	S18 04.3	2 00 1.3

視半径 S.D.　16′ 16″

✳ 恒 星　$U = 0^h$ の値

No.		E_*	d
		h m s	° ′
1	Polaris	5 36 26	N89 19.9

29 日 ⊙ 太陽

U	$E_⊙$	d	dのP.P.
h	h m s	° ′	h m ′
0	11 47 02	S18 04.3	0 00 0.0
2	11 47 01	S18 02.9	10 0.1
4	11 47 00	S18 01.6	20 0.2
6	11 46 59	S18 00.3	30 0.3
8	11 46 59	S17 58.9	40 0.4
10	11 46 58	S17 57.6	0 50 0.6
12	11 46 57	S17 56.3	1 00 0.7
14	11 46 56	S17 54.9	10 0.8
16	11 46 55	S17 53.6	20 0.9
18	11 46 54	S17 52.2	30 1.0
20	11 46 53	S17 50.9	40 1.1
22	11 46 53	S17 49.5	1 50 1.2
24	11 46 52	S17 48.2	2 00 1.3

視半径 S.D.　16′ 16″

✳ 恒 星　$U = 0^h$ の値

No.		E_*	d
		h m s	° ′
1	Polaris	5 40 24	N89 19.9
2	Kochab	17 41 05	N74 05.4
3	Dubhe	21 27 03	N61 39.8
4	β Cassiop.	8 21 44	N59 14.2
5	Merak	21 28 57	N56 17.8
6	Alioth	19 37 01	N55 52.4
7	Schedir	7 50 20	N56 37.4
8	Mizar	19 07 11	N54 50.5
9	α Persei	5 06 17	N49 54.9
10	Benetnasch	18 43 35	N49 14.0
11	Capella	3 13 53	N46 00.7
12	Deneb	11 49 48	N45 20.2
13	Vega	13 54 17	N38 47.9
14	Castor	0 56 08	N31 51.0
15	Alpheratz	8 22 33	N29 10.5
16	Pollux	0 45 27	N27 59.1
17	α Cor. Bor.	16 56 24	N26 39.8
18	Arcturus	18 15 22	N19 06.1
19	Aldebaran	3 54 55	N16 32.2
20	Markab	9 26 13	N15 17.2
21	Denebola	20 41 52	N14 29.1
22	α Ophiuchi	14 56 06	N12 33.0
23	Regulus	22 22 31	N11 53.4
24	Altair	12 40 13	N 8 54.6
25	Betelgeuse	2 35 42	N 7 24.3
26	Bellatrix	3 05 45	N 6 21.5
27	Procyon	0 51 36	N 5 10.9
28	Rigel	3 16 26	S 8 11.4
29	α Hydrae	23 03 22	S 8 43.7
30	Spica	19 05 43	S11 14.4
31	Sirius	1 45 53	S16 44.6
32	β Ceti	7 47 23	S17 54.4
33	Antares	16 01 23	S26 27.7
34	σ Sagittarii	13 35 32	S26 16.5
35	Fomalhaut	9 33 15	S29 32.6
36	λ Scorpii	14 57 06	S37 06.6
37	Canopus	2 07 24	S52 42.6
38	α Pavonis	12 04 56	S56 41.0
39	Achernar	6 53 28	S57 10.0
40	β Crucis	19 43 04	S59 46.0
41	β Centauri	18 26 47	S60 26.4
42	α Centauri	17 51 04	S60 53.5
43	α Crucis	20 04 13	S63 10.7
44	α Tri. Aust.	15 41 28	S69 02.8
45	β Carinae	23 18 16	S69 46.9

R_0　　8 31 43 (h m s)

1月30日～2月5日　2015

30日 ☉ 太陽

U	$E_\odot$	d	dのP.P.
h	h m s	° ′	h m
0	11 46 52	S 17 48.2	0 00 0.0
2	11 46 51	S 17 46.8	10 0.1
4	11 46 50	S 17 45.4	20 0.2
6	11 46 49	S 17 44.1	30 0.3
8	11 46 48	S 17 42.7	40 0.5
10	11 46 48	S 17 41.3	0 50 0.6
12	11 46 47	S 17 40.0	1 00 0.7
14	11 46 46	S 17 38.6	10 0.8
16	11 46 45	S 17 37.2	20 0.9
18	11 46 44	S 17 35.9	30 1.0
20	11 46 44	S 17 34.5	40 1.1
22	11 46 43	S 17 33.1	1 50 1.3
24	11 46 42	S 17 31.7	2 00 1.4

視半径 S.D. 16′ 16″

＊ 恒星 $U = 0^h$ の値

No.		E_*	d
		h m s	° ′
1	Polaris	5 44 23	N 89 19.9

31日 ☉ 太陽

U	$E_\odot$	d	dのP.P.
h	h m s	° ′	h m
0	11 46 42	S 17 31.7	0 00 0.0
2	11 46 41	S 17 30.3	10 0.1
4	11 46 40	S 17 29.0	20 0.2
6	11 46 40	S 17 27.6	30 0.3
8	11 46 39	S 17 26.2	40 0.5
10	11 46 38	S 17 24.8	0 50 0.6
12	11 46 37	S 17 23.4	1 00 0.7
14	11 46 37	S 17 22.0	10 0.8
16	11 46 36	S 17 20.6	20 0.9
18	11 46 35	S 17 19.2	30 1.0
20	11 46 34	S 17 17.8	40 1.2
22	11 46 34	S 17 16.4	1 50 1.3
24	11 46 33	S 17 15.0	2 00 1.4

視半径 S.D. 16′ 16″

＊ 恒星 $U = 0^h$ の値

No.		E_*	d
		h m s	° ′
1	Polaris	5 48 21	N 89 19.9

1日 ☉ 太陽

U	$E_\odot$	d	dのP.P.
h	h m s	° ′	h m
0	11 46 33	S 17 15.0	0 00 0.0
2	11 46 32	S 17 13.6	10 0.1
4	11 46 32	S 17 12.2	20 0.2
6	11 46 31	S 17 10.7	30 0.4
8	11 46 30	S 17 09.3	40 0.5
10	11 46 30	S 17 07.9	0 50 0.6
12	11 46 29	S 17 06.5	1 00 0.7
14	11 46 28	S 17 05.1	10 0.8
16	11 46 28	S 17 03.6	20 0.9
18	11 46 27	S 17 02.2	30 1.1
20	11 46 26	S 17 00.8	40 1.2
22	11 46 26	S 16 59.4	1 50 1.3
24	11 46 25	S 16 57.9	2 00 1.4

視半径 S.D. 16′ 16″

＊ 恒星 $U = 0^h$ の値

No.		E_*	d
		h m s	° ′
1	Polaris	5 52 19	N 89 19.9

2日 ☉ 太陽

U	$E_\odot$	d	dのP.P.
h	h m s	° ′	h m
0	11 46 25	S 16 57.9	0 00 0.0
2	11 46 24	S 16 56.5	10 0.1
4	11 46 24	S 16 55.1	20 0.2
6	11 46 23	S 16 53.6	30 0.4
8	11 46 22	S 16 52.2	40 0.5
10	11 46 22	S 16 50.7	0 50 0.6
12	11 46 21	S 16 49.3	1 00 0.7
14	11 46 21	S 16 47.8	10 0.8
16	11 46 20	S 16 46.4	20 1.0
18	11 46 19	S 16 44.9	30 1.1
20	11 46 19	S 16 43.5	40 1.2
22	11 46 18	S 16 42.0	1 50 1.3
24	11 46 18	S 16 40.6	2 00 1.4

視半径 S.D. 16′ 15″

＊ 恒星 $U = 0^h$ の値

No.		E_*	d
		h m s	° ′
1	Polaris	5 56 18	N 89 19.9

3日 ☉ 太陽

U	$E_\odot$	d	dのP.P.
h	h m s	° ′	h m
0	11 46 18	S 16 40.6	0 00 0.0
2	11 46 17	S 16 39.1	10 0.1
4	11 46 17	S 16 37.7	20 0.2
6	11 46 16	S 16 36.2	30 0.4
8	11 46 16	S 16 34.7	40 0.5
10	11 46 15	S 16 33.3	0 50 0.6
12	11 46 14	S 16 31.8	1 00 0.7
14	11 46 14	S 16 30.3	10 0.9
16	11 46 13	S 16 28.9	20 1.0
18	11 46 13	S 16 27.4	30 1.1
20	11 46 12	S 16 25.9	40 1.2
22	11 46 12	S 16 24.4	1 50 1.3
24	11 46 11	S 16 22.9	2 00 1.5

視半径 S.D. 16′ 15″

＊ 恒星 $U = 0^h$ の値

No.		E_*	d
		h m s	° ′
1	Polaris	6 00 16	N 89 19.9

4日 ☉ 太陽

U	$E_\odot$	d	dのP.P.
h	h m s	° ′	h m
0	11 46 11	S 16 22.9	0 00 0.0
2	11 46 11	S 16 21.5	10 0.1
4	11 46 10	S 16 20.0	20 0.2
6	11 46 10	S 16 18.5	30 0.4
8	11 46 09	S 16 17.0	40 0.5
10	11 46 09	S 16 15.5	0 50 0.6
12	11 46 08	S 16 14.0	1 00 0.7
14	11 46 08	S 16 12.5	10 0.9
16	11 46 08	S 16 11.0	20 1.0
18	11 46 07	S 16 09.5	30 1.1
20	11 46 07	S 16 08.0	40 1.2
22	11 46 06	S 16 06.5	1 50 1.4
24	11 46 06	S 16 05.0	2 00 1.5

視半径 S.D. 16′ 15″

＊ 恒星 $U = 0^h$ の値

No.		E_*	d
		h m s	° ′
1	Polaris	6 04 15	N 89 19.9

5日 ☉ 太陽

U	$E_\odot$	d	dのP.P.
h	h m s	° ′	h m
0	11 46 06	S 16 05.0	0 00 0.0
2	11 46 05	S 16 03.5	10 0.1
4	11 46 05	S 16 02.0	20 0.3
6	11 46 04	S 16 00.5	30 0.4
8	11 46 04	S 15 59.0	40 0.5
10	11 46 04	S 15 57.5	0 50 0.6
12	11 46 03	S 15 56.0	1 00 0.8
14	11 46 03	S 15 54.4	10 0.9
16	11 46 02	S 15 52.9	20 1.0
18	11 46 02	S 15 51.4	30 1.1
20	11 46 02	S 15 49.9	40 1.3
22	11 46 01	S 15 48.3	1 50 1.4
24	11 46 01	S 15 46.8	2 00 1.5

視半径 S.D. 16′ 15″

＊ 恒星 $U = 0^h$ の値

No.		E_*	d
		h m s	° ′
1	Polaris	6 08 13	N 89 19.9
2	Kochab	18 08 40	N 74 05.4
3	Dubhe	21 54 38	N 61 39.9
4	β Cassiop.	8 49 20	N 59 14.2
5	Merak	21 56 33	N 56 17.8
6	Alioth	20 04 37	N 55 52.4
7	Schedir	8 17 57	N 56 37.4
8	Mizar	19 34 47	N 54 50.5
9	α Persei	5 33 53	N 49 54.9
10	Benetnasch	19 11 11	N 49 14.0
11	Capella	3 41 29	N 46 00.7
12	Deneb	12 17 23	N 45 20.2
13	Vega	14 21 53	N 38 47.9
14	Castor	1 23 44	N 31 51.0
15	Alpheratz	8 50 09	N 29 10.5
16	Pollux	1 13 03	N 27 59.1
17	α Cor. Bor.	17 23 59	N 26 39.7
18	Arcturus	18 42 58	N 19 06.1
19	Aldebaran	4 22 31	N 16 32.2
20	Markab	9 53 49	N 15 17.2
21	Denebola	21 09 28	N 14 29.1
22	α Ophiuchi	15 23 41	N 12 33.0
23	Regulus	22 50 07	N 11 53.4
24	Altair	13 07 49	N 8 54.6
25	Betelgeuse	3 03 18	N 7 24.3
26	Bellatrix	3 33 21	N 6 21.5
27	Procyon	1 19 12	N 5 10.9
28	Rigel	3 44 02	S 8 11.4
29	α Hydrae	23 30 57	S 8 43.7
30	Spica	19 33 19	S 11 14.4
31	Sirius	2 13 29	S 16 44.6
32	β Ceti	8 14 59	S 17 54.4
33	Antares	16 28 59	S 26 27.7
34	σ Sagittarii	14 03 08	S 26 16.5
35	Fomalhaut	10 00 51	S 29 32.6
36	λ Scorpii	15 24 41	S 37 06.6
37	Canopus	2 35 00	S 52 42.6
38	α Pavonis	12 32 31	S 56 41.0
39	Achernar	7 21 04	S 57 10.0
40	β Crucis	20 10 39	S 59 46.1
41	β Centauri	18 54 23	S 60 26.4
42	α Centauri	18 18 39	S 60 53.5
43	α Crucis	20 31 49	S 63 10.8
44	α Tri. Aust.	16 09 03	S 69 02.8
45	β Carinae	23 45 52	S 69 46.9

R_0　　　h m s
　　　　　8 59 19

2015年 2月6日

☉ 太陽

U	$E_☉$	d	dのP.P.
h	h m s	° ′	h m ′
0	11 46 01	S 15 46.8	0 00 0.0
2	11 46 01	S 15 45.3	10 0.1
4	11 46 00	S 15 43.8	20 0.3
6	11 46 00	S 15 42.2	30 0.4
8	11 45 59	S 15 40.7	40 0.5
10	11 45 59	S 15 39.2	0 50 0.6
12	11 45 59	S 15 37.6	1 00 0.8
14	11 45 58	S 15 36.1	10 0.9
16	11 45 58	S 15 34.5	20 1.0
18	11 45 58	S 15 33.0	30 1.2
20	11 45 58	S 15 31.4	40 1.3
22	11 45 57	S 15 29.9	1 50 1.4
24	11 45 57	S 15 28.4	2 00 1.5

視半径 S.D. 16′ 15″

✷ 恒星 $U=0^h$ の値

No.		E_*	d
		h m s	° ′
1	Polaris	6 12 12	N 89 19.9
2	Kochab	18 12 36	N 74 05.4
3	Dubhe	21 58 35	N 61 39.9
4	β Cassiop.	8 53 16	N 59 14.2
5	Merak	22 00 29	N 56 17.8
6	Alioth	20 08 33	N 55 52.4
7	Schedir	8 21 53	N 56 37.4
8	Mizar	19 38 43	N 54 50.5
9	α Persei	5 37 50	N 49 54.9
10	Benetnasch	19 15 07	N 49 14.0
11	Capella	3 45 25	N 46 00.7
12	Deneb	12 21 20	N 45 20.1
13	Vega	14 25 50	N 38 47.9
14	Castor	1 27 40	N 31 51.0
15	Alpheratz	8 54 06	N 29 10.5
16	Pollux	1 17 00	N 27 59.1
17	α Cor. Bor.	17 27 56	N 26 39.7
18	Arcturus	18 46 54	N 19 06.1
19	Aldebaran	4 26 27	N 16 32.2
20	Markab	9 57 45	N 15 17.2
21	Denebola	21 13 25	N 14 29.1
22	α Ophiuchi	15 27 38	N 12 33.0
23	Regulus	22 54 03	N 11 53.4
24	Altair	13 11 45	N 8 54.6
25	Betelgeuse	3 07 15	N 7 24.3
26	Bellatrix	3 37 18	N 6 21.5
27	Procyon	1 23 08	N 5 10.9
28	Rigel	3 47 59	S 8 11.4
29	α Hydrae	23 34 54	S 8 43.7
30	Spica	19 37 15	S 11 14.4
31	Sirius	2 17 25	S 16 44.6
32	β Ceti	8 18 55	S 17 54.4
33	Antares	16 32 55	S 26 27.7
34	σ Sagittarii	14 07 04	S 26 16.5
35	Fomalhaut	10 04 48	S 29 32.6
36	λ Scorpii	15 28 38	S 37 06.6
37	Canopus	2 38 56	S 52 42.6
38	α Pavonis	12 36 28	S 56 41.0
39	Achernar	7 25 00	S 57 10.0
40	β Crucis	20 14 36	S 59 46.1
41	β Centauri	18 58 19	S 60 26.4
42	α Centauri	18 22 36	S 60 53.5
43	α Crucis	20 35 45	S 63 10.8
44	α Tri. Aust.	16 13 00	S 69 02.8
45	β Carinae	23 49 49	S 69 46.9

R_0 9 03 15

♇ 惑星

♀ 金星 — 正中時 Tr. 13 52

U	E_P	d	E_P d (P.P.)
h	h m s	° ′	h m ′
0	10 08 44	S 8 31.1	0 00 0.0
2	10 08 41	S 8 28.6	10 0.2
4	10 08 37	S 8 26.2	20 0.4
6	10 08 34	S 8 23.7	30 0.6
8	10 08 31	S 8 21.3	40 0.8
10	10 08 27	S 8 18.8	0 50 1.0
12	10 08 24	S 8 16.3	1 00 1.2
14	10 08 21	S 8 13.9	10 1.4
16	10 08 17	S 8 11.4	20 1.6
18	10 08 14	S 8 08.9	30 1.8
20	10 08 11	S 8 06.5	40 2.1
22	10 08 08	S 8 04.0	1 50 2.3
24	10 08 04	S 8 01.5	2 00 2.5

♂ 火星 — 正中時 Tr. 14 17

U	E_P	d	E_P d
h	h m s	° ′	h m ′
0	9 41 53	S 4 58.8	0 00 0.0
2	9 41 58	S 4 57.3	10 0.1
4	9 42 04	S 4 55.7	20 0.3
6	9 42 09	S 4 54.1	30 0.4
8	9 42 15	S 4 52.5	40 0.5
10	9 42 20	S 4 51.0	0 50 0.7
12	9 42 26	S 4 49.4	1 00 0.8
14	9 42 31	S 4 47.8	10 0.9
16	9 42 37	S 4 46.2	20 1.1
18	9 42 42	S 4 44.7	30 1.2
20	9 42 48	S 4 43.1	40 1.3
22	9 42 53	S 4 41.5	1 50 1.4
24	9 42 59	S 4 39.9	2 00 1.6

♃ 木星 — 正中時 Tr. 0 19

U	E_P	d	E_P d
h	h m s	° ′	h m ′
0	23 41 20	N 16 25.7	0 00 0.0
2	23 41 42	N 16 26.0	10 2 0.0
4	23 42 04	N 16 26.2	20 4 0.0
6	23 42 27	N 16 26.4	30 6 0.1
8	23 42 49	N 16 26.6	40 7 0.1
10	23 43 11	N 16 26.8	0 50 9 0.1
12	23 43 34	N 16 27.0	1 00 11 0.1
14	23 43 56	N 16 27.2	10 13 0.1
16	23 44 18	N 16 27.4	20 15 0.2
18	23 44 41	N 16 27.7	30 17 0.2
20	23 45 03	N 16 27.9	40 19 0.2
22	23 45 25	N 16 28.1	1 50 20 0.2
24	23 45 48	N 16 28.3	2 00 22 0.2

♄ 土星 — 正中時 Tr. 7 04

U	E_P	d	E_P d
h	h m s	° ′	h m ′
0	16 54 25	S 18 56.8	0 00 0.0
2	16 54 43	S 18 56.9	10 2 0.0
4	16 55 02	S 18 56.9	20 3 0.0
6	16 55 20	S 18 57.0	30 5 0.0
8	16 55 39	S 18 57.0	40 6 0.0
10	16 55 57	S 18 57.0	0 50 8 0.0
12	16 56 16	S 18 57.1	1 00 9 0.0
14	16 56 34	S 18 57.1	10 11 0.0
16	16 56 53	S 18 57.2	20 12 0.0
18	16 57 11	S 18 57.2	30 14 0.0
20	16 57 30	S 18 57.3	40 15 0.0
22	16 57 48	S 18 57.3	1 50 17 0.0
24	16 58 07	S 18 57.3	2 00 18 0.0

☾ 月 — 正中時 Tr. 1 38

U	$E_☾$	d
h	h m s	° ′
0	22 24 59	N 5 40.1
	22 24 08	N 5 35.6
1	22 23 16	N 5 31.2
	22 22 24	N 5 26.7
2	22 21 33	N 5 22.2
	22 20 41	N 5 17.7
3	22 19 49	N 5 13.2
	22 18 57	N 5 08.7
4	22 18 06	N 5 04.2
	22 17 14	N 4 59.7
5	22 16 23	N 4 55.1
	22 15 31	N 4 50.6

H.P. 54.0 , S.D. 14′ 43″

U	$E_☾$	d
6	22 14 39	N 4 46.1
	22 13 48	N 4 41.5
7	22 12 56	N 4 37.0
	22 12 05	N 4 32.5
8	22 11 13	N 4 27.9
	22 10 22	N 4 23.4
9	22 09 30	N 4 18.8
	22 08 39	N 4 14.3
10	22 07 47	N 4 09.7
	22 06 56	N 4 05.1
11	22 06 04	N 4 00.5
	22 05 13	N 3 56.0

H.P. 54.0 , S.D. 14′ 43″

U	$E_☾$	d
12	22 04 21	N 3 51.4
	22 03 30	N 3 46.8
13	22 02 39	N 3 42.2
	22 01 47	N 3 37.6
14	22 00 56	N 3 33.0
	22 00 04	N 3 28.4
15	21 59 13	N 3 23.8
	21 58 22	N 3 19.2
16	21 57 30	N 3 14.6
	21 56 39	N 3 10.0
17	21 55 48	N 3 05.4
	21 54 56	N 3 00.8

H.P. 54.0 , S.D. 14′ 43″

U	$E_☾$	d
18	21 54 05	N 2 56.2
	21 53 14	N 2 51.6
19	21 52 22	N 2 46.9
	21 51 31	N 2 42.3
20	21 50 40	N 2 37.7
	21 49 49	N 2 33.0
21	21 48 57	N 2 28.4
	21 48 06	N 2 23.8
22	21 47 15	N 2 19.1
	21 46 24	N 2 14.5
23	21 45 32	N 2 09.8
	21 44 41	N 2 05.2
24	21 43 50	N 2 00.6

H.P. 54.0 , S.D. 14′ 43″

♇ 惑星

星名	赤経 R.A.	赤緯 d	等級 Mag.	地平視差 H.P.	視半径 S.D.
	h m	° ′		′	″
♀ 金星	22 55	S 8 31	−3.9	0.1	6
♂ 火星	23 21	S 4 59	+1.2	0.1	2
♃ 木星	9 22	N 16 26	−2.6	0.0	21
♄ 土星	16 09	S 18 57	+0.5	0.0	7
☿ 水星	20 19	S 16 04	+2.0	0.2	5

2月7日～2月13日 2015

7日 ☉ 太陽

U	$E_☉$	d	dのP.P.
h	h m s	° ′	h m ′
0	11 45 57	S15 28.4	0 00 0.0
2	11 45 56	S15 26.8	10 0.1
4	11 45 56	S15 25.2	20 0.3
6	11 45 56	S15 23.7	30 0.4
8	11 45 56	S15 22.1	40 0.5
10	11 45 55	S15 20.6	0 50 0.7
12	11 45 55	S15 19.0	1 00 0.8
14	11 45 55	S15 17.5	10 0.9
16	11 45 55	S15 15.9	20 1.0
18	11 45 54	S15 14.3	30 1.2
20	11 45 54	S15 12.8	40 1.3
22	11 45 54	S15 11.2	1 50 1.4
24	11 45 54	S15 09.6	2 00 1.6

視半径 S.D. 16′ 15″

✳ 恒星 E_* $U=0^h$ の値 d

No.		h m s	° ′
1	Polaris	6 16 10	N89 19.9

8日 ☉ 太陽

U	$E_☉$	d	dのP.P.
h	h m s	° ′	h m ′
0	11 45 54	S15 09.6	0 00 0.0
2	11 45 53	S15 08.0	10 0.1
4	11 45 53	S15 06.5	20 0.3
6	11 45 53	S15 04.9	30 0.4
8	11 45 53	S15 03.3	40 0.5
10	11 45 53	S15 01.7	0 50 0.7
12	11 45 52	S15 00.2	1 00 0.8
14	11 45 52	S14 58.6	10 0.9
16	11 45 52	S14 57.0	20 1.1
18	11 45 52	S14 55.4	30 1.2
20	11 45 52	S14 53.8	40 1.3
22	11 45 51	S14 52.2	1 50 1.5
24	11 45 51	S14 50.6	2 00 1.6

視半径 S.D. 16′ 15″

✳ 恒星 E_* $U=0^h$ の値 d

No.		h m s	° ′
1	Polaris	6 20 09	N89 19.9

9日 ☉ 太陽

U	$E_☉$	d	dのP.P.
h	h m s	° ′	h m ′
0	11 45 51	S14 50.6	0 00 0.0
2	11 45 51	S14 49.0	10 0.1
4	11 45 51	S14 47.4	20 0.3
6	11 45 51	S14 45.8	30 0.4
8	11 45 51	S14 44.2	40 0.5
10	11 45 50	S14 42.6	0 50 0.7
12	11 45 50	S14 41.0	1 00 0.8
14	11 45 50	S14 39.4	10 1.0
16	11 45 50	S14 37.8	20 1.1
18	11 45 50	S14 36.2	30 1.2
20	11 45 50	S14 34.6	40 1.3
22	11 45 50	S14 33.0	1 50 1.5
24	11 45 50	S14 31.4	2 00 1.6

視半径 S.D. 16′ 14″

✳ 恒星 E_* $U=0^h$ の値 d

No.		h m s	° ′
1	Polaris	6 24 07	N89 19.9

10日 ☉ 太陽

U	$E_☉$	d	dのP.P.
h	h m s	° ′	h m ′
0	11 45 50	S14 31.4	0 00 0.0
2	11 45 49	S14 29.8	10 0.1
4	11 45 49	S14 28.1	20 0.3
6	11 45 49	S14 26.5	30 0.4
8	11 45 49	S14 24.9	40 0.5
10	11 45 49	S14 23.3	0 50 0.7
12	11 45 49	S14 21.7	1 00 0.8
14	11 45 49	S14 20.0	10 0.9
16	11 45 49	S14 18.4	20 1.1
18	11 45 49	S14 16.8	30 1.2
20	11 45 49	S14 15.2	40 1.4
22	11 45 49	S14 13.5	1 50 1.5
24	11 45 49	S14 11.9	2 00 1.6

視半径 S.D. 16′ 14″

✳ 恒星 E_* $U=0^h$ の値 d

No.		h m s	° ′
1	Polaris	6 28 06	N89 19.9

11日 ☉ 太陽

U	$E_☉$	d	dのP.P.
h	h m s	° ′	h m ′
0	11 45 49	S14 11.9	0 00 0.0
2	11 45 49	S14 10.3	10 0.1
4	11 45 49	S14 08.6	20 0.3
6	11 45 49	S14 07.0	30 0.4
8	11 45 49	S14 05.3	40 0.5
10	11 45 49	S14 03.7	0 50 0.7
12	11 45 49	S14 02.1	1 00 0.8
14	11 45 49	S14 00.4	10 1.0
16	11 45 49	S13 58.8	20 1.1
18	11 45 49	S13 57.1	30 1.2
20	11 45 49	S13 55.5	40 1.4
22	11 45 49	S13 53.8	1 50 1.5
24	11 45 49	S13 52.2	2 00 1.6

視半径 S.D. 16′ 14″

✳ 恒星 E_* $U=0^h$ の値 d

No.		h m s	° ′
1	Polaris	6 32 04	N89 19.9

12日 ☉ 太陽

U	$E_☉$	d	dのP.P.
h	h m s	° ′	h m ′
0	11 45 49	S13 52.2	0 00 0.0
2	11 45 49	S13 50.5	10 0.1
4	11 45 49	S13 48.9	20 0.3
6	11 45 49	S13 47.2	30 0.4
8	11 45 49	S13 45.5	40 0.6
10	11 45 49	S13 43.9	0 50 0.7
12	11 45 49	S13 42.2	1 00 0.8
14	11 45 49	S13 40.6	10 1.0
16	11 45 49	S13 38.9	20 1.1
18	11 45 49	S13 37.2	30 1.2
20	11 45 49	S13 35.6	40 1.4
22	11 45 49	S13 33.9	1 50 1.5
24	11 45 49	S13 32.2	2 00 1.7

視半径 S.D. 16′ 14″

✳ 恒星 E_* $U=0^h$ の値 d

No.		h m s	° ′
1	Polaris	6 36 02	N89 19.9

13日 ☉ 太陽

U	$E_☉$	d	dのP.P.
h	h m s	° ′	h m ′
0	11 45 49	S13 32.2	0 00 0.0
2	11 45 49	S13 30.5	10 0.1
4	11 45 49	S13 28.9	20 0.3
6	11 45 49	S13 27.2	30 0.4
8	11 45 50	S13 25.5	40 0.6
10	11 45 50	S13 23.8	0 50 0.7
12	11 45 50	S13 22.1	1 00 0.8
14	11 45 50	S13 20.5	10 1.0
16	11 45 50	S13 18.8	20 1.1
18	11 45 50	S13 17.1	30 1.3
20	11 45 50	S13 15.4	40 1.4
22	11 45 50	S13 13.7	1 50 1.5
24	11 45 50	S13 12.0	2 00 1.7

視半径 S.D. 16′ 14″

✳ 恒星 E_* $U=0^h$ の値 d

No.		h m s	° ′
1	Polaris	6 40 01	N89 19.9
2	Kochab	18 40 12	N74 05.4
3	Dubhe	22 26 11	N61 39.9
4	βCassiop.	9 20 52	N59 14.1
5	Merak	22 28 05	N56 17.8
6	Alioth	20 36 09	N55 52.4
7	Schedir	8 49 29	N56 37.4
8	Mizar	20 06 19	N54 50.5
9	αPersei	6 05 26	N49 54.9
10	Benetnasch	19 42 43	N49 14.0
11	Capella	4 13 01	N46 00.7
12	Deneb	12 48 56	N45 20.1
13	Vega	14 53 25	N38 47.8
14	Castor	1 55 16	N31 51.1
15	Alpheratz	9 21 41	N29 10.5
16	Pollux	1 44 35	N27 59.1
17	αCor. Bor.	17 55 32	N26 39.7
18	Arcturus	19 14 30	N19 06.1
19	Aldebaran	4 54 03	N16 32.2
20	Markab	10 25 21	N15 17.2
21	Denebola	21 41 00	N14 29.1
22	αOphiuchi	15 55 14	N12 33.0
23	Regulus	23 21 39	N11 53.3
24	Altair	13 39 21	N 8 54.6
25	Betelgeuse	3 34 51	N 7 24.3
26	Bellatrix	4 04 54	N 6 21.5
27	Procyon	1 50 44	N 5 10.9
28	Rigel	4 15 35	S 8 11.4
29	αHydrae	0 02 30	S 8 43.7
30	Spica	20 04 51	S11 14.4
31	Sirius	2 45 01	S16 44.6
32	βCeti	8 46 31	S17 54.4
33	Antares	17 00 31	S26 27.7
34	σSagittarii	14 34 40	S26 16.5
35	Fomalhaut	10 32 24	S29 32.6
36	λScorpii	15 56 14	S37 06.6
37	Canopus	3 06 32	S52 42.7
38	αPavonis	13 04 04	S56 41.0
39	Achernar	7 52 36	S57 10.0
40	βCrucis	20 42 11	S59 46.1
41	βCentauri	19 25 55	S60 26.4
42	αCentauri	18 50 11	S60 53.5
43	αCrucis	21 03 21	S63 10.8
44	αTri. Aust.	16 40 35	S69 02.8
45	βCarinae	0 17 25	S69 47.0

R_0 9 30 51

2015　　2 月 14 日 ～ 2 月 20 日

14 日　☉ 太陽

U	$E_☉$	d	dのP.P.
h	h m s	° ′	h m ′
0	11 45 50	S 13 12.0	0 00 0.0
2	11 45 51	S 13 10.3	10 0.1
4	11 45 51	S 13 08.6	20 0.3
6	11 45 51	S 13 07.0	30 0.4
8	11 45 51	S 13 05.3	40 0.6
10	11 45 51	S 13 03.6	0 50 0.7
12	11 45 51	S 13 01.9	1 00 0.8
14	11 45 52	S 13 00.2	10 1.0
16	11 45 52	S 12 58.5	20 1.1
18	11 45 52	S 12 56.8	30 1.3
20	11 45 52	S 12 55.1	40 1.4
22	11 45 52	S 12 53.3	1 50 1.6
24	11 45 53	S 12 51.6	2 00 1.7

視半径 S.D. 16′ 13″

No.	＊ 恒 星	E_*　$U=0^h$ の値	d
1	Polaris	6 43 59	N89 19.9

15 日　☉ 太陽

U	$E_☉$	d	dのP.P.
h	h m s	° ′	h m ′
0	11 45 53	S 12 51.6	0 00 0.0
2	11 45 53	S 12 49.9	10 0.1
4	11 45 53	S 12 48.2	20 0.3
6	11 45 53	S 12 46.5	30 0.4
8	11 45 53	S 12 44.8	40 0.6
10	11 45 54	S 12 43.1	0 50 0.7
12	11 45 54	S 12 41.4	1 00 0.9
14	11 45 54	S 12 39.6	10 1.0
16	11 45 54	S 12 37.9	20 1.1
18	11 45 55	S 12 36.2	30 1.3
20	11 45 55	S 12 34.5	40 1.4
22	11 45 55	S 12 32.8	1 50 1.6
24	11 45 55	S 12 31.0	2 00 1.7

視半径 S.D. 16′ 13″

No.	＊ 恒 星	E_*　$U=0^h$ の値	d
1	Polaris	6 47 57	N89 19.9

16 日　☉ 太陽

U	$E_☉$	d	dのP.P.
h	h m s	° ′	h m ′
0	11 45 55	S 12 31.0	0 00 0.0
2	11 45 56	S 12 29.3	10 0.1
4	11 45 56	S 12 27.6	20 0.3
6	11 45 56	S 12 25.9	30 0.4
8	11 45 56	S 12 24.1	40 0.6
10	11 45 57	S 12 22.4	0 50 0.7
12	11 45 57	S 12 20.7	1 00 0.9
14	11 45 57	S 12 18.9	10 1.0
16	11 45 58	S 12 17.2	20 1.2
18	11 45 58	S 12 15.4	30 1.3
20	11 45 58	S 12 13.7	40 1.4
22	11 45 58	S 12 12.0	1 50 1.6
24	11 45 59	S 12 10.2	2 00 1.7

視半径 S.D. 16′ 13″

No.	＊ 恒 星	E_*　$U=0^h$ の値	d
1	Polaris	6 51 55	N89 19.9

17 日　☉ 太陽

U	$E_☉$	d	dのP.P.
h	h m s	° ′	h m ′
0	11 45 59	S 12 10.2	0 00 0.0
2	11 45 59	S 12 08.5	10 0.1
4	11 45 59	S 12 06.7	20 0.3
6	11 46 00	S 12 05.0	30 0.4
8	11 46 00	S 12 03.2	40 0.6
10	11 46 00	S 12 01.5	0 50 0.7
12	11 46 01	S 11 59.8	1 00 0.9
14	11 46 01	S 11 58.0	10 1.0
16	11 46 01	S 11 56.2	20 1.2
18	11 46 02	S 11 54.5	30 1.3
20	11 46 02	S 11 52.7	40 1.5
22	11 46 03	S 11 51.0	1 50 1.6
24	11 46 03	S 11 49.2	2 00 1.8

視半径 S.D. 16′ 13″

No.	＊ 恒 星	E_*　$U=0^h$ の値	d
1	Polaris	6 55 54	N89 19.9

18 日　☉ 太陽

U	$E_☉$	d	dのP.P.
h	h m s	° ′	h m ′
0	11 46 03	S 11 49.2	0 00 0.0
2	11 46 03	S 11 47.5	10 0.1
4	11 46 04	S 11 45.7	20 0.3
6	11 46 04	S 11 43.9	30 0.4
8	11 46 04	S 11 42.2	40 0.6
10	11 46 05	S 11 40.4	0 50 0.7
12	11 46 05	S 11 38.7	1 00 0.9
14	11 46 06	S 11 36.9	10 1.0
16	11 46 06	S 11 35.1	20 1.2
18	11 46 06	S 11 33.4	30 1.3
20	11 46 07	S 11 31.6	40 1.5
22	11 46 07	S 11 29.8	1 50 1.6
24	11 46 08	S 11 28.0	2 00 1.8

視半径 S.D. 16′ 13″

No.	＊ 恒 星	E_*　$U=0^h$ の値	d
1	Polaris	6 59 52	N89 19.9

19 日　☉ 太陽

U	$E_☉$	d	dのP.P.
h	h m s	° ′	h m ′
0	11 46 08	S 11 28.0	0 00 0.0
2	11 46 08	S 11 26.3	10 0.1
4	11 46 09	S 11 24.5	20 0.3
6	11 46 09	S 11 22.7	30 0.4
8	11 46 10	S 11 20.9	40 0.6
10	11 46 10	S 11 19.2	0 50 0.7
12	11 46 10	S 11 17.4	1 00 0.9
14	11 46 11	S 11 15.6	10 1.0
16	11 46 11	S 11 13.8	20 1.2
18	11 46 12	S 11 12.0	30 1.3
20	11 46 12	S 11 10.2	40 1.5
22	11 46 13	S 11 08.5	1 50 1.6
24	11 46 13	S 11 06.7	2 00 1.8

視半径 S.D. 16′ 12″

No.	＊ 恒 星	E_*　$U=0^h$ の値	d
1	Polaris	7 03 51	N89 19.9

20 日　☉ 太陽

U	$E_☉$	d	dのP.P.
h	h m s	° ′	h m ′
0	11 46 13	S 11 06.7	0 00 0.0
2	11 46 14	S 11 04.9	10 0.1
4	11 46 14	S 11 03.1	20 0.3
6	11 46 15	S 11 01.3	30 0.4
8	11 46 15	S 10 59.5	40 0.6
10	11 46 16	S 10 57.7	0 50 0.7
12	11 46 16	S 10 55.9	1 00 0.9
14	11 46 17	S 10 54.1	10 1.0
16	11 46 17	S 10 52.3	20 1.2
18	11 46 18	S 10 50.5	30 1.3
20	11 46 18	S 10 48.7	40 1.5
22	11 46 19	S 10 46.9	1 50 1.6
24	11 46 19	S 10 45.1	2 00 1.8

視半径 S.D. 16′ 12″

No.	＊ 恒 星	E_*　$U=0^h$ の値	d
1	Polaris	7 07 49	N89 19.9
2	Kochab	19 07 47	N74 05.4
3	Dubhe	22 53 46	N61 39.9
4	β Cassiop.	9 48 28	N59 14.1
5	Merak	22 55 41	N56 17.8
6	Alioth	21 03 45	N55 52.4
7	Schedir	9 17 05	N56 37.3
8	Mizar	20 33 54	N54 50.5
9	α Persei	6 33 02	N49 54.9
10	Benetnasch	20 10 18	N49 14.0
11	Capella	4 40 37	N46 00.7
12	Deneb	13 16 31	N45 20.1
13	Vega	15 21 01	N38 47.8
14	Castor	2 22 52	N31 51.1
15	Alpheratz	9 49 17	N29 10.4
16	Pollux	2 12 11	N27 59.1
17	α Cor. Bor.	18 23 07	N26 39.7
18	Arcturus	19 42 05	N19 06.1
19	Aldebaran	5 21 39	N16 32.2
20	Markab	10 52 57	N15 17.2
21	Denebola	22 08 36	N14 29.0
22	α Ophiuchi	16 22 49	N12 33.0
23	Regulus	23 49 15	N11 53.3
24	Altair	14 06 57	N 8 54.6
25	Betelgeuse	4 02 27	N 7 24.3
26	Bellatrix	4 32 30	N 6 21.5
27	Procyon	2 18 20	N 5 10.9
28	Rigel	4 43 11	S 8 11.4
29	α Hydrae	0 30 06	S 8 43.7
30	Spica	20 32 26	S11 14.4
31	Sirius	3 12 37	S16 44.6
32	β Ceti	9 14 07	S17 54.4
33	Antares	17 28 07	S26 27.7
34	σ Sagittarii	15 02 16	S26 16.5
35	Fomalhaut	11 00 00	S29 32.6
36	λ Scorpii	16 23 49	S37 06.6
37	Canopus	3 34 08	S52 42.7
38	α Pavonis	13 31 39	S56 40.9
39	Achernar	8 20 13	S57 09.9
40	β Crucis	21 09 47	S59 46.1
41	β Centauri	19 53 30	S60 26.5
42	α Centauri	19 17 47	S60 53.6
43	α Crucis	21 30 56	S63 10.9
44	α Tri. Aust.	17 08 10	S69 02.8
45	β Carinae	0 45 01	S69 47.0

R_0　　9 58 27

2月21日～2月27日　2015

21日　太陽

U	$E_\odot$	d	dのP.P.
h	h m s	° ′	h m ′
0	11 46 19	S10 45.1	0 00 0.0
2	11 46 20	S10 43.3	10 0.2
4	11 46 21	S10 41.5	20 0.3
6	11 46 21	S10 39.7	30 0.5
8	11 46 22	S10 37.9	40 0.6
10	11 46 22	S10 36.1	0 50 0.8
12	11 46 23	S10 34.3	1 00 0.9
14	11 46 23	S10 32.5	10 1.1
16	11 46 24	S10 30.7	20 1.2
18	11 46 25	S10 28.9	30 1.4
20	11 46 25	S10 27.1	40 1.5
22	11 46 26	S10 25.2	1 50 1.7
24	11 46 26	S10 23.4	2 00 1.8

視半径 S.D.　16′ 12″

✳ 恒星　$U = 0^h$ の値

No.		E_*	d
		h m s	° ′
1	Polaris	7 11 48	N89 19.9

22日　太陽

U	$E_\odot$	d	dのP.P.
h	h m s	° ′	h m ′
0	11 46 26	S10 23.4	0 00 0.0
2	11 46 27	S10 21.6	10 0.2
4	11 46 28	S10 19.8	20 0.3
6	11 46 28	S10 18.0	30 0.5
8	11 46 29	S10 16.2	40 0.6
10	11 46 29	S10 14.3	0 50 0.8
12	11 46 30	S10 12.5	1 00 0.9
14	11 46 31	S10 10.7	10 1.1
16	11 46 31	S10 08.9	20 1.2
18	11 46 32	S10 07.0	30 1.4
20	11 46 33	S10 05.2	40 1.5
22	11 46 33	S10 03.4	1 50 1.7
24	11 46 34	S10 01.6	2 00 1.8

視半径 S.D.　16′ 12″

✳ 恒星　$U = 0^h$ の値

No.		E_*	d
		h m s	° ′
1	Polaris	7 15 46	N89 19.9

23日　太陽

U	$E_\odot$	d	dのP.P.
h	h m s	° ′	h m ′
0	11 46 34	S10 01.6	0 00 0.0
2	11 46 34	S 9 59.7	10 0.2
4	11 46 35	S 9 57.9	20 0.3
6	11 46 36	S 9 56.1	30 0.5
8	11 46 36	S 9 54.2	40 0.6
10	11 46 37	S 9 52.4	0 50 0.8
12	11 46 38	S 9 50.6	1 00 0.9
14	11 46 39	S 9 48.7	10 1.1
16	11 46 39	S 9 46.9	20 1.2
18	11 46 40	S 9 45.1	30 1.4
20	11 46 41	S 9 43.2	40 1.5
22	11 46 41	S 9 41.4	1 50 1.7
24	11 46 42	S 9 39.5	2 00 1.8

視半径 S.D.　16′ 12″

✳ 恒星　$U = 0^h$ の値

No.		E_*	d
		h m s	° ′
1	Polaris	7 19 45	N89 19.9

24日　太陽

U	$E_\odot$	d	dのP.P.
h	h m s	° ′	h m ′
0	11 46 42	S 9 39.5	0 00 0.0
2	11 46 43	S 9 37.7	10 0.2
4	11 46 43	S 9 35.9	20 0.3
6	11 46 44	S 9 34.0	30 0.5
8	11 46 45	S 9 32.2	40 0.6
10	11 46 45	S 9 30.3	0 50 0.8
12	11 46 46	S 9 28.5	1 00 0.9
14	11 46 47	S 9 26.6	10 1.1
16	11 46 48	S 9 24.8	20 1.2
18	11 46 48	S 9 22.9	30 1.4
20	11 46 49	S 9 21.1	40 1.5
22	11 46 50	S 9 19.2	1 50 1.7
24	11 46 51	S 9 17.4	2 00 1.8

視半径 S.D.　16′ 11″

✳ 恒星　$U = 0^h$ の値

No.		E_*	d
		h m s	° ′
1	Polaris	7 23 43	N89 19.9

25日　太陽

U	$E_\odot$	d	dのP.P.
h	h m s	° ′	h m ′
0	11 46 51	S 9 17.4	0 00 0.0
2	11 46 51	S 9 15.5	10 0.2
4	11 46 52	S 9 13.7	20 0.3
6	11 46 53	S 9 11.8	30 0.5
8	11 46 54	S 9 10.0	40 0.6
10	11 46 55	S 9 08.1	0 50 0.8
12	11 46 55	S 9 06.2	1 00 0.9
14	11 46 56	S 9 04.4	10 1.1
16	11 46 57	S 9 02.5	20 1.2
18	11 46 58	S 9 00.7	30 1.4
20	11 46 58	S 8 58.8	40 1.5
22	11 46 59	S 8 56.9	1 50 1.7
24	11 47 00	S 8 55.1	2 00 1.9

視半径 S.D.　16′ 11″

✳ 恒星　$U = 0^h$ の値

No.		E_*	d
		h m s	° ′
1	Polaris	7 27 41	N89 19.9

26日　太陽

U	$E_\odot$	d	dのP.P.
h	h m s	° ′	h m ′
0	11 47 00	S 8 55.1	0 00 0.0
2	11 47 01	S 8 53.2	10 0.2
4	11 47 02	S 8 51.4	20 0.3
6	11 47 03	S 8 49.5	30 0.5
8	11 47 03	S 8 47.6	40 0.6
10	11 47 04	S 8 45.7	0 50 0.8
12	11 47 05	S 8 43.9	1 00 0.9
14	11 47 06	S 8 42.0	10 1.1
16	11 47 07	S 8 40.1	20 1.2
18	11 47 08	S 8 38.3	30 1.4
20	11 47 08	S 8 36.4	40 1.6
22	11 47 09	S 8 34.5	1 50 1.7
24	11 47 10	S 8 32.6	2 00 1.9

視半径 S.D.　16′ 11″

✳ 恒星　$U = 0^h$ の値

No.		E_*	d
		h m s	° ′
1	Polaris	7 31 39	N89 19.9

27日　太陽

U	$E_\odot$	d	dのP.P.
h	h m s	° ′	h m ′
0	11 47 10	S 8 32.6	0 00 0.0
2	11 47 11	S 8 30.8	10 0.2
4	11 47 12	S 8 28.9	20 0.3
6	11 47 13	S 8 27.0	30 0.5
8	11 47 14	S 8 25.1	40 0.6
10	11 47 14	S 8 23.3	0 50 0.8
12	11 47 15	S 8 21.4	1 00 0.9
14	11 47 16	S 8 19.5	10 1.1
16	11 47 17	S 8 17.6	20 1.3
18	11 47 18	S 8 15.7	30 1.4
20	11 47 19	S 8 13.9	40 1.6
22	11 47 20	S 8 12.0	1 50 1.7
24	11 47 21	S 8 10.1	2 00 1.9

視半径 S.D.　16′ 11″

✳ 恒星　$U = 0^h$ の値

No.		E_*	d
		h m s	° ′
1	Polaris	7 35 37	N89 19.9
2	Kochab	19 35 22	N74 05.4
3	Dubhe	23 21 22	N61 39.9
4	β Cassiop.	10 16 04	N59 14.1
5	Merak	23 23 17	N56 17.9
6	Alioth	21 31 20	N55 52.4
7	Schedir	9 44 41	N56 37.3
8	Mizar	21 01 30	N54 50.6
9	α Persei	7 00 38	N49 54.9
10	Benetnasch	20 37 54	N49 14.1
11	Capella	5 08 13	N46 00.7
12	Deneb	13 44 07	N45 20.1
13	Vega	15 48 37	N38 47.8
14	Castor	2 50 28	N31 51.1
15	Alpheratz	10 16 53	N29 10.4
16	Pollux	2 39 47	N27 59.1
17	α Cor. Bor.	18 50 43	N26 39.7
18	Arcturus	20 09 41	N19 06.1
19	Aldebaran	5 49 15	N16 32.2
20	Markab	11 20 33	N15 17.2
21	Denebola	22 36 12	N14 29.0
22	α Ophiuchi	16 50 25	N12 33.0
23	Regulus	0 16 51	N11 53.3
24	Altair	14 34 32	N 8 54.5
25	Betelgeuse	4 30 03	N 7 24.3
26	Bellatrix	5 00 06	N 6 21.5
27	Procyon	2 45 56	N 5 10.8
28	Rigel	5 10 47	S 8 11.4
29	α Hydrae	0 57 42	S 8 43.7
30	Spica	21 00 02	S11 14.5
31	Sirius	3 40 13	S16 44.6
32	β Ceti	9 41 43	S17 54.4
33	Antares	17 55 42	S26 27.7
34	σ Sagittarii	15 29 51	S26 16.5
35	Fomalhaut	11 27 35	S29 32.6
36	λ Scorpii	16 51 25	S37 06.6
37	Canopus	4 01 44	S52 42.7
38	α Pavonis	13 59 15	S56 40.9
39	Achernar	8 47 49	S57 09.9
40	β Crucis	21 37 23	S59 46.2
41	β Centauri	20 21 06	S60 26.5
42	α Centauri	19 45 22	S60 53.6
43	α Crucis	21 58 32	S63 10.9
44	α Tri. Aust.	17 35 46	S69 02.8
45	β Carinae	1 12 37	S69 47.0

R_0　　10 26 03 (h m s)

2015年 2月28日～3月6日

28日 ☉ 太陽

U	$E_☉$	d	dのP.P.
h	h m s	° ′	h m
0	11 47 21	S 8 10.1	0 00 0.0
2	11 47 21	S 8 08.2	10 0.2
4	11 47 22	S 8 06.3	20 0.3
6	11 47 23	S 8 04.4	30 0.5
8	11 47 24	S 8 02.5	40 0.6
10	11 47 25	S 8 00.7	0 50 0.8
12	11 47 26	S 7 58.8	1 00 0.9
14	11 47 27	S 7 56.9	10 1.1
16	11 47 28	S 7 55.0	20 1.3
18	11 47 29	S 7 53.1	30 1.4
20	11 47 30	S 7 51.2	40 1.6
22	11 47 31	S 7 49.3	1 50 1.7
24	11 47 32	S 7 47.4	2 00 1.9

視半径 S.D. 16′ 10″

✻ 恒星 $U=0^h$ の値

No.	E_*	d
	h m s	° ′
1 Polaris	7 39 35	N89 19.9

1日 ☉ 太陽

U	$E_☉$	d	dのP.P.
h	h m s	° ′	h m
0	11 47 32	S 7 47.4	0 00 0.0
2	11 47 33	S 7 45.5	10 0.2
4	11 47 34	S 7 43.6	20 0.3
6	11 47 35	S 7 41.7	30 0.5
8	11 47 35	S 7 39.8	40 0.6
10	11 47 36	S 7 37.9	0 50 0.8
12	11 47 37	S 7 36.0	1 00 0.9
14	11 47 38	S 7 34.1	10 1.1
16	11 47 39	S 7 32.2	20 1.3
18	11 47 40	S 7 30.3	30 1.4
20	11 47 41	S 7 28.4	40 1.6
22	11 47 42	S 7 26.5	1 50 1.7
24	11 47 43	S 7 24.6	2 00 1.9

視半径 S.D. 16′ 10″

✻ 恒星 $U=0^h$ の値

No.	E_*	d
	h m s	° ′
1 Polaris	7 43 34	N89 19.9

2日 ☉ 太陽

U	$E_☉$	d	dのP.P.
h	h m s	° ′	h m
0	11 47 43	S 7 24.6	0 00 0.0
2	11 47 44	S 7 22.7	10 0.2
4	11 47 45	S 7 20.8	20 0.3
6	11 47 46	S 7 18.9	30 0.5
8	11 47 47	S 7 17.0	40 0.6
10	11 47 48	S 7 15.1	0 50 0.8
12	11 47 49	S 7 13.2	1 00 1.0
14	11 47 50	S 7 11.3	10 1.1
16	11 47 51	S 7 09.4	20 1.3
18	11 47 52	S 7 07.5	30 1.4
20	11 47 53	S 7 05.6	40 1.6
22	11 47 54	S 7 03.6	1 50 1.7
24	11 47 55	S 7 01.7	2 00 1.9

視半径 S.D. 16′ 10″

✻ 恒星 $U=0^h$ の値

No.	E_*	d
	h m s	° ′
1 Polaris	7 47 32	N89 19.9

3日 ☉ 太陽

U	$E_☉$	d	dのP.P.
h	h m s	° ′	h m
0	11 47 55	S 7 01.7	0 00 0.0
2	11 47 56	S 6 59.8	10 0.2
4	11 47 57	S 6 57.9	20 0.3
6	11 47 58	S 6 56.0	30 0.5
8	11 48 00	S 6 54.1	40 0.6
10	11 48 01	S 6 52.2	0 50 0.8
12	11 48 02	S 6 50.3	1 00 1.0
14	11 48 03	S 6 48.3	10 1.1
16	11 48 04	S 6 46.4	20 1.3
18	11 48 05	S 6 44.5	30 1.4
20	11 48 06	S 6 42.6	40 1.6
22	11 48 07	S 6 40.7	1 50 1.8
24	11 48 08	S 6 38.7	2 00 1.9

視半径 S.D. 16′ 10″

✻ 恒星 $U=0^h$ の値

No.	E_*	d
	h m s	° ′
1 Polaris	7 51 30	N89 19.9

4日 ☉ 太陽

U	$E_☉$	d	dのP.P.
h	h m s	° ′	h m
0	11 48 08	S 6 38.7	0 00 0.0
2	11 48 09	S 6 36.8	10 0.2
4	11 48 10	S 6 34.9	20 0.3
6	11 48 11	S 6 33.0	30 0.5
8	11 48 12	S 6 31.1	40 0.6
10	11 48 13	S 6 29.1	0 50 0.8
12	11 48 14	S 6 27.2	1 00 1.0
14	11 48 16	S 6 25.3	10 1.1
16	11 48 17	S 6 23.4	20 1.3
18	11 48 18	S 6 21.4	30 1.4
20	11 48 19	S 6 19.5	40 1.6
22	11 48 20	S 6 17.6	1 50 1.8
24	11 48 21	S 6 15.7	2 00 1.9

視半径 S.D. 16′ 10″

✻ 恒星 $U=0^h$ の値

No.	E_*	d
	h m s	° ′
1 Polaris	7 55 28	N89 19.9

5日 ☉ 太陽

U	$E_☉$	d	dのP.P.
h	h m s	° ′	h m
0	11 48 21	S 6 15.7	0 00 0.0
2	11 48 22	S 6 13.7	10 0.2
4	11 48 23	S 6 11.8	20 0.3
6	11 48 24	S 6 09.9	30 0.5
8	11 48 26	S 6 07.9	40 0.6
10	11 48 27	S 6 06.0	0 50 0.8
12	11 48 28	S 6 04.1	1 00 1.0
14	11 48 29	S 6 02.2	10 1.1
16	11 48 30	S 6 00.2	20 1.3
18	11 48 31	S 5 58.3	30 1.4
20	11 48 32	S 5 56.4	40 1.6
22	11 48 33	S 5 54.4	1 50 1.8
24	11 48 35	S 5 52.5	2 00 1.9

視半径 S.D. 16′ 09″

✻ 恒星 $U=0^h$ の値

No.	E_*	d
	h m s	° ′
1 Polaris	7 59 27	N89 19.9

6日 ☉ 太陽

U	$E_☉$	d	dのP.P.
h	h m s	° ′	h m
0	11 48 35	S 5 52.5	0 00 0.0
2	11 48 36	S 5 50.6	10 0.2
4	11 48 37	S 5 48.6	20 0.3
6	11 48 38	S 5 46.7	30 0.5
8	11 48 39	S 5 44.7	40 0.6
10	11 48 40	S 5 42.8	0 50 0.8
12	11 48 42	S 5 40.9	1 00 1.0
14	11 48 43	S 5 38.9	10 1.1
16	11 48 44	S 5 37.0	20 1.3
18	11 48 45	S 5 35.1	30 1.5
20	11 48 46	S 5 33.1	40 1.6
22	11 48 47	S 5 31.2	1 50 1.8
24	11 48 49	S 5 29.2	2 00 1.9

視半径 S.D. 16′ 09″

✻ 恒星 $U=0^h$ の値

No.		E_*	d
		h m s	° ′
1	Polaris	8 03 25	N89 19.9
2	Kochab	20 02 58	N74 05.4
3	Dubhe	23 48 58	N61 40.0
4	β Cassiop.	10 43 40	N59 14.1
5	Merak	23 50 52	N56 17.9
6	Alioth	21 58 56	N55 52.5
7	Schedir	10 12 17	N56 37.3
8	Mizar	21 29 06	N54 50.6
9	α Persei	7 28 14	N49 54.9
10	Benetnasch	21 05 30	N49 14.1
11	Capella	5 35 49	N46 00.7
12	Deneb	14 11 43	N45 20.0
13	Vega	16 16 12	N38 47.8
14	Castor	3 18 04	N31 51.1
15	Alpheratz	10 44 29	N29 10.4
16	Pollux	3 07 23	N27 59.2
17	α Cor. Bor.	19 18 19	N26 39.7
18	Arcturus	20 37 17	N19 06.1
19	Aldebaran	6 16 51	N16 32.2
20	Markab	11 48 09	N15 17.2
21	Denebola	23 03 48	N14 29.0
22	α Ophiuchi	17 18 01	N12 32.9
23	Regulus	0 44 27	N11 53.3
24	Altair	15 02 08	N 8 54.5
25	Betelgeuse	4 57 39	N 7 24.3
26	Bellatrix	5 27 42	N 6 21.5
27	Procyon	3 13 32	N 5 10.8
28	Rigel	5 38 23	S 8 11.4
29	α Hydrae	1 25 17	S 8 43.8
30	Spica	21 27 38	S 11 14.5
31	Sirius	4 07 49	S 16 44.6
32	β Ceti	10 09 19	S 17 54.4
33	Antares	18 23 18	S 26 27.7
34	σ Sagittarii	15 57 27	S 26 16.4
35	Fomalhaut	11 55 11	S 29 32.5
36	λ Scorpii	17 19 00	S 37 06.6
37	Canopus	4 29 21	S 52 42.7
38	α Pavonis	14 26 51	S 56 40.9
39	Achernar	9 15 25	S 57 09.9
40	β Crucis	22 04 58	S 59 46.2
41	β Centauri	20 48 42	S 60 26.5
42	α Centauri	20 12 58	S 60 53.6
43	α Crucis	22 26 08	S 63 10.9
44	α Tri. Aust.	18 03 21	S 69 02.8
45	β Carinae	1 40 13	S 69 47.1

R_0 10 53 39 h m s

☉ 太陽

U (h)	E☉ (h m s)	d (° ′)	dのP.P. (h m)	(′)
0	11 48 49	S 5 29.2	0 00	0.0
2	11 48 50	S 5 27.3	10	0.2
4	11 48 51	S 5 25.4	20	0.3
6	11 48 52	S 5 23.4	30	0.5
8	11 48 53	S 5 21.5	40	0.6
10	11 48 54	S 5 19.5	0 50	0.8
12	11 48 56	S 5 17.6	1 00	1.0
14	11 48 57	S 5 15.6	10	1.1
16	11 48 58	S 5 13.7	20	1.3
18	11 48 59	S 5 11.8	30	1.5
20	11 49 00	S 5 09.8	40	1.6
22	11 49 02	S 5 07.9	1 50	1.8
24	11 49 03	S 5 05.9	2 00	1.9

視半径 S.D. 16′ 09″

✳ 恒星 U = 0ʰ の値

No.		E✳ (h m s)	d (° ′)
1	Polaris	8 07 23	N89 19.9
2	Kochab	20 06 54	N74 05.4
3	Dubhe	23 52 54	N61 40.0
4	βCassiop.	10 47 37	N59 14.0
5	Merak	23 54 49	N56 17.9
6	Alioth	22 02 53	N55 52.5
7	Schedir	10 16 14	N56 37.3
8	Mizar	21 33 02	N54 50.6
9	αPersei	7 32 11	N49 54.9
10	Benetnasch	21 09 26	N49 14.1
11	Capella	5 39 46	N46 00.7
12	Deneb	14 15 39	N45 20.0
13	Vega	16 20 09	N38 47.8
14	Castor	3 22 00	N31 51.1
15	Alpheratz	10 48 26	N29 10.4
16	Pollux	3 11 20	N27 59.2
17	αCor. Bor.	19 22 15	N26 39.7
18	Arcturus	20 41 13	N19 06.1
19	Aldebaran	6 20 48	N16 32.2
20	Markab	11 52 05	N15 17.2
21	Denebola	23 07 44	N14 29.0
22	αOphiuchi	17 21 57	N12 32.9
23	Regulus	0 48 23	N11 53.3
24	Altair	15 06 05	N 8 54.5
25	Betelgeuse	5 01 35	N 7 24.3
26	Bellatrix	5 31 38	N 6 21.5
27	Procyon	3 17 29	N 5 10.8
28	Rigel	5 42 19	S 8 11.4
29	αHydrae	1 29 14	S 8 43.8
30	Spica	21 31 34	S11 14.5
31	Sirius	4 11 46	S16 44.6
32	βCeti	10 13 16	S17 54.4
33	Antares	18 27 14	S26 27.7
34	σSagittarii	16 01 24	S26 16.4
35	Fomalhaut	11 59 08	S29 32.5
36	λScorpii	17 22 57	S37 06.6
37	Canopus	4 33 17	S52 42.7
38	αPavonis	14 30 47	S56 40.9
39	Achernar	9 19 21	S57 09.9
40	βCrucis	22 08 55	S59 46.2
41	βCentauri	20 52 38	S60 26.5
42	αCentauri	20 16 54	S60 53.6
43	αCrucis	22 30 04	S63 10.9
44	αTri. Aust.	18 07 17	S69 02.8
45	βCarinae	1 44 09	S69 47.1

R_0 10ʰ 57ᵐ 35ˢ

P 惑星

♀ 金星 正中時 Tr. 14ʰ 07ᵐ

U (h)	E_P (h m s)	d (° ′)	P.P. (h m)	E_P (s)	d (′)
0	9 52 56	N 6 24.6	0 00	0	0.0
2	9 52 53	N 6 27.1	10	0	0.2
4	9 52 51	N 6 29.7	20	0	0.4
6	9 52 48	N 6 32.2	30	1	0.6
8	9 52 45	N 6 34.8	40	1	0.8
10	9 52 43	N 6 37.3	0 50	1	1.1
12	9 52 40	N 6 39.8	1 00	1	1.3
14	9 52 38	N 6 42.4	10	2	1.5
16	9 52 35	N 6 44.9	20	2	1.7
18	9 52 32	N 6 47.5	30	2	1.9
20	9 52 30	N 6 50.0	40	2	2.1
22	9 52 27	N 6 52.5	1 50	2	2.3
24	9 52 25	N 6 55.1	2 00	3	2.5

♂ 火星 正中時 Tr. 13ʰ 45ᵐ

U (h)	E_P (h m s)	d (° ′)	P.P. (h m)	E_P (s)	d (′)
0	10 14 46	N 4 09.0	0 00	0	0.0
2	10 14 52	N 4 10.6	10	0	0.1
4	10 14 58	N 4 12.1	20	1	0.3
6	10 15 03	N 4 13.6	30	1	0.4
8	10 15 09	N 4 15.2	40	2	0.5
10	10 15 15	N 4 16.7	0 50	2	0.6
12	10 15 21	N 4 18.3	1 00	3	0.8
14	10 15 27	N 4 19.8	10	3	0.9
16	10 15 32	N 4 21.3	20	4	1.0
18	10 15 38	N 4 22.9	30	4	1.2
20	10 15 44	N 4 24.4	40	5	1.3
22	10 15 50	N 4 25.9	1 50	5	1.4
24	10 15 56	N 4 27.5	2 00	6	1.5

♃ 木星 正中時 Tr. 22ʰ 06ᵐ

U (h)	E_P (h m s)	d (° ′)	P.P. (h m)	E_P (s)	d (′)
0	1 49 36	N17 29.9	0 00	0	0.0
2	1 49 58	N17 30.0	10	2	0.0
4	1 50 19	N17 30.2	20	4	0.0
6	1 50 41	N17 30.3	30	5	0.0
8	1 51 03	N17 30.4	40	7	0.0
10	1 51 24	N17 30.6	0 50	9	0.1
12	1 51 46	N17 30.7	1 00	11	0.1
14	1 52 07	N17 30.8	10	13	0.1
16	1 52 29	N17 31.0	20	14	0.1
18	1 52 51	N17 31.1	30	16	0.1
20	1 53 12	N17 31.3	40	18	0.1
22	1 53 34	N17 31.4	1 50	20	0.1
24	1 53 55	N17 31.5	2 00	22	0.1

♄ 土星 正中時 Tr. 5ʰ 15ᵐ

U (h)	E_P (h m s)	d (° ′)	P.P. (h m)	E_P (s)	d (′)
0	18 44 16	S19 03.9	0 00	0	0.0
2	18 44 36	S19 03.9	10	2	0.0
4	18 44 55	S19 03.9	20	3	0.0
6	18 45 14	S19 03.9	30	5	0.0
8	18 45 34	S19 03.9	40	6	0.0
10	18 45 53	S19 03.9	0 50	8	0.0
12	18 46 13	S19 03.9	1 00	10	0.0
14	18 46 32	S19 03.9	10	11	0.0
16	18 46 52	S19 03.9	20	13	0.0
18	18 47 11	S19 03.9	30	15	0.0
20	18 47 31	S19 03.9	40	16	0.0
22	18 47 50	S19 03.9	1 50	18	0.0
24	18 48 10	S19 03.9	2 00	19	0.0

☾ 月 正中時 Tr. 1ʰ 01ᵐ

U (h)	E☾ (h m s)	d (° ′)
0	23 00 41	S 0 42.2
	22 59 49	S 0 46.9
1	22 58 58	S 0 51.6
	22 58 06	S 0 56.2
2	22 57 15	S 1 00.9
	22 56 23	S 1 05.5
3	22 55 31	S 1 10.2
	22 54 40	S 1 14.8
4	22 53 48	S 1 19.5
	22 52 57	S 1 24.1
5	22 52 05	S 1 28.8
	22 51 14	S 1 33.5
H.P. 54′.1,	S.D. 14′ 44″	
6	22 50 22	S 1 38.1
	22 49 30	S 1 42.7
7	22 48 39	S 1 47.4
	22 47 47	S 1 52.0
8	22 46 55	S 1 56.7
	22 46 04	S 2 01.3
9	22 45 12	S 2 06.0
	22 44 20	S 2 10.6
10	22 43 29	S 2 15.2
	22 42 37	S 2 19.9
11	22 41 45	S 2 24.5
	22 40 54	S 2 29.2
H.P. 54′.1,	S.D. 14′ 45″	
12	22 40 02	S 2 33.8
	22 39 10	S 2 38.4
13	22 38 18	S 2 43.0
	22 37 26	S 2 47.7
14	22 36 35	S 2 52.3
	22 35 43	S 2 56.9
15	22 34 51	S 3 01.5
	22 33 59	S 3 06.1
16	22 33 07	S 3 10.7
	22 32 15	S 3 15.4
17	22 31 23	S 3 20.0
	22 30 32	S 3 24.6
H.P. 54′.2,	S.D. 14′ 46″	
18	22 29 40	S 3 29.2
	22 28 48	S 3 33.8
19	22 27 56	S 3 38.4
	22 27 04	S 3 42.9
20	22 26 12	S 3 47.5
	22 25 20	S 3 52.1
21	22 24 28	S 3 56.7
	22 23 36	S 4 01.3
22	22 22 44	S 4 05.8
	22 21 52	S 4 10.4
23	22 20 59	S 4 15.0
	22 20 07	S 4 19.5
24	22 19 15	S 4 24.1
H.P. 54′.2,	S.D. 14′ 47″	

P.P. (E☾ d)

m	E☾ (s)	d (′)		m	E☾ (s)	d (′)
1	2	0.2		1	2	0.2
2	3	0.3		2	3	0.3
3	5	0.5		3	5	0.5
4	7	0.6		4	7	0.6
5	9	0.8		5	9	0.8
6	10	0.9		6	10	0.9
7	12	1.1		7	12	1.1
8	14	1.2		8	14	1.2
9	15	1.4		9	16	1.4
10	17	1.5		10	17	1.5
11	19	1.7		11	19	1.7
12	21	1.9		12	21	1.8
13	22	2.0		13	23	2.0
14	24	2.2		14	24	2.1
15	26	2.3		15	26	2.3
16	28	2.5		16	28	2.5
17	29	2.6		17	29	2.6
18	31	2.8		18	31	2.8
19	33	2.9		19	33	2.9
20	34	3.1		20	35	3.1
21	36	3.3		21	36	3.2
22	38	3.4		22	38	3.4
23	40	3.6		23	40	3.5
24	41	3.7		24	42	3.7
25	43	3.9		25	43	3.8
26	45	4.0		26	45	4.0
27	46	4.2		27	47	4.1
28	48	4.3		28	48	4.3
29	50	4.5		29	50	4.4
30	52	4.6		30	52	4.6

P 惑星

星名	赤経 R.A. (h m)	赤緯 d (° ′)	等級 Mag.	地平視差 H.P. (′)	視半径 S.D. (″)
♀ 金星	1 05	N 6 25	−4.0	0.1	6
♂ 火星	0 43	N 4 09	+1.3	0.1	2
♃ 木星	9 08	N17 30	−2.5	0.0	21
♄ 土星	16 13	S19 04	+0.4	0.0	8
☿ 水星	21 37	S15 47	0.0	0.1	3

2015　　　3月8日～3月14日　　　13

8日 ☉ 太陽

U	$E_☉$	d	dのP.P.
h	h m s	° ′	h m
0	11 49 03	S 5 05.9	0 00　0.0
2	11 49 04	S 5 04.0	10　0.2
4	11 49 05	S 5 02.0	20　0.3
6	11 49 07	S 5 00.1	30　0.5
8	11 49 08	S 4 58.1	40　0.6
10	11 49 09	S 4 56.2	0 50　0.8
12	11 49 10	S 4 54.2	1 00　1.0
14	11 49 11	S 4 52.3	10　1.1
16	11 49 13	S 4 50.3	20　1.3
18	11 49 14	S 4 48.4	30　1.5
20	11 49 15	S 4 46.4	40　1.6
22	11 49 16	S 4 44.5	1 50　1.8
24	11 49 18	S 4 42.5	2 00　1.9

視半径 S.D. 16′09″

✶ 恒星 $U=0^h$ の値

No.		E_*	d
1	Polaris	h m s 8 11 22	° ′ N89 19.9

9日 ☉ 太陽

U	$E_☉$	d	dのP.P.
h	h m s	° ′	h m
0	11 49 18	S 4 42.5	0 00　0.0
2	11 49 19	S 4 40.6	10　0.2
4	11 49 20	S 4 38.6	20　0.3
6	11 49 21	S 4 36.7	30　0.5
8	11 49 23	S 4 34.7	40　0.7
10	11 49 24	S 4 32.8	0 50　0.8
12	11 49 25	S 4 30.8	1 00　1.0
14	11 49 26	S 4 28.8	10　1.1
16	11 49 28	S 4 26.9	20　1.3
18	11 49 29	S 4 24.9	30　1.5
20	11 49 30	S 4 23.0	40　1.6
22	11 49 31	S 4 21.0	1 50　1.8
24	11 49 33	S 4 19.1	2 00　2.0

視半径 S.D. 16′08″

✶ 恒星 $U=0^h$ の値

No.		E_*	d
1	Polaris	8 15 20	N89 19.9

10日 ☉ 太陽

U	$E_☉$	d	dのP.P.
h	h m s	° ′	h m
0	11 49 33	S 4 19.1	0 00　0.0
2	11 49 34	S 4 17.1	10　0.2
4	11 49 35	S 4 15.2	20　0.3
6	11 49 36	S 4 13.2	30　0.5
8	11 49 38	S 4 11.2	40　0.7
10	11 49 39	S 4 09.3	0 50　0.8
12	11 49 40	S 4 07.3	1 00　1.0
14	11 49 42	S 4 05.4	10　1.1
16	11 49 43	S 4 03.4	20　1.3
18	11 49 44	S 4 01.4	30　1.5
20	11 49 45	S 3 59.5	40　1.6
22	11 49 47	S 3 57.5	1 50　1.8
24	11 49 48	S 3 55.6	2 00　2.0

視半径 S.D. 16′08″

✶ 恒星 $U=0^h$ の値

No.		E_*	d
1	Polaris	8 19 18	N89 19.9

11日 ☉ 太陽

U	$E_☉$	d	dのP.P.
h	h m s	° ′	h m
0	11 49 48	S 3 55.6	0 00　0.0
2	11 49 49	S 3 53.6	10　0.2
4	11 49 51	S 3 51.6	20　0.3
6	11 49 52	S 3 49.7	30　0.5
8	11 49 53	S 3 47.7	40　0.7
10	11 49 55	S 3 45.7	0 50　0.8
12	11 49 56	S 3 43.8	1 00　1.0
14	11 49 57	S 3 41.8	10　1.1
16	11 49 59	S 3 39.9	20　1.3
18	11 50 00	S 3 37.9	30　1.5
20	11 50 01	S 3 35.9	40　1.6
22	11 50 02	S 3 34.0	1 50　1.8
24	11 50 04	S 3 32.0	2 00　2.0

視半径 S.D. 16′08″

✶ 恒星 $U=0^h$ の値

No.		E_*	d
1	Polaris	8 23 16	N89 19.9

12日 ☉ 太陽

U	$E_☉$	d	dのP.P.
h	h m s	° ′	h m
0	11 50 04	S 3 32.0	0 00　0.0
2	11 50 05	S 3 30.0	10　0.2
4	11 50 06	S 3 28.1	20　0.3
6	11 50 08	S 3 26.1	30　0.5
8	11 50 09	S 3 24.1	40　0.7
10	11 50 10	S 3 22.2	0 50　0.8
12	11 50 12	S 3 20.2	1 00　1.0
14	11 50 13	S 3 18.2	10　1.1
16	11 50 14	S 3 16.3	20　1.3
18	11 50 16	S 3 14.3	30　1.5
20	11 50 17	S 3 12.3	40　1.6
22	11 50 18	S 3 10.4	1 50　1.8
24	11 50 20	S 3 08.4	2 00　2.0

視半径 S.D. 16′08″

✶ 恒星 $U=0^h$ の値

No.		E_*	d
1	Polaris	8 27 14	N89 19.9

13日 ☉ 太陽

U	$E_☉$	d	dのP.P.
h	h m s	° ′	h m
0	11 50 20	S 3 08.4	0 00　0.0
2	11 50 21	S 3 06.4	10　0.2
4	11 50 23	S 3 04.5	20　0.3
6	11 50 24	S 3 02.5	30　0.5
8	11 50 25	S 3 00.5	40　0.7
10	11 50 27	S 2 58.5	0 50　0.8
12	11 50 28	S 2 56.6	1 00　1.0
14	11 50 29	S 2 54.6	10　1.1
16	11 50 31	S 2 52.6	20　1.3
18	11 50 32	S 2 50.7	30　1.5
20	11 50 33	S 2 48.7	40　1.6
22	11 50 35	S 2 46.7	1 50　1.8
24	11 50 36	S 2 44.8	2 00　2.0

視半径 S.D. 16′07″

✶ 恒星 $U=0^h$ の値

No.		E_*	d
1	Polaris	8 31 11	N89 19.9

14日 ☉ 太陽

U	$E_☉$	d	dのP.P.
h	h m s	° ′	h m
0	11 50 36	S 2 44.8	0 00　0.0
2	11 50 37	S 2 42.8	10　0.2
4	11 50 39	S 2 40.8	20　0.3
6	11 50 40	S 2 38.8	30　0.5
8	11 50 42	S 2 36.9	40　0.7
10	11 50 43	S 2 34.9	0 50　0.8
12	11 50 44	S 2 32.9	1 00　1.0
14	11 50 46	S 2 30.9	10　1.2
16	11 50 47	S 2 29.0	20　1.3
18	11 50 48	S 2 27.0	30　1.5
20	11 50 50	S 2 25.0	40　1.6
22	11 50 51	S 2 23.1	1 50　1.8
24	11 50 53	S 2 21.1	2 00　2.0

視半径 S.D. 16′07″

✶ 恒星 $U=0^h$ の値

No.		E_*	d
		h m s	° ′
1	Polaris	8 35 09	N89 19.9
2	Kochab	20 34 29	N74 05.4
3	Dubhe	0 20 30	N61 40.0
4	β Cassiop.	11 15 13	N59 14.0
5	Merak	0 22 25	N56 17.9
6	Alioth	22 30 28	N55 52.5
7	Schedir	10 43 50	N56 37.2
8	Mizar	22 00 38	N54 50.6
9	α Persei	7 59 47	N49 54.9
10	Benetnasch	21 37 02	N49 14.1
11	Capella	6 07 22	N46 00.7
12	Deneb	14 43 15	N45 20.0
13	Vega	16 47 44	N38 47.8
14	Castor	3 49 36	N31 51.1
15	Alpheratz	11 16 02	N29 10.4
16	Pollux	3 38 56	N27 59.2
17	α Cor. Bor.	19 49 51	N26 39.7
18	Arcturus	21 08 49	N19 06.1
19	Aldebaran	6 48 24	N16 32.2
20	Markab	12 19 41	N15 17.2
21	Denebola	23 35 20	N14 29.1
22	α Ophiuchi	17 49 33	N12 32.9
23	Regulus	1 15 59	N11 53.3
24	Altair	15 33 40	N 8 54.5
25	Betelgeuse	5 29 11	N 7 24.3
26	Bellatrix	5 59 14	N 6 21.5
27	Procyon	3 45 05	N 5 10.8
28	Rigel	6 09 55	S 8 11.4
29	α Hydrae	1 56 50	S 8 43.8
30	Spica	21 59 10	S11 14.5
31	Sirius	4 39 22	S16 44.6
32	β Ceti	10 40 51	S17 54.4
33	Antares	18 35 33	S26 27.7
34	σ Sagittarii	16 28 59	S26 16.4
35	Fomalhaut	12 26 44	S29 32.5
36	λ Scorpii	17 50 33	S37 06.6
37	Canopus	5 00 53	S52 42.7
38	α Pavonis	14 58 23	S56 40.9
39	Achernar	9 46 57	S57 09.8
40	β Crucis	22 36 31	S59 46.3
41	β Centauri	21 20 14	S60 26.6
42	α Centauri	20 44 30	S60 53.6
43	α Crucis	22 57 40	S63 11.0
44	α Tri. Aust.	18 34 53	S69 02.8
45	β Carinae	2 11 45	S69 47.1

R_0　　　h m s
　　　11 25 11

3 月 15 日 ～ 3 月 21 日　　2015

15 日 ☉ 太陽

U	$E_☉$	d	dのP.P.
h	h m s	° ′	h m ′
0	11 50 53	S 2 21.1	0 00 0.0
2	11 50 54	S 2 19.1	10 0.2
4	11 50 55	S 2 17.1	20 0.3
6	11 50 57	S 2 15.2	30 0.5
8	11 50 58	S 2 13.2	40 0.7
10	11 51 00	S 2 11.2	0 50 0.8
12	11 51 01	S 2 09.2	1 00 1.0
14	11 51 02	S 2 07.3	10 1.2
16	11 51 04	S 2 05.3	20 1.3
18	11 51 05	S 2 03.3	30 1.5
20	11 51 07	S 2 01.3	40 1.6
22	11 51 08	S 1 59.4	1 50 1.8
24	11 51 09	S 1 57.4	2 00 2.0

視半径 S.D.　16′ 07″

✴ 恒 星	$U = 0^h$ の値	
No.	E_*	d
	h m s	° ′
1 Polaris	8 39 07	N89 19.9

16 日 ☉ 太陽

U	$E_☉$	d	dのP.P.
h	h m s	° ′	h m ′
0	11 51 09	S 1 57.4	0 00 0.0
2	11 51 11	S 1 55.4	10 0.2
4	11 51 12	S 1 53.4	20 0.3
6	11 51 14	S 1 51.5	30 0.5
8	11 51 15	S 1 49.5	40 0.7
10	11 51 16	S 1 47.5	0 50 0.8
12	11 51 18	S 1 45.5	1 00 1.0
14	11 51 19	S 1 43.6	10 1.2
16	11 51 21	S 1 41.6	20 1.3
18	11 51 22	S 1 39.6	30 1.5
20	11 51 23	S 1 37.6	40 1.6
22	11 51 25	S 1 35.7	1 50 1.8
24	11 51 26	S 1 33.7	2 00 2.0

視半径 S.D.　16′ 06″

✴ 恒 星	$U = 0^h$ の値	
No.	E_*	d
	h m s	° ′
1 Polaris	8 43 05	N89 19.9

17 日 ☉ 太陽

U	$E_☉$	d	dのP.P.
h	h m s	° ′	h m ′
0	11 51 26	S 1 33.7	0 00 0.0
2	11 51 28	S 1 31.7	10 0.2
4	11 51 29	S 1 29.7	20 0.3
6	11 51 31	S 1 27.7	30 0.5
8	11 51 32	S 1 25.8	40 0.7
10	11 51 33	S 1 23.8	0 50 0.8
12	11 51 35	S 1 21.8	1 00 1.0
14	11 51 36	S 1 19.8	10 1.2
16	11 51 38	S 1 17.9	20 1.3
18	11 51 39	S 1 15.9	30 1.5
20	11 51 41	S 1 13.9	40 1.6
22	11 51 42	S 1 11.9	1 50 1.8
24	11 51 43	S 1 09.9	2 00 2.0

視半径 S.D.　16′ 06″

✴ 恒 星	$U = 0^h$ の値	
No.	E_*	d
	h m s	° ′
1 Polaris	8 47 03	N89 19.9

18 日 ☉ 太陽

U	$E_☉$	d	dのP.P.
h	h m s	° ′	h m ′
0	11 51 43	S 1 09.9	0 00 0.0
2	11 51 45	S 1 08.0	10 0.2
4	11 51 46	S 1 06.0	20 0.3
6	11 51 48	S 1 04.0	30 0.5
8	11 51 49	S 1 02.0	40 0.7
10	11 51 51	S 1 00.1	0 50 0.8
12	11 51 52	S 0 58.1	1 00 1.0
14	11 51 54	S 0 56.1	10 1.2
16	11 51 55	S 0 54.1	20 1.3
18	11 51 56	S 0 52.2	30 1.5
20	11 51 58	S 0 50.2	40 1.6
22	11 51 59	S 0 48.2	1 50 1.8
24	11 52 01	S 0 46.2	2 00 2.0

視半径 S.D.　16′ 06″

✴ 恒 星	$U = 0^h$ の値	
No.	E_*	d
	h m s	° ′
1 Polaris	8 51 01	N89 19.9

19 日 ☉ 太陽

U	$E_☉$	d	dのP.P.
h	h m s	° ′	h m ′
0	11 52 01	S 0 46.2	0 00 0.0
2	11 52 02	S 0 44.2	10 0.2
4	11 52 04	S 0 42.3	20 0.3
6	11 52 05	S 0 40.3	30 0.5
8	11 52 07	S 0 38.3	40 0.7
10	11 52 08	S 0 36.3	0 50 0.8
12	11 52 09	S 0 34.4	1 00 1.0
14	11 52 11	S 0 32.4	10 1.2
16	11 52 12	S 0 30.4	20 1.3
18	11 52 14	S 0 28.4	30 1.5
20	11 52 15	S 0 26.4	40 1.6
22	11 52 17	S 0 24.5	1 50 1.8
24	11 52 18	S 0 22.5	2 00 2.0

視半径 S.D.　16′ 06″

✴ 恒 星	$U = 0^h$ の値	
No.	E_*	d
	h m s	° ′
1 Polaris	8 54 59	N89 19.9

20 日 ☉ 太陽

U	$E_☉$	d	dのP.P.
h	h m s	° ′	h m ′
0	11 52 18	S 0 22.5	0 00 0.0
2	11 52 20	S 0 20.5	10 0.2
4	11 52 21	S 0 18.5	20 0.3
6	11 52 23	S 0 16.6	30 0.5
8	11 52 24	S 0 14.6	40 0.7
10	11 52 26	S 0 12.6	0 50 0.8
12	11 52 27	S 0 10.6	1 00 1.0
14	11 52 28	S 0 08.6	10 1.2
16	11 52 30	S 0 06.7	20 1.3
18	11 52 31	S 0 04.7	30 1.5
20	11 52 33	S 0 02.7	40 1.6
22	11 52 34	S 0 00.7	1 50 1.8
24	11 52 36	N 0 01.2	2 00 2.0

視半径 S.D.　16′ 05″

✴ 恒 星	$U = 0^h$ の値	
No.	E_*	d
	h m s	° ′
1 Polaris	8 58 57	N89 19.9

21 日 ☉ 太陽

U	$E_☉$	d	dのP.P.
h	h m s	° ′	h m ′
0	11 52 36	N 0 01.2	0 00 0.0
2	11 52 37	N 0 03.2	10 0.2
4	11 52 39	N 0 05.2	20 0.3
6	11 52 40	N 0 07.2	30 0.5
8	11 52 42	N 0 09.1	40 0.7
10	11 52 43	N 0 11.1	0 50 0.8
12	11 52 45	N 0 13.1	1 00 1.0
14	11 52 46	N 0 15.1	10 1.2
16	11 52 48	N 0 17.0	20 1.3
18	11 52 49	N 0 19.0	30 1.5
20	11 52 51	N 0 21.0	40 1.6
22	11 52 52	N 0 23.0	1 50 1.8
24	11 52 54	N 0 24.9	2 00 2.0

視半径 S.D.　16′ 05″

✴ 恒 星	$U = 0^h$ の値	
No.	E_*	d
	h m s	° ′
1 Polaris	9 02 55	N89 19.9
2 Kochab	21 02 05	N74 05.4
3 Dubhe	0 48 06	N61 40.0
4 β Cassiop.	11 42 49	N59 14.0
5 Merak	0 50 01	N56 18.0
6 Alioth	22 58 04	N55 52.5
7 Schedir	11 11 26	N56 37.2
8 Mizar	22 28 14	N54 50.6
9 α Persei	8 27 23	N49 54.9
10 Benetnasch	22 04 38	N49 14.1
11 Capella	6 34 58	N46 00.7
12 Deneb	15 10 51	N45 20.0
13 Vega	17 15 20	N38 47.8
14 Castor	4 17 12	N31 51.1
15 Alpheratz	11 43 37	N29 10.4
16 Pollux	4 06 32	N27 59.2
17 α Cor. Bor.	20 17 26	N26 39.7
18 Arcturus	21 36 25	N19 06.1
19 Aldebaran	7 16 00	N16 32.2
20 Markab	12 47 17	N15 17.1
21 Denebola	0 02 56	N14 29.1
22 α Ophiuchi	18 17 08	N12 32.9
23 Regulus	1 43 35	N11 53.3
24 Altair	16 01 16	N 8 54.5
25 Betelgeuse	5 56 47	N 7 24.3
26 Bellatrix	6 26 50	N 6 21.5
27 Procyon	4 12 41	N 5 10.8
28 Rigel	6 37 31	S 8 11.4
29 α Hydrae	2 24 26	S 8 43.8
30 Spica	22 26 46	S11 14.5
31 Sirius	5 06 58	S16 44.6
32 β Ceti	11 08 27	S17 54.4
33 Antares	19 22 26	S26 27.7
34 σ Sagittarii	16 56 35	S26 16.4
35 Fomalhaut	12 54 19	S29 32.5
36 λ Scorpii	18 18 08	S37 06.6
37 Canopus	5 28 29	S52 42.7
38 α Pavonis	15 25 58	S56 40.8
39 Achernar	10 14 33	S57 09.3
40 β Crucis	23 04 06	S59 46.3
41 β Centauri	21 47 49	S60 26.6
42 α Centauri	21 12 05	S60 53.7
43 α Crucis	23 25 16	S63 11.0
44 α Tri. Aust.	19 02 28	S69 02.9
45 β Carinae	2 39 22	S69 47.2

| R_0 | h m s |
| | 11 52 47 |

2015　　3月22日 ～ 3月28日　　15

22日 ☉ 太陽

U	$E_☉$	d	dのP.P.
h	h m s	° ′	h m
0	11 52 54	N 0 24.9	0 00　0.0
2	11 52 55	N 0 26.9	10　0.2
4	11 52 57	N 0 28.9	20　0.3
6	11 52 58	N 0 30.9	30　0.5
8	11 53 00	N 0 32.8	40　0.7
10	11 53 01	N 0 34.8	0 50　0.8
12	11 53 02	N 0 36.8	1 00　1.0
14	11 53 04	N 0 38.8	10　1.2
16	11 53 05	N 0 40.7	20　1.3
18	11 53 07	N 0 42.7	30　1.5
20	11 53 08	N 0 44.7	40　1.6
22	11 53 10	N 0 46.7	1 50　1.8
24	11 53 11	N 0 48.6	2 00　2.0

視半径 S.D.　16′05″

✻ No.	恒星	E_* U=0^{h}の値	d
		h m s	° ′
1	Polaris	9 06 53	N89 19.9

23日 ☉ 太陽

U	$E_☉$	d	dのP.P.
h	h m s	° ′	h m
0	11 53 11	N 0 48.6	0 00　0.0
2	11 53 13	N 0 50.6	10　0.2
4	11 53 14	N 0 52.6	20　0.3
6	11 53 16	N 0 54.5	30　0.5
8	11 53 17	N 0 56.5	40　0.7
10	11 53 19	N 0 58.5	0 50　0.8
12	11 53 20	N 1 00.5	1 00　1.0
14	11 53 22	N 1 02.4	10　1.2
16	11 53 23	N 1 04.4	20　1.3
18	11 53 25	N 1 06.4	30　1.5
20	11 53 26	N 1 08.3	40　1.6
22	11 53 28	N 1 10.3	1 50　1.8
24	11 53 29	N 1 12.3	2 00　2.0

視半径 S.D.　16′05″

✻ No.	恒星	E_* U=0^{h}の値	d
		h m s	° ′
1	Polaris	9 10 51	N89 19.8

24日 ☉ 太陽

U	$E_☉$	d	dのP.P.
h	h m s	° ′	h m
0	11 53 29	N 1 12.3	0 00　0.0
2	11 53 31	N 1 14.3	10　0.2
4	11 53 32	N 1 16.2	20　0.3
6	11 53 34	N 1 18.2	30　0.5
8	11 53 35	N 1 20.2	40　0.7
10	11 53 37	N 1 22.1	0 50　0.8
12	11 53 38	N 1 24.1	1 00　1.0
14	11 53 40	N 1 26.1	10　1.1
16	11 53 41	N 1 28.0	20　1.3
18	11 53 43	N 1 30.0	30　1.5
20	11 53 44	N 1 32.0	40　1.6
22	11 53 46	N 1 34.0	1 50　1.8
24	11 53 47	N 1 35.9	2 00　2.0

視半径 S.D.　16′04″

✻ No.	恒星	E_* U=0^{h}の値	d
		h m s	° ′
1	Polaris	9 14 48	N89 19.8

25日 ☉ 太陽

U	$E_☉$	d	dのP.P.
h	h m s	° ′	h m
0	11 53 47	N 1 35.9	0 00　0.0
2	11 53 49	N 1 37.9	10　0.2
4	11 53 50	N 1 39.9	20　0.3
6	11 53 52	N 1 41.8	30　0.5
8	11 53 53	N 1 43.8	40　0.7
10	11 53 55	N 1 45.8	0 50　0.8
12	11 53 56	N 1 47.7	1 00　1.0
14	11 53 58	N 1 49.7	10　1.2
16	11 53 59	N 1 51.6	20　1.3
18	11 54 01	N 1 53.6	30　1.5
20	11 54 02	N 1 55.6	40　1.6
22	11 54 04	N 1 57.5	1 50　1.8
24	11 54 05	N 1 59.5	2 00　2.0

視半径 S.D.　16′04″

✻ No.	恒星	E_* U=0^{h}の値	d
		h m s	° ′
1	Polaris	9 18 46	N89 19.8

26日 ☉ 太陽

U	$E_☉$	d	dのP.P.
h	h m s	° ′	h m
0	11 54 05	N 1 59.5	0 00　0.0
2	11 54 07	N 2 01.5	10　0.2
4	11 54 08	N 2 03.4	20　0.3
6	11 54 10	N 2 05.4	30　0.5
8	11 54 11	N 2 07.4	40　0.7
10	11 54 13	N 2 09.3	0 50　0.8
12	11 54 14	N 2 11.3	1 00　1.0
14	11 54 16	N 2 13.2	10　1.1
16	11 54 17	N 2 15.2	20　1.3
18	11 54 19	N 2 17.2	30　1.5
20	11 54 21	N 2 19.1	40　1.6
22	11 54 22	N 2 21.1	1 50　1.8
24	11 54 24	N 2 23.1	2 00　2.0

視半径 S.D.　16′04″

✻ No.	恒星	E_* U=0^{h}の値	d
		h m s	° ′
1	Polaris	9 22 43	N89 19.8

27日 ☉ 太陽

U	$E_☉$	d	dのP.P.
h	h m s	° ′	h m
0	11 54 24	N 2 23.1	0 00　0.0
2	11 54 25	N 2 25.0	10　0.2
4	11 54 27	N 2 27.0	20　0.3
6	11 54 28	N 2 28.9	30　0.5
8	11 54 30	N 2 30.9	40　0.7
10	11 54 31	N 2 32.8	0 50　0.8
12	11 54 33	N 2 34.8	1 00　1.0
14	11 54 34	N 2 36.8	10　1.1
16	11 54 36	N 2 38.7	20　1.3
18	11 54 37	N 2 40.7	30　1.5
20	11 54 39	N 2 42.6	40　1.6
22	11 54 40	N 2 44.6	1 50　1.8
24	11 54 42	N 2 46.5	2 00　2.0

視半径 S.D.　16′03″

✻ No.	恒星	E_* U=0^{h}の値	d
		h m s	° ′
1	Polaris	9 26 40	N89 19.8

28日 ☉ 太陽

U	$E_☉$	d	dのP.P.
h	h m s	° ′	h m
0	11 54 42	N 2 46.5	0 00　0.0
2	11 54 43	N 2 48.5	10　0.2
4	11 54 45	N 2 50.5	20　0.3
6	11 54 46	N 2 52.4	30　0.5
8	11 54 48	N 2 54.4	40　0.7
10	11 54 49	N 2 56.3	0 50　0.8
12	11 54 51	N 2 58.3	1 00　1.0
14	11 54 52	N 3 00.2	10　1.1
16	11 54 54	N 3 02.2	20　1.3
18	11 54 55	N 3 04.1	30　1.5
20	11 54 57	N 3 06.1	40　1.6
22	11 54 58	N 3 08.0	1 50　1.8
24	11 55 00	N 3 10.0	2 00　2.0

視半径 S.D.　16′03″

✻ No.	恒星	E_* U=0^{h}の値	d
		h m s	° ′
1	Polaris	9 30 38	N89 19.8
2	Kochab	21 29 40	N74 05.5
3	Dubhe	1 15 42	N61 40.1
4	β Cassiop.	12 10 24	N59 13.9
5	Merak	1 17 36	N56 18.0
6	Alioth	23 25 40	N55 52.5
7	Schedir	11 39 01	N56 37.2
8	Mizar	22 55 49	N54 50.7
9	α Persei	8 54 59	N49 54.8
10	Benetnasch	22 32 13	N49 14.1
11	Capella	7 02 34	N46 00.7
12	Deneb	15 38 26	N45 20.0
13	Vega	17 42 56	N38 47.8
14	Castor	4 44 48	N31 51.1
15	Alpheratz	12 11 13	N29 10.4
16	Pollux	4 34 08	N27 59.2
17	α Cor. Bor.	20 45 02	N26 39.7
18	Arcturus	22 04 00	N19 06.1
19	Aldebaran	7 43 36	N16 32.1
20	Markab	13 14 53	N15 17.1
21	Denebola	0 30 32	N14 29.1
22	α Ophiuchi	18 44 44	N12 32.9
23	Regulus	2 11 11	N11 53.4
24	Altair	16 28 52	N 8 54.5
25	Betelgeuse	6 24 23	N 7 24.3
26	Bellatrix	6 54 26	N 6 21.5
27	Procyon	4 40 17	N 5 10.8
28	Rigel	7 05 07	S 8 11.4
29	α Hydrae	2 52 02	S 8 43.8
30	Spica	22 54 22	S11 14.5
31	Sirius	5 34 34	S16 44.7
32	β Ceti	11 36 03	S17 54.3
33	Antares	15 28 36	S26 27.7
34	σ Sagittarii	17 24 11	S26 16.4
35	Fomalhaut	13 21 55	S29 32.5
36	λ Scorpii	18 45 44	S37 06.6
37	Canopus	5 56 06	S52 42.7
38	α Pavonis	15 53 34	S56 40.8
39	Achernar	10 42 09	S57 09.8
40	β Crucis	23 31 42	S59 46.3
41	β Centauri	22 15 25	S60 26.6
42	α Centauri	21 39 41	S60 53.7
43	α Crucis	23 52 52	S63 11.1
44	α Tri. Aust.	19 30 03	S69 02.9
45	β Carinae	3 06 58	S69 47.2

R_0　　12 20 23

16　　　　　　　　　　3 月 29 日 ～ 4 月 4 日　　　　　　　　　　2015

29 日	☉ 太陽			1 日	☉ 太陽			4 日	☉ 太陽		
U	$E_☉$	d	dのP.P.	U	$E_☉$	d	dのP.P.	U	$E_☉$	d	dのP.P.
h	h m s	° ′	h m	h	h m s	° ′	h m	h	h m s	° ′	h m
0	11 55 00	N 3 10.0	0 00 0.0	0	11 55 54	N 4 19.9	0 00 0.0	0	11 56 47	N 5 29.1	0 00 0.0
2	11 55 01	N 3 11.9	10 0.2	2	11 55 55	N 4 21.8	10 0.2	2	11 56 49	N 5 31.0	10 0.2
4	11 55 03	N 3 13.9	20 0.3	4	11 55 57	N 4 23.8	20 0.3	4	11 56 50	N 5 32.9	20 0.3
6	11 55 04	N 3 15.8	30 0.5	6	11 55 58	N 4 25.7	30 0.5	6	11 56 52	N 5 34.8	30 0.5
8	11 55 06	N 3 17.8	40 0.6	8	11 56 00	N 4 27.6	40 0.6	8	11 56 53	N 5 36.7	40 0.6
10	11 55 07	N 3 19.7	0 50 0.8	10	11 56 01	N 4 29.6	0 50 0.8	10	11 56 55	N 5 38.6	0 50 0.8
12	11 55 09	N 3 21.7	1 00 1.0	12	11 56 03	N 4 31.5	1 00 1.0	12	11 56 56	N 5 40.5	1 00 1.0
14	11 55 10	N 3 23.6	10 1.1	14	11 56 04	N 4 33.4	10 1.1	14	11 56 58	N 5 42.4	10 1.1
16	11 55 12	N 3 25.6	20 1.3	16	11 56 06	N 4 35.3	20 1.3	16	11 56 59	N 5 44.4	20 1.3
18	11 55 13	N 3 27.5	30 1.5	18	11 56 07	N 4 37.3	30 1.4	18	11 57 00	N 5 46.3	30 1.4
20	11 55 15	N 3 29.5	40 1.6	20	11 56 09	N 4 39.2	40 1.6	20	11 57 02	N 5 48.2	40 1.6
22	11 55 16	N 3 31.4	1 50 1.8	22	11 56 10	N 4 41.1	1 50 1.8	22	11 57 03	N 5 50.1	1 50 1.7
24	11 55 18	N 3 33.4	2 00 1.9	24	11 56 12	N 4 43.0	2 00 1.9	24	11 57 05	N 5 52.0	2 00 1.9

視半径 S.D. 16′ 03″　　　視半径 S.D. 16′ 02″　　　視半径 S.D. 16′ 01″

✳ No.	恒　星 E_*	$U=0^h$ の値 d	✳ No.	恒　星 E_*	$U=0^h$ の値 d	No.	恒　星 E_*	$U=0^h$ の値 d
	h m s	° ′		h m s	° ′		h m s	° ′
1 Polaris	9 34 36	N89 19.8	1 Polaris	9 46 29	N89 19.8	1 Polaris	9 58 21	N89 19.8
						2 Kochab	21 57 16	N74 05.5
						3 Dubhe	1 43 18	N61 40.1
						4 β Cassiop.	12 38 00	N59 13.9
						5 Merak	1 45 12	N56 18.0
						6 Alioth	23 53 16	N55 52.6
						7 Schedir	12 06 37	N56 37.1
						8 Mizar	23 23 25	N54 50.7
						9 α Persei	22 32 35	N49 54.8
						10 Benetnasch	22 59 49	N49 14.2
						11 Capella	7 30 10	N46 00.7
						12 Deneb	16 06 02	N45 20.0
						13 Vega	18 10 31	N38 47.8
						14 Castor	5 12 24	N31 51.1
						15 Alpheratz	12 38 49	N29 10.3
						16 Pollux	5 01 44	N27 59.2
						17 α Cor. Bor.	21 12 38	N26 39.7
						18 Arcturus	22 31 36	N19 06.1
						19 Aldebaran	8 11 12	N16 32.1
						20 Markab	13 42 28	N15 17.1

30 日	☉ 太陽			2 日	☉ 太陽			No.	E_*	d
U	$E_☉$	d	dのP.P.	U	$E_☉$	d	dのP.P.	21 Denebola	0 58 07	N14 29.1
h	h m s	° ′	h m	h	h m s	° ′	h m	22 α Ophiuchi	19 12 20	N12 32.9
0	11 55 18	N 3 33.4	0 00 0.0	0	11 56 12	N 4 43.0	0 00 0.0	23 Regulus	2 38 47	N11 53.4
2	11 55 19	N 3 35.3	10 0.2	2	11 56 13	N 4 45.0	10 0.2	24 Altair	16 56 27	N 8 54.5
4	11 55 21	N 3 37.2	20 0.3	4	11 56 15	N 4 46.9	20 0.3	25 Betelgeuse	6 51 59	N 7 24.3
6	11 55 22	N 3 39.2	30 0.5	6	11 56 16	N 4 48.8	30 0.5	26 Bellatrix	7 22 02	N 6 21.5
8	11 55 24	N 3 41.1	40 0.6	8	11 56 18	N 4 50.7	40 0.6	27 Procyon	5 07 53	N 5 10.8
10	11 55 25	N 3 43.1	0 50 0.8	10	11 56 19	N 4 52.7	0 50 0.8	28 Rigel	7 32 43	S 8 11.4
12	11 55 27	N 3 45.0	1 00 1.0	12	11 56 21	N 4 54.6	1 00 1.0	29 α Hydrae	3 19 38	S 8 43.8
14	11 55 28	N 3 47.0	10 1.1	14	11 56 22	N 4 56.5	10 1.1	30 Spica	23 21 57	S11 14.5
16	11 55 30	N 3 48.9	20 1.3	16	11 56 24	N 4 58.4	20 1.3	31 Sirius	6 02 10	S16 44.6
18	11 55 31	N 3 50.8	30 1.5	18	11 56 25	N 5 00.4	30 1.4	32 β Ceti	12 03 39	S17 54.3
20	11 55 33	N 3 52.8	40 1.6	20	11 56 27	N 5 02.3	40 1.6	33 Antares	20 17 37	S26 27.8
22	11 55 34	N 3 54.7	1 50 1.8	22	11 56 28	N 5 04.2	1 50 1.8	34 σ Sagittarii	17 51 46	S26 16.4
24	11 55 36	N 3 56.7	2 00 1.9	24	11 56 30	N 5 06.1	2 00 1.9	35 Fomalhaut	13 49 31	S29 32.5

視半径 S.D. 16′ 03″　　　視半径 S.D. 16′ 02″

✳ No.	恒　星 E_*	$U=0^h$ の値 d	✳ No.	恒　星 E_*	$U=0^h$ の値 d	No.	E_*	d
	h m s	° ′		h m s	° ′	36 λ Scorpii	19 13 19	S37 06.6
1 Polaris	9 38 33	N89 19.8	1 Polaris	9 50 26	N89 19.8	37 Canopus	6 23 42	S52 42.7
						38 α Pavonis	16 21 09	S56 40.8
						39 Achernar	11 09 45	S57 09.7
						40 β Crucis	23 59 18	S59 46.4

31 日	☉ 太陽			3 日	☉ 太陽			No.	E_*	d
U	$E_☉$	d	dのP.P.	U	$E_☉$	d	dのP.P.	41 β Centauri	22 43 01	S60 26.7
h	h m s	° ′	h m	h	h m s	° ′	h m	42 α Centauri	22 07 17	S60 53.7
0	11 55 36	N 3 56.7	0 00 0.0	0	11 56 30	N 5 06.1	0 00 0.0	43 α Crucis	0 20 27	S63 11.1
2	11 55 37	N 3 58.6	10 0.2	2	11 56 31	N 5 08.0	10 0.2	44 α Tri. Aust.	19 57 39	S69 02.9
4	11 55 39	N 4 00.5	20 0.3	4	11 56 33	N 5 10.0	20 0.3	45 β Carinae	3 34 34	S69 47.2
6	11 55 40	N 4 02.5	30 0.5	6	11 56 34	N 5 11.9	30 0.5			
8	11 55 42	N 4 04.4	40 0.6	8	11 56 36	N 5 13.8	40 0.6			
10	11 55 43	N 4 06.4	0 50 0.8	10	11 56 37	N 5 15.7	0 50 0.8			
12	11 55 45	N 4 08.3	1 00 1.0	12	11 56 38	N 5 17.6	1 00 1.0			
14	11 55 46	N 4 10.2	10 1.1	14	11 56 40	N 5 19.5	10 1.1			
16	11 55 48	N 4 12.2	20 1.3	16	11 56 41	N 5 21.4	20 1.3			
18	11 55 49	N 4 14.1	30 1.5	18	11 56 43	N 5 23.4	30 1.4			
20	11 55 51	N 4 16.0	40 1.6	20	11 56 44	N 5 25.3	40 1.6			
22	11 55 52	N 4 18.0	1 50 1.8	22	11 56 46	N 5 27.2	1 50 1.8			
24	11 55 54	N 4 19.9	2 00 1.9	24	11 56 47	N 5 29.1	2 00 1.9			

視半径 S.D. 16′ 02″　　　視半径 S.D. 16′ 02″

✳ No.	恒　星 E_*	$U=0^h$ の値 d	✳ No.	恒　星 E_*	$U=0^h$ の値 d	R_0	h m s 12 47 59	
	h m s	° ′		h m s	° ′			
1 Polaris	9 42 31	N89 19.8	1 Polaris	9 54 24	N89 19.8			

☉ 太陽

U	E☉	d	dのP.P.
h	h m s	° ′	h m ′
0	11 57 05	N 5 52.0	**0 00** 0.0
2	11 57 06	N 5 53.9	**10** 0.2
4	11 57 08	N 5 55.8	**20** 0.3
6	11 57 09	N 5 57.7	**30** 0.5
8	11 57 11	N 5 59.6	**40** 0.6
10	11 57 12	N 6 01.5	**0 50** 0.8
12	11 57 13	N 6 03.4	**1 00** 0.9
14	11 57 15	N 6 05.3	**10** 1.1
16	11 57 16	N 6 07.2	**20** 1.3
18	11 57 18	N 6 09.1	**30** 1.4
20	11 57 19	N 6 11.0	**40** 1.6
22	11 57 21	N 6 12.9	**1 50** 1.7
24	11 57 22	N 6 14.7	**2 00** 1.9

視半径 S.D. 16′ 01″

✳ 恒星 U = 0^h の値

No.		E✳	d
		h m s	° ′
1	Polaris	10 02 19	N89 19.8
2	Kochab	22 01 12	N74 05.5
3	Dubhe	1 47 15	N61 40.1
4	βCassiop.	12 41 57	N59 13.9
5	Merak	1 49 09	N56 18.0
6	Alioth	23 57 12	N55 52.6
7	Schedir	12 10 34	N56 37.1
8	Mizar	23 27 22	N54 50.7
9	αPersei	9 26 31	N49 54.8
10	Benetnasch	23 03 46	N49 14.2
11	Capella	7 34 07	N46 00.7
12	Deneb	16 09 59	N45 20.0
13	Vega	18 14 28	N38 47.8
14	Castor	5 16 21	N31 51.1
15	Alpheratz	12 42 46	N29 10.3
16	Pollux	5 05 40	N27 59.2
17	αCor. Bor.	21 16 34	N26 39.7
18	Arcturus	22 35 33	N19 06.1
19	Aldebaran	8 15 08	N16 32.1
20	Markab	13 46 25	N15 17.1
21	Denebola	1 02 04	N14 29.1
22	αOphiuchi	19 16 16	N12 32.9
23	Regulus	2 42 44	N11 53.4
24	Altair	17 00 24	N 8 54.5
25	Betelgeuse	6 55 56	N 7 24.3
26	Bellatrix	7 25 59	N 6 21.5
27	Procyon	5 11 49	N 5 10.8
28	Rigel	7 36 40	S 8 11.4
29	αHydrae	3 23 34	S 8 43.8
30	Spica	23 25 54	S11 14.5
31	Sirius	6 06 06	S16 44.6
32	βCeti	12 07 36	S17 54.3
33	Antares	20 21 34	S26 27.8
34	σSagittarii	17 55 43	S26 16.4
35	Fomalhaut	13 53 27	S29 32.4
36	λScorpii	19 17 16	S37 06.6
37	Canopus	6 27 38	S52 42.7
38	αPavonis	16 25 06	S56 40.8
39	Achernar	11 13 42	S57 09.7
40	βCrucis	0 03 15	S59 46.4
41	βCentauri	22 46 57	S60 26.7
42	αCentauri	22 11 13	S60 53.7
43	αCrucis	0 24 24	S63 11.1
44	αTri. Aust.	20 01 35	S69 02.9
45	βCarinae	3 38 31	S69 47.2

R_0 12h 51m 55s

P 惑星

♀ 金星 正中時 Tr. 14h 26m

U	E_P	d	P.P. E_P	d
h	h m s	° ′	h m s	′
0	9 34 02	N19 23.9	**0 00** 0	0.0
2	9 33 57	N19 25.7	**10** 0	0.1
4	9 33 53	N19 27.5	**20** 1	0.3
6	9 33 49	N19 29.3	**30** 1	0.4
8	9 33 45	N19 31.1	**40** 1	0.6
10	9 33 41	N19 32.8	**0 50** 2	0.7
12	9 33 36	N19 34.6	**1 00** 2	0.9
14	9 33 32	N19 36.4	**10** 2	1.0
16	9 33 28	N19 38.1	**20** 3	1.2
18	9 33 24	N19 39.9	**30** 3	1.3
20	9 33 20	N19 41.7	**40** 3	1.5
22	9 33 15	N19 43.4	**1 50** 4	1.6
24	9 33 11	N19 45.2	**2 00** 4	1.8

♂ 火星 正中時 Tr. 13h 11m

U	E_P	d	P.P. E_P	d
h	h m s	° ′	h m s	′
0	10 47 56	N12 29.9	**0 00** 0	0.0
2	10 48 01	N12 31.2	**10** 0	0.1
4	10 48 07	N12 32.5	**20** 1	0.2
6	10 48 12	N12 33.9	**30** 1	0.3
8	10 48 18	N12 35.2	**40** 2	0.4
10	10 48 23	N12 36.5	**0 50** 2	0.5
12	10 48 29	N12 37.8	**1 00** 3	0.7
14	10 48 35	N12 39.1	**10** 3	0.8
16	10 48 40	N12 40.4	**20** 4	0.9
18	10 48 46	N12 41.7	**30** 4	1.0
20	10 48 51	N12 43.0	**40** 5	1.1
22	10 48 57	N12 44.3	**1 50** 5	1.2
24	10 49 03	N12 45.6	**2 00** 6	1.3

♃ 木星 正中時 Tr. 20h 06m

U	E_P	d	P.P. E_P	d
h	h m s	° ′	h m s	′
0	3 50 29	N17 56.4	**0 00** 0	0.0
2	3 50 49	N17 56.4	**10** 2	0.0
4	3 51 09	N17 56.5	**20** 3	0.0
6	3 51 29	N17 56.5	**30** 5	0.0
8	3 51 49	N17 56.5	**40** 7	0.0
10	3 52 09	N17 56.5	**0 50** 8	0.0
12	3 52 29	N17 56.5	**1 00** 10	0.0
14	3 52 49	N17 56.5	**10** 12	0.0
16	3 53 09	N17 56.5	**20** 13	0.0
18	3 53 28	N17 56.5	**30** 15	0.0
20	3 53 48	N17 56.5	**40** 17	0.0
22	3 54 08	N17 56.5	**1 50** 18	0.0
24	3 54 28	N17 56.5	**2 00** 20	0.0

♄ 土星 正中時 Tr. 3h 20m

U	E_P	d	P.P. E_P	d
h	h m s	° ′	h m s	′
0	20 39 55	S18 56.1	**0 00** 0	0.0
2	20 40 15	S18 56.0	**10** 2	0.0
4	20 40 36	S18 56.0	**20** 3	0.0
6	20 40 56	S18 55.9	**30** 5	0.0
8	20 41 17	S18 55.9	**40** 7	0.0
10	20 41 37	S18 55.9	**0 50** 9	0.0
12	20 41 58	S18 55.8	**1 00** 10	0.0
14	20 42 18	S18 55.8	**10** 12	0.0
16	20 42 38	S18 55.7	**20** 14	0.0
18	20 42 59	S18 55.7	**30** 15	0.0
20	20 43 19	S18 55.7	**40** 17	0.0
22	20 43 40	S18 55.6	**1 50** 19	0.0
24	20 44 00	S18 55.6	**2 00** 20	0.0

☾ 月 正中時 Tr. 0h 26m

U	E☾	d
h	h m s	° ′
0	23 35 13	S 7 04.4
	23 34 20	S 7 08.8
1	23 33 26	S 7 13.1
	23 32 33	S 7 17.5
2	23 31 39	S 7 21.9
	23 30 46	S 7 26.2
3	23 29 52	S 7 30.6
	23 28 58	S 7 34.9
4	23 28 05	S 7 39.3
	23 27 11	S 7 43.6
5	23 26 17	S 7 47.9
	23 25 23	S 7 52.2
H.P. 54′.6,	S.D. 14′ 53″	
6	23 24 30	S 7 56.6
	23 23 36	S 8 00.9
7	23 22 42	S 8 05.1
	23 21 48	S 8 09.4
8	23 20 54	S 8 13.7
	23 20 00	S 8 18.0
9	23 19 06	S 8 22.2
	23 18 12	S 8 26.5
10	23 17 18	S 8 30.7
	23 16 23	S 8 35.0
11	23 15 29	S 8 39.2
	23 14 35	S 8 43.4
H.P. 54′.7,	S.D. 14′ 54″	
12	23 13 41	S 8 47.6
	23 12 46	S 8 51.8
13	23 11 52	S 8 56.0
	23 10 58	S 9 00.2
14	23 10 03	S 9 04.4
	23 09 09	S 9 08.6
15	23 08 14	S 9 12.7
	23 07 20	S 9 16.9
16	23 06 25	S 9 21.0
	23 05 31	S 9 25.2
17	23 04 36	S 9 29.3
	23 03 41	S 9 33.4
H.P. 54′.8,	S.D. 14′ 56″	
18	23 02 47	S 9 37.5
	23 01 52	S 9 41.6
19	23 00 57	S 9 45.7
	23 00 02	S 9 49.7
20	22 59 08	S 9 53.8
	22 58 13	S 9 57.9
21	22 57 18	S10 01.9
	22 56 23	S10 05.9
22	22 55 28	S10 10.0
	22 54 33	S10 14.0
23	22 53 37	S10 18.0
	22 52 42	S10 22.0
24	22 51 47	S10 25.9
H.P. 54′.9,	S.D. 14′ 57″	

P.P.

E☾ (m)	(s)	d (′)
1	2	0.1
2	4	0.3
3	5	0.4
4	7	0.6
5	9	0.7
6	11	0.9
7	13	1.0
8	14	1.1
9	16	1.3
10	18	1.4
11	20	1.6
12	22	1.7
13	23	1.9
14	25	2.0
15	27	2.2
16	29	2.3
17	31	2.4
18	32	2.6
19	34	2.7
20	36	2.9
21	38	3.0
22	39	3.2
23	41	3.3
24	43	3.4
25	45	3.6
26	47	3.7
27	48	3.9
28	50	4.0
29	52	4.2
30	54	4.3

E☾ (m)	(s)	d (′)
1	2	0.1
2	4	0.3
3	5	0.4
4	7	0.5
5	9	0.7
6	11	0.8
7	13	1.0
8	15	1.1
9	16	1.2
10	18	1.4
11	20	1.5
12	22	1.6
13	24	1.8
14	26	1.9
15	27	2.0
16	29	2.2
17	31	2.3
18	33	2.5
19	35	2.6
20	36	2.7
21	38	2.9
22	40	3.0
23	42	3.1
24	44	3.3
25	46	3.4
26	47	3.6
27	49	3.7
28	51	3.8
29	53	4.0
30	55	4.1

P 惑星

星名	赤経 R.A.	赤緯 d	等級 Mag.	地平視差 H.P.	視半径 S.D.
	h m	° ′		′	″
♀ 金星	3 18	N19 24	−4.0	0.1	7
♂ 火星	2 04	N12 30	+1.4	0.1	2
♃ 木星	9 01	N17 56	−2.3	0.0	19
♄ 土星	16 12	S18 56	+0.3	0.0	8
☿ 水星	0 37	N 2 21	−1.4	0.1	2

4 月 6 日 ～ 4 月 12 日　2015

6 日 ☉ 太陽

U	$E_\odot$	d	dのP.P.
h	h m s	° ′	h m ′
0	11 57 22	N 6 14.7	0 00 0.0
2	11 57 24	N 6 16.6	10 0.2
4	11 57 25	N 6 18.5	20 0.3
6	11 57 26	N 6 20.4	30 0.5
8	11 57 28	N 6 22.3	40 0.6
10	11 57 29	N 6 24.2	0 50 0.8
12	11 57 31	N 6 26.1	1 00 0.9
14	11 57 32	N 6 28.0	10 1.1
16	11 57 34	N 6 29.9	20 1.3
18	11 57 35	N 6 31.8	30 1.4
20	11 57 36	N 6 33.6	40 1.6
22	11 57 38	N 6 35.5	1 50 1.7
24	11 57 39	N 6 37.4	2 00 1.9

視半径 S.D. 16′ 01″

✳ 恒星 E_* $U=0^h$ の値 d

No.		h m s	° ′
1	Polaris	10 06 16	N89 19.8

7 日 ☉ 太陽

U	$E_\odot$	d	dのP.P.
h	h m s	° ′	h m ′
0	11 57 39	N 6 37.4	0 00 0.0
2	11 57 41	N 6 39.3	10 0.2
4	11 57 42	N 6 41.2	20 0.3
6	11 57 44	N 6 43.1	30 0.5
8	11 57 45	N 6 45.0	40 0.6
10	11 57 46	N 6 46.8	0 50 0.8
12	11 57 48	N 6 48.7	1 00 0.9
14	11 57 49	N 6 50.6	10 1.1
16	11 57 51	N 6 52.5	20 1.2
18	11 57 52	N 6 54.3	30 1.4
20	11 57 53	N 6 56.2	40 1.6
22	11 57 55	N 6 58.1	1 50 1.7
24	11 57 56	N 7 00.0	2 00 1.9

視半径 S.D. 16′ 00″

✳ 恒星 E_* $U=0^h$ の値 d

No.		h m s	° ′
1	Polaris	10 10 13	N89 19.8

8 日 ☉ 太陽

U	$E_\odot$	d	dのP.P.
h	h m s	° ′	h m ′
0	11 57 56	N 7 00.0	0 00 0.0
2	11 57 58	N 7 01.9	10 0.2
4	11 57 59	N 7 03.7	20 0.3
6	11 58 00	N 7 05.6	30 0.5
8	11 58 02	N 7 07.5	40 0.6
10	11 58 03	N 7 09.3	0 50 0.8
12	11 58 05	N 7 11.2	1 00 0.9
14	11 58 06	N 7 13.1	10 1.1
16	11 58 07	N 7 15.0	20 1.2
18	11 58 09	N 7 16.8	30 1.4
20	11 58 10	N 7 18.7	40 1.6
22	11 58 12	N 7 20.6	1 50 1.7
24	11 58 13	N 7 22.4	2 00 1.9

視半径 S.D. 16′ 00″

✳ 恒星 E_* $U=0^h$ の値 d

No.		h m s	° ′
1	Polaris	10 14 10	N89 19.8

9 日 ☉ 太陽

U	$E_\odot$	d	dのP.P.
h	h m s	° ′	h m ′
0	11 58 13	N 7 22.4	0 00 0.0
2	11 58 14	N 7 24.3	10 0.2
4	11 58 16	N 7 26.1	20 0.3
6	11 58 17	N 7 28.0	30 0.5
8	11 58 18	N 7 29.9	40 0.6
10	11 58 20	N 7 31.7	0 50 0.8
12	11 58 21	N 7 33.6	1 00 0.9
14	11 58 23	N 7 35.5	10 1.1
16	11 58 24	N 7 37.3	20 1.2
18	11 58 25	N 7 39.2	30 1.4
20	11 58 27	N 7 41.0	40 1.5
22	11 58 28	N 7 42.9	1 50 1.7
24	11 58 29	N 7 44.7	2 00 1.9

視半径 S.D. 16′ 00″

✳ 恒星 E_* $U=0^h$ の値 d

No.		h m s	° ′
1	Polaris	10 18 07	N89 19.8

10 日 ☉ 太陽

U	$E_\odot$	d	dのP.P.
h	h m s	° ′	h m ′
0	11 58 29	N 7 44.7	0 00 0.0
2	11 58 31	N 7 46.6	10 0.2
4	11 58 32	N 7 48.4	20 0.3
6	11 58 33	N 7 50.3	30 0.5
8	11 58 35	N 7 52.1	40 0.6
10	11 58 36	N 7 54.0	0 50 0.8
12	11 58 37	N 7 55.8	1 00 0.9
14	11 58 39	N 7 57.7	10 1.1
16	11 58 40	N 7 59.5	20 1.2
18	11 58 41	N 8 01.4	30 1.4
20	11 58 43	N 8 03.2	40 1.5
22	11 58 44	N 8 05.1	1 50 1.7
24	11 58 45	N 8 06.9	2 00 1.8

視半径 S.D. 16′ 00″

✳ 恒星 E_* $U=0^h$ の値 d

No.		h m s	° ′
1	Polaris	10 22 04	N89 19.8

11 日 ☉ 太陽

U	$E_\odot$	d	dのP.P.
h	h m s	° ′	h m ′
0	11 58 45	N 8 06.9	0 00 0.0
2	11 58 47	N 8 08.8	10 0.2
4	11 58 48	N 8 10.6	20 0.3
6	11 58 49	N 8 12.4	30 0.5
8	11 58 51	N 8 14.3	40 0.6
10	11 58 52	N 8 16.1	0 50 0.8
12	11 58 53	N 8 18.0	1 00 0.9
14	11 58 55	N 8 19.8	10 1.1
16	11 58 56	N 8 21.6	20 1.2
18	11 58 57	N 8 23.5	30 1.4
20	11 58 59	N 8 25.3	40 1.5
22	11 59 00	N 8 27.1	1 50 1.7
24	11 59 01	N 8 29.0	2 00 1.8

視半径 S.D. 15′ 59″

✳ 恒星 E_* $U=0^h$ の値 d

No.		h m s	° ′
1	Polaris	10 26 01	N89 19.8

12 日 ☉ 太陽

U	$E_\odot$	d	dのP.P.
h	h m s	° ′	h m ′
0	11 59 01	N 8 29.0	0 00 0.0
2	11 59 03	N 8 30.8	10 0.2
4	11 59 04	N 8 32.6	20 0.3
6	11 59 05	N 8 34.5	30 0.5
8	11 59 07	N 8 36.3	40 0.6
10	11 59 08	N 8 38.1	0 50 0.8
12	11 59 09	N 8 39.9	1 00 0.9
14	11 59 10	N 8 41.8	10 1.1
16	11 59 12	N 8 43.6	20 1.2
18	11 59 13	N 8 45.4	30 1.4
20	11 59 14	N 8 47.2	40 1.5
22	11 59 16	N 8 49.1	1 50 1.7
24	11 59 17	N 8 50.9	2 00 1.8

視半径 S.D. 15′ 59″

✳ 恒星 E_* $U=0^h$ の値 d

No.		h m s	° ′
1	Polaris	10 29 58	N89 19.8
2	Kochab	22 28 48	N74 05.5
3	Dubhe	2 14 51	N61 40.1
4	β Cassiop.	13 09 32	N59 13.9
5	Merak	2 16 45	N56 18.0
6	Alioth	0 24 48	N55 52.6
7	Schedir	12 38 10	N56 37.1
8	Mizar	23 54 58	N54 50.7
9	α Persei	9 54 07	N49 54.8
10	Benetnasch	23 31 21	N49 14.2
11	Capella	8 01 43	N46 00.7
12	Deneb	16 37 34	N45 19.9
13	Vega	18 42 03	N38 47.8
14	Castor	5 43 57	N31 51.1
15	Alpheratz	13 10 21	N29 10.3
16	Pollux	5 33 16	N27 59.2
17	α Cor. Bor.	21 44 10	N26 39.8
18	Arcturus	23 03 09	N19 06.1
19	Aldebaran	8 42 44	N16 32.1
20	Markab	14 14 01	N15 17.1
21	Denebola	1 29 40	N14 29.1
22	α Ophiuchi	19 43 52	N12 33.0
23	Regulus	3 10 19	N11 53.4
24	Altair	17 28 00	N 8 54.5
25	Betelgeuse	7 23 32	N 7 24.3
26	Bellatrix	7 53 35	N 6 21.5
27	Procyon	5 39 25	N 5 10.8
28	Rigel	8 04 16	S 8 11.4
29	α Hydrae	3 51 10	S 8 43.8
30	Spica	23 53 30	S11 14.5
31	Sirius	6 33 42	S16 44.6
32	β Ceti	12 35 11	S17 54.3
33	Antares	20 49 09	S26 27.8
34	σ Sagittarii	18 23 18	S26 16.4
35	Fomalhaut	14 21 03	S29 32.4
36	λ Scorpii	19 44 52	S37 06.6
37	Canopus	6 55 14	S52 42.7
38	α Pavonis	16 52 41	S56 40.8
39	Achernar	11 41 18	S57 09.7
40	β Crucis	0 30 50	S59 46.4
41	β Centauri	23 14 33	S60 26.7
42	α Centauri	22 38 49	S60 53.8
43	α Crucis	0 52 00	S63 11.1
44	α Tri. Aust.	20 29 11	S69 02.9
45	β Carinae	4 06 07	S69 47.2

R_0 h m s   13 19 31

2015　　　　4 月 13 日 ～ 4 月 19 日　　　　19

13 日　⊙ 太 陽

U	$E_\odot$	d	dのP.P.
h	h m s	° ′	h m
0	11 59 17	N 8 50.9	0 00 0.0
2	11 59 18	N 8 52.7	10 0.2
4	11 59 19	N 8 54.5	20 0.3
6	11 59 21	N 8 56.3	30 0.5
8	11 59 22	N 8 58.2	40 0.6
10	11 59 23	N 9 00.0	0 50 0.8
12	11 59 24	N 9 01.8	1 00 0.9
14	11 59 26	N 9 03.6	10 1.1
16	11 59 27	N 9 05.4	20 1.2
18	11 59 28	N 9 07.2	30 1.4
20	11 59 30	N 9 09.0	40 1.5
22	11 59 31	N 9 10.8	1 50 1.7
24	11 59 32	N 9 12.7	2 00 1.8

視半径 S.D. 15′ 59″

✱ 恒 星	$U = 0^h$ の値	
No.	E_*	d
	h m s	° ′
1 Polaris	10 33 55	N89 19.7

14 日　⊙ 太 陽

U	$E_\odot$	d	dのP.P.
h	h m s	° ′	h m
0	11 59 32	N 9 12.7	0 00 0.0
2	11 59 33	N 9 14.5	10 0.2
4	11 59 35	N 9 16.3	20 0.3
6	11 59 36	N 9 18.1	30 0.5
8	11 59 37	N 9 19.9	40 0.6
10	11 59 38	N 9 21.7	0 50 0.8
12	11 59 40	N 9 23.5	1 00 0.9
14	11 59 41	N 9 25.3	10 1.1
16	11 59 42	N 9 27.1	20 1.2
18	11 59 43	N 9 28.9	30 1.4
20	11 59 44	N 9 30.7	40 1.5
22	11 59 46	N 9 32.5	1 50 1.7
24	11 59 47	N 9 34.3	2 00 1.8

視半径 S.D. 15′ 59″

✱ 恒 星	$U = 0^h$ の値	
No.	E_*	d
	h m s	° ′
1 Polaris	10 37 53	N89 19.7

15 日　⊙ 太 陽

U	$E_\odot$	d	dのP.P.
h	h m s	° ′	h m
0	11 59 47	N 9 34.3	0 00 0.0
2	11 59 48	N 9 36.1	10 0.1
4	11 59 49	N 9 37.9	20 0.3
6	11 59 51	N 9 39.6	30 0.4
8	11 59 52	N 9 41.4	40 0.6
10	11 59 53	N 9 43.2	0 50 0.7
12	11 59 54	N 9 45.0	1 00 0.9
14	11 59 55	N 9 46.8	10 1.0
16	11 59 57	N 9 48.6	20 1.2
18	11 59 58	N 9 50.4	30 1.3
20	11 59 59	N 9 52.2	40 1.5
22	12 00 00	N 9 53.9	1 50 1.6
24	12 00 01	N 9 55.7	2 00 1.8

視半径 S.D. 15′ 58″

✱ 恒 星	$U = 0^h$ の値	
No.	E_*	d
	h m s	° ′
1 Polaris	10 41 50	N89 19.7

16 日　⊙ 太 陽

U	$E_\odot$	d	dのP.P.
h	h m s	° ′	h m
0	12 00 01	N 9 55.7	0 00 0.0
2	12 00 03	N 9 57.5	10 0.1
4	12 00 04	N 9 59.3	20 0.3
6	12 00 05	N10 01.1	30 0.4
8	12 00 06	N10 02.8	40 0.6
10	12 00 07	N10 04.6	0 50 0.7
12	12 00 08	N10 06.4	1 00 0.9
14	12 00 10	N10 08.2	10 1.1
16	12 00 11	N10 09.9	20 1.2
18	12 00 12	N10 11.7	30 1.3
20	12 00 13	N10 13.5	40 1.5
22	12 00 14	N10 15.2	1 50 1.6
24	12 00 15	N10 17.0	2 00 1.8

視半径 S.D. 15′ 58″

✱ 恒 星	$U = 0^h$ の値	
No.	E_*	d
	h m s	° ′
1 Polaris	10 45 47	N89 19.7

17 日　⊙ 太 陽

U	$E_\odot$	d	dのP.P.
h	h m s	° ′	h m
0	12 00 15	N10 17.0	0 00 0.0
2	12 00 17	N10 18.8	10 0.1
4	12 00 18	N10 20.5	20 0.3
6	12 00 19	N10 22.3	30 0.4
8	12 00 20	N10 24.1	40 0.6
10	12 00 21	N10 25.8	0 50 0.7
12	12 00 22	N10 27.6	1 00 0.9
14	12 00 24	N10 29.4	10 1.1
16	12 00 25	N10 31.1	20 1.2
18	12 00 26	N10 32.9	30 1.3
20	12 00 27	N10 34.6	40 1.5
22	12 00 28	N10 36.4	1 50 1.6
24	12 00 29	N10 38.1	2 00 1.8

視半径 S.D. 15′ 58″

✱ 恒 星	$U = 0^h$ の値	
No.	E_*	d
	h m s	° ′
1 Polaris	10 49 44	N89 19.7

18 日　⊙ 太 陽

U	$E_\odot$	d	dのP.P.
h	h m s	° ′	h m
0	12 00 29	N10 38.1	0 00 0.0
2	12 00 30	N10 39.9	10 0.1
4	12 00 31	N10 41.6	20 0.3
6	12 00 32	N10 43.4	30 0.4
8	12 00 34	N10 45.1	40 0.6
10	12 00 35	N10 46.9	0 50 0.7
12	12 00 36	N10 48.6	1 00 0.9
14	12 00 37	N10 50.4	10 1.0
16	12 00 38	N10 52.1	20 1.2
18	12 00 39	N10 53.9	30 1.3
20	12 00 40	N10 55.6	40 1.5
22	12 00 41	N10 57.3	1 50 1.6
24	12 00 43	N10 59.1	2 00 1.7

視半径 S.D. 15′ 57″

✱ 恒 星	$U = 0^h$ の値	
No.	E_*	d
	h m s	° ′
1 Polaris	10 53 41	N89 19.7

19 日　⊙ 太 陽

U	$E_\odot$	d	dのP.P.
h	h m s	° ′	h m
0	12 00 43	N10 59.1	0 00 0.0
2	12 00 44	N11 00.8	10 0.1
4	12 00 45	N11 02.6	20 0.3
6	12 00 46	N11 04.3	30 0.4
8	12 00 47	N11 06.0	40 0.6
10	12 00 48	N11 07.8	0 50 0.7
12	12 00 49	N11 09.5	1 00 0.9
14	12 00 50	N11 11.2	10 1.0
16	12 00 51	N11 12.9	20 1.2
18	12 00 52	N11 14.7	30 1.3
20	12 00 53	N11 16.4	40 1.4
22	12 00 54	N11 18.1	1 50 1.6
24	12 00 56	N11 19.9	2 00 1.7

視半径 S.D. 15′ 57″

✱ 恒 星	$U = 0^h$ の値	
No.	E_*	d

No.		h m s	° ′
1	Polaris	10 57 38	N89 19.7
2	Kochab	22 56 24	N74 05.6
3	Dubhe	2 42 27	N61 40.2
4	β Cassiop.	13 37 08	N59 13.9
5	Merak	2 44 21	N56 18.1
6	Alioth	0 52 24	N55 52.7
7	Schedir	13 05 45	N56 37.1
8	Mizar	0 22 33	N54 50.8
9	α Persei	10 21 43	N49 54.8
10	Benetnasch	23 58 57	N49 14.2
11	Capella	8 29 19	N46 00.7
12	Deneb	17 05 10	N45 19.9
13	Vega	19 09 39	N38 47.8
14	Castor	6 11 33	N31 51.1
15	Alpheratz	13 37 57	N29 10.3
16	Pollux	6 00 52	N27 59.2
17	α Cor. Bor.	22 11 46	N26 39.8
18	Arcturus	23 30 44	N19 06.2
19	Aldebaran	9 10 20	N16 32.1
20	Markab	14 41 36	N15 17.1
21	Denebola	1 57 16	N14 29.1
22	α Ophiuchi	20 11 28	N12 33.0
23	Regulus	3 37 55	N11 53.4
24	Altair	17 55 35	N 8 54.5
25	Betelgeuse	7 51 08	N 7 24.3
26	Bellatrix	8 21 11	N 6 21.5
27	Procyon	6 07 01	N 5 10.9
28	Rigel	8 31 52	S 8 11.4
29	α Hydrae	4 18 46	S 8 43.8
30	Spica	0 21 06	S11 14.5
31	Sirius	7 01 18	S16 44.6
32	β Ceti	13 02 47	S17 54.3
33	Antares	21 16 45	S26 27.8
34	σ Sagittarii	18 50 54	S26 16.4
35	Fomalhaut	14 48 39	S29 32.4
36	λ Scorpii	20 12 27	S37 06.6
37	Canopus	7 22 50	S52 42.7
38	α Pavonis	17 20 17	S56 40.8
39	Achernar	12 08 53	S57 09.7
40	β Crucis	0 58 26	S59 46.4
41	β Centauri	23 42 09	S60 26.7
42	α Centauri	23 06 25	S60 53.8
43	α Crucis	1 19 36	S63 11.2
44	α Tri. Aust.	20 56 46	S69 02.9
45	β Carinae	4 33 43	S69 47.3

R_0　　13 47 07

4月20日 ～ 4月26日 2015

20日 ☉ 太陽

U	$E_☉$	d	dのP.P.
h	h m s	° ′	h m
0	12 00 56	N11 19.9	0 00 0.0
2	12 00 57	N11 21.6	10 0.1
4	12 00 58	N11 23.3	20 0.3
6	12 00 59	N11 25.0	30 0.4
8	12 01 00	N11 26.7	40 0.6
10	12 01 01	N11 28.4	0 50 0.7
12	12 01 02	N11 30.2	1 00 0.9
14	12 01 03	N11 31.9	10 1.0
16	12 01 04	N11 33.6	20 1.1
18	12 01 05	N11 35.3	30 1.3
20	12 01 06	N11 37.0	40 1.4
22	12 01 07	N11 38.7	1 50 1.6
24	12 01 08	N11 40.4	2 00 1.7

視半径 S.D. 15′ 57″

✶ 恒星 $U=0^h$ の値

No.		E_*	d
		h m s	° ′
1	Polaris	11 01 35	N89 19.7

21日 ☉ 太陽

U	$E_☉$	d	dのP.P.
h	h m s	° ′	h m
0	12 01 08	N11 40.4	0 00 0.0
2	12 01 09	N11 42.1	10 0.1
4	12 01 10	N11 43.8	20 0.3
6	12 01 11	N11 45.5	30 0.4
8	12 01 12	N11 47.2	40 0.6
10	12 01 13	N11 48.9	0 50 0.7
12	12 01 14	N11 50.6	1 00 0.8
14	12 01 15	N11 52.3	10 1.0
16	12 01 16	N11 54.0	20 1.1
18	12 01 17	N11 55.7	30 1.3
20	12 01 18	N11 57.4	40 1.4
22	12 01 19	N11 59.1	1 50 1.6
24	12 01 20	N12 00.8	2 00 1.7

視半径 S.D. 15′ 57″

✶ 恒星 $U=0^h$ の値

No.		E_*	d
		h m s	° ′
1	Polaris	11 05 31	N89 19.7

22日 ☉ 太陽

U	$E_☉$	d	dのP.P.
h	h m s	° ′	h m
0	12 01 20	N12 00.8	0 00 0.0
2	12 01 21	N12 02.5	10 0.1
4	12 01 22	N12 04.2	20 0.3
6	12 01 23	N12 05.9	30 0.4
8	12 01 24	N12 07.6	40 0.5
10	12 01 25	N12 09.3	0 50 0.7
12	12 01 26	N12 10.9	1 00 0.8
14	12 01 27	N12 12.6	10 1.0
16	12 01 28	N12 14.3	20 1.1
18	12 01 29	N12 16.0	30 1.3
20	12 01 30	N12 17.7	40 1.4
22	12 01 31	N12 19.3	1 50 1.5
24	12 01 32	N12 21.0	2 00 1.7

視半径 S.D. 15′ 56″

✶ 恒星 $U=0^h$ の値

No.		E_*	d
		h m s	° ′
1	Polaris	11 09 28	N89 19.7

23日 ☉ 太陽

U	$E_☉$	d	dのP.P.
h	h m s	° ′	h m
0	12 01 32	N12 21.0	0 00 0.0
2	12 01 33	N12 22.7	10 0.1
4	12 01 34	N12 24.4	20 0.3
6	12 01 35	N12 26.0	30 0.4
8	12 01 36	N12 27.7	40 0.6
10	12 01 37	N12 29.4	0 50 0.7
12	12 01 38	N12 31.0	1 00 0.8
14	12 01 38	N12 32.7	10 1.0
16	12 01 39	N12 34.4	20 1.1
18	12 01 40	N12 36.0	30 1.2
20	12 01 41	N12 37.7	40 1.4
22	12 01 42	N12 39.3	1 50 1.5
24	12 01 43	N12 41.0	2 00 1.7

視半径 S.D. 15′ 56″

✶ 恒星 $U=0^h$ の値

No.		E_*	d
		h m s	° ′
1	Polaris	11 13 24	N89 19.7

24日 ☉ 太陽

U	$E_☉$	d	dのP.P.
h	h m s	° ′	h m
0	12 01 43	N12 41.0	0 00 0.0
2	12 01 44	N12 42.6	10 0.1
4	12 01 45	N12 44.3	20 0.3
6	12 01 46	N12 46.0	30 0.4
8	12 01 47	N12 47.6	40 0.5
10	12 01 48	N12 49.3	0 50 0.7
12	12 01 49	N12 50.9	1 00 0.8
14	12 01 50	N12 52.6	10 1.0
16	12 01 50	N12 54.2	20 1.1
18	12 01 51	N12 55.8	30 1.2
20	12 01 52	N12 57.5	40 1.4
22	12 01 53	N12 59.1	1 50 1.5
24	12 01 54	N13 00.8	2 00 1.6

視半径 S.D. 15′ 56″

✶ 恒星 $U=0^h$ の値

No.		E_*	d
		h m s	° ′
1	Polaris	11 17 21	N89 19.7

25日 ☉ 太陽

U	$E_☉$	d	dのP.P.
h	h m s	° ′	h m
0	12 01 54	N13 00.8	0 00 0.0
2	12 01 55	N13 02.4	10 0.1
4	12 01 56	N13 04.0	20 0.3
6	12 01 56	N13 05.7	30 0.4
8	12 01 57	N13 07.3	40 0.5
10	12 01 58	N13 08.9	0 50 0.7
12	12 01 59	N13 10.6	1 00 0.8
14	12 02 00	N13 12.2	10 1.0
16	12 02 01	N13 13.8	20 1.1
18	12 02 02	N13 15.5	30 1.2
20	12 02 03	N13 17.1	40 1.4
22	12 02 03	N13 18.7	1 50 1.5
24	12 02 04	N13 20.3	2 00 1.6

視半径 S.D. 15′ 56″

✶ 恒星 $U=0^h$ の値

No.		E_*	d
		h m s	° ′
1	Polaris	11 21 18	N89 19.7

26日 ☉ 太陽

U	$E_☉$	d	dのP.P.
h	h m s	° ′	h m
0	12 02 04	N13 20.3	0 00 0.0
2	12 02 05	N13 21.9	10 0.1
4	12 02 06	N13 23.6	20 0.3
6	12 02 07	N13 25.2	30 0.4
8	12 02 08	N13 26.8	40 0.5
10	12 02 08	N13 28.4	0 50 0.7
12	12 02 09	N13 30.0	1 00 0.8
14	12 02 10	N13 31.6	10 0.9
16	12 02 11	N13 33.2	20 1.1
18	12 02 12	N13 34.9	30 1.2
20	12 02 12	N13 36.5	40 1.3
22	12 02 13	N13 38.1	1 50 1.5
24	12 02 14	N13 39.7	2 00 1.6

視半径 S.D. 15′ 55″

✶ 恒星 $U=0^h$ の値

No.		E_*	d
		h m s	° ′
1	Polaris	11 25 14	N89 19.7
2	Kochab	23 23 59	N74 05.6
3	Dubhe	3 10 03	N61 40.2
4	β Cassiop.	14 04 44	N59 13.8
5	Merak	3 11 57	N56 18.1
6	Alioth	1 20 00	N55 52.7
7	Schedir	13 33 21	N56 37.1
8	Mizar	0 50 09	N54 50.8
9	α Persei	10 49 19	N49 54.7
10	Benetnasch	0 26 33	N49 14.3
11	Capella	8 56 55	N46 00.7
12	Deneb	17 32 45	N45 20.0
13	Vega	19 37 15	N38 47.8
14	Castor	6 39 09	N31 51.1
15	Alpheratz	14 05 33	N29 10.3
16	Pollux	6 28 28	N27 59.2
17	α Cor. Bor.	22 39 22	N26 39.8
18	Arcturus	23 58 20	N19 06.2
19	Aldebaran	9 37 56	N16 32.1
20	Markab	15 09 12	N15 17.1
21	Denebola	2 24 52	N14 29.1
22	α Ophiuchi	20 39 03	N12 33.0
23	Regulus	4 05 31	N11 53.4
24	Altair	18 23 11	N 8 54.6
25	Betelgeuse	8 18 44	N 7 24.3
26	Bellatrix	8 48 47	N 6 21.5
27	Procyon	6 34 37	N 5 10.9
28	Rigel	8 59 28	S 8 11.4
29	α Hydrae	4 46 22	S 8 43.8
30	Spica	0 48 42	S11 14.5
31	Sirius	7 28 54	S16 44.6
32	β Ceti	13 30 23	S17 54.2
33	Antares	21 44 21	S26 27.8
34	σ Sagittarii	19 18 30	S26 16.4
35	Fomalhaut	15 16 15	S29 32.4
36	λ Scorpii	20 40 03	S37 06.6
37	Canopus	7 50 27	S52 42.7
38	α Pavonis	17 47 52	S56 40.7
39	Achernar	12 36 29	S57 09.6
40	β Crucis	1 26 02	S59 46.5
41	β Centauri	0 09 44	S60 26.8
42	α Centauri	23 34 00	S60 53.8
43	α Crucis	1 47 12	S63 11.2
44	α Tri. Aust.	21 24 22	S69 02.9
45	β Carinae	5 01 19	S69 47.3

R_0 14 14 43 (h m s)

2015　　　　4月27日 ～ 5月3日　　　　21

27日 ☉ 太陽

U	$E_☉$	d	dのP.P.
h	h m s	° ′	h m
0	12 02 14	N13 39.7	0 00 0.0
2	12 02 15	N13 41.3	10 0.1
4	12 02 16	N13 42.9	20 0.3
6	12 02 16	N13 44.5	30 0.4
8	12 02 17	N13 46.1	40 0.5
10	12 02 18	N13 47.7	0 50 0.7
12	12 02 19	N13 49.3	1 00 0.8
14	12 02 20	N13 50.8	10 0.9
16	12 02 20	N13 52.4	20 1.1
18	12 02 21	N13 54.0	30 1.2
20	12 02 22	N13 55.6	40 1.3
22	12 02 23	N13 57.2	1 50 1.5
24	12 02 23	N13 58.8	2 00 1.6

視半径 S.D. 15′ 55″

✹ 恒星 $U = 0^h$ の値

No.		E_*	d
1	Polaris	h m s 11 29 11	° ′ N89 19.7

28日 ☉ 太陽

U	$E_☉$	d	dのP.P.
h	h m s	° ′	h m
0	12 02 23	N13 58.8	0 00 0.0
2	12 02 24	N14 00.4	10 0.1
4	12 02 25	N14 01.9	20 0.3
6	12 02 26	N14 03.5	30 0.4
8	12 02 26	N14 05.1	40 0.5
10	12 02 27	N14 06.7	0 50 0.7
12	12 02 28	N14 08.2	1 00 0.8
14	12 02 29	N14 09.8	10 0.9
16	12 02 29	N14 11.4	20 1.0
18	12 02 30	N14 13.0	30 1.2
20	12 02 31	N14 14.5	40 1.3
22	12 02 32	N14 16.1	1 50 1.4
24	12 02 32	N14 17.7	2 00 1.6

視半径 S.D. 15′ 55″

✹ 恒星 $U = 0^h$ の値

No.		E_*	d
1	Polaris	h m s 11 33 08	° ′ N89 19.7

29日 ☉ 太陽

U	$E_☉$	d	dのP.P.
h	h m s	° ′	h m
0	12 02 32	N14 17.7	0 00 0.0
2	12 02 33	N14 19.2	10 0.1
4	12 02 34	N14 20.8	20 0.3
6	12 02 34	N14 22.3	30 0.4
8	12 02 35	N14 23.9	40 0.5
10	12 02 36	N14 25.5	0 50 0.6
12	12 02 37	N14 27.0	1 00 0.8
14	12 02 37	N14 28.6	10 0.9
16	12 02 38	N14 30.1	20 1.0
18	12 02 39	N14 31.7	30 1.2
20	12 02 39	N14 33.2	40 1.3
22	12 02 40	N14 34.8	1 50 1.4
24	12 02 41	N14 36.3	2 00 1.6

視半径 S.D. 15′ 55″

✹ 恒星 $U = 0^h$ の値

No.		E_*	d
1	Polaris	h m s 11 37 04	° ′ N89 19.7

30日 ☉ 太陽

U	$E_☉$	d	dのP.P.
h	h m s	° ′	h m
0	12 02 41	N14 36.3	0 00 0.0
2	12 02 41	N14 37.8	10 0.1
4	12 02 42	N14 39.4	20 0.3
6	12 02 43	N14 40.9	30 0.4
8	12 02 43	N14 42.5	40 0.5
10	12 02 44	N14 44.0	0 50 0.6
12	12 02 45	N14 45.5	1 00 0.8
14	12 02 45	N14 47.1	10 0.9
16	12 02 46	N14 48.6	20 1.0
18	12 02 47	N14 50.1	30 1.2
20	12 02 47	N14 51.7	40 1.3
22	12 02 48	N14 53.2	1 50 1.4
24	12 02 49	N14 54.7	2 00 1.5

視半径 S.D. 15′ 54″

✹ 恒星 $U = 0^h$ の値

No.		E_*	d
1	Polaris	h m s 11 41 01	° ′ N89 19.7

1日 ☉ 太陽

U	$E_☉$	d	dのP.P.
h	h m s	° ′	h m
0	12 02 49	N14 54.7	0 00 0.0
2	12 02 49	N14 56.2	10 0.1
4	12 02 50	N14 57.7	20 0.3
6	12 02 51	N14 59.3	30 0.4
8	12 02 51	N15 00.8	40 0.5
10	12 02 52	N15 02.3	0 50 0.6
12	12 02 52	N15 03.8	1 00 0.8
14	12 02 53	N15 05.3	10 0.9
16	12 02 53	N15 06.8	20 1.0
18	12 02 54	N15 08.3	30 1.1
20	12 02 55	N15 09.9	40 1.3
22	12 02 55	N15 11.4	1 50 1.4
24	12 02 56	N15 12.9	2 00 1.5

視半径 S.D. 15′ 54″

✹ 恒星 $U = 0^h$ の値

No.		E_*	d
1	Polaris	h m s 11 44 58	° ′ N89 19.7

2日 ☉ 太陽

U	$E_☉$	d	dのP.P.
h	h m s	° ′	h m
0	12 02 56	N15 12.9	0 00 0.0
2	12 02 57	N15 14.4	10 0.1
4	12 02 57	N15 15.9	20 0.2
6	12 02 58	N15 17.4	30 0.4
8	12 02 58	N15 18.9	40 0.5
10	12 02 59	N15 20.4	0 50 0.6
12	12 02 59	N15 21.8	1 00 0.7
14	12 03 00	N15 23.3	10 0.9
16	12 03 01	N15 24.8	20 1.0
18	12 03 01	N15 26.3	30 1.1
20	12 03 02	N15 27.8	40 1.2
22	12 03 02	N15 29.3	1 50 1.4
24	12 03 03	N15 30.8	2 00 1.5

視半径 S.D. 15′ 54″

✹ 恒星 $U = 0^h$ の値

No.		E_*	d
1	Polaris	h m s 11 48 54	° ′ N89 19.6

3日 ☉ 太陽

U	$E_☉$	d	dのP.P.
h	h m s	° ′	h m
0	12 03 03	N15 30.8	0 00 0.0
2	12 03 03	N15 32.2	10 0.1
4	12 03 04	N15 33.7	20 0.2
6	12 03 04	N15 35.2	30 0.4
8	12 03 05	N15 36.7	40 0.5
10	12 03 05	N15 38.1	0 50 0.6
12	12 03 06	N15 39.6	1 00 0.7
14	12 03 07	N15 41.1	10 0.9
16	12 03 07	N15 42.6	20 1.0
18	12 03 08	N15 44.0	30 1.1
20	12 03 08	N15 45.5	40 1.2
22	12 03 09	N15 47.0	1 50 1.3
24	12 03 09	N15 48.4	2 00 1.5

視半径 S.D. 15′ 54″

✹ 恒星 $U = 0^h$ の値

No.		E_*	d
		h m s	° ′
1	Polaris	11 52 50	N89 19.6
2	Kochab	23 51 35	N74 05.6
3	Dubhe	3 37 39	N61 40.2
4	β Cassiop.	14 32 19	N59 13.8
5	Merak	3 39 33	N56 18.1
6	Alioth	1 47 36	N55 52.7
7	Schedir	14 00 57	N56 37.0
8	Mizar	1 17 45	N54 50.8
9	α Persei	11 16 55	N49 54.7
10	Benetnasch	0 54 09	N49 14.3
11	Capella	9 24 31	N46 00.6
12	Deneb	18 00 21	N45 20.0
13	Vega	20 04 50	N38 47.8
14	Castor	7 06 45	N31 51.1
15	Alpheratz	14 33 09	N29 10.3
16	Pollux	6 56 04	N27 59.2
17	α Cor. Bor.	23 06 57	N26 39.8
18	Arcturus	0 25 56	N19 06.2
19	Aldebaran	10 05 32	N16 32.1
20	Markab	15 36 48	N15 17.2
21	Denebola	2 52 28	N14 29.1
22	α Ophiuchi	21 06 39	N12 33.0
23	Regulus	4 33 07	N11 53.4
24	Altair	18 50 47	N 8 54.6
25	Betelgeuse	8 46 20	N 7 24.3
26	Bellatrix	9 16 23	N 6 21.5
27	Procyon	7 02 13	N 5 10.9
28	Rigel	9 27 03	S 8 11.4
29	α Hydrae	5 13 58	S 8 43.8
30	Spica	1 16 17	S11 14.5
31	Sirius	7 56 30	S16 44.6
32	β Ceti	13 57 59	S17 54.2
33	Antares	22 11 56	S26 27.8
34	σ Sagittarii	19 46 05	S26 16.4
35	Fomalhaut	15 43 50	S29 32.3
36	λ Scorpii	21 07 38	S37 06.6
37	Canopus	8 18 03	S52 42.7
38	α Pavonis	18 15 28	S56 40.7
39	Achernar	13 04 05	S57 09.6
40	β Crucis	1 53 38	S59 46.5
41	β Centauri	0 37 20	S60 26.8
42	α Centauri	0 01 36	S60 53.9
43	α Crucis	2 14 48	S63 11.2
44	α Tri. Aust.	21 51 57	S69 03.0
45	β Carinae	5 28 56	S69 47.3

R_0　　　h m s
14 42 19

⊙ 太陽

U (h)	E⊙ (h m s)	d (° ′)	dのP.P. (h m)	(′)
0	12 03 09	N15 48.4	0 00	0.0
2	12 03 10	N15 49.9	10	0.1
4	12 03 10	N15 51.3	20	0.2
6	12 03 11	N15 52.8	30	0.4
8	12 03 11	N15 54.2	40	0.5
10	12 03 12	N15 55.7	0 50	0.6
12	12 03 12	N15 57.1	1 00	0.7
14	12 03 13	N15 58.6	10	0.8
16	12 03 13	N16 00.0	20	1.0
18	12 03 13	N16 01.5	30	1.1
20	12 03 14	N16 02.9	40	1.2
22	12 03 14	N16 04.4	1 50	1.3
24	12 03 15	N16 05.8	2 00	1.4

視半径 S.D. 15′ 53″

✱ 恒星 U＝0ʰ の値

No.		E✱ (h m s)	d (° ′)
1	Polaris	11 56 47	N89 19.6
2	Kochab	23 55 32	N74 05.6
3	Dubhe	3 41 35	N61 40.2
4	β Cassiop.	14 36 16	N59 13.8
5	Merak	3 43 30	N56 18.1
6	Alioth	1 51 32	N55 52.7
7	Schedir	14 04 53	N56 37.0
8	Mizar	1 21 42	N54 50.8
9	α Persei	11 20 51	N49 54.7
10	Benetnasch	0 58 06	N49 14.3
11	Capella	9 28 27	N46 00.6
12	Deneb	18 04 18	N45 20.0
13	Vega	20 08 47	N38 47.8
14	Castor	7 10 42	N31 51.1
15	Alpheratz	14 37 05	N29 10.3
16	Pollux	7 00 01	N27 59.2
17	α Cor. Bor.	23 10 54	N26 39.8
18	Arcturus	0 29 53	N19 06.2
19	Aldebaran	10 09 28	N16 32.1
20	Markab	15 40 44	N15 17.2
21	Denebola	2 56 24	N14 29.1
22	α Ophiuchi	21 10 36	N12 33.0
23	Regulus	4 37 04	N11 53.4
24	Altair	18 54 43	N 8 54.6
25	Betelgeuse	8 50 16	N 7 24.3
26	Bellatrix	9 20 19	N 6 21.5
27	Procyon	7 06 10	N 5 10.9
28	Rigel	9 31 00	S 8 11.4
29	α Hydrae	5 17 55	S 8 43.8
30	Spica	1 20 14	S11 14.5
31	Sirius	8 00 27	S16 44.6
32	β Ceti	14 01 55	S17 54.2
33	Antares	22 15 53	S26 27.8
34	σ Sagittarii	19 50 02	S26 16.4
35	Fomalhaut	15 47 47	S29 32.3
36	λ Scorpii	21 11 35	S37 06.6
37	Canopus	8 21 59	S52 42.7
38	α Pavonis	18 19 25	S56 40.7
39	Achernar	13 08 02	S57 09.6
40	β Crucis	1 57 35	S59 46.5
41	β Centauri	0 41 17	S60 26.8
42	α Centauri	0 05 33	S60 53.9
43	α Crucis	2 18 44	S63 11.2
44	α Tri. Aust.	21 55 54	S69 03.0
45	β Carinae	5 32 52	S69 47.3

R_0 14ʰ 46ᵐ 16ˢ

P 惑星

♀ 金星 正中時 Tr. 14ʰ 55ᵐ

U (h)	E_P (h m s)	d (° ′)	P.P. (h m)	E_P (s)	d (′)
0	9 05 46	N25 49.3	0 00	0	0.0
2	9 05 41	N25 49.6	10	0	0.0
4	9 05 36	N25 50.0	20	1	0.1
6	9 05 31	N25 50.3	30	1	0.1
8	9 05 26	N25 50.6	40	2	0.1
10	9 05 21	N25 51.0	0 50	2	0.1
12	9 05 15	N25 51.3	1 00	3	0.2
14	9 05 10	N25 51.6	10	3	0.2
16	9 05 05	N25 51.9	20	3	0.2
18	9 05 00	N25 52.2	30	4	0.2
20	9 04 55	N25 52.5	40	4	0.3
22	9 04 50	N25 52.8	1 50	5	0.3
24	9 04 45	N25 53.1	2 00	5	0.3

♂ 火星 正中時 Tr. 12ʰ 40ᵐ

U (h)	E_P (h m s)	d (° ′)	P.P. (h m)	E_P (s)	d (′)
0	11 19 01	N19 03.1	0 00	0	0.0
2	11 19 06	N19 04.1	10	0	0.1
4	11 19 12	N19 05.0	20	1	0.2
6	11 19 17	N19 05.9	30	1	0.2
8	11 19 22	N19 06.8	40	2	0.3
10	11 19 27	N19 07.7	0 50	2	0.4
12	11 19 32	N19 08.7	1 00	3	0.5
14	11 19 37	N19 09.6	10	3	0.5
16	11 19 42	N19 10.5	20	3	0.6
18	11 19 47	N19 11.4	30	4	0.7
20	11 19 53	N19 12.3	40	4	0.8
22	11 19 58	N19 13.2	1 50	5	0.8
24	11 20 03	N19 14.2	2 00	5	0.9

♃ 木星 正中時 Tr. 18ʰ 16ᵐ

U (h)	E_P (h m s)	d (° ′)	P.P. (h m)	E_P (s)	d (′)
0	5 41 02	N17 37.7	0 00	0	0.0
2	5 41 20	N17 37.6	10	2	0.0
4	5 41 38	N17 37.5	20	3	0.0
6	5 41 57	N17 37.4	30	5	0.0
8	5 42 15	N17 37.3	40	6	0.0
10	5 42 33	N17 37.2	0 50	8	0.0
12	5 42 51	N17 37.0	1 00	9	0.1
14	5 43 09	N17 36.9	10	11	0.1
16	5 43 27	N17 36.8	20	12	0.1
18	5 43 46	N17 36.7	30	14	0.1
20	5 44 04	N17 36.6	40	15	0.1
22	5 44 22	N17 36.5	1 50	17	0.1
24	5 44 40	N17 36.3	2 00	18	0.1

♄ 土星 正中時 Tr. 1ʰ 19ᵐ

U (h)	E_P (h m s)	d (° ′)	P.P. (h m)	E_P (s)	d (′)
0	22 40 36	S18 36.6	0 00	0	0.0
2	22 40 57	S18 36.5	10	2	0.0
4	22 41 18	S18 36.4	20	4	0.0
6	22 41 39	S18 36.4	30	5	0.0
8	22 42 00	S18 36.3	40	7	0.0
10	22 42 21	S18 36.2	0 50	9	0.0
12	22 42 42	S18 36.2	1 00	11	0.0
14	22 43 03	S18 36.1	10	12	0.0
16	22 43 25	S18 36.0	20	14	0.0
18	22 43 46	S18 36.0	30	16	0.1
20	22 44 07	S18 35.9	40	18	0.1
22	22 44 28	S18 35.8	1 50	19	0.1
24	22 44 49	S18 35.8	2 00	21	0.1

☾ 月 正中時 Tr. ‥ʰ ‥ᵐ

U (h)	E☾ (h m s)	d (° ′)
0	0 06 42	S12 39.4
	0 05 45	S12 43.0
1	0 04 48	S12 46.6
	0 03 50	S12 50.2
2	0 02 53	S12 53.7
	0 01 55	S12 57.3
3	0 00 57	S13 00.8
	24 00 00	S13 04.3
4	23 59 02	S13 07.9
	23 58 04	S13 11.3
5	23 57 06	S13 14.8
	23 56 08	S13 18.3
H.P. 55′.5, S.D. 15′ 07″		
6	23 55 10	S13 21.7
	23 54 12	S13 25.2
7	23 53 14	S13 28.6
	23 52 16	S13 32.0
8	23 51 18	S13 35.4
	23 50 20	S13 38.7
9	23 49 21	S13 42.1
	23 48 23	S13 45.4
10	23 47 25	S13 48.7
	23 46 26	S13 52.1
11	23 45 28	S13 55.3
	23 44 29	S13 58.6
H.P. 55′.6, S.D. 15′ 09″		
12	23 43 31	S14 01.9
	23 42 32	S14 05.1
13	23 41 33	S14 08.4
	23 40 35	S14 11.6
14	23 39 36	S14 14.8
	23 38 37	S14 17.9
15	23 37 38	S14 21.1
	23 36 39	S14 24.2
16	23 35 40	S14 27.4
	23 34 41	S14 30.5
17	23 33 42	S14 33.6
	23 32 43	S14 36.7
H.P. 55′.7, S.D. 15′ 11″		
18	23 31 43	S14 39.7
	23 30 44	S14 42.8
19	23 29 45	S14 45.8
	23 28 46	S14 48.8
20	23 27 46	S14 51.8
	23 26 47	S14 54.8
21	23 25 47	S14 57.7
	23 24 48	S15 00.7
22	23 23 48	S15 03.6
	23 22 48	S15 06.5
23	23 21 49	S15 09.4
	23 20 49	S15 12.2
24	23 19 49	S15 15.1
H.P. 55′.9, S.D. 15′ 13″		

P.P. (E☾ d)

m	E☾ (s)	d (′)
1	2	0.1
2	4	0.2
3	6	0.3
4	8	0.5
5	10	0.6
6	12	0.7
7	14	0.8
8	15	0.9
9	17	1.0
10	19	1.1
11	21	1.3
12	23	1.4
13	25	1.5
14	27	1.6
15	29	1.7
16	31	1.8
17	33	1.9
18	35	2.1
19	37	2.2
20	39	2.3
21	41	2.4
22	43	2.5
23	44	2.6
24	46	2.7
25	48	2.9
26	50	3.0
27	52	3.1
28	54	3.2
29	56	3.3
30	58	3.4

m	E☾ (s)	d (′)
1	2	0.1
2	4	0.2
3	6	0.3
4	8	0.4
5	10	0.5
6	12	0.6
7	14	0.7
8	16	0.8
9	18	0.9
10	20	1.0
11	22	1.1
12	24	1.2
13	26	1.3
14	28	1.4
15	30	1.5
16	32	1.6
17	34	1.7
18	36	1.8
19	38	1.9
20	39	2.0
21	41	2.1
22	43	2.2
23	45	2.3
24	47	2.4
25	49	2.5
26	51	2.6
27	53	2.7
28	55	2.8
29	57	2.9
30	59	3.1

P 惑星

星名	赤経 R.A. (h m)	赤緯 d (° ′)	等級 Mag.	地平視差 H.P. (′)	視半径 S.D. (″)
♀ 金星	5 40	N25 49	−4.1	0.2	9
♂ 火星	3 27	N19 03	+1.4	0.1	2
♃ 木星	9 05	N17 38	−2.1	0.0	18
♄ 土星	16 06	S18 37	+0.1	0.0	8
☿ 水星	4 05	N23 27	0.0	0.2	4

2015　　　　　　5 月 5 日 ～ 5 月 11 日　　　　　　23

5 日　☉ 太 陽

U	$E_☉$	d	dのP.P.
h	h m s	° ′	h m ′
0	12 03 15	N16 05.8	0 00 0.0
2	12 03 15	N16 07.2	10 0.1
4	12 03 16	N16 08.7	20 0.2
6	12 03 16	N16 10.1	30 0.4
8	12 03 17	N16 11.5	40 0.5
10	12 03 17	N16 13.0	0 50 0.6
12	12 03 17	N16 14.4	1 00 0.7
14	12 03 18	N16 15.8	10 0.8
16	12 03 18	N16 17.2	20 1.0
18	12 03 19	N16 18.7	30 1.1
20	12 03 19	N16 20.1	40 1.2
22	12 03 20	N16 21.5	1 50 1.3
24	12 03 20	N16 22.9	2 00 1.4

視半径 S.D.　15′ 53″

✱ 恒 星　E_*　$U=0^h$ の値　d

No.			
		h m s	° ′
1 Polaris		12 00 43	N89 19.6

6 日　☉ 太 陽

U	$E_☉$	d	dのP.P.
h	h m s	° ′	h m ′
0	12 03 20	N16 22.9	0 00 0.0
2	12 03 20	N16 24.3	10 0.1
4	12 03 21	N16 25.7	20 0.2
6	12 03 21	N16 27.1	30 0.4
8	12 03 22	N16 28.6	40 0.5
10	12 03 22	N16 30.0	0 50 0.6
12	12 03 22	N16 31.4	1 00 0.7
14	12 03 23	N16 32.8	10 0.8
16	12 03 23	N16 34.2	20 0.9
18	12 03 24	N16 35.6	30 1.1
20	12 03 24	N16 37.0	40 1.2
22	12 03 24	N16 38.4	1 50 1.3
24	12 03 25	N16 39.8	2 00 1.4

視半径 S.D.　15′ 53″

✱ 恒 星　E_*　$U=0^h$ の値　d

No.			
1 Polaris		12 04 39	N89 19.6

7 日　☉ 太 陽

U	$E_☉$	d	dのP.P.
h	h m s	° ′	h m ′
0	12 03 25	N16 39.8	0 00 0.0
2	12 03 25	N16 41.1	10 0.1
4	12 03 25	N16 42.5	20 0.2
6	12 03 26	N16 43.9	30 0.3
8	12 03 26	N16 45.3	40 0.5
10	12 03 26	N16 46.7	0 50 0.6
12	12 03 27	N16 48.1	1 00 0.7
14	12 03 27	N16 49.5	10 0.8
16	12 03 27	N16 50.8	20 0.9
18	12 03 28	N16 52.2	30 1.0
20	12 03 28	N16 53.6	40 1.2
22	12 03 28	N16 55.0	1 50 1.3
24	12 03 29	N16 56.3	2 00 1.4

視半径 S.D.　15′ 53″

✱ 恒 星　E_*　$U=0^h$ の値　d

No.			
		h m s	° ′
1 Polaris		12 08 35	N89 19.6

8 日　☉ 太 陽

U	$E_☉$	d	dのP.P.
h	h m s	° ′	h m ′
0	12 03 29	N16 56.3	0 00 0.0
2	12 03 29	N16 57.7	10 0.1
4	12 03 29	N16 59.1	20 0.2
6	12 03 30	N17 00.4	30 0.3
8	12 03 30	N17 01.8	40 0.5
10	12 03 30	N17 03.1	0 50 0.6
12	12 03 30	N17 04.5	1 00 0.7
14	12 03 31	N17 05.9	10 0.8
16	12 03 31	N17 07.2	20 0.9
18	12 03 31	N17 08.6	30 1.0
20	12 03 32	N17 09.9	40 1.1
22	12 03 32	N17 11.3	1 50 1.2
24	12 03 32	N17 12.6	2 00 1.4

視半径 S.D.　15′ 53″

✱ 恒 星　E_*　$U=0^h$ の値　d

No.			
1 Polaris		12 12 31	N89 19.6

9 日　☉ 太 陽

U	$E_☉$	d	dのP.P.
h	h m s	° ′	h m ′
0	12 03 32	N17 12.6	0 00 0.0
2	12 03 32	N17 14.0	10 0.1
4	12 03 33	N17 15.3	20 0.2
6	12 03 33	N17 16.6	30 0.3
8	12 03 33	N17 18.0	40 0.4
10	12 03 33	N17 19.3	0 50 0.6
12	12 03 34	N17 20.6	1 00 0.7
14	12 03 34	N17 22.0	10 0.8
16	12 03 34	N17 23.3	20 0.9
18	12 03 34	N17 24.6	30 1.0
20	12 03 35	N17 26.0	40 1.1
22	12 03 35	N17 27.3	1 50 1.2
24	12 03 35	N17 28.6	2 00 1.3

視半径 S.D.　15′ 52″

✱ 恒 星　E_*　$U=0^h$ の値　d

No.			
1 Polaris		12 16 27	N89 19.6

10 日　☉ 太 陽

U	$E_☉$	d	dのP.P.
h	h m s	° ′	h m ′
0	12 03 35	N17 28.6	0 00 0.0
2	12 03 35	N17 29.9	10 0.1
4	12 03 35	N17 31.3	20 0.2
6	12 03 36	N17 32.6	30 0.3
8	12 03 36	N17 33.9	40 0.4
10	12 03 36	N17 35.2	0 50 0.5
12	12 03 36	N17 36.5	1 00 0.7
14	12 03 36	N17 37.8	10 0.8
16	12 03 37	N17 39.1	20 0.9
18	12 03 37	N17 40.4	30 1.0
20	12 03 37	N17 41.7	40 1.1
22	12 03 37	N17 43.0	1 50 1.2
24	12 03 37	N17 44.3	2 00 1.3

視半径 S.D.　15′ 52″

✱ 恒 星　E_*　$U=0^h$ の値　d

No.			
		h m s	° ′
1 Polaris		12 20 23	N89 19.6

11 日　☉ 太 陽

U	$E_☉$	d	dのP.P.
h	h m s	° ′	h m ′
0	12 03 37	N17 44.3	0 00 0.0
2	12 03 37	N17 45.6	10 0.1
4	12 03 38	N17 46.9	20 0.2
6	12 03 38	N17 48.2	30 0.3
8	12 03 38	N17 49.5	40 0.4
10	12 03 38	N17 50.8	0 50 0.5
12	12 03 38	N17 52.1	1 00 0.6
14	12 03 38	N17 53.3	10 0.7
16	12 03 38	N17 54.6	20 0.9
18	12 03 38	N17 55.9	30 1.0
20	12 03 39	N17 57.2	40 1.1
22	12 03 39	N17 58.5	1 50 1.2
24	12 03 39	N17 59.7	2 00 1.3

視半径 S.D.　15′ 52″

✱ 恒 星　E_*　$U=0^h$ の値　d

No.		h m s	° ′
1 Polaris		12 24 20	N89 19.6
2 Kochab		0 23 08	N74 05.7
3 Dubhe		4 09 11	N61 40.2
4 β Cassiop.		15 03 52	N59 13.8
5 Merak		4 11 06	N56 18.1
6 Alioth		2 19 08	N55 52.7
7 Schedir		14 32 29	N56 37.0
8 Mizar		1 49 18	N54 50.9
9 α Persei		11 48 27	N49 54.7
10 Benetnasch		1 25 42	N49 14.3
11 Capella		9 56 03	N46 00.6
12 Deneb		18 31 53	N45 20.0
13 Vega		20 36 23	N38 47.9
14 Castor		7 38 18	N31 51.1
15 Alpheratz		15 04 41	N29 10.3
16 Pollux		7 27 37	N27 59.2
17 α Cor. Bor.		23 38 30	N26 39.9
18 Arcturus		0 57 28	N19 06.2
19 Aldebaran		10 37 04	N16 32.1
20 Markab		16 08 20	N15 17.2
21 Denebola		3 24 00	N14 29.1
22 α Ophiuchi		21 38 11	N12 33.0
23 Regulus		5 04 40	N11 53.4
24 Altair		19 22 19	N 8 54.6
25 Betelgeuse		9 17 52	N 7 24.3
26 Bellatrix		9 47 55	N 6 21.5
27 Procyon		7 33 46	N 5 10.9
28 Rigel		9 58 36	S 8 11.4
29 α Hydrae		5 45 31	S 8 43.8
30 Spica		1 47 50	S11 14.5
31 Sirius		8 28 03	S16 44.6
32 β Ceti		14 29 31	S17 54.2
33 Antares		22 43 29	S26 27.8
34 σ Sagittarii		20 17 38	S26 16.4
35 Fomalhaut		16 15 22	S29 32.3
36 λ Scorpii		21 39 11	S37 06.6
37 Canopus		8 49 35	S52 42.7
38 α Pavonis		18 47 00	S56 40.7
39 Achernar		13 35 37	S57 09.5
40 β Crucis		2 25 11	S59 46.5
41 β Centauri		1 08 53	S60 26.8
42 α Centauri		0 33 08	S60 53.9
43 α Crucis		2 46 20	S63 11.3
44 α Tri. Aust.		22 23 29	S69 03.0
45 β Carinae		6 00 29	S69 47.3

R_0　15 13 51 (h m s)

5 月 12 日 ～ 5 月 18 日　　2015

12 日　☉ 太陽

U	$E_⊙$	d	dのP.P.
h　h　m　s	° ′	h　m	′
0　12 03 39	N17 59.7	0　00	0.0
2　12 03 39	N18 01.0	10	0.1
4　12 03 39	N18 02.3	20	0.2
6　12 03 39	N18 03.5	30	0.3
8　12 03 39	N18 04.8	40	0.4
10　12 03 39	N18 06.1	0　50	0.5
12　12 03 40	N18 07.3	1　00	0.6
14　12 03 40	N18 08.6	10	0.7
16　12 03 40	N18 09.8	20	0.8
18　12 03 40	N18 11.1	30	0.9
20　12 03 40	N18 12.3	40	1.0
22　12 03 40	N18 13.6	1　50	1.2
24　12 03 40	N18 14.8	2　00	1.3

視半径 S.D.　15′ 52″

✸ 恒 星　E_*　$U=0^h$の値　d

No.		h m s	° ′
1	Polaris	12 28 16	N89 19.6

13 日　☉ 太陽

U	$E_⊙$	d	dのP.P.
h　h　m　s	° ′	h　m	′
0　12 03 40	N18 14.8	0　00	0.0
2　12 03 40	N18 16.1	10	0.1
4　12 03 40	N18 17.3	20	0.2
6　12 03 40	N18 18.6	30	0.3
8　12 03 40	N18 19.8	40	0.4
10　12 03 40	N18 21.0	0　50	0.5
12　12 03 40	N18 22.3	1　00	0.6
14　12 03 40	N18 23.5	10	0.7
16　12 03 40	N18 24.7	20	0.8
18　12 03 40	N18 26.0	30	0.9
20　12 03 40	N18 27.2	40	1.0
22　12 03 40	N18 28.4	1　50	1.1
24　12 03 40	N18 29.6	2　00	1.2

視半径 S.D.　15′ 51″

✸ 恒 星　E_*　$U=0^h$の値　d

No.		h m s	° ′
1	Polaris	12 32 12	N89 19.6

14 日　☉ 太陽

U	$E_⊙$	d	dのP.P.
h　h　m　s	° ′	h　m	′
0　12 03 40	N18 29.6	0　00	0.0
2　12 03 40	N18 30.9	10	0.1
4　12 03 41	N18 32.1	20	0.2
6　12 03 41	N18 33.3	30	0.3
8　12 03 41	N18 34.5	40	0.4
10　12 03 41	N18 35.7	0　50	0.5
12　12 03 41	N18 36.9	1　00	0.6
14　12 03 41	N18 38.1	10	0.7
16　12 03 40	N18 39.3	20	0.8
18　12 03 40	N18 40.5	30	0.9
20　12 03 40	N18 41.7	40	1.0
22　12 03 40	N18 42.9	1　50	1.1
24　12 03 40	N18 44.1	2　00	1.2

視半径 S.D.　15′ 51″

✸ 恒 星　E_*　$U=0^h$の値　d

No.		h m s	° ′
1	Polaris	12 36 08	N89 19.6

15 日　☉ 太陽

U	$E_⊙$	d	dのP.P.
h　h　m　s	° ′	h　m	′
0　12 03 40	N18 44.1	0　00	0.0
2　12 03 40	N18 45.3	10	0.1
4　12 03 40	N18 46.5	20	0.2
6　12 03 40	N18 47.7	30	0.3
8　12 03 40	N18 48.9	40	0.4
10　12 03 40	N18 50.1	0　50	0.5
12　12 03 40	N18 51.3	1　00	0.6
14　12 03 40	N18 52.5	10	0.7
16　12 03 40	N18 53.6	20	0.8
18　12 03 40	N18 54.8	30	0.9
20　12 03 40	N18 56.0	40	1.0
22　12 03 40	N18 57.1	1　50	1.1
24　12 03 40	N18 58.3	2　00	1.2

視半径 S.D.　15′ 51″

✸ 恒 星　E_*　$U=0^h$の値　d

No.		h m s	° ′
1	Polaris	12 40 05	N89 19.6

16 日　☉ 太陽

U	$E_⊙$	d	dのP.P.
h　h　m　s	° ′	h　m	′
0　12 03 40	N18 58.3	0　00	0.0
2　12 03 40	N18 59.5	10	0.1
4　12 03 40	N19 00.6	20	0.2
6　12 03 39	N19 01.8	30	0.3
8　12 03 39	N19 03.0	40	0.4
10　12 03 39	N19 04.1	0　50	0.5
12　12 03 39	N19 05.3	1　00	0.6
14　12 03 39	N19 06.4	10	0.7
16　12 03 39	N19 07.6	20	0.8
18　12 03 39	N19 08.7	30	0.9
20　12 03 39	N19 09.9	40	1.0
22　12 03 39	N19 11.0	1　50	1.1
24　12 03 38	N19 12.2	2　00	1.2

視半径 S.D.　15′ 51″

✸ 恒 星　E_*　$U=0^h$の値　d

No.		h m s	° ′
1	Polaris	12 44 00	N89 19.6

17 日　☉ 太陽

U	$E_⊙$	d	dのP.P.
h　h　m　s	° ′	h　m	′
0　12 03 38	N19 12.2	0　00	0.0
2　12 03 38	N19 13.3	10	0.1
4　12 03 38	N19 14.4	20	0.2
6　12 03 38	N19 15.6	30	0.3
8　12 03 38	N19 16.7	40	0.4
10　12 03 38	N19 17.8	0　50	0.5
12　12 03 38	N19 19.0	1　00	0.6
14　12 03 37	N19 20.1	10	0.7
16　12 03 37	N19 21.2	20	0.8
18　12 03 37	N19 22.4	30	0.9
20　12 03 37	N19 23.5	40	0.9
22　12 03 37	N19 24.6	1　50	1.0
24　12 03 37	N19 25.7	2　00	1.1

視半径 S.D.　15′ 51″

✸ 恒 星　E_*　$U=0^h$の値　d

No.		h m s	° ′
1	Polaris	12 47 56	N89 19.6

18 日　☉ 太 陽

U	$E_⊙$	d	dのP.P.
h　h　m　s	° ′	h　m	′
0　12 03 37	N19 25.7	0　00	0.0
2　12 03 36	N19 26.8	10	0.1
4　12 03 36	N19 27.9	20	0.2
6　12 03 36	N19 29.0	30	0.3
8　12 03 36	N19 30.1	40	0.4
10　12 03 36	N19 31.2	0　50	0.5
12　12 03 35	N19 32.3	1　00	0.6
14　12 03 35	N19 33.4	10	0.6
16　12 03 35	N19 34.5	20	0.7
18　12 03 35	N19 35.6	30	0.8
20　12 03 35	N19 36.7	40	0.9
22　12 03 34	N19 37.8	1　50	1.0
24　12 03 34	N19 38.9	2　00	1.1

視半径 S.D.　15′ 50″

✸ 恒 星　E_*　$U=0^h$の値　d

No.		h m s	° ′
1	Polaris	12 51 52	N89 19.6
2	Kochab	0 50 44	N74 05.7
3	Dubhe	4 36 48	N61 40.2
4	β Cassiop.	15 31 27	N59 13.8
5	Merak	4 38 42	N56 18.2
6	Alioth	2 46 44	N55 52.8
7	Schedir	15 00 05	N56 37.0
8	Mizar	2 16 54	N54 50.9
9	α Persei	12 16 03	N49 54.7
10	Benetnasch	1 53 17	N49 14.4
11	Capella	10 23 39	N46 00.6
12	Deneb	18 59 29	N45 20.0
13	Vega	21 03 58	N38 47.9
14	Castor	8 05 54	N31 51.1
15	Alpheratz	15 32 17	N29 10.3
16	Pollux	7 55 13	N27 59.2
17	α Cor. Bor.	0 06 06	N26 39.9
18	Arcturus	1 25 04	N19 06.2
19	Aldebaran	11 04 40	N16 32.1
20	Markab	16 35 56	N15 17.2
21	Denebola	3 51 36	N14 29.1
22	α Ophiuchi	22 05 47	N12 33.0
23	Regulus	5 32 16	N11 53.4
24	Altair	19 49 54	N 8 54.6
25	Betelgeuse	9 45 28	N 7 24.3
26	Bellatrix	10 15 31	N 6 21.5
27	Procyon	8 01 22	N 5 10.9
28	Rigel	10 26 12	S 8 11.3
29	α Hydrae	6 13 07	S 8 43.8
30	Spica	2 15 26	S11 14.5
31	Sirius	8 55 39	S16 44.6
32	β Ceti	14 57 07	S17 54.2
33	Antares	23 11 04	S26 27.8
34	σ Sagittarii	20 45 13	S26 16.4
35	Fomalhaut	16 42 58	S29 32.3
36	λ Scorpii	22 06 46	S37 06.6
37	Canopus	9 17 11	S52 42.6
38	α Pavonis	19 14 36	S56 40.7
39	Achernar	14 03 13	S57 09.5
40	β Crucis	2 52 47	S59 46.6
41	β Centauri	1 36 29	S60 26.9
42	α Centauri	1 00 44	S60 53.9
43	α Crucis	3 13 56	S63 11.3
44	α Tri. Aust.	22 51 05	S69 03.0
45	β Carinae	6 28 05	S69 47.3

R_0　　15 41 27 (h m s)

2015　　　5 月 19 日 ～ 5 月 25 日　　　25

19 日　☉ 太陽

U	$E_\odot$	d	d の P.P.
h	h m s	° ′	h m ′
0	12 03 34	N19 38.9	0 00 0.0
2	12 03 34	N19 40.0	10 0.1
4	12 03 34	N19 41.1	20 0.2
6	12 03 34	N19 42.2	30 0.3
8	12 03 33	N19 43.2	40 0.4
10	12 03 33	N19 44.3	0 50 0.4
12	12 03 33	N19 45.4	1 00 0.5
14	12 03 33	N19 46.5	10 0.6
16	12 03 32	N19 47.5	20 0.7
18	12 03 32	N19 48.6	30 0.8
20	12 03 32	N19 49.7	40 0.9
22	12 03 32	N19 50.7	1 50 1.0
24	12 03 31	N19 51.8	2 00 1.1

視半径 S.D.　15′ 50″

✴ 恒星　$U = 0^h$ の値

No.		E_*	d
		h m s	° ′
1	Polaris	12 55 48	N89 19.6

20 日　☉ 太陽

U	$E_\odot$	d	d の P.P.
h	h m s	° ′	h m ′
0	12 03 31	N19 51.8	0 00 0.0
2	12 03 31	N19 52.8	10 0.1
4	12 03 31	N19 53.9	20 0.2
6	12 03 30	N19 54.9	30 0.3
8	12 03 30	N19 56.0	40 0.3
10	12 03 30	N19 57.0	0 50 0.4
12	12 03 30	N19 58.1	1 00 0.5
14	12 03 29	N19 59.1	10 0.6
16	12 03 29	N20 00.2	20 0.7
18	12 03 29	N20 01.2	30 0.8
20	12 03 28	N20 02.2	40 0.8
22	12 03 28	N20 03.3	1 50 1.0
24	12 03 28	N20 04.3	2 00 1.0

視半径 S.D.　15′ 50″

✴ 恒星　$U = 0^h$ の値

No.		E_*	d
		h m s	° ′
1	Polaris	12 59 43	N89 19.6

21 日　☉ 太陽

U	$E_\odot$	d	d の P.P.
h	h m s	° ′	h m ′
0	12 03 28	N20 04.3	0 00 0.0
2	12 03 28	N20 05.3	10 0.1
4	12 03 27	N20 06.4	20 0.2
6	12 03 27	N20 07.4	30 0.2
8	12 03 27	N20 08.4	40 0.3
10	12 03 26	N20 09.4	0 50 0.4
12	12 03 26	N20 10.4	1 00 0.5
14	12 03 26	N20 11.5	10 0.6
16	12 03 25	N20 12.5	20 0.7
18	12 03 25	N20 13.5	30 0.8
20	12 03 25	N20 14.5	40 0.9
22	12 03 24	N20 15.5	1 50 0.9
24	12 03 24	N20 16.5	2 00 1.0

視半径 S.D.　15′ 50″

✴ 恒星　$U = 0^h$ の値

No.		E_*	d
		h m s	° ′
1	Polaris	13 03 39	N89 19.6

22 日　☉ 太陽

U	$E_\odot$	d	d の P.P.
h	h m s	° ′	h m ′
0	12 03 24	N20 16.5	0 00 0.0
2	12 03 24	N20 17.5	10 0.1
4	12 03 23	N20 18.5	20 0.2
6	12 03 23	N20 19.5	30 0.2
8	12 03 22	N20 20.5	40 0.3
10	12 03 22	N20 21.5	0 50 0.4
12	12 03 22	N20 22.4	1 00 0.5
14	12 03 21	N20 23.4	10 0.6
16	12 03 21	N20 24.4	20 0.7
18	12 03 21	N20 25.4	30 0.7
20	12 03 20	N20 26.4	40 0.8
22	12 03 20	N20 27.4	1 50 0.9
24	12 03 19	N20 28.3	2 00 1.0

視半径 S.D.　15′ 50″

✴ 恒星　$U = 0^h$ の値

No.		E_*	d
		h m s	° ′
1	Polaris	13 07 35	N89 19.5

23 日　☉ 太陽

U	$E_\odot$	d	d の P.P.
h	h m s	° ′	h m ′
0	12 03 19	N20 28.3	0 00 0.0
2	12 03 19	N20 29.3	10 0.1
4	12 03 19	N20 30.3	20 0.2
6	12 03 18	N20 31.2	30 0.2
8	12 03 18	N20 32.2	40 0.3
10	12 03 17	N20 33.2	0 50 0.4
12	12 03 17	N20 34.1	1 00 0.5
14	12 03 17	N20 35.1	10 0.6
16	12 03 16	N20 36.0	20 0.6
18	12 03 16	N20 37.0	30 0.7
20	12 03 15	N20 37.9	40 0.8
22	12 03 15	N20 38.9	1 50 0.9
24	12 03 14	N20 39.8	2 00 1.0

視半径 S.D.　15′ 49″

✴ 恒星　$U = 0^h$ の値

No.		E_*	d
		h m s	° ′
1	Polaris	13 11 30	N89 19.5

24 日　☉ 太陽

U	$E_\odot$	d	d の P.P.
h	h m s	° ′	h m ′
0	12 03 14	N20 39.8	0 00 0.0
2	12 03 14	N20 40.8	10 0.1
4	12 03 13	N20 41.7	20 0.2
6	12 03 13	N20 42.6	30 0.2
8	12 03 13	N20 43.6	40 0.3
10	12 03 12	N20 44.5	0 50 0.4
12	12 03 12	N20 45.4	1 00 0.5
14	12 03 11	N20 46.3	10 0.5
16	12 03 11	N20 47.3	20 0.6
18	12 03 10	N20 48.2	30 0.7
20	12 03 10	N20 49.1	40 0.8
22	12 03 09	N20 50.0	1 50 0.9
24	12 03 09	N20 50.9	2 00 0.9

視半径 S.D.　15′ 49″

✴ 恒星　$U = 0^h$ の値

No.		E_*	d
		h m s	° ′
1	Polaris	13 15 26	N89 19.5

25 日　☉ 太陽

U	$E_\odot$	d	d の P.P.
h	h m s	° ′	h m ′
0	12 03 09	N20 50.9	0 00 0.0
2	12 03 09	N20 51.9	10 0.1
4	12 03 08	N20 52.8	20 0.1
6	12 03 07	N20 53.7	30 0.2
8	12 03 07	N20 54.6	40 0.3
10	12 03 06	N20 55.5	0 50 0.4
12	12 03 06	N20 56.4	1 00 0.4
14	12 03 05	N20 57.3	10 0.5
16	12 03 05	N20 58.2	20 0.6
18	12 03 04	N20 59.1	30 0.7
20	12 03 04	N20 59.9	40 0.7
22	12 03 03	N21 00.8	1 50 0.8
24	12 03 03	N21 01.7	2 00 0.9

視半径 S.D.　15′ 49″

✴ 恒星　$U = 0^h$ の値

No.		E_*	d
		h m s	° ′
1	Polaris	13 19 22	N89 19.5
2	Kochab	1 18 20	N74 05.8
3	Dubhe	5 04 24	N61 40.3
4	β Cassiop.	15 59 03	N59 13.8
5	Merak	5 06 18	N56 18.2
6	Alioth	3 14 20	N55 52.8
7	Schedir	15 27 40	N56 37.0
8	Mizar	2 44 30	N54 50.9
9	α Persei	12 43 39	N49 54.7
10	Benetnasch	2 20 53	N49 14.4
11	Capella	10 51 15	N46 00.6
12	Deneb	19 27 05	N45 20.0
13	Vega	21 31 34	N38 47.9
14	Castor	8 33 30	N31 51.1
15	Alpheratz	15 59 52	N29 10.3
16	Pollux	8 22 49	N27 59.2
17	α Cor. Bor.	0 33 41	N26 39.9
18	Arcturus	1 52 40	N19 06.2
19	Aldebaran	11 32 16	N16 32.1
20	Markab	17 03 31	N15 17.2
21	Denebola	4 19 12	N14 29.2
22	α Ophiuchi	22 33 23	N12 33.1
23	Regulus	5 59 52	N11 53.4
24	Altair	20 17 30	N 8 54.6
25	Betelgeuse	10 13 04	N 7 24.3
26	Bellatrix	10 43 07	N 6 21.5
27	Procyon	8 28 58	N 5 10.9
28	Rigel	10 53 48	S 8 11.3
29	α Hydrae	6 40 43	S 8 43.8
30	Spica	2 43 02	S11 14.5
31	Sirius	9 23 15	S16 44.6
32	β Ceti	15 24 42	S17 54.1
33	Antares	23 38 40	S26 27.8
34	σ Sagittarii	21 12 49	S26 16.4
35	Fomalhaut	17 10 34	S29 32.3
36	λ Scorpii	22 34 22	S37 06.6
37	Canopus	9 44 47	S52 42.6
38	α Pavonis	19 42 11	S56 40.7
39	Achernar	14 30 49	S57 09.4
40	β Crucis	3 20 23	S59 46.6
41	β Centauri	2 04 04	S60 26.9
42	α Centauri	1 28 20	S60 54.0
43	α Crucis	3 41 32	S63 11.3
44	α Tri. Aust.	23 18 40	S69 03.1
45	β Carinae	6 55 41	S69 47.3

R_0　　16 09 03

5月26日 ～ 6月1日　2015

26日　☉ 太陽

U	$E_☉$	d	dのP.P.
h	h m s	° ′	h m ′
0	12 03 03	N21 01.7	0 00 0.0
2	12 03 02	N21 02.6	10 0.1
4	12 03 02	N21 03.5	20 0.1
6	12 03 01	N21 04.3	30 0.2
8	12 03 01	N21 05.2	40 0.3
10	12 03 00	N21 06.1	0 50 0.4
12	12 03 00	N21 07.0	1 00 0.4
14	12 02 59	N21 07.8	10 0.5
16	12 02 59	N21 08.7	20 0.6
18	12 02 58	N21 09.6	30 0.7
20	12 02 58	N21 10.4	40 0.7
22	12 02 57	N21 11.3	1 50 0.8
24	12 02 56	N21 12.1	2 00 0.9

視半径 S.D.　15′ 49″

✱ 恒星　E_*　$U=0^h$ の値　d

No.		h m s	° ′
1	Polaris	13 23 18	N89 19.5

27日　☉ 太陽

U	$E_☉$	d	dのP.P.
h	h m s	° ′	h m ′
0	12 02 56	N21 12.1	0 00 0.0
2	12 02 56	N21 13.0	10 0.1
4	12 02 55	N21 13.8	20 0.1
6	12 02 55	N21 14.7	30 0.2
8	12 02 54	N21 15.5	40 0.3
10	12 02 54	N21 16.3	0 50 0.3
12	12 02 53	N21 17.2	1 00 0.4
14	12 02 52	N21 18.0	10 0.5
16	12 02 52	N21 18.9	20 0.6
18	12 02 51	N21 19.7	30 0.6
20	12 02 51	N21 20.5	40 0.7
22	12 02 50	N21 21.3	1 50 0.8
24	12 02 50	N21 22.2	2 00 0.8

視半径 S.D.　15′ 49″

✱ 恒星　E_*　$U=0^h$ の値　d

No.		h m s	° ′
1	Polaris	13 27 14	N89 19.5

28日　☉ 太陽

U	$E_☉$	d	dのP.P.
h	h m s	° ′	h m ′
0	12 02 50	N21 22.2	0 00 0.0
2	12 02 49	N21 23.0	10 0.1
4	12 02 48	N21 23.8	20 0.1
6	12 02 48	N21 24.6	30 0.2
8	12 02 47	N21 25.4	40 0.3
10	12 02 47	N21 26.2	0 50 0.3
12	12 02 46	N21 27.0	1 00 0.4
14	12 02 45	N21 27.8	10 0.5
16	12 02 45	N21 28.6	20 0.6
18	12 02 44	N21 29.4	30 0.6
20	12 02 43	N21 30.2	40 0.7
22	12 02 43	N21 31.0	1 50 0.7
24	12 02 42	N21 31.8	2 00 0.8

視半径 S.D.　15′ 49″

✱ 恒星　E_*　$U=0^h$ の値　d

No.		h m s	° ′
1	Polaris	13 31 09	N89 19.5

29日　☉ 太陽

U	$E_☉$	d	dのP.P.
h	h m s	° ′	h m ′
0	12 02 42	N21 31.8	0 00 0.0
2	12 02 42	N21 32.6	10 0.1
4	12 02 41	N21 33.4	20 0.1
6	12 02 40	N21 34.2	30 0.2
8	12 02 40	N21 35.0	40 0.3
10	12 02 39	N21 35.7	0 50 0.3
12	12 02 38	N21 36.5	1 00 0.4
14	12 02 38	N21 37.3	10 0.5
16	12 02 37	N21 38.1	20 0.5
18	12 02 36	N21 38.8	30 0.6
20	12 02 36	N21 39.6	40 0.7
22	12 02 35	N21 40.4	1 50 0.7
24	12 02 34	N21 41.1	2 00 0.8

視半径 S.D.　15′ 48″

✱ 恒星　E_*　$U=0^h$ の値　d

No.		h m s	° ′
1	Polaris	13 35 05	N89 19.5

30日　☉ 太陽

U	$E_☉$	d	dのP.P.
h	h m s	° ′	h m ′
0	12 02 34	N21 41.1	0 00 0.0
2	12 02 34	N21 41.9	10 0.1
4	12 02 33	N21 42.6	20 0.1
6	12 02 32	N21 43.4	30 0.2
8	12 02 32	N21 44.1	40 0.2
10	12 02 31	N21 44.9	0 50 0.3
12	12 02 30	N21 45.6	1 00 0.4
14	12 02 30	N21 46.4	10 0.4
16	12 02 29	N21 47.1	20 0.5
18	12 02 28	N21 47.8	30 0.6
20	12 02 28	N21 48.6	40 0.6
22	12 02 27	N21 49.3	1 50 0.7
24	12 02 26	N21 50.0	2 00 0.7

視半径 S.D.　15′ 48″

✱ 恒星　E_*　$U=0^h$ の値　d

No.		h m s	° ′
1	Polaris	13 39 00	N89 19.5

31日　☉ 太陽

U	$E_☉$	d	dのP.P.
h	h m s	° ′	h m ′
0	12 02 26	N21 50.0	0 00 0.0
2	12 02 25	N21 50.8	10 0.1
4	12 02 25	N21 51.5	20 0.1
6	12 02 24	N21 52.2	30 0.2
8	12 02 23	N21 52.9	40 0.2
10	12 02 23	N21 53.6	0 50 0.3
12	12 02 22	N21 54.4	1 00 0.4
14	12 02 21	N21 55.1	10 0.4
16	12 02 20	N21 55.8	20 0.5
18	12 02 20	N21 56.5	30 0.5
20	12 02 19	N21 57.2	40 0.6
22	12 02 19	N21 57.9	1 50 0.7
24	12 02 18	N21 58.6	2 00 0.7

視半径 S.D.　15′ 48″

✱ 恒星　E_*　$U=0^h$ の値　d

No.		h m s	° ′
1	Polaris	13 42 56	N89 19.5

1日　☉ 太陽

U	$E_☉$	d	dのP.P.
h	h m s	° ′	h m ′
0	12 02 18	N21 58.6	0 00 0.0
2	12 02 17	N21 59.3	10 0.1
4	12 02 16	N22 00.0	20 0.1
6	12 02 15	N22 00.7	30 0.2
8	12 02 15	N22 01.3	40 0.2
10	12 02 14	N22 02.0	0 50 0.3
12	12 02 13	N22 02.7	1 00 0.3
14	12 02 12	N22 03.4	10 0.4
16	12 02 12	N22 04.1	20 0.5
18	12 02 11	N22 04.7	30 0.5
20	12 02 10	N22 05.4	40 0.6
22	12 02 09	N22 06.1	1 50 0.6
24	12 02 09	N22 06.7	2 00 0.7

視半径 S.D.　15′ 48″

✱ 恒星　E_*　$U=0^h$ の値　d

No.		h m s	° ′
1	Polaris	13 46 51	N89 19.5
2	Kochab	1 45 56	N74 05.8
3	Dubhe	5 32 00	N61 40.3
4	β Cassiop.	16 26 38	N59 13.8
5	Merak	5 33 54	N56 18.2
6	Alioth	3 41 56	N55 52.8
7	Schedir	15 55 16	N56 37.0
8	Mizar	3 12 06	N54 50.9
9	α Persei	13 11 15	N49 54.7
10	Benetnasch	2 48 29	N49 14.4
11	Capella	11 18 51	N46 00.6
12	Deneb	19 54 40	N45 20.1
13	Vega	21 59 10	N38 48.0
14	Castor	9 01 06	N31 51.1
15	Alpheratz	16 27 28	N29 10.3
16	Pollux	8 50 25	N27 59.2
17	α Cor. Bor.	1 01 17	N26 39.9
18	Arcturus	2 20 16	N19 06.3
19	Aldebaran	11 59 52	N16 32.1
20	Markab	17 31 07	N15 17.2
21	Denebola	4 46 48	N14 29.2
22	α Ophiuchi	23 00 59	N12 33.1
23	Regulus	6 27 28	N11 53.4
24	Altair	20 45 06	N 8 54.7
25	Betelgeuse	10 40 40	N 7 24.3
26	Bellatrix	11 10 43	N 6 21.5
27	Procyon	8 56 33	N 5 10.9
28	Rigel	11 21 24	S 8 11.3
29	α Hydrae	7 08 19	S 8 43.8
30	Spica	3 10 38	S11 14.5
31	Sirius	9 50 51	S16 44.6
32	β Ceti	15 52 18	S17 54.1
33	Antares	0 06 16	S26 27.8
34	σ Sagittarii	21 40 25	S26 16.4
35	Fomalhaut	17 38 09	S29 32.2
36	λ Scorpii	23 01 58	S37 06.7
37	Canopus	10 12 23	S52 42.6
38	α Pavonis	20 09 47	S56 40.7
39	Achernar	14 58 24	S57 09.4
40	β Crucis	3 47 59	S59 46.6
41	β Centauri	2 31 40	S60 26.9
42	α Centauri	1 55 56	S60 54.0
43	α Crucis	4 09 08	S63 11.3
44	α Tri. Aust.	23 46 16	S69 03.1
45	β Carinae	7 23 17	S69 47.3

R_0　16 36 39

☉ 太陽

U	$E_☉$	d	dのP.P.
h	h m s	° ′	h m ′
0	12 02 09	N22 06.7	**0 00** 0.0
2	12 02 08	N22 07.4	**10** 0.1
4	12 02 07	N22 08.1	**20** 0.1
6	12 02 06	N22 08.7	**30** 0.2
8	12 02 05	N22 09.4	**40** 0.2
10	12 02 05	N22 10.0	**0 50** 0.3
12	12 02 04	N22 10.7	**1 00** 0.3
14	12 02 03	N22 11.3	**10** 0.4
16	12 02 02	N22 12.0	**20** 0.4
18	12 02 02	N22 12.6	**30** 0.5
20	12 02 01	N22 13.2	**40** 0.5
22	12 02 00	N22 13.9	**1 50** 0.6
24	12 01 59	N22 14.5	**2 00** 0.6

視半径 S.D. 15′ 48″

✱ 恒星 $U=0^h$ の値

No.		E_*	d
		h m s	° ′
1	Polaris	13 50 47	N89 19.5
2	Kochab	1 49 53	N74 05.8
3	Dubhe	5 35 56	N61 40.3
4	βCassiop.	16 30 35	N59 13.8
5	Merak	5 37 51	N56 18.2
6	Alioth	3 45 53	N55 52.8
7	Schedir	15 59 12	N56 37.0
8	Mizar	3 16 02	N54 51.0
9	αPersei	13 15 11	N49 54.6
10	Benetnasch	2 52 26	N49 14.4
11	Capella	11 22 47	N46 00.6
12	Deneb	19 58 37	N45 20.1
13	Vega	22 03 06	N38 48.0
14	Castor	9 05 02	N31 51.1
15	Alpheratz	16 31 24	N29 10.3
16	Pollux	8 54 21	N27 59.2
17	αCor. Bor.	1 05 14	N26 39.9
18	Arcturus	2 24 13	N19 06.3
19	Aldebaran	12 03 48	N16 32.1
20	Markab	17 35 04	N15 17.2
21	Denebola	4 50 45	N14 29.2
22	αOphiuchi	23 04 55	N12 33.1
23	Regulus	6 31 24	N11 53.4
24	Altair	20 49 02	N 8 54.7
25	Betelgeuse	10 44 36	N 7 24.3
26	Bellatrix	11 14 39	N 6 21.5
27	Procyon	9 00 30	N 5 10.9
28	Rigel	11 25 20	S 8 11.3
29	αHydrae	7 12 15	S 8 43.8
30	Spica	3 14 34	S11 14.5
31	Sirius	9 54 47	S16 44.5
32	βCeti	15 56 15	S17 54.1
33	Antares	0 10 13	S26 27.8
34	σSagittarii	21 44 21	S26 16.4
35	Fomalhaut	17 42 06	S29 32.2
36	λScorpii	23 05 54	S37 06.7
37	Canopus	10 16 20	S52 42.6
38	αPavonis	20 13 43	S56 40.7
39	Achernar	15 02 21	S57 09.4
40	βCrucis	3 51 55	S59 46.6
41	βCentauri	2 35 37	S60 26.9
42	αCentauri	1 59 53	S60 54.0
43	αCrucis	4 13 05	S63 11.3
44	αTri. Aust.	23 50 13	S69 03.1
45	βCarinae	7 27 14	S69 47.3

R_0 16h 40m 36s

P 惑星

♀ 金星 正中時 Tr. 15h 16m

U	E_P	d	P.P. E_P	P.P. d
h	h m s	° ′	h m s	′
0	8 44 39	N23 26.1	**0 00** 0	0.0
2	8 44 38	N23 25.0	**10** 0	0.1
4	8 44 37	N23 23.9	**20** 0	0.2
6	8 44 35	N23 22.8	**30** 0	0.3
8	8 44 34	N23 21.7	**40** 0	0.4
10	8 44 33	N23 20.6	**0 50** 1	0.5
12	8 44 32	N23 19.5	**1 00** 1	0.6
14	8 44 30	N23 18.4	**10** 1	0.6
16	8 44 29	N23 17.3	**20** 1	0.7
18	8 44 28	N23 16.2	**30** 1	0.8
20	8 44 27	N23 15.0	**40** 1	0.9
22	8 44 25	N23 13.9	**1 50** 1	1.0
24	8 44 24	N23 12.8	**2 00** 1	1.1

♂ 火星 正中時 Tr. 12h 12m

U	E_P	d	P.P. E_P	P.P. d
h	h m s	° ′	h m s	′
0	11 47 42	N23 03.1	**0 00** 0	0.0
2	11 47 46	N23 03.6	**10** 0	0.0
4	11 47 51	N23 04.0	**20** 1	0.1
6	11 47 56	N23 04.5	**30** 1	0.1
8	11 48 01	N23 04.9	**40** 2	0.1
10	11 48 06	N23 05.3	**0 50** 2	0.2
12	11 48 11	N23 05.8	**1 00** 2	0.2
14	11 48 15	N23 06.2	**10** 3	0.3
16	11 48 20	N23 06.6	**20** 3	0.3
18	11 48 25	N23 07.0	**30** 4	0.3
20	11 48 30	N23 07.5	**40** 4	0.4
22	11 48 35	N23 07.9	**1 50** 4	0.4
24	11 48 39	N23 08.3	**2 00** 5	0.4

♃ 木星 正中時 Tr. 16h 35m

U	E_P	d	P.P. E_P	P.P. d
h	h m s	° ′	h m s	′
0	7 22 37	N16 39.0	**0 00** 0	0.0
2	7 22 54	N16 38.8	**10** 1	0.0
4	7 23 11	N16 38.5	**20** 3	0.0
6	7 23 28	N16 38.3	**30** 4	0.1
8	7 23 44	N16 38.1	**40** 6	0.1
10	7 24 01	N16 37.9	**0 50** 7	0.1
12	7 24 18	N16 37.7	**1 00** 8	0.1
14	7 24 35	N16 37.4	**10** 10	0.1
16	7 24 52	N16 37.2	**20** 11	0.1
18	7 25 09	N16 37.0	**30** 13	0.2
20	7 25 26	N16 36.8	**40** 14	0.2
22	7 25 43	N16 36.6	**1 50** 15	0.2
24	7 25 59	N16 36.3	**2 00** 17	0.2

♄ 土星 正中時 Tr. 23h 12m

U	E_P	d	P.P. E_P	P.P. d
h	h m s	° ′	h m s	′
0	0 43 40	S18 12.5	**0 00** 0	0.0
2	0 44 01	S18 12.4	**10** 2	0.0
4	0 44 22	S18 12.4	**20** 4	0.0
6	0 44 44	S18 12.3	**30** 5	0.0
8	0 45 05	S18 12.2	**40** 7	0.0
10	0 45 26	S18 12.2	**0 50** 9	0.0
12	0 45 47	S18 12.1	**1 00** 11	0.0
14	0 46 08	S18 12.0	**10** 12	0.0
16	0 46 30	S18 12.0	**20** 14	0.0
18	0 46 51	S18 11.9	**30** 16	0.0
20	0 47 12	S18 11.8	**40** 18	0.1
22	0 47 33	S18 11.8	**1 50** 19	0.1
24	0 47 55	S18 11.7	**2 00** 21	0.1

☾ 月 正中時 Tr. h m .. ..

U	$E_☾$	d
h	h m s	° ′
0	0 33 52	S16 40.0
	0 32 49	S16 42.2
1	0 31 47	S16 44.5
	0 30 45	S16 46.7
2	0 29 42	S16 48.9
	0 28 39	S16 51.0
3	0 27 37	S16 53.2
	0 26 34	S16 55.3
4	0 25 31	S16 57.4
	0 24 29	S16 59.4
5	0 23 26	S17 01.5
	0 22 23	S17 03.5
H.P. 56.7′,	S.D. 15′ 26″	
6	0 21 20	S17 05.5
	0 20 17	S17 07.5
7	0 19 14	S17 09.5
	0 18 11	S17 11.4
8	0 17 07	S17 13.3
	0 16 04	S17 15.2
9	0 15 01	S17 17.1
	0 13 58	S17 18.9
10	0 12 54	S17 20.8
	0 11 51	S17 22.6
11	0 10 47	S17 24.3
	0 09 44	S17 26.1
H.P. 56.8′,	S.D. 15′ 29″	
12	0 08 40	S17 27.8
	0 07 36	S17 29.5
13	0 06 33	S17 31.2
	0 05 29	S17 32.9
14	0 04 25	S17 34.5
	0 03 21	S17 36.1
15	0 02 17	S17 37.7
	0 01 14	S17 39.3
16	0 00 10	S17 40.8
	23 59 05	S17 42.3
17	23 58 01	S17 43.8
	23 56 57	S17 45.3
H.P. 57.0′,	S.D. 15′ 31″	
18	23 55 53	S17 46.7
	23 54 49	S17 48.1
19	23 53 45	S17 49.5
	23 52 40	S17 50.9
20	23 51 36	S17 52.2
	23 50 31	S17 53.6
21	23 49 27	S17 54.8
	23 48 22	S17 56.1
22	23 47 18	S17 57.4
	23 46 13	S17 58.6
23	23 45 09	S17 59.8
	23 44 04	S18 00.9
24	23 42 59	S18 02.1
H.P. 57.1′,	S.D. 15′ 34″	

P.P. (月)

m	$E_☾$ s	d ′
1	2	0.1
2	4	0.1
3	6	0.2
4	8	0.3
5	10	0.3
6	13	0.4
7	15	0.5
8	17	0.5
9	19	0.6
10	21	0.7
11	23	0.7
12	25	0.8
13	27	0.9
14	29	0.9
15	31	1.0
16	34	1.1
17	36	1.1
18	38	1.2
19	40	1.3
20	42	1.3
21	44	1.4
22	46	1.5
23	48	1.5
24	50	1.6
25	52	1.7
26	55	1.7
27	57	1.8
28	59	1.9
29	61	1.9
30	63	2.0

m	$E_☾$ s	d ′
1	2	0.0
2	4	0.1
3	6	0.1
4	9	0.2
5	11	0.2
6	13	0.3
7	15	0.3
8	17	0.4
9	19	0.4
10	21	0.5
11	24	0.5
12	26	0.6
13	28	0.6
14	30	0.7
15	32	0.7
16	34	0.8
17	36	0.8
18	39	0.9
19	41	0.9
20	43	1.0
21	45	1.0
22	47	1.0
23	49	1.1
24	51	1.1
25	54	1.2
26	56	1.2
27	58	1.3
28	60	1.3
29	62	1.4
30	64	1.4

P 惑星

星名	赤経 R.A.	赤緯 d	等級 Mag.	地平視差 H.P.	視半径 S.D.
	h m	° ′		′	″
♀ 金星	7 56	N23 26	−4.3	0.2	11
♂ 火星	4 53	N23 03	+1.5	0.1	2
♃ 木星	9 18	N16 39	−1.9	0.0	16
♄ 土星	15 57	S18 13	+0.1	0.0	8
☿ 水星	4 25	N18 57	+5.1	0.3	6

6月3日 ～ 6月9日　　　2015

3 日 ☉ 太陽

U	$E_☉$	d	dのP.P.
h	h m s	° ′	h m ′
0	12 01 59	N22 14.5	0 00 0.0
2	12 01 58	N22 15.1	10 0.1
4	12 01 58	N22 15.8	20 0.1
6	12 01 57	N22 16.4	30 0.2
8	12 01 56	N22 17.0	40 0.2
10	12 01 55	N22 17.6	0 50 0.3
12	12 01 54	N22 18.2	1 00 0.3
14	12 01 53	N22 18.9	10 0.4
16	12 01 53	N22 19.5	20 0.4
18	12 01 52	N22 20.1	30 0.5
20	12 01 51	N22 20.7	40 0.5
22	12 01 50	N22 21.3	1 50 0.6
24	12 01 49	N22 21.9	2 00 0.6

視半径 S.D. 15′ 48″

No.	✶ 恒 星	E_* $U=0^h$ の値	d
		h m s	° ′
1	Polaris	13 54 42	N89 19.5

6 日 ☉ 太陽

U	$E_☉$	d	dのP.P.
h	h m s	° ′	h m ′
0	12 01 29	N22 35.5	0 00 0.0
2	12 01 28	N22 36.0	10 0.0
4	12 01 27	N22 36.5	20 0.1
6	12 01 26	N22 37.1	30 0.1
8	12 01 25	N22 37.6	40 0.2
10	12 01 24	N22 38.1	0 50 0.2
12	12 01 23	N22 38.6	1 00 0.3
14	12 01 22	N22 39.1	10 0.3
16	12 01 22	N22 39.7	20 0.3
18	12 01 21	N22 40.2	30 0.4
20	12 01 20	N22 40.7	40 0.4
22	12 01 19	N22 41.2	1 50 0.5
24	12 01 18	N22 41.7	2 00 0.5

視半径 S.D. 15′ 47″

No.	✶ 恒 星	E_* $U=0^h$ の値	d
		h m s	° ′
1	Polaris	14 06 28	N89 19.5

9 日 ☉ 太陽

U	$E_☉$	d	dのP.P.
h	h m s	° ′	h m ′
0	12 00 55	N22 52.9	0 00 0.0
2	12 00 54	N22 53.3	10 0.0
4	12 00 53	N22 53.8	20 0.1
6	12 00 52	N22 54.2	30 0.1
8	12 00 51	N22 54.6	40 0.1
10	12 00 50	N22 55.0	0 50 0.2
12	12 00 50	N22 55.4	1 00 0.2
14	12 00 49	N22 55.9	10 0.2
16	12 00 48	N22 56.3	20 0.3
18	12 00 47	N22 56.7	30 0.3
20	12 00 46	N22 57.1	40 0.3
22	12 00 45	N22 57.5	1 50 0.4
24	12 00 44	N22 57.9	2 00 0.4

視半径 S.D. 15′ 47″

No.	✶ 恒 星	E_* $U=0^h$ の値	d
		h m s	° ′
1	Polaris	14 18 14	N89 19.5
2	Kochab	2 17 29	N74 05.8
3	Dubhe	6 03 33	N61 40.3
4	β Cassiop.	16 58 10	N59 13.8
5	Merak	6 05 27	N56 18.2
6	Alioth	4 13 29	N55 52.8
7	Schedir	16 26 48	N56 37.0
8	Mizar	3 43 38	N54 51.0
9	α Persei	13 42 47	N49 54.6
10	Benetnasch	3 20 02	N49 14.4
11	Capella	11 50 23	N46 00.6
12	Deneb	20 26 12	N45 20.1
13	Vega	22 30 42	N38 48.0
14	Castor	9 32 38	N31 51.1
15	Alpheratz	16 59 00	N29 10.4
16	Pollux	9 21 57	N27 59.2
17	α Cor. Bor.	1 32 50	N26 40.0
18	Arcturus	2 51 49	N19 06.3
19	Aldebaran	12 31 24	N16 32.2
20	Markab	18 02 39	N15 17.2
21	Denebola	5 18 21	N14 29.2
22	α Ophiuchi	23 32 31	N12 33.1
23	Regulus	6 59 00	N11 53.4
24	Altair	21 16 38	N 8 54.7
25	Betelgeuse	11 12 12	N 7 24.3
26	Bellatrix	11 42 15	N 6 21.6
27	Procyon	9 28 06	N 5 10.9
28	Rigel	11 52 56	S 8 11.3
29	α Hydrae	7 39 51	S 8 43.8
30	Spica	3 42 10	S11 14.5
31	Sirius	10 22 23	S16 44.5
32	β Ceti	16 23 50	S17 54.1
33	Antares	0 37 48	S26 27.8
34	σ Sagittarii	22 11 57	S26 16.4
35	Fomalhaut	18 09 42	S29 32.2
36	λ Scorpii	23 33 30	S37 06.7
37	Canopus	10 43 56	S52 42.5
38	α Pavonis	20 41 19	S56 40.7
39	Achernar	15 29 57	S57 09.4
40	β Crucis	4 19 31	S59 46.6
41	β Centauri	3 03 13	S60 27.0
42	α Centauri	2 27 29	S60 54.0
43	α Crucis	4 40 41	S63 11.4
44	α Tri. Aust.	0 17 48	S69 03.1
45	β Carinae	7 54 50	S69 47.3

R_0　　17 08 12

4 日 ☉ 太陽

U	$E_☉$	d	dのP.P.
h	h m s	° ′	h m ′
0	12 01 49	N22 21.9	0 00 0.0
2	12 01 49	N22 22.5	10 0.0
4	12 01 48	N22 23.1	20 0.1
6	12 01 47	N22 23.7	30 0.1
8	12 01 46	N22 24.3	40 0.2
10	12 01 45	N22 24.9	0 50 0.2
12	12 01 44	N22 25.4	1 00 0.3
14	12 01 43	N22 26.0	10 0.3
16	12 01 43	N22 26.6	20 0.4
18	12 01 42	N22 27.2	30 0.4
20	12 01 41	N22 27.7	40 0.5
22	12 01 40	N22 28.3	1 50 0.5
24	12 01 39	N22 28.9	2 00 0.6

視半径 S.D. 15′ 48″

No.	✶ 恒 星	E_* $U=0^h$ の値	d
		h m s	° ′
1	Polaris	13 58 37	N89 19.5

7 日 ☉ 太陽

U	$E_☉$	d	dのP.P.
h	h m s	° ′	h m ′
0	12 01 18	N22 41.7	0 00 0.0
2	12 01 17	N22 42.2	10 0.0
4	12 01 16	N22 42.7	20 0.1
6	12 01 15	N22 43.2	30 0.1
8	12 01 14	N22 43.7	40 0.2
10	12 01 13	N22 44.2	0 50 0.2
12	12 01 12	N22 44.6	1 00 0.2
14	12 01 11	N22 45.1	10 0.3
16	12 01 11	N22 45.6	20 0.3
18	12 01 10	N22 46.1	30 0.4
20	12 01 09	N22 46.5	40 0.4
22	12 01 08	N22 47.0	1 50 0.4
24	12 01 07	N22 47.5	2 00 0.5

視半径 S.D. 15′ 47″

No.	✶ 恒 星	E_* $U=0^h$ の値	d
		h m s	° ′
1	Polaris	14 10 23	N89 19.5

5 日 ☉ 太陽

U	$E_☉$	d	dのP.P.
h	h m s	° ′	h m ′
0	12 01 39	N22 28.9	0 00 0.0
2	12 01 38	N22 29.4	10 0.0
4	12 01 37	N22 30.0	20 0.1
6	12 01 37	N22 30.6	30 0.1
8	12 01 36	N22 31.1	40 0.2
10	12 01 35	N22 31.7	0 50 0.2
12	12 01 34	N22 32.2	1 00 0.3
14	12 01 33	N22 32.8	10 0.3
16	12 01 32	N22 33.3	20 0.4
18	12 01 31	N22 33.9	30 0.4
20	12 01 30	N22 34.4	40 0.5
22	12 01 30	N22 34.9	1 50 0.5
24	12 01 29	N22 35.5	2 00 0.5

視半径 S.D. 15′ 47″

No.	✶ 恒 星	E_* $U=0^h$ の値	d
		h m s	° ′
1	Polaris	14 02 32	N89 19.5

8 日 ☉ 太陽

U	$E_☉$	d	dのP.P.
h	h m s	° ′	h m ′
0	12 01 07	N22 47.5	0 00 0.0
2	12 01 06	N22 48.0	10 0.0
4	12 01 05	N22 48.4	20 0.1
6	12 01 04	N22 48.9	30 0.1
8	12 01 03	N22 49.3	40 0.2
10	12 01 02	N22 49.8	0 50 0.2
12	12 01 01	N22 50.2	1 00 0.2
14	12 01 00	N22 50.7	10 0.3
16	12 00 59	N22 51.1	20 0.3
18	12 00 58	N22 51.6	30 0.3
20	12 00 57	N22 52.0	40 0.4
22	12 00 56	N22 52.5	1 50 0.4
24	12 00 55	N22 52.9	2 00 0.5

視半径 S.D. 15′ 47″

No.	✶ 恒 星	E_* $U=0^h$ の値	d
		h m s	° ′
1	Polaris	14 14 19	N89 19.5

2015　　　6月10日 ～ 6月16日　　　29

10日 ☉ 太陽

U	$E_☉$	d	dのP.P.
h	h m s	° ′	h m ′
0	12 00 44	N22 57.9	0 00 0.0
2	12 00 43	N22 58.3	10 0.0
4	12 00 42	N22 58.7	20 0.1
6	12 00 41	N22 59.1	30 0.1
8	12 00 40	N22 59.5	40 0.1
10	12 00 39	N22 59.9	0 50 0.2
12	12 00 38	N23 00.2	1 00 0.2
14	12 00 37	N23 00.6	10 0.2
16	12 00 36	N23 01.0	20 0.3
18	12 00 35	N23 01.4	30 0.3
20	12 00 34	N23 01.8	40 0.3
22	12 00 33	N23 02.1	1 50 0.4
24	12 00 32	N23 02.5	2 00 0.4

視半径 S.D.　15′ 47″

✲ 恒星 $U = 0^h$ の値

No.	E_*	d
	h m s	° ′
1 Polaris	14 22 10	N89 19.5

11日 ☉ 太陽

U	$E_☉$	d	dのP.P.
h	h m s	° ′	h m ′
0	12 00 32	N23 02.5	0 00 0.0
2	12 00 31	N23 02.9	10 0.0
4	12 00 30	N23 03.2	20 0.1
6	12 00 29	N23 03.6	30 0.1
8	12 00 28	N23 03.9	40 0.1
10	12 00 27	N23 04.3	0 50 0.1
12	12 00 26	N23 04.6	1 00 0.2
14	12 00 25	N23 05.0	10 0.2
16	12 00 24	N23 05.3	20 0.2
18	12 00 23	N23 05.7	30 0.3
20	12 00 21	N23 06.0	40 0.3
22	12 00 20	N23 06.3	1 50 0.3
24	12 00 19	N23 06.7	2 00 0.3

視半径 S.D.　15′ 47″

✲ 恒星 $U = 0^h$ の値

No.	E_*	d
	h m s	° ′
1 Polaris	14 26 05	N89 19.5

12日 ☉ 太陽

U	$E_☉$	d	dのP.P.
h	h m s	° ′	h m ′
0	12 00 19	N23 06.7	0 00 0.0
2	12 00 18	N23 07.0	10 0.0
4	12 00 17	N23 07.3	20 0.1
6	12 00 16	N23 07.7	30 0.1
8	12 00 15	N23 08.0	40 0.1
10	12 00 14	N23 08.3	0 50 0.1
12	12 00 13	N23 08.6	1 00 0.2
14	12 00 12	N23 08.9	10 0.2
16	12 00 11	N23 09.3	20 0.2
18	12 00 10	N23 09.6	30 0.2
20	12 00 09	N23 09.9	40 0.3
22	12 00 08	N23 10.2	1 50 0.3
24	12 00 07	N23 10.5	2 00 0.3

視半径 S.D.　15′ 47″

✲ 恒星 $U = 0^h$ の値

No.	E_*	d
	h m s	° ′
1 Polaris	14 30 00	N89 19.5

13日 ☉ 太陽

U	$E_☉$	d	dのP.P.
h	h m s	° ′	h m ′
0	12 00 07	N23 10.5	0 00 0.0
2	12 00 06	N23 10.8	10 0.0
4	12 00 05	N23 11.1	20 0.0
6	12 00 04	N23 11.4	30 0.1
8	12 00 03	N23 11.6	40 0.1
10	12 00 02	N23 11.9	0 50 0.1
12	12 00 01	N23 12.2	1 00 0.1
14	12 00 00	N23 12.5	10 0.2
16	11 59 59	N23 12.8	20 0.2
18	11 59 58	N23 13.0	30 0.2
20	11 59 57	N23 13.3	40 0.2
22	11 59 55	N23 13.6	1 50 0.3
24	11 59 54	N23 13.8	2 00 0.3

視半径 S.D.　15′ 46″

✲ 恒星 $U = 0^h$ の値

No.	E_*	d
	h m s	° ′
1 Polaris	14 33 55	N89 19.5

14日 ☉ 太陽

U	$E_☉$	d	dのP.P.
h	h m s	° ′	h m ′
0	11 59 54	N23 13.8	0 00 0.0
2	11 59 53	N23 14.1	10 0.0
4	11 59 52	N23 14.4	20 0.0
6	11 59 51	N23 14.6	30 0.1
8	11 59 50	N23 14.9	40 0.1
10	11 59 49	N23 15.1	0 50 0.1
12	11 59 48	N23 15.4	1 00 0.1
14	11 59 47	N23 15.6	10 0.1
16	11 59 46	N23 15.9	20 0.2
18	11 59 45	N23 16.1	30 0.2
20	11 59 44	N23 16.3	40 0.2
22	11 59 43	N23 16.6	1 50 0.2
24	11 59 42	N23 16.8	2 00 0.2

視半径 S.D.　15′ 46″

✲ 恒星 $U = 0^h$ の値

No.	E_*	d
	h m s	° ′
1 Polaris	14 37 50	N89 19.5

15日 ☉ 太陽

U	$E_☉$	d	dのP.P.
h	h m s	° ′	h m ′
0	11 59 42	N23 16.8	0 00 0.0
2	11 59 41	N23 17.0	10 0.0
4	11 59 40	N23 17.3	20 0.0
6	11 59 38	N23 17.5	30 0.1
8	11 59 37	N23 17.7	40 0.1
10	11 59 36	N23 17.9	0 50 0.1
12	11 59 35	N23 18.1	1 00 0.1
14	11 59 34	N23 18.4	10 0.1
16	11 59 33	N23 18.6	20 0.2
18	11 59 32	N23 18.8	30 0.2
20	11 59 31	N23 19.0	40 0.2
22	11 59 30	N23 19.2	1 50 0.2
24	11 59 29	N23 19.4	2 00 0.2

視半径 S.D.　15′ 46″

✲ 恒星 $U = 0^h$ の値

No.	E_*	d
	h m s	° ′
1 Polaris	14 41 45	N89 19.5

16日 ☉ 太陽

U	$E_☉$	d	dのP.P.
h	h m s	° ′	h m ′
0	11 59 29	N23 19.4	0 00 0.0
2	11 59 28	N23 19.6	10 0.0
4	11 59 27	N23 19.8	20 0.0
6	11 59 26	N23 19.9	30 0.0
8	11 59 24	N23 20.1	40 0.1
10	11 59 23	N23 20.3	0 50 0.1
12	11 59 22	N23 20.5	1 00 0.1
14	11 59 21	N23 20.7	10 0.1
16	11 59 20	N23 20.8	20 0.1
18	11 59 19	N23 21.0	30 0.1
20	11 59 18	N23 21.2	40 0.1
22	11 59 17	N23 21.4	1 50 0.2
24	11 59 16	N23 21.5	2 00 0.2

視半径 S.D.　15′ 46″

✲ 恒星 $U = 0^h$ の値

No.		E_*	d
		h m s	° ′
1	Polaris	14 45 40	N89 19.5
2	Kochab	2 45 05	N74 05.9
3	Dubhe	6 31 09	N61 40.3
4	β Cassiop.	17 25 46	N59 13.8
5	Merak	6 33 03	N56 18.2
6	Alioth	4 41 05	N55 52.9
7	Schedir	16 54 23	N56 37.0
8	Mizar	4 11 14	N54 51.0
9	α Persei	14 10 23	N49 54.6
10	Benetnasch	3 47 38	N49 14.5
11	Capella	12 17 59	N46 00.5
12	Deneb	20 53 48	N45 20.1
13	Vega	22 58 18	N38 48.0
14	Castor	10 00 14	N31 51.1
15	Alpheratz	17 26 36	N29 10.4
16	Pollux	9 49 33	N27 59.2
17	α Cor. Bor.	2 00 26	N26 40.0
18	Arcturus	3 19 25	N19 06.3
19	Aldebaran	12 59 00	N16 32.2
20	Markab	18 30 15	N15 17.3
21	Denebola	5 45 57	N14 29.2
22	α Ophiuchi	0 00 07	N12 33.1
23	Regulus	7 26 36	N11 53.4
24	Altair	21 44 14	N 8 54.7
25	Betelgeuse	11 39 48	N 7 24.3
26	Bellatrix	12 09 51	N 6 21.6
27	Procyon	9 55 42	N 5 10.9
28	Rigel	12 20 32	S 8 11.3
29	α Hydrae	8 07 27	S 8 43.7
30	Spica	4 09 46	S11 14.5
31	Sirius	10 49 59	S16 44.5
32	β Ceti	16 51 26	S17 54.1
33	Antares	1 05 24	S26 27.8
34	σ Sagittarii	22 39 33	S26 16.4
35	Fomalhaut	18 37 17	S29 32.2
36	λ Scorpii	0 01 06	S37 06.7
37	Canopus	11 11 32	S52 42.5
38	α Pavonis	21 08 54	S56 40.7
39	Achernar	15 57 32	S57 09.3
40	β Crucis	4 47 07	S59 46.6
41	β Centauri	3 30 49	S60 27.0
42	α Centauri	2 55 05	S60 54.0
43	α Crucis	5 08 17	S63 11.4
44	α Tri. Aust.	0 45 24	S69 03.2
45	β Carinae	8 22 27	S69 47.2

R_0　　17 35 47

6 月 17 日 ～ 6 月 23 日　2015

17 日　☉ 太陽

U	$E_☉$	d	dのP.P.
h	h m s	° ′	h m ′
0	11 59 16	N23 21.5	0 00 0.0
2	11 59 15	N23 21.7	10 0.0
4	11 59 14	N23 21.8	20 0.0
6	11 59 12	N23 22.0	30 0.0
8	11 59 11	N23 22.1	40 0.0
10	11 59 10	N23 22.3	0 50 0.1
12	11 59 09	N23 22.4	1 00 0.1
14	11 59 08	N23 22.6	10 0.1
16	11 59 07	N23 22.7	20 0.1
18	11 59 06	N23 22.9	30 0.1
20	11 59 05	N23 23.0	40 0.1
22	11 59 04	N23 23.1	1 50 0.1
24	11 59 03	N23 23.2	2 00 0.1

視半径 S.D.　15′ 46″

✳ 恒星　E_*　$U=0^h$ の値　d

No.		h m s	° ′
1	Polaris	14 49 35	N89 19.4

18 日　☉ 太陽

U	$E_☉$	d	dのP.P.
h	h m s	° ′	h m ′
0	11 59 03	N23 23.2	0 00 0.0
2	11 59 02	N23 23.4	10 0.0
4	11 59 00	N23 23.5	20 0.0
6	11 58 59	N23 23.6	30 0.0
8	11 58 58	N23 23.7	40 0.0
10	11 58 57	N23 23.8	0 50 0.0
12	11 58 56	N23 24.0	1 00 0.1
14	11 58 55	N23 24.1	10 0.1
16	11 58 54	N23 24.2	20 0.1
18	11 58 53	N23 24.3	30 0.1
20	11 58 52	N23 24.4	40 0.1
22	11 58 51	N23 24.5	1 50 0.1
24	11 58 50	N23 24.6	2 00 0.1

視半径 S.D.　15′ 46″

✳ 恒星　E_*　$U=0^h$ の値　d

No.		h m s	° ′
1	Polaris	14 53 30	N89 19.4

19 日　☉ 太陽

U	$E_☉$	d	dのP.P.
h	h m s	° ′	h m ′
0	11 58 50	N23 24.6	0 00 0.0
2	11 58 48	N23 24.7	10 0.0
4	11 58 47	N23 24.7	20 0.0
6	11 58 46	N23 24.8	30 0.0
8	11 58 45	N23 24.9	40 0.0
10	11 58 44	N23 25.0	0 50 0.0
12	11 58 43	N23 25.1	1 00 0.0
14	11 58 42	N23 25.1	10 0.1
16	11 58 41	N23 25.2	20 0.1
18	11 58 40	N23 25.3	30 0.1
20	11 58 39	N23 25.4	40 0.1
22	11 58 37	N23 25.4	1 50 0.1
24	11 58 36	N23 25.5	2 00 0.1

視半径 S.D.　15′ 46″

✳ 恒星　E_*　$U=0^h$ の値　d

No.		h m s	° ′
1	Polaris	14 57 25	N89 19.4

20 日　☉ 太陽

U	$E_☉$	d	dのP.P.
h	h m s	° ′	h m ′
0	11 58 36	N23 25.5	0 00 0.0
2	11 58 35	N23 25.5	10 0.0
4	11 58 34	N23 25.6	20 0.0
6	11 58 33	N23 25.6	30 0.0
8	11 58 32	N23 25.7	40 0.0
10	11 58 31	N23 25.7	0 50 0.0
12	11 58 30	N23 25.8	1 00 0.0
14	11 58 29	N23 25.8	10 0.0
16	11 58 28	N23 25.9	20 0.0
18	11 58 27	N23 25.9	30 0.0
20	11 58 25	N23 25.9	40 0.0
22	11 58 24	N23 25.9	1 50 0.0
24	11 58 23	N23 26.0	2 00 0.0

視半径 S.D.　15′ 46″

✳ 恒星　E_*　$U=0^h$ の値　d

No.		h m s	° ′
1	Polaris	15 01 20	N89 19.4

21 日　☉ 太陽

U	$E_☉$	d	dのP.P.
h	h m s	° ′	h m ′
0	11 58 23	N23 26.0	0 00 0.0
2	11 58 22	N23 26.0	10 0.0
4	11 58 21	N23 26.0	20 0.0
6	11 58 20	N23 26.0	30 0.0
8	11 58 19	N23 26.0	40 0.0
10	11 58 18	N23 26.1	0 50 0.0
12	11 58 17	N23 26.1	1 00 0.0
14	11 58 16	N23 26.1	10 0.1
16	11 58 14	N23 26.1	20 0.1
18	11 58 13	N23 26.1	30 0.1
20	11 58 12	N23 26.1	40 0.1
22	11 58 11	N23 26.1	1 50 0.1
24	11 58 10	N23 26.1	2 00 0.1

視半径 S.D.　15′ 46″

✳ 恒星　E_*　$U=0^h$ の値　d

No.		h m s	° ′
1	Polaris	15 05 15	N89 19.4

22 日　☉ 太陽

U	$E_☉$	d	dのP.P.
h	h m s	° ′	h m ′
0	11 58 10	N23 26.1	0 00 0.0
2	11 58 09	N23 26.0	10 0.0
4	11 58 08	N23 26.0	20 0.0
6	11 58 07	N23 26.0	30 0.0
8	11 58 06	N23 26.0	40 0.0
10	11 58 05	N23 26.0	0 50 0.0
12	11 58 04	N23 25.9	1 00 0.0
14	11 58 03	N23 25.9	10 0.0
16	11 58 01	N23 25.9	20 0.0
18	11 58 00	N23 25.8	30 0.0
20	11 57 59	N23 25.8	40 0.0
22	11 57 58	N23 25.8	1 50 0.0
24	11 57 57	N23 25.7	2 00 0.0

視半径 S.D.　15′ 46″

✳ 恒星　E_*　$U=0^h$ の値　d

No.		h m s	° ′
1	Polaris	15 09 10	N89 19.4

23 日　☉ 太陽

U	$E_☉$	d	dのP.P.
h	h m s	° ′	h m ′
0	11 57 57	N23 25.7	0 00 0.0
2	11 57 56	N23 25.7	10 0.0
4	11 57 55	N23 25.6	20 0.0
6	11 57 54	N23 25.6	30 0.0
8	11 57 53	N23 25.5	40 0.0
10	11 57 52	N23 25.5	0 50 0.0
12	11 57 51	N23 25.4	1 00 0.0
14	11 57 49	N23 25.3	10 0.0
16	11 57 48	N23 25.3	20 0.0
18	11 57 47	N23 25.2	30 0.0
20	11 57 46	N23 25.1	40 0.1
22	11 57 45	N23 25.1	1 50 0.1
24	11 57 44	N23 25.0	2 00 0.1

視半径 S.D.　15′ 46″

✳ 恒星　E_*　$U=0^h$ の値　d

No.		h m s	° ′
1	Polaris	15 13 06	N89 19.4
2	Kochab	3 12 41	N74 05.9
3	Dubhe	6 58 45	N61 40.3
4	β Cassiop.	17 53 21	N59 13.8
5	Merak	7 00 39	N56 18.2
6	Alioth	5 08 41	N55 52.9
7	Schedir	17 21 59	N56 37.0
8	Mizar	4 38 51	N54 51.0
9	α Persei	14 37 58	N49 54.6
10	Benetnasch	4 15 14	N49 14.5
11	Capella	12 45 35	N46 00.5
12	Deneb	21 21 24	N45 20.2
13	Vega	23 35 49	N38 48.1
14	Castor	10 27 50	N31 51.1
15	Alpheratz	17 54 11	N29 10.4
16	Pollux	10 17 09	N27 59.2
17	α Cor. Bor.	2 28 02	N26 40.0
18	Arcturus	3 47 01	N19 06.3
19	Aldebaran	13 26 36	N16 32.2
20	Markab	18 57 51	N15 17.3
21	Denebola	6 13 33	N14 29.2
22	α Ophiuchi	0 27 43	N12 33.2
23	Regulus	7 54 12	N11 53.4
24	Altair	22 11 50	N 8 54.7
25	Betelgeuse	12 07 24	N 7 24.4
26	Bellatrix	12 37 27	N 6 21.6
27	Procyon	10 23 18	N 5 10.9
28	Rigel	12 48 08	S 8 11.2
29	α Hydrae	8 35 03	S 8 43.7
30	Spica	4 37 22	S11 14.5
31	Sirius	11 17 35	S16 44.5
32	β Ceti	17 19 02	S17 54.0
33	Antares	1 33 00	S26 27.8
34	σ Sagittarii	23 07 08	S26 16.4
35	Fomalhaut	19 04 53	S29 32.2
36	λ Scorpii	0 28 42	S37 06.7
37	Canopus	11 39 08	S52 42.5
38	α Pavonis	21 36 30	S56 40.7
39	Achernar	16 25 08	S57 09.3
40	β Crucis	5 14 43	S59 46.6
41	β Centauri	3 58 25	S60 27.0
42	α Centauri	3 22 41	S60 54.0
43	α Crucis	5 35 53	S63 11.4
44	α Tri. Aust.	1 13 00	S69 03.2
45	β Carinae	8 50 03	S69 47.2

R_0　　h m s　18 03 23

2015　6月24日 ～ 6月30日　31

24日 ☉ 太陽

U	$E_☉$	d	dのP.P.
h　m　s	° ′	h　m	′
0　11 57 44	N23 25.0	0　00	0.0
2　11 57 43	N23 24.9	10	0.0
4　11 57 42	N23 24.8	20	0.0
6　11 57 41	N23 24.7	30	0.0
8　11 57 40	N23 24.6	40	0.0
10　11 57 39	N23 24.5	0　50	0.0
12　11 57 38	N23 24.5	1　00	0.0
14　11 57 37	N23 24.4	10	0.1
16　11 57 36	N23 24.3	20	0.1
18　11 57 34	N23 24.2	30	0.1
20　11 57 33	N23 24.0	40	0.1
22　11 57 32	N23 23.9	1　50	0.1
24　11 57 31	N23 23.8	2　00	0.1

視半径 S.D.　15′ 46″

✱ 恒星　$U = 0^h$ の値

No.		E_*	d
		h　m　s	° ′
1	Polaris	15 17 01	N89 19.4

25日 ☉ 太陽

U	$E_☉$	d	dのP.P.
h　m　s	° ′	h　m	′
0　11 57 31	N23 23.8	0　00	0.0
2　11 57 30	N23 23.7	10	0.0
4　11 57 29	N23 23.6	20	0.0
6　11 57 28	N23 23.5	30	0.0
8　11 57 27	N23 23.3	40	0.1
10　11 57 26	N23 23.2	0　50	0.1
12　11 57 25	N23 23.1	1　00	0.1
14　11 57 24	N23 23.0	10	0.1
16　11 57 23	N23 22.8	20	0.1
18　11 57 22	N23 22.7	30	0.1
20　11 57 21	N23 22.5	40	0.1
22　11 57 20	N23 22.4	1　50	0.1
24　11 57 18	N23 22.3	2　00	0.1

視半径 S.D.　15′ 46″

✱ 恒星　$U = 0^h$ の値

No.		E_*	d
		h　m　s	° ′
1	Polaris	15 20 56	N89 19.4

26日 ☉ 太陽

U	$E_☉$	d	dのP.P.
h　m　s	° ′	h　m	′
0　11 57 18	N23 22.3	0　00	0.0
2　11 57 17	N23 22.1	10	0.0
4　11 57 16	N23 22.0	20	0.0
6　11 57 15	N23 21.8	30	0.0
8　11 57 14	N23 21.6	40	0.1
10　11 57 13	N23 21.5	0　50	0.1
12　11 57 12	N23 21.3	1　00	0.1
14　11 57 11	N23 21.1	10	0.1
16　11 57 10	N23 21.0	20	0.1
18　11 57 09	N23 20.8	30	0.1
20　11 57 08	N23 20.6	40	0.1
22　11 57 07	N23 20.5	1　50	0.2
24　11 57 06	N23 20.3	2　00	0.2

視半径 S.D.　15′ 46″

✱ 恒星　$U = 0^h$ の値

No.		E_*	d
		h　m　s	° ′
1	Polaris	15 24 51	N89 19.4

27日 ☉ 太陽

U	$E_☉$	d	dのP.P.
h　m　s	° ′	h　m	′
0　11 57 06	N23 20.3	0　00	0.0
2　11 57 05	N23 20.1	10	0.0
4　11 57 04	N23 19.9	20	0.0
6　11 57 03	N23 19.7	30	0.0
8　11 57 02	N23 19.5	40	0.1
10　11 57 01	N23 19.3	0　50	0.1
12　11 57 00	N23 19.1	1　00	0.1
14　11 56 59	N23 18.9	10	0.1
16　11 56 58	N23 18.7	20	0.1
18　11 56 57	N23 18.5	30	0.1
20　11 56 56	N23 18.3	40	0.2
22　11 56 55	N23 18.1	1　50	0.2
24　11 56 53	N23 17.9	2　00	0.2

視半径 S.D.　15′ 46″

✱ 恒星　$U = 0^h$ の値

No.		E_*	d
		h　m　s	° ′
1	Polaris	15 28 46	N89 19.4

28日 ☉ 太陽

U	$E_☉$	d	dのP.P.
h　m　s	° ′	h　m	′
0　11 56 53	N23 17.9	0　00	0.0
2　11 56 52	N23 17.7	10	0.0
4　11 56 51	N23 17.4	20	0.0
6　11 56 50	N23 17.2	30	0.1
8　11 56 49	N23 17.0	40	0.1
10　11 56 48	N23 16.8	0　50	0.1
12　11 56 47	N23 16.5	1　00	0.1
14　11 56 46	N23 16.3	10	0.1
16　11 56 45	N23 16.1	20	0.2
18　11 56 44	N23 15.8	30	0.2
20　11 56 43	N23 15.6	40	0.2
22　11 56 42	N23 15.3	1　50	0.2
24　11 56 41	N23 15.1	2　00	0.2

視半径 S.D.　15′ 46″

✱ 恒星　$U = 0^h$ の値

No.		E_*	d
		h　m　s	° ′
1	Polaris	15 32 40	N89 19.4

29日 ☉ 太陽

U	$E_☉$	d	dのP.P.
h　m　s	° ′	h　m	′
0　11 56 41	N23 15.1	0　00	0.0
2　11 56 40	N23 14.8	10	0.0
4　11 56 39	N23 14.6	20	0.0
6　11 56 38	N23 14.3	30	0.1
8　11 56 37	N23 14.1	40	0.1
10　11 56 36	N23 13.8	0　50	0.1
12　11 56 35	N23 13.5	1　00	0.1
14　11 56 34	N23 13.3	10	0.2
16　11 56 33	N23 13.0	20	0.2
18　11 56 32	N23 12.7	30	0.2
20　11 56 31	N23 12.4	40	0.2
22　11 56 30	N23 12.2	1　50	0.2
24　11 56 29	N23 11.9	2　00	0.3

視半径 S.D.　15′ 46″

✱ 恒星　$U = 0^h$ の値

No.		E_*	d
		h　m　s	° ′
1	Polaris	15 36 35	N89 19.4

30日 ☉ 太陽

U	$E_☉$	d	dのP.P.
h　m　s	° ′	h　m	′
0　11 56 29	N23 11.9	0　00	0.0
2　11 56 28	N23 11.6	10	0.0
4　11 56 27	N23 11.3	20	0.1
6　11 56 26	N23 11.0	30	0.1
8　11 56 25	N23 10.7	40	0.1
10　11 56 24	N23 10.4	0　50	0.1
12　11 56 23	N23 10.1	1　00	0.2
14　11 56 22	N23 09.8	10	0.2
16　11 56 21	N23 09.5	20	0.2
18　11 56 20	N23 09.2	30	0.2
20　11 56 19	N23 08.9	40	0.3
22　11 56 18	N23 08.6	1　50	0.3
24　11 56 17	N23 08.3	2　00	0.3

視半径 S.D.　15′ 45″

✱ 恒星　$U = 0^h$ の値

No.		E_*	d
		h　m　s	° ′
1	Polaris	15 40 30	N89 19.4
2	Kochab	3 40 18	N74 05.9
3	Dubhe	7 26 21	N61 40.2
4	β Cassiop.	18 20 57	N59 13.8
5	Merak	7 28 15	N56 18.2
6	Alioth	5 36 17	N55 52.9
7	Schedir	17 49 34	N56 37.0
8	Mizar	5 06 27	N54 51.0
9	α Persei	15 05 34	N49 54.6
10	Benetnasch	4 42 50	N49 14.5
11	Capella	13 13 11	N46 00.5
12	Deneb	21 48 59	N45 20.2
13	Vega	23 53 30	N38 48.1
14	Castor	10 55 26	N31 51.1
15	Alpheratz	18 21 47	N29 10.4
16	Pollux	10 44 45	N27 59.2
17	α Cor. Bor.	2 55 38	N26 40.0
18	Arcturus	4 14 37	N19 06.3
19	Aldebaran	13 54 12	N16 32.2
20	Markab	19 25 26	N15 17.3
21	Denebola	6 41 09	N14 29.2
22	α Ophiuchi	0 55 19	N12 33.2
23	Regulus	8 21 48	N11 53.4
24	Altair	22 39 25	N 8 54.8
25	Betelgeuse	12 35 00	N 7 24.4
26	Bellatrix	13 05 03	N 6 21.6
27	Procyon	10 50 54	N 5 10.9
28	Rigel	13 15 43	S 8 11.2
29	α Hydrae	9 02 39	S 8 43.7
30	Spica	5 04 58	S11 14.5
31	Sirius	11 45 11	S16 44.5
32	β Ceti	17 46 37	S17 54.0
33	Antares	20 00 36	S26 27.8
34	σ Sagittarii	23 34 44	S26 16.4
35	Fomalhaut	19 32 29	S29 32.2
36	λ Scorpii	0 56 18	S37 06.7
37	Canopus	12 06 44	S52 42.4
38	α Pavonis	22 04 06	S56 40.8
39	Achernar	16 52 43	S57 09.3
40	β Crucis	5 42 20	S59 46.6
41	β Centauri	4 26 01	S60 27.0
42	α Centauri	3 50 17	S60 54.1
43	α Crucis	6 03 30	S63 11.4
44	α Tri. Aust.	1 40 36	S69 03.2
45	β Carinae	9 17 39	S69 47.2

R_0　　h　m　s
　　　18 30 59

☉ 太陽

U	E⊙	d	dのP.P.
h	h m s	° ′	h m ′
0	11 56 17	N23 08.3	**0 00** 0.0
2	11 56 17	N23 07.9	**10** 0.0
4	11 56 16	N23 07.6	**20** 0.1
6	11 56 15	N23 07.3	**30** 0.1
8	11 56 14	N23 07.0	**40** 0.1
10	11 56 13	N23 06.6	**0 50** 0.1
12	11 56 12	N23 06.3	**1 00** 0.2
14	11 56 11	N23 06.0	**10** 0.2
16	11 56 10	N23 05.6	**20** 0.2
18	11 56 09	N23 05.3	**30** 0.3
20	11 56 08	N23 04.9	**40** 0.3
22	11 56 07	N23 04.6	**1 50** 0.3
24	11 56 06	N23 04.2	**2 00** 0.3

視半径 S.D. 15′ 45″

✳ 恒星 U＝0ʰ の値

No.		E✳	d
		h m s	° ′
1	Polaris	15 44 24	N89 19.4
2	Kochab	3 44 14	N74 05.9
3	Dubhe	7 30 18	N61 40.2
4	β Cassiop.	18 24 53	N59 13.8
5	Merak	7 32 11	N56 18.2
6	Alioth	5 40 14	N55 52.9
7	Schedir	17 53 31	N56 37.0
8	Mizar	5 10 23	N54 51.0
9	α Persei	15 09 30	N49 54.6
10	Benetnasch	4 46 47	N49 14.5
11	Capella	13 17 07	N46 00.5
12	Deneb	21 52 56	N45 20.2
13	Vega	23 57 26	N38 48.1
14	Castor	10 59 22	N31 51.1
15	Alpheratz	18 25 44	N29 10.4
16	Pollux	10 48 42	N27 59.2
17	α Cor. Bor.	2 59 34	N26 40.0
18	Arcturus	4 18 33	N19 06.3
19	Aldebaran	13 58 08	N16 32.2
20	Markab	19 29 23	N15 17.3
21	Denebola	6 45 05	N14 29.2
22	α Ophiuchi	0 59 15	N12 33.2
23	Regulus	8 25 45	N11 53.4
24	Altair	22 43 22	N 8 54.8
25	Betelgeuse	12 38 56	N 7 24.4
26	Bellatrix	13 08 59	N 6 21.6
27	Procyon	10 54 50	N 5 10.9
28	Rigel	13 19 40	S 8 11.2
29	α Hydrae	9 06 36	S 8 43.7
30	Spica	5 08 55	S11 14.5
31	Sirius	11 49 07	S16 44.5
32	β Ceti	17 50 34	S17 54.0
33	Antares	2 04 33	S26 27.8
34	σ Sagittarii	23 38 41	S26 16.4
35	Fomalhaut	19 36 25	S29 32.2
36	λ Scorpii	1 00 14	S37 06.7
37	Canopus	12 10 40	S52 42.4
38	α Pavonis	22 08 02	S56 40.8
39	Achernar	16 56 40	S57 09.3
40	β Crucis	5 46 16	S59 46.6
41	β Centauri	4 29 58	S60 27.0
42	α Centauri	3 54 13	S60 54.1
43	α Crucis	6 07 26	S63 11.4
44	α Tri. Aust.	1 44 33	S69 03.2
45	β Carinae	9 21 36	S69 47.2

R_0 18ʰ 34ᵐ 56ˢ

P 惑星

♀ 金星 正中時 Tr. 15ʰ 00ᵐ

U	E_P	d	P.P.	E_P	d
h	h m s	° ′	h m	s	′
0	8 59 03	N14 53.5	**0 00**	0	0.0
2	8 59 11	N14 51.8	**10**	1	0.1
4	8 59 18	N14 50.1	**20**	1	0.3
6	8 59 25	N14 48.5	**30**	2	0.4
8	8 59 33	N14 46.8	**40**	2	0.6
10	8 59 40	N14 45.1	**0 50**	3	0.7
12	8 59 48	N14 43.4	**1 00**	4	0.8
14	8 59 55	N14 41.8	**10**	4	1.0
16	9 00 03	N14 40.1	**20**	5	1.1
18	9 00 10	N14 38.4	**30**	6	1.3
20	9 00 18	N14 36.8	**40**	6	1.4
22	9 00 25	N14 35.1	**1 50**	7	1.5
24	9 00 33	N14 33.4	**2 00**	7	1.7

♂ 火星 正中時 Tr. 11ʰ 44ᵐ

U	E_P	d	P.P.	E_P	d
h	h m s	° ′	h m	s	′
0	12 15 58	N24 06.8	**0 00**	0	0.0
2	12 16 03	N24 06.7	**10**	0	0.0
4	12 16 08	N24 06.6	**20**	1	0.0
6	12 16 13	N24 06.5	**30**	1	0.0
8	12 16 18	N24 06.5	**40**	2	0.0
10	12 16 23	N24 06.4	**0 50**	2	0.0
12	12 16 28	N24 06.3	**1 00**	3	0.0
14	12 16 33	N24 06.2	**10**	3	0.0
16	12 16 38	N24 06.1	**20**	3	0.1
18	12 16 43	N24 06.1	**30**	4	0.1
20	12 16 48	N24 06.0	**40**	4	0.1
22	12 16 53	N24 05.9	**1 50**	5	0.1
24	12 16 58	N24 05.8	**2 00**	5	0.1

♃ 木星 正中時 Tr. 15ʰ 00ᵐ

U	E_P	d	P.P.	E_P	d
h	h m s	° ′	h m	s	′
0	8 58 01	N15 07.7	**0 00**	0	0.0
2	8 58 17	N15 07.4	**10**	1	0.0
4	8 58 34	N15 07.1	**20**	3	0.1
6	8 58 50	N15 06.8	**30**	4	0.1
8	8 59 06	N15 06.5	**40**	5	0.1
10	8 59 22	N15 06.2	**0 50**	7	0.1
12	8 59 38	N15 05.9	**1 00**	8	0.2
14	8 59 54	N15 05.6	**10**	9	0.2
16	9 00 10	N15 05.3	**20**	11	0.2
18	9 00 26	N15 05.0	**30**	12	0.2
20	9 00 42	N15 04.7	**40**	13	0.3
22	9 00 58	N15 04.4	**1 50**	15	0.3
24	9 01 14	N15 04.1	**2 00**	16	0.3

♄ 土星 正中時 Tr. 21ʰ 11ᵐ

U	E_P	d	P.P.	E_P	d
h	h m s	° ′	h m	s	′
0	2 45 31	S17 54.0	**0 00**	0	0.0
2	2 45 52	S17 54.0	**10**	2	0.0
4	2 46 13	S17 54.0	**20**	3	0.0
6	2 46 33	S17 53.9	**30**	5	0.0
8	2 46 54	S17 53.9	**40**	7	0.0
10	2 47 15	S17 53.8	**0 50**	9	0.0
12	2 47 36	S17 53.8	**1 00**	10	0.0
14	2 47 56	S17 53.8	**10**	12	0.0
16	2 48 17	S17 53.7	**20**	14	0.0
18	2 48 38	S17 53.7	**30**	16	0.0
20	2 48 58	S17 53.7	**40**	17	0.0
22	2 49 19	S17 53.6	**1 50**	19	0.0
24	2 49 40	S17 53.6	**2 00**	21	0.0

☾ 月 正中時 Tr. 23ʰ 57ᵐ

U	E☾	d
h	h m s	° ′
0	0 56 58	S18 24.1
	0 55 52	S18 24.5
1	0 54 45	S18 24.9
	0 53 38	S18 25.2
2	0 52 31	S18 25.4
	0 51 24	S18 25.7
3	0 50 17	S18 25.9
	0 49 10	S18 26.1
4	0 48 03	S18 26.3
	0 46 56	S18 26.5
5	0 45 49	S18 26.6
	0 44 42	S18 26.7

H.P. 58′.0， S.D. 15′ 48″

U	E☾	d
6	0 43 35	S18 26.7
	0 42 28	S18 26.8
7	0 41 20	S18 26.8
	0 40 13	S18 26.7
8	0 39 06	S18 26.7
	0 37 58	S18 26.6
9	0 36 51	S18 26.5
	0 35 44	S18 26.3
10	0 34 36	S18 26.2
	0 33 29	S18 26.0
11	0 32 21	S18 25.8
	0 31 14	S18 25.5

H.P. 58′.1， S.D. 15′ 51″

U	E☾	d
12	0 30 06	S18 25.2
	0 28 58	S18 24.9
13	0 27 51	S18 24.6
	0 26 43	S18 24.2
14	0 25 35	S18 23.8
	0 24 28	S18 23.4
15	0 23 20	S18 22.9
	0 22 12	S18 22.5
16	0 21 04	S18 21.9
	0 19 56	S18 21.4
17	0 18 49	S18 20.8
	0 17 41	S18 20.2

H.P. 58′.3， S.D. 15′ 53″

U	E☾	d
18	0 16 33	S18 19.6
	0 15 25	S18 18.9
19	0 14 17	S18 18.3
	0 13 09	S18 17.5
20	0 12 01	S18 16.8
	0 10 53	S18 16.0
21	0 09 45	S18 15.2
	0 08 37	S18 14.4
22	0 07 29	S18 13.5
	0 06 21	S18 12.7
23	0 05 12	S18 11.7
	0 04 04	S18 10.8
24	0 02 56	S18 09.8

H.P. 58′.5， S.D. 15′ 56″

P.P.

m	E☾ (s)	d (′)
1	2	0.0
2	4	0.0
3	7	0.0
4	9	0.0
5	11	0.0
6	13	0.0
7	16	0.0
8	18	0.0
9	20	0.1
10	22	0.1
11	25	0.1
12	27	0.1
13	29	0.1
14	31	0.1
15	34	0.1
16	36	0.1
17	38	0.1
18	40	0.1
19	43	0.1
20	45	0.1
21	47	0.1
22	49	0.1
23	52	0.1
24	54	0.1
25	56	0.1
26	58	0.1
27	60	0.2
28	63	0.2
29	65	0.2
30	67	0.2

m	E☾ (s)	d (′)
1	2	0.0
2	5	0.0
3	7	0.1
4	9	0.1
5	11	0.1
6	14	0.1
7	16	0.1
8	18	0.2
9	20	0.2
10	23	0.2
11	25	0.2
12	27	0.3
13	29	0.3
14	32	0.3
15	34	0.3
16	36	0.3
17	38	0.4
18	41	0.4
19	43	0.4
20	45	0.4
21	48	0.4
22	50	0.5
23	52	0.5
24	54	0.5
25	57	0.5
26	59	0.6
27	61	0.6
28	63	0.6
29	66	0.6
30	68	0.6

P 惑星

星名	赤経 R.A.	赤緯 d	等級 Mag.	地平視差 H.P.	視半径 S.D.
	h m	° ′		′	″
♀ 金星	9 36	N14 53	−4.4	0.3	16
♂ 火星	6 19	N24 07	+1.6	0.1	2
♃ 木星	9 37	N15 08	−1.8	0.0	15
♄ 土星	15 49	S17 54	+0.2	0.0	8
☿ 水星	5 08	N20 36	−0.1	0.2	3

2015年 7月2日～7月8日

2日 ☉ 太陽

U	$E_☉$	d	dのP.P.
h	h m s	° ′	h m
0	11 56 06	N23 04.2	0 00 0.0
2	11 56 05	N23 03.9	10 0.0
4	11 56 04	N23 03.5	20 0.1
6	11 56 03	N23 03.2	30 0.1
8	11 56 02	N23 02.8	40 0.1
10	11 56 01	N23 02.5	0 50 0.2
12	11 56 00	N23 02.1	1 00 0.2
14	11 55 59	N23 01.7	10 0.2
16	11 55 58	N23 01.3	20 0.2
18	11 55 57	N23 01.0	30 0.3
20	11 55 57	N23 00.6	40 0.3
22	11 55 56	N23 00.2	1 50 0.4
24	11 55 55	N22 59.8	2 00 0.4

視半径 S.D. 15′ 45″

✱ 恒星 E_* d U=0ʰの値

No.		h m s	° ′
1	Polaris	15 48 19	N89 19.4

3日 ☉ 太陽

U	$E_☉$	d	dのP.P.
h	h m s	° ′	h m
0	11 55 55	N22 59.8	0 00 0.0
2	11 55 54	N22 59.4	10 0.0
4	11 55 53	N22 59.0	20 0.1
6	11 55 52	N22 58.7	30 0.1
8	11 55 51	N22 58.3	40 0.1
10	11 55 50	N22 57.9	0 50 0.2
12	11 55 49	N22 57.5	1 00 0.2
14	11 55 48	N22 57.1	10 0.2
16	11 55 47	N22 56.7	20 0.3
18	11 55 46	N22 56.2	30 0.3
20	11 55 46	N22 55.8	40 0.4
22	11 55 45	N22 55.4	1 50 0.4
24	11 55 44	N22 55.0	2 00 0.4

視半径 S.D. 15′ 45″

No.		h m s	° ′
1	Polaris	15 52 14	N89 19.4

4日 ☉ 太陽

U	$E_☉$	d	dのP.P.
h	h m s	° ′	h m
0	11 55 44	N22 55.0	0 00 0.0
2	11 55 43	N22 54.6	10 0.0
4	11 55 42	N22 54.2	20 0.1
6	11 55 41	N22 53.7	30 0.1
8	11 55 40	N22 53.3	40 0.1
10	11 55 39	N22 52.9	0 50 0.2
12	11 55 38	N22 52.4	1 00 0.2
14	11 55 37	N22 52.0	10 0.3
16	11 55 37	N22 51.6	20 0.3
18	11 55 36	N22 51.1	30 0.3
20	11 55 35	N22 50.7	40 0.4
22	11 55 34	N22 50.2	1 50 0.4
24	11 55 33	N22 49.8	2 00 0.4

視半径 S.D. 15′ 45″

No.		h m s	° ′
1	Polaris	15 56 09	N89 19.4

5日 ☉ 太陽

U	$E_☉$	d	dのP.P.
h	h m s	° ′	h m
0	11 55 33	N22 49.8	0 00 0.0
2	11 55 32	N22 49.3	10 0.0
4	11 55 31	N22 48.9	20 0.1
6	11 55 30	N22 48.4	30 0.1
8	11 55 30	N22 47.9	40 0.2
10	11 55 29	N22 47.5	0 50 0.2
12	11 55 28	N22 47.0	1 00 0.2
14	11 55 27	N22 46.5	10 0.3
16	11 55 26	N22 46.1	20 0.3
18	11 55 25	N22 45.6	30 0.4
20	11 55 24	N22 45.1	40 0.4
22	11 55 24	N22 44.6	1 50 0.4
24	11 55 23	N22 44.2	2 00 0.5

視半径 S.D. 15′ 45″

No.		h m s	° ′
1	Polaris	16 00 04	N89 19.4

6日 ☉ 太陽

U	$E_☉$	d	dのP.P.
h	h m s	° ′	h m
0	11 55 23	N22 44.2	0 00 0.0
2	11 55 22	N22 43.7	10 0.0
4	11 55 21	N22 43.2	20 0.1
6	11 55 20	N22 42.7	30 0.1
8	11 55 19	N22 42.2	40 0.2
10	11 55 19	N22 41.7	0 50 0.2
12	11 55 18	N22 41.2	1 00 0.3
14	11 55 17	N22 40.7	10 0.3
16	11 55 16	N22 40.2	20 0.3
18	11 55 15	N22 39.7	30 0.4
20	11 55 14	N22 39.2	40 0.4
22	11 55 14	N22 38.7	1 50 0.5
24	11 55 13	N22 38.1	2 00 0.5

視半径 S.D. 15′ 45″

No.		h m s	° ′
1	Polaris	16 03 59	N89 19.4

7日 ☉ 太陽

U	$E_☉$	d	dのP.P.
h	h m s	° ′	h m
0	11 55 13	N22 38.1	0 00 0.0
2	11 55 12	N22 37.6	10 0.0
4	11 55 11	N22 37.1	20 0.1
6	11 55 10	N22 36.6	30 0.1
8	11 55 09	N22 36.1	40 0.2
10	11 55 09	N22 35.5	0 50 0.2
12	11 55 08	N22 35.0	1 00 0.3
14	11 55 07	N22 34.5	10 0.3
16	11 55 06	N22 33.9	20 0.4
18	11 55 05	N22 33.4	30 0.4
20	11 55 05	N22 32.8	40 0.4
22	11 55 04	N22 32.3	1 50 0.5
24	11 55 03	N22 31.7	2 00 0.5

視半径 S.D. 15′ 45″

No.		h m s	° ′
1	Polaris	16 07 54	N89 19.4

8日 ☉ 太陽

U	$E_☉$	d	dのP.P.
h	h m s	° ′	h m
0	11 55 03	N22 31.7	0 00 0.0
2	11 55 02	N22 31.2	10 0.0
4	11 55 01	N22 30.6	20 0.1
6	11 55 01	N22 30.1	30 0.1
8	11 55 00	N22 29.5	40 0.2
10	11 54 59	N22 29.0	0 50 0.2
12	11 54 58	N22 28.4	1 00 0.3
14	11 54 58	N22 27.8	10 0.3
16	11 54 57	N22 27.2	20 0.4
18	11 54 56	N22 26.7	30 0.4
20	11 54 55	N22 26.1	40 0.5
22	11 54 55	N22 25.5	1 50 0.5
24	11 54 54	N22 24.9	2 00 0.6

視半径 S.D. 15′ 45″

✱ 恒星 E_* d U=0ʰの値

No.		h m s	° ′
1	Polaris	16 11 49	N89 19.4
2	Kochab	4 11 50	N74 05.9
3	Dubhe	7 57 54	N61 40.2
4	β Cassiop.	18 52 29	N59 13.9
5	Merak	7 59 48	N56 18.1
6	Alioth	6 07 50	N55 52.9
7	Schedir	18 21 07	N56 37.1
8	Mizar	5 37 59	N54 51.0
9	α Persei	15 37 06	N49 54.6
10	Benetnasch	5 14 23	N49 14.5
11	Capella	13 44 43	N46 00.5
12	Deneb	22 20 32	N45 20.2
13	Vega	0 25 02	N38 48.1
14	Castor	11 26 58	N31 51.1
15	Alpheratz	18 53 19	N29 10.4
16	Pollux	11 16 17	N27 59.2
17	α Cor. Bor.	3 27 10	N26 40.1
18	Arcturus	4 46 09	N19 06.3
19	Aldebaran	14 25 44	N16 32.2
20	Markab	19 56 59	N15 17.3
21	Denebola	7 12 41	N14 29.2
22	α Ophiuchi	1 26 51	N12 33.2
23	Regulus	8 53 21	N11 53.4
24	Altair	23 10 58	N 8 54.8
25	Betelgeuse	13 06 32	N 7 24.4
26	Bellatrix	13 36 35	N 6 21.6
27	Procyon	11 22 26	N 5 10.9
28	Rigel	13 47 16	S 8 11.2
29	α Hydrae	9 34 12	S 8 43.7
30	Spica	5 36 31	S11 14.5
31	Sirius	12 16 43	S16 44.4
32	β Ceti	18 18 10	S17 54.0
33	Antares	2 32 09	S26 27.8
34	σ Sagittarii	0 06 17	S26 16.4
35	Fomalhaut	20 04 01	S29 32.2
36	λ Scorpii	1 27 50	S37 06.7
37	Canopus	12 38 16	S52 42.4
38	α Pavonis	22 35 38	S56 40.8
39	Achernar	17 24 16	S57 09.3
40	β Crucis	6 13 52	S59 46.6
41	β Centauri	4 57 34	S60 27.0
42	α Centauri	4 21 49	S60 54.1
43	α Crucis	6 35 02	S63 11.4
44	α Tri. Aust.	2 12 09	S69 03.2
45	β Carinae	9 49 12	S69 47.2

R_0 19 02 32

7月9日～7月15日　2015

9日 ☉ 太陽

U	$E_☉$	d	dのP.P.
h	h m s	° ′	h m ′
0	11 54 54	N22 24.9	0 00 0.0
2	11 54 53	N22 24.4	10 0.0
4	11 54 52	N22 23.8	20 0.1
6	11 54 51	N22 23.2	30 0.1
8	11 54 51	N22 22.6	40 0.2
10	11 54 50	N22 22.0	0 50 0.2
12	11 54 49	N22 21.4	1 00 0.3
14	11 54 48	N22 20.8	10 0.3
16	11 54 48	N22 20.2	20 0.4
18	11 54 47	N22 19.6	30 0.4
20	11 54 46	N22 19.0	40 0.5
22	11 54 46	N22 18.4	1 50 0.5
24	11 54 45	N22 17.8	2 00 0.6

視半径 S.D. 15′ 45″

✱ 恒星 U=0ʰ の値

No.		E_*	d
		h m s	° ′
1	Polaris	16 15 43	N89 19.4

10日 ☉ 太陽

U	$E_☉$	d	dのP.P.
h	h m s	° ′	h m ′
0	11 54 45	N22 17.8	0 00 0.0
2	11 54 44	N22 17.1	10 0.1
4	11 54 43	N22 16.5	20 0.1
6	11 54 43	N22 15.9	30 0.2
8	11 54 42	N22 15.3	40 0.2
10	11 54 41	N22 14.6	0 50 0.3
12	11 54 40	N22 14.0	1 00 0.3
14	11 54 40	N22 13.4	10 0.4
16	11 54 39	N22 12.7	20 0.4
18	11 54 38	N22 12.1	30 0.5
20	11 54 38	N22 11.5	40 0.5
22	11 54 37	N22 10.8	1 50 0.6
24	11 54 36	N22 10.2	2 00 0.6

視半径 S.D. 15′ 45″

✱ 恒星 U=0ʰ の値

No.		E_*	d
		h m s	° ′
1	Polaris	16 19 38	N89 19.4

11日 ☉ 太陽

U	$E_☉$	d	dのP.P.
h	h m s	° ′	h m ′
0	11 54 36	N22 10.2	0 00 0.0
2	11 54 36	N22 09.5	10 0.1
4	11 54 35	N22 08.9	20 0.1
6	11 54 34	N22 08.2	30 0.2
8	11 54 34	N22 07.6	40 0.2
10	11 54 33	N22 06.9	0 50 0.3
12	11 54 32	N22 06.3	1 00 0.3
14	11 54 31	N22 05.6	10 0.4
16	11 54 31	N22 04.9	20 0.4
18	11 54 30	N22 04.3	30 0.5
20	11 54 29	N22 03.6	40 0.6
22	11 54 29	N22 02.9	1 50 0.6
24	11 54 28	N22 02.2	2 00 0.7

視半径 S.D. 15′ 45″

✱ 恒星 U=0ʰ の値

No.		E_*	d
		h m s	° ′
1	Polaris	16 23 33	N89 19.4

12日 ☉ 太陽

U	$E_☉$	d	dのP.P.
h	h m s	° ′	h m ′
0	11 54 28	N22 02.2	0 00 0.0
2	11 54 27	N22 01.5	10 0.1
4	11 54 27	N22 00.9	20 0.1
6	11 54 26	N22 00.2	30 0.2
8	11 54 26	N21 59.5	40 0.2
10	11 54 25	N21 58.8	0 50 0.3
12	11 54 24	N21 58.1	1 00 0.3
14	11 54 24	N21 57.4	10 0.4
16	11 54 23	N21 56.7	20 0.5
18	11 54 22	N21 56.0	30 0.5
20	11 54 22	N21 55.3	40 0.6
22	11 54 21	N21 54.6	1 50 0.6
24	11 54 20	N21 53.9	2 00 0.7

視半径 S.D. 15′ 45″

✱ 恒星 U=0ʰ の値

No.		E_*	d
		h m s	° ′
1	Polaris	16 27 27	N89 19.4

13日 ☉ 太陽

U	$E_☉$	d	dのP.P.
h	h m s	° ′	h m ′
0	11 54 20	N21 53.9	0 00 0.0
2	11 54 20	N21 53.2	10 0.1
4	11 54 19	N21 52.5	20 0.1
6	11 54 19	N21 51.8	30 0.2
8	11 54 18	N21 51.0	40 0.2
10	11 54 17	N21 50.3	0 50 0.3
12	11 54 17	N21 49.6	1 00 0.4
14	11 54 16	N21 48.9	10 0.4
16	11 54 16	N21 48.1	20 0.5
18	11 54 15	N21 47.4	30 0.5
20	11 54 14	N21 46.7	40 0.6
22	11 54 14	N21 45.9	1 50 0.7
24	11 54 13	N21 45.2	2 00 0.7

視半径 S.D. 15′ 45″

✱ 恒星 U=0ʰ の値

No.		E_*	d
		h m s	° ′
1	Polaris	16 31 22	N89 19.4

14日 ☉ 太陽

U	$E_☉$	d	dのP.P.
h	h m s	° ′	h m ′
0	11 54 13	N21 45.2	0 00 0.0
2	11 54 13	N21 44.4	10 0.1
4	11 54 12	N21 43.7	20 0.1
6	11 54 12	N21 43.0	30 0.2
8	11 54 11	N21 42.2	40 0.3
10	11 54 10	N21 41.5	0 50 0.3
12	11 54 10	N21 40.7	1 00 0.4
14	11 54 09	N21 39.9	10 0.4
16	11 54 09	N21 39.2	20 0.5
18	11 54 08	N21 38.4	30 0.6
20	11 54 08	N21 37.7	40 0.6
22	11 54 07	N21 36.9	1 50 0.7
24	11 54 07	N21 36.1	2 00 0.8

視半径 S.D. 15′ 46″

✱ 恒星 U=0ʰ の値

No.		E_*	d
		h m s	° ′
1	Polaris	16 35 16	N89 19.4

15日 ☉ 太陽

U	$E_☉$	d	dのP.P.
h	h m s	° ′	h m ′
0	11 54 07	N21 36.1	0 00 0.0
2	11 54 06	N21 35.3	10 0.1
4	11 54 05	N21 34.6	20 0.1
6	11 54 05	N21 33.8	30 0.2
8	11 54 04	N21 33.0	40 0.3
10	11 54 04	N21 32.2	0 50 0.3
12	11 54 03	N21 31.4	1 00 0.4
14	11 54 03	N21 30.6	10 0.5
16	11 54 02	N21 29.9	20 0.5
18	11 54 02	N21 29.1	30 0.6
20	11 54 01	N21 28.3	40 0.7
22	11 54 01	N21 27.5	1 50 0.7
24	11 54 00	N21 26.7	2 00 0.8

視半径 S.D. 15′ 46″

✱ 恒星 U=0ʰ の値

No.		E_*	d
		h m s	° ′
1	Polaris	16 39 11	N89 19.4
2	Kochab	4 39 27	N74 05.9
3	Dubhe	8 25 30	N61 40.2
4	β Cassiop.	19 20 05	N59 13.9
5	Merak	8 27 24	N56 18.1
6	Alioth	6 35 26	N55 52.9
7	Schedir	18 48 42	N56 37.1
8	Mizar	6 05 35	N54 51.0
9	α Persei	16 04 42	N49 54.6
10	Benetnasch	5 41 59	N49 14.5
11	Capella	14 12 19	N46 00.5
12	Deneb	22 48 08	N45 20.3
13	Vega	0 52 38	N38 48.2
14	Castor	11 54 34	N31 51.1
15	Alpheratz	19 20 55	N29 10.5
16	Pollux	11 43 53	N27 59.2
17	α Cor. Bor.	3 54 46	N26 40.1
18	Arcturus	5 13 45	N19 06.4
19	Aldebaran	14 53 20	N16 32.2
20	Markab	20 24 34	N15 17.4
21	Denebola	7 40 17	N14 29.2
22	α Ophiuchi	1 54 27	N12 33.2
23	Regulus	9 20 57	N11 53.4
24	Altair	23 38 34	N 8 54.8
25	Betelgeuse	13 34 08	N 7 24.4
26	Bellatrix	14 04 11	N 6 21.6
27	Procyon	11 50 02	N 5 10.9
28	Rigel	14 14 51	S 8 11.2
29	α Hydrae	10 01 47	S 8 43.7
30	Spica	6 04 06	S11 14.5
31	Sirius	12 44 19	S16 44.4
32	β Ceti	18 45 45	S17 54.0
33	Antares	2 59 44	S26 27.8
34	σ Sagittarii	0 33 52	S26 16.4
35	Fomalhaut	20 31 37	S29 32.1
36	λ Scorpii	1 55 26	S37 06.7
37	Canopus	13 05 52	S52 42.3
38	α Pavonis	23 03 14	S56 40.8
39	Achernar	17 51 51	S57 09.2
40	β Crucis	6 41 28	S59 46.6
41	β Centauri	5 25 10	S60 27.0
42	α Centauri	4 49 26	S60 54.1
43	α Crucis	7 02 38	S63 11.4
44	α Tri. Aust.	2 39 45	S69 03.3
45	β Carinae	10 16 48	S69 47.1

R_0 h m s
       19 30 08

2015　　　7月16日 ～ 7月22日

16日 ☉ 太陽

U	$E_☉$	d	dのP.P.
h m s	° ′		h m ′
0 11 54 00	N21 26.7	**0 00**	0.0
2 11 54 00	N21 25.9	**10**	0.1
4 11 53 59	N21 25.1	**20**	0.1
6 11 53 59	N21 24.2	**30**	0.2
8 11 53 58	N21 23.4	**40**	0.3
10 11 53 58	N21 22.6	**0 50**	0.3
12 11 53 57	N21 21.8	**1 00**	0.4
14 11 53 57	N21 21.0	**10**	0.4
16 11 53 56	N21 20.2	**20**	0.5
18 11 53 56	N21 19.3	**30**	0.6
20 11 53 55	N21 18.5	**40**	0.7
22 11 53 55	N21 17.7	**1 50**	0.7
24 11 53 55	N21 16.9	**2 00**	0.8

視半径 S.D.　15′ 46″

＊ 恒 星　$U=0^h$ の値

No.		E_*	d
		h m s	° ′
1	Polaris	16 43 05	N89 19.4

17日 ☉ 太陽

U	$E_☉$	d	dのP.P.
h m s	° ′		h m ′
0 11 53 55	N21 16.9	**0 00**	0.0
2 11 53 54	N21 16.0	**10**	0.1
4 11 53 54	N21 15.2	**20**	0.1
6 11 53 53	N21 14.3	**30**	0.2
8 11 53 53	N21 13.5	**40**	0.3
10 11 53 52	N21 12.7	**0 50**	0.4
12 11 53 52	N21 11.8	**1 00**	0.4
14 11 53 51	N21 11.0	**10**	0.5
16 11 53 51	N21 10.1	**20**	0.6
18 11 53 51	N21 09.3	**30**	0.6
20 11 53 50	N21 08.4	**40**	0.7
22 11 53 50	N21 07.5	**1 50**	0.8
24 11 53 49	N21 06.7	**2 00**	0.8

視半径 S.D.　15′ 46″

＊ 恒 星　$U=0^h$ の値

No.		E_*	d
		h m s	° ′
1	Polaris	16 47 00	N89 19.4

18日 ☉ 太陽

U	$E_☉$	d	dのP.P.
h m s	° ′		h m ′
0 11 53 49	N21 06.7	**0 00**	0.0
2 11 53 49	N21 05.8	**10**	0.1
4 11 53 48	N21 05.0	**20**	0.1
6 11 53 48	N21 04.1	**30**	0.2
8 11 53 48	N21 03.2	**40**	0.3
10 11 53 47	N21 02.3	**0 50**	0.4
12 11 53 47	N21 01.5	**1 00**	0.4
14 11 53 47	N21 00.6	**10**	0.5
16 11 53 46	N20 59.7	**20**	0.6
18 11 53 46	N20 58.8	**30**	0.7
20 11 53 45	N20 57.9	**40**	0.7
22 11 53 45	N20 57.1	**1 50**	0.8
24 11 53 45	N20 56.2	**2 00**	0.9

視半径 S.D.　15′ 46″

＊ 恒 星　$U=0^h$ の値

No.		E_*	d
		h m s	° ′
1	Polaris	16 50 55	N89 19.4

19日 ☉ 太陽

U	$E_☉$	d	dのP.P.
h m s	° ′		h m ′
0 11 53 45	N20 56.2	**0 00**	0.0
2 11 53 44	N20 55.3	**10**	0.1
4 11 53 44	N20 54.4	**20**	0.2
6 11 53 44	N20 53.5	**30**	0.2
8 11 53 43	N20 52.6	**40**	0.3
10 11 53 43	N20 51.7	**0 50**	0.4
12 11 53 42	N20 50.8	**1 00**	0.5
14 11 53 42	N20 49.9	**10**	0.5
16 11 53 42	N20 48.9	**20**	0.6
18 11 53 41	N20 48.0	**30**	0.7
20 11 53 41	N20 47.1	**40**	0.8
22 11 53 41	N20 46.2	**1 50**	0.8
24 11 53 41	N20 45.3	**2 00**	0.9

視半径 S.D.　15′ 46″

＊ 恒 星　$U=0^h$ の値

No.		E_*	d
		h m s	° ′
1	Polaris	16 54 50	N89 19.4

20日 ☉ 太陽

U	$E_☉$	d	dのP.P.
h m s	° ′		h m ′
0 11 53 41	N20 45.3	**0 00**	0.0
2 11 53 40	N20 44.4	**10**	0.1
4 11 53 40	N20 43.4	**20**	0.2
6 11 53 40	N20 42.5	**30**	0.2
8 11 53 39	N20 41.6	**40**	0.3
10 11 53 39	N20 40.6	**0 50**	0.4
12 11 53 39	N20 39.7	**1 00**	0.5
14 11 53 38	N20 38.8	**10**	0.5
16 11 53 38	N20 37.8	**20**	0.6
18 11 53 38	N20 36.9	**30**	0.7
20 11 53 38	N20 35.9	**40**	0.8
22 11 53 37	N20 35.0	**1 50**	0.9
24 11 53 37	N20 34.1	**2 00**	0.9

視半径 S.D.　15′ 46″

＊ 恒 星　$U=0^h$ の値

No.		E_*	d
		h m s	° ′
1	Polaris	16 58 44	N89 19.4

21日 ☉ 太陽

U	$E_☉$	d	dのP.P.
h m s	° ′		h m ′
0 11 53 37	N20 34.1	**0 00**	0.0
2 11 53 37	N20 33.1	**10**	0.1
4 11 53 37	N20 32.1	**20**	0.2
6 11 53 36	N20 31.2	**30**	0.2
8 11 53 36	N20 30.2	**40**	0.3
10 11 53 36	N20 29.3	**0 50**	0.4
12 11 53 35	N20 28.3	**1 00**	0.5
14 11 53 35	N20 27.3	**10**	0.6
16 11 53 35	N20 26.4	**20**	0.6
18 11 53 35	N20 25.4	**30**	0.7
20 11 53 34	N20 24.4	**40**	0.8
22 11 53 34	N20 23.5	**1 50**	0.9
24 11 53 34	N20 22.5	**2 00**	1.0

視半径 S.D.　15′ 46″

＊ 恒 星　$U=0^h$ の値

No.		E_*	d
		h m s	° ′
1	Polaris	17 02 39	N89 19.4

22日 ☉ 太陽

U	$E_☉$	d	dのP.P.
h m s	° ′		h m ′
0 11 53 34	N20 22.5	**0 00**	0.0
2 11 53 34	N20 21.5	**10**	0.1
4 11 53 34	N20 20.5	**20**	0.2
6 11 53 33	N20 19.5	**30**	0.2
8 11 53 33	N20 18.5	**40**	0.3
10 11 53 33	N20 17.6	**0 50**	0.4
12 11 53 33	N20 16.6	**1 00**	0.5
14 11 53 33	N20 15.6	**10**	0.6
16 11 53 32	N20 14.6	**20**	0.7
18 11 53 32	N20 13.6	**30**	0.7
20 11 53 32	N20 12.6	**40**	0.8
22 11 53 32	N20 11.6	**1 50**	0.9
24 11 53 32	N20 10.6	**2 00**	1.0

視半径 S.D.　15′ 46″

＊ 恒 星　$U=0^h$ の値

No.		E_*	d
		h m s	° ′
1	Polaris	17 06 34	N89 19.4
2	Kochab	5 07 03	N74 05.9
3	Dubhe	8 53 06	N61 40.2
4	β Cassiop.	19 47 40	N59 13.9
5	Merak	8 55 00	N56 18.1
6	Alioth	7 03 02	N55 52.9
7	Schedir	19 16 18	N56 37.1
8	Mizar	6 33 11	N54 51.0
9	α Persei	16 32 17	N49 54.6
10	Benetnasch	6 09 35	N49 14.5
11	Capella	14 39 54	N46 00.5
12	Deneb	23 15 43	N45 20.3
13	Vega	1 20 14	N38 48.2
14	Castor	12 22 10	N31 51.1
15	Alpheratz	19 48 31	N29 10.5
16	Pollux	12 11 29	N27 59.2
17	α Cor. Bor.	4 22 22	N26 40.1
18	Arcturus	5 41 21	N19 06.4
19	Aldebaran	15 20 55	N16 32.2
20	Markab	20 52 10	N15 17.4
21	Denebola	8 07 53	N14 29.2
22	α Ophiuchi	2 22 03	N12 33.2
23	Regulus	9 48 33	N11 53.5
24	Altair	0 06 09	N 8 54.8
25	Betelgeuse	14 01 44	N 7 24.4
26	Bellatrix	14 31 46	N 6 21.6
27	Procyon	12 17 38	N 5 11.0
28	Rigel	14 42 27	S 8 11.1
29	α Hydrae	10 29 23	S 8 43.7
30	Spica	6 31 42	S11 14.5
31	Sirius	13 11 55	S16 44.4
32	β Ceti	19 13 21	S17 53.9
33	Antares	3 27 20	S26 27.8
34	σ Sagittarii	1 01 28	S26 16.4
35	Fomalhaut	20 59 12	S29 32.1
36	λ Scorpii	2 23 02	S37 06.7
37	Canopus	13 33 27	S52 42.3
38	α Pavonis	23 30 49	S56 40.8
39	Achernar	18 19 27	S57 09.2
40	β Crucis	7 09 05	S59 46.6
41	β Centauri	5 52 46	S60 27.0
42	α Centauri	5 17 02	S60 54.1
43	α Crucis	7 30 15	S63 11.3
44	α Tri. Aust.	3 07 21	S69 03.3
45	β Carinae	10 44 24	S69 47.1

R_0　19 57 43

7月23日～7月29日　2015

23日 ☉ 太陽

U	$E_☉$	d	dのP.P.
h	h m s	° ′	h m
0	11 53 32	N20 10.6	0 00 0.0
2	11 53 31	N20 09.6	10 0.1
4	11 53 31	N20 08.5	20 0.2
6	11 53 31	N20 07.5	30 0.3
8	11 53 31	N20 06.5	40 0.3
10	11 53 31	N20 05.5	0 50 0.4
12	11 53 31	N20 04.5	1 00 0.5
14	11 53 30	N20 03.5	10 0.6
16	11 53 30	N20 02.4	20 0.7
18	11 53 30	N20 01.4	30 0.8
20	11 53 30	N20 00.4	40 0.9
22	11 53 30	N19 59.3	1 50 0.9
24	11 53 30	N19 58.3	2 00 1.0

視半径 S.D. 15′ 46″

恒星 E_* $U=0^h$ の値 d

No.		h m s	° ′
1	Polaris	17 10 29	N89 19.4

24日 ☉ 太陽

U	$E_☉$	d	dのP.P.
h	h m s	° ′	h m
0	11 53 30	N19 58.3	0 00 0.0
2	11 53 30	N19 57.3	10 0.1
4	11 53 30	N19 56.2	20 0.2
6	11 53 29	N19 55.2	30 0.3
8	11 53 29	N19 54.2	40 0.3
10	11 53 29	N19 53.1	0 50 0.4
12	11 53 29	N19 52.1	1 00 0.5
14	11 53 29	N19 51.0	10 0.6
16	11 53 29	N19 50.0	20 0.7
18	11 53 29	N19 48.9	30 0.8
20	11 53 29	N19 47.8	40 0.9
22	11 53 29	N19 46.8	1 50 1.0
24	11 53 29	N19 45.7	2 00 1.0

視半径 S.D. 15′ 46″

No.		h m s	° ′
1	Polaris	17 14 23	N89 19.4

25日 ☉ 太陽

U	$E_☉$	d	dのP.P.
h	h m s	° ′	h m
0	11 53 29	N19 45.7	0 00 0.0
2	11 53 29	N19 44.7	10 0.1
4	11 53 28	N19 43.6	20 0.2
6	11 53 28	N19 42.5	30 0.3
8	11 53 28	N19 41.5	40 0.4
10	11 53 28	N19 40.4	0 50 0.4
12	11 53 28	N19 39.3	1 00 0.5
14	11 53 28	N19 38.2	10 0.6
16	11 53 28	N19 37.2	20 0.7
18	11 53 28	N19 36.1	30 0.8
20	11 53 28	N19 35.0	40 0.9
22	11 53 28	N19 33.9	1 50 1.0
24	11 53 28	N19 32.8	2 00 1.1

視半径 S.D. 15′ 46″

No.		h m s	° ′
1	Polaris	17 18 18	N89 19.4

26日 ☉ 太陽

U	$E_☉$	d	dのP.P.
h	h m s	° ′	h m
0	11 53 28	N19 32.8	0 00 0.0
2	11 53 28	N19 31.7	10 0.1
4	11 53 28	N19 30.6	20 0.2
6	11 53 28	N19 29.5	30 0.3
8	11 53 28	N19 28.4	40 0.4
10	11 53 28	N19 27.3	0 50 0.5
12	11 53 28	N19 26.2	1 00 0.6
14	11 53 28	N19 25.1	10 0.6
16	11 53 28	N19 24.0	20 0.7
18	11 53 28	N19 22.9	30 0.8
20	11 53 28	N19 21.8	40 0.9
22	11 53 28	N19 20.7	1 50 1.0
24	11 53 28	N19 19.6	2 00 1.1

視半径 S.D. 15′ 46″

No.		h m s	° ′
1	Polaris	17 22 12	N89 19.4

27日 ☉ 太陽

U	$E_☉$	d	dのP.P.
h	h m s	° ′	h m
0	11 53 28	N19 19.6	0 00 0.0
2	11 53 28	N19 18.5	10 0.1
4	11 53 28	N19 17.3	20 0.2
6	11 53 28	N19 16.2	30 0.3
8	11 53 28	N19 15.1	40 0.4
10	11 53 28	N19 14.0	0 50 0.5
12	11 53 28	N19 12.8	1 00 0.6
14	11 53 28	N19 11.7	10 0.7
16	11 53 28	N19 10.6	20 0.8
18	11 53 28	N19 09.4	30 0.8
20	11 53 29	N19 08.3	40 0.9
22	11 53 29	N19 07.2	1 50 1.0
24	11 53 29	N19 06.0	2 00 1.1

視半径 S.D. 15′ 46″

No.		h m s	° ′
1	Polaris	17 26 07	N89 19.4

28日 ☉ 太陽

U	$E_☉$	d	dのP.P.
h	h m s	° ′	h m
0	11 53 29	N19 06.0	0 00 0.0
2	11 53 29	N19 04.9	10 0.1
4	11 53 29	N19 03.7	20 0.2
6	11 53 29	N19 02.6	30 0.3
8	11 53 29	N19 01.4	40 0.4
10	11 53 29	N19 00.3	0 50 0.5
12	11 53 29	N18 59.1	1 00 0.6
14	11 53 29	N18 58.0	10 0.7
16	11 53 29	N18 56.8	20 0.8
18	11 53 30	N18 55.7	30 0.9
20	11 53 30	N18 54.5	40 1.0
22	11 53 30	N18 53.3	1 50 1.1
24	11 53 30	N18 52.2	2 00 1.2

視半径 S.D. 15′ 47″

No.		h m s	° ′
1	Polaris	17 30 01	N89 19.4

29日 ☉ 太陽

U	$E_☉$	d	dのP.P.
h	h m s	° ′	h m
0	11 53 30	N18 52.2	0 00 0.0
2	11 53 30	N18 51.0	10 0.1
4	11 53 30	N18 49.8	20 0.2
6	11 53 30	N18 48.6	30 0.3
8	11 53 31	N18 47.5	40 0.4
10	11 53 31	N18 46.3	0 50 0.5
12	11 53 31	N18 45.1	1 00 0.6
14	11 53 31	N18 43.9	10 0.7
16	11 53 31	N18 42.7	20 0.8
18	11 53 31	N18 41.6	30 0.9
20	11 53 31	N18 40.4	40 1.0
22	11 53 32	N18 39.2	1 50 1.1
24	11 53 32	N18 38.0	2 00 1.2

視半径 S.D. 15′ 47″

恒星 E_* $U=0^h$ の値 d

No.		h m s	° ′
1	Polaris	17 33 56	N89 19.4
2	Kochab	5 34 40	N74 05.9
3	Dubhe	9 20 42	N61 40.2
4	β Cassiop.	20 15 16	N59 13.9
5	Merak	9 22 36	N56 18.1
6	Alioth	7 30 38	N55 52.9
7	Schedir	19 43 53	N56 37.1
8	Mizar	7 00 48	N54 51.0
9	α Persei	16 59 53	N49 54.6
10	Benetnasch	6 37 11	N49 14.5
11	Capella	15 07 30	N46 00.5
12	Deneb	23 43 19	N45 20.4
13	Vega	1 47 50	N38 48.2
14	Castor	12 49 45	N31 51.0
15	Alpheratz	20 16 06	N29 10.5
16	Pollux	12 39 05	N27 59.1
17	α Cor. Bor.	4 49 58	N26 40.1
18	Arcturus	6 08 57	N19 06.4
19	Aldebaran	15 48 31	N16 32.2
20	Markab	21 19 46	N15 17.4
21	Denebola	8 35 29	N14 29.2
22	α Ophiuchi	2 49 39	N12 33.3
23	Regulus	10 16 09	N11 53.5
24	Altair	0 33 45	N 8 54.9
25	Betelgeuse	14 29 19	N 7 24.4
26	Bellatrix	14 59 22	N 6 21.7
27	Procyon	12 45 13	N 5 11.0
28	Rigel	15 10 03	S 8 11.1
29	α Hydrae	10 56 59	S 8 43.7
30	Spica	6 59 18	S11 14.5
31	Sirius	13 39 31	S16 44.4
32	β Ceti	19 40 57	S17 53.9
33	Antares	3 54 56	S26 27.8
34	σ Sagittarii	1 29 04	S26 16.4
35	Fomalhaut	21 26 48	S29 32.1
36	λ Scorpii	2 50 38	S37 06.7
37	Canopus	14 01 03	S52 42.3
38	α Pavonis	23 58 25	S56 40.8
39	Achernar	18 47 02	S57 09.2
40	β Crucis	7 36 41	S59 46.6
41	β Centauri	6 20 22	S60 27.0
42	α Centauri	5 44 38	S60 54.1
43	α Crucis	7 57 51	S63 11.3
44	α Tri. Aust.	3 34 57	S69 03.3
45	β Carinae	11 12 00	S69 47.1

R_0　20 25 19 (h m s)

2015　　7月30日 ～ 8月5日

30日　☉ 太陽

U	$E_☉$	d	dのP.P.
h	h m s	° ′	h m ′
0	11 53 32	N18 38.0	0 00 0.0
2	11 53 32	N18 36.8	10 0.1
4	11 53 32	N18 35.6	20 0.2
6	11 53 32	N18 34.4	30 0.3
8	11 53 33	N18 33.2	40 0.4
10	11 53 33	N18 32.0	0 50 0.5
12	11 53 33	N18 30.8	1 00 0.6
14	11 53 33	N18 29.6	10 0.7
16	11 53 33	N18 28.4	20 0.8
18	11 53 34	N18 27.1	30 0.9
20	11 53 34	N18 25.9	40 1.0
22	11 53 34	N18 24.7	1 50 1.1
24	11 53 34	N18 23.5	2 00 1.2

視半径 S.D.　15′ 47″

＊ 恒 星　$U=0^h$ の値

No.		E_*	d
		h m s	° ′
1	Polaris	17 37 50	N89 19.4

31日　☉ 太陽

U	$E_☉$	d	dのP.P.
h	h m s	° ′	h m ′
0	11 53 34	N18 23.5	0 00 0.0
2	11 53 35	N18 22.3	10 0.1
4	11 53 35	N18 21.1	20 0.2
6	11 53 35	N18 19.8	30 0.3
8	11 53 35	N18 18.6	40 0.4
10	11 53 36	N18 17.4	0 50 0.5
12	11 53 36	N18 16.1	1 00 0.6
14	11 53 36	N18 14.9	10 0.7
16	11 53 36	N18 13.7	20 0.8
18	11 53 37	N18 12.4	30 0.9
20	11 53 37	N18 11.2	40 1.0
22	11 53 37	N18 10.0	1 50 1.1
24	11 53 37	N18 08.7	2 00 1.2

視半径 S.D.　15′ 47″

＊ 恒 星　$U=0^h$ の値

No.		E_*	d
		h m s	° ′
1	Polaris	17 41 45	N89 19.4

1日　☉ 太陽

U	$E_☉$	d	dのP.P.
h	h m s	° ′	h m ′
0	11 53 37	N18 08.7	0 00 0.0
2	11 53 38	N18 07.5	10 0.1
4	11 53 38	N18 06.2	20 0.2
6	11 53 38	N18 05.0	30 0.3
8	11 53 39	N18 03.7	40 0.4
10	11 53 39	N18 02.5	0 50 0.5
12	11 53 39	N18 01.2	1 00 0.6
14	11 53 40	N18 00.0	10 0.7
16	11 53 40	N17 58.7	20 0.8
18	11 53 40	N17 57.4	30 0.9
20	11 53 40	N17 56.2	40 1.0
22	11 53 41	N17 54.9	1 50 1.2
24	11 53 41	N17 53.6	2 00 1.3

視半径 S.D.　15′ 47″

＊ 恒 星　$U=0^h$ の値

No.		E_*	d
		h m s	° ′
1	Polaris	17 45 39	N89 19.4

2日　☉ 太陽

U	$E_☉$	d	dのP.P.
h	h m s	° ′	h m ′
0	11 53 41	N17 53.6	0 00 0.0
2	11 53 41	N17 52.4	10 0.1
4	11 53 42	N17 51.1	20 0.2
6	11 53 42	N17 49.8	30 0.3
8	11 53 43	N17 48.5	40 0.4
10	11 53 43	N17 47.3	0 50 0.5
12	11 53 43	N17 46.0	1 00 0.6
14	11 53 44	N17 44.7	10 0.7
16	11 53 44	N17 43.4	20 0.9
18	11 53 44	N17 42.1	30 1.0
20	11 53 45	N17 40.8	40 1.1
22	11 53 45	N17 39.6	1 50 1.2
24	11 53 45	N17 38.3	2 00 1.3

視半径 S.D.　15′ 47″

＊ 恒 星　$U=0^h$ の値

No.		E_*	d
		h m s	° ′
1	Polaris	17 49 34	N89 19.4

3日　☉ 太陽

U	$E_☉$	d	dのP.P.
h	h m s	° ′	h m ′
0	11 53 45	N17 38.3	0 00 0.0
2	11 53 46	N17 37.0	10 0.1
4	11 53 46	N17 35.7	20 0.2
6	11 53 47	N17 34.4	30 0.3
8	11 53 47	N17 33.1	40 0.4
10	11 53 47	N17 31.8	0 50 0.5
12	11 53 48	N17 30.5	1 00 0.7
14	11 53 48	N17 29.2	10 0.8
16	11 53 49	N17 27.9	20 0.9
18	11 53 49	N17 26.5	30 1.0
20	11 53 49	N17 25.2	40 1.1
22	11 53 50	N17 23.9	1 50 1.2
24	11 53 50	N17 22.6	2 00 1.3

視半径 S.D.　15′ 47″

＊ 恒 星　$U=0^h$ の値

No.		E_*	d
		h m s	° ′
1	Polaris	17 53 29	N89 19.4

4日　☉ 太陽

U	$E_☉$	d	dのP.P.
h	h m s	° ′	h m ′
0	11 53 50	N17 22.6	0 00 0.0
2	11 53 51	N17 21.3	10 0.1
4	11 53 51	N17 20.0	20 0.2
6	11 53 52	N17 18.6	30 0.3
8	11 53 52	N17 17.3	40 0.4
10	11 53 53	N17 16.0	0 50 0.6
12	11 53 53	N17 14.7	1 00 0.7
14	11 53 53	N17 13.3	10 0.8
16	11 53 54	N17 12.0	20 0.9
18	11 53 54	N17 10.7	30 1.0
20	11 53 55	N17 09.3	40 1.1
22	11 53 55	N17 08.0	1 50 1.2
24	11 53 56	N17 06.7	2 00 1.3

視半径 S.D.　15′ 47″

＊ 恒 星　$U=0^h$ の値

No.		E_*	d
		h m s	° ′
1	Polaris	17 57 24	N89 19.4

5日　☉ 太陽

U	$E_☉$	d	dのP.P.
h	h m s	° ′	h m ′
0	11 53 56	N17 06.7	0 00 0.0
2	11 53 56	N17 05.3	10 0.1
4	11 53 57	N17 04.0	20 0.2
6	11 53 57	N17 02.6	30 0.3
8	11 53 58	N17 01.3	40 0.5
10	11 53 58	N16 59.9	0 50 0.6
12	11 53 59	N16 58.6	1 00 0.7
14	11 53 59	N16 57.2	10 0.8
16	11 54 00	N16 55.9	20 0.9
18	11 54 00	N16 54.5	30 1.0
20	11 54 01	N16 53.2	40 1.1
22	11 54 01	N16 51.8	1 50 1.2
24	11 54 02	N16 50.4	2 00 1.4

視半径 S.D.　15′ 47″

＊ 恒 星　$U=0^h$ の値

No.		E_*	d
		h m s	° ′
1	Polaris	18 01 19	N89 19.4
2	Kochab	6 02 16	N74 05.9
3	Dubhe	9 48 18	N61 40.1
4	β Cassiop.	20 42 51	N59 14.0
5	Merak	9 50 12	N56 18.1
6	Alioth	7 58 14	N55 52.8
7	Schedir	20 11 29	N56 37.2
8	Mizar	7 28 24	N54 51.0
9	α Persei	17 27 28	N49 54.6
10	Benetnasch	7 04 47	N49 14.5
11	Capella	15 35 05	N46 00.5
12	Deneb	0 10 55	N45 20.4
13	Vega	2 15 26	N38 48.3
14	Castor	13 17 21	N31 51.0
15	Alpheratz	20 43 42	N29 10.6
16	Pollux	13 06 41	N27 59.1
17	α Cor. Bor.	5 17 34	N26 40.1
18	Arcturus	6 36 33	N19 06.4
19	Aldebaran	16 16 07	N16 32.2
20	Markab	21 47 22	N15 17.5
21	Denebola	9 03 05	N14 29.2
22	α Ophiuchi	3 17 15	N12 33.3
23	Regulus	10 43 44	N11 53.5
24	Altair	1 01 21	N 8 54.9
25	Betelgeuse	14 56 55	N 7 24.4
26	Bellatrix	15 26 58	N 6 21.7
27	Procyon	13 12 49	N 5 11.0
28	Rigel	15 37 39	S 8 11.1
29	α Hydrae	11 24 35	S 8 43.6
30	Spica	7 26 54	S11 14.5
31	Sirius	14 07 06	S16 44.3
32	β Ceti	20 08 32	S17 53.9
33	Antares	4 22 32	S26 27.8
34	σ Sagittarii	1 56 40	S26 16.4
35	Fomalhaut	21 54 24	S29 32.1
36	λ Scorpii	3 18 14	S37 06.7
37	Canopus	14 28 39	S52 42.2
38	α Pavonis	0 26 01	S56 40.9
39	Achernar	19 14 38	S57 09.2
40	β Crucis	8 04 17	S59 46.6
41	β Centauri	6 47 58	S60 27.0
42	α Centauri	6 12 14	S60 54.1
43	α Crucis	8 25 27	S63 11.3
44	α Tri. Aust.	4 02 33	S69 03.3
45	β Carinae	11 39 36	S69 47.0

R_0　　h m s
　　　20 52 55

8月6日 2015

☉ 太陽

U	$E_☉$	d	dのP.P.
h m s	° ′	h m	′
0	11 54 02	N16 50.4	0 00 0.0
2	11 54 02	N16 49.1	10 0.1
4	11 54 03	N16 47.7	20 0.2
6	11 54 04	N16 46.3	30 0.3
8	11 54 04	N16 45.0	40 0.5
10	11 54 05	N16 43.6	0 50 0.6
12	11 54 05	N16 42.2	1 00 0.7
14	11 54 06	N16 40.8	10 0.8
16	11 54 06	N16 39.5	20 0.9
18	11 54 07	N16 38.1	30 1.0
20	11 54 07	N16 36.7	40 1.1
22	11 54 08	N16 35.3	1 50 1.3
24	11 54 09	N16 33.9	2 00 1.4

視半径 S.D. 15′ 48″

✶ 恒星

No.		$U=0^h$の値 E_*	d
		h m s	° ′
1	Polaris	18 05 13	N89 19.4
2	Kochab	6 06 13	N74 05.9
3	Dubhe	9 52 14	N61 40.1
4	β Cassiop.	20 46 48	N59 14.0
5	Merak	9 54 08	N56 18.1
6	Alioth	8 02 11	N55 52.8
7	Schedir	20 15 25	N56 37.2
8	Mizar	7 32 20	N54 51.0
9	α Persei	17 31 25	N49 54.6
10	Benetnasch	7 08 44	N49 14.5
11	Capella	15 39 02	N46 00.5
12	Deneb	0 14 52	N45 20.4
13	Vega	2 19 22	N38 48.3
14	Castor	13 21 18	N31 51.0
15	Alpheratz	20 47 39	N29 10.6
16	Pollux	13 10 37	N27 59.1
17	α Cor. Bor.	5 21 31	N26 40.1
18	Arcturus	6 40 30	N19 06.4
19	Aldebaran	16 20 03	N16 32.2
20	Markab	21 51 18	N15 17.5
21	Denebola	9 07 01	N14 29.2
22	α Ophiuchi	3 21 11	N12 33.3
23	Regulus	10 47 41	N11 53.5
24	Altair	1 05 18	N 8 54.9
25	Betelgeuse	15 00 52	N 7 24.4
26	Bellatrix	15 30 54	N 6 21.7
27	Procyon	13 16 46	N 5 11.0
28	Rigel	15 41 35	S 8 11.1
29	α Hydrae	11 28 32	S 8 43.6
30	Spica	7 30 51	S11 14.5
31	Sirius	14 11 03	S16 44.3
32	β Ceti	20 12 29	S17 53.9
33	Antares	4 26 29	S26 27.8
34	σ Sagittarii	2 00 37	S26 16.4
35	Fomalhaut	21 58 20	S29 32.1
36	λ Scorpii	3 22 10	S37 06.7
37	Canopus	14 32 35	S52 42.2
38	α Pavonis	0 29 57	S56 40.9
39	Achernar	19 18 34	S57 09.2
40	β Crucis	8 08 13	S59 46.6
41	β Centauri	6 51 55	S60 27.0
42	α Centauri	6 16 11	S60 54.1
43	α Crucis	8 29 23	S63 11.3
44	α Tri. Aust.	4 06 29	S69 03.3
45	β Carinae	11 43 32	S69 47.0

R_0 20 56 52

ℙ 惑星

♀ 金星 正中時 Tr. 12 52

U	E_P	d	E_P d
h m s	° ′		
0	11 04 24	N 6 12.5	0 00 0.0
2	11 04 54	N 6 12.3	10 2 0.0
4	11 05 23	N 6 12.1	20 5 0.0
6	11 05 53	N 6 11.9	30 7 0.0
8	11 06 22	N 6 11.7	40 10 0.1
10	11 06 52	N 6 11.6	0 50 12 0.1
12	11 07 22	N 6 11.4	1 00 15 0.1
14	11 07 51	N 6 11.2	10 17 0.1
16	11 08 21	N 6 11.1	20 20 0.1
18	11 08 51	N 6 10.9	30 22 0.1
20	11 09 21	N 6 10.8	40 25 0.1
22	11 09 51	N 6 10.6	1 50 27 0.2
24	11 10 21	N 6 10.5	2 00 30 0.2

♂ 火星 正中時 Tr. 11 04

U	E_P	d	E_P d
h m s	° ′		
0	12 55 22	N21 31.1	0 00 0.0
2	12 55 28	N21 30.5	10 1 0.1
4	12 55 34	N21 29.8	20 1 0.1
6	12 55 40	N21 29.2	30 2 0.2
8	12 55 46	N21 28.6	40 2 0.2
10	12 55 52	N21 28.0	0 50 3 0.3
12	12 55 58	N21 27.3	1 00 3 0.3
14	12 56 04	N21 26.7	10 4 0.4
16	12 56 10	N21 26.1	20 4 0.4
18	12 56 16	N21 25.4	30 5 0.5
20	12 56 22	N21 24.8	40 5 0.5
22	12 56 28	N21 24.2	1 50 6 0.6
24	12 56 34	N21 23.5	2 00 6 0.6

♃ 木星 正中時 Tr. 13 07

U	E_P	d	E_P d
h m s	° ′		
0	10 51 46	N12 41.1	0 00 0.0
2	10 52 02	N12 40.7	10 1 0.0
4	10 52 17	N12 40.4	20 3 0.1
6	10 52 33	N12 40.0	30 4 0.1
8	10 52 49	N12 39.6	40 5 0.1
10	10 53 04	N12 39.3	0 50 7 0.2
12	10 53 20	N12 38.9	1 00 8 0.2
14	10 53 35	N12 38.5	10 9 0.2
16	10 53 51	N12 38.1	20 10 0.2
18	10 54 07	N12 37.8	30 12 0.3
20	10 54 22	N12 37.4	40 13 0.3
22	10 54 38	N12 37.0	1 50 14 0.3
24	10 54 53	N12 36.7	2 00 16 0.4

♄ 土星 正中時 Tr. 18 46

U	E_P	d	E_P d
h m s	° ′		
0	5 10 50	S17 51.8	0 00 0.0
2	5 11 10	S17 51.8	10 2 0.0
4	5 11 30	S17 51.8	20 3 0.0
6	5 11 49	S17 51.8	30 5 0.0
8	5 12 09	S17 51.9	40 7 0.0
10	5 12 28	S17 51.9	0 50 8 0.0
12	5 12 48	S17 51.9	1 00 10 0.0
14	5 13 08	S17 51.9	10 11 0.0
16	5 13 27	S17 52.0	20 13 0.0
18	5 13 47	S17 52.0	30 15 0.0
20	5 14 06	S17 52.0	40 16 0.0
22	5 14 26	S17 52.1	1 50 18 0.0
24	5 14 46	S17 52.1	2 00 20 0.0

☽ 月 正中時 Tr. 5 06

U	$E_☽$	d	$E_☽$ d
h m s	° ′	m s	′
0	19 05 12	N 8 58.1	1 2 0.1
	19 04 08	N 9 03.0	2 4 0.3
1	19 03 04	N 9 07.8	3 6 0.5
	19 02 00	N 9 12.6	4 9 0.6
2	19 00 56	N 9 17.5	5 11 0.8
	18 59 52	N 9 22.3	6 13 0.9
3	18 58 48	N 9 27.1	7 15 1.1
	18 57 44	N 9 31.8	8 17 1.2
4	18 56 40	N 9 36.6	9 19 1.4
	18 55 36	N 9 41.3	10 21 1.6
5	18 54 33	N 9 46.1	11 23 1.7
	18 53 29	N 9 50.8	12 26 1.9
			13 28 2.0
			14 30 2.2
H.P. 59.2, S.D. 16 08			15 32 2.3
6	18 52 25	N 9 55.5	16 34 2.5
	18 51 21	N10 00.3	17 36 2.7
7	18 50 17	N10 04.8	18 38 2.8
	18 49 13	N10 09.4	19 41 3.0
8	18 48 09	N10 14.1	20 43 3.1
	18 47 05	N10 18.7	21 45 3.3
9	18 46 01	N10 23.3	22 47 3.4
	18 44 57	N10 27.8	23 49 3.6
10	18 43 53	N10 32.4	24 51 3.7
	18 42 49	N10 36.9	25 53 3.9
11	18 41 45	N10 41.4	26 55 4.1
	18 40 41	N10 45.9	27 58 4.2
			28 60 4.4
			29 62 4.5
H.P. 59.0, S.D. 16 05			30 64 4.7
12	18 39 37	N10 50.4	m s ′
	18 38 33	N10 54.9	1 2 0.1
13	18 37 29	N10 59.3	2 4 0.3
	18 36 25	N11 03.8	3 6 0.4
14	18 35 21	N11 08.2	4 9 0.6
	18 34 17	N11 12.6	5 11 0.7
15	18 33 13	N11 16.9	6 13 0.8
	18 32 09	N11 21.3	7 15 1.0
16	18 31 05	N11 25.6	8 17 1.1
	18 30 01	N11 30.0	9 19 1.3
17	18 28 57	N11 34.3	10 21 1.4
	18 27 53	N11 38.5	11 23 1.6
			12 26 1.7
			13 28 1.8
H.P. 58.9, S.D. 16 02			14 30 2.0
			15 32 2.1
18	18 26 49	N11 42.8	
	18 25 45	N11 47.0	16 34 2.3
19	18 24 41	N11 51.3	17 36 2.4
	18 23 37	N11 55.5	18 38 2.5
20	18 22 33	N11 59.6	19 41 2.7
	18 21 29	N12 03.8	20 43 2.8
21	18 20 25	N12 08.0	21 45 3.0
	18 19 21	N12 12.1	22 47 3.1
22	18 18 17	N12 16.2	23 49 3.3
	18 17 13	N12 20.3	24 51 3.4
23	18 16 09	N12 24.3	25 53 3.5
	18 15 05	N12 28.4	26 55 3.7
24	18 14 01	N12 32.4	27 58 3.8
			28 60 4.0
			29 62 4.1
H.P. 58.7, S.D. 16 00			30 64 4.2

ℙ 惑星

星名	赤経 R.A.	赤緯 d	等級 Mag.	地平視差 H.P.	視半径 S.D.
	h m	° ′		′	″
♀ 金星	9 52	N 6 13	−4.2	0.5	28
♂ 火星	8 02	N21 31	+1.7	0.1	2
♃ 木星	10 05	N12 41	−1.7	0.0	14
♄ 土星	15 46	S17 52	+0.4	0.0	8
☿ 水星	9 58	N13 59	−0.7	0.1	3

2015　　　　8月7日 ～ 8月13日　　　　39

7日 ☉ 太陽

U	$E_☉$	d	dのP.P.
h	h m s	° ′	h m
0	11 54 09	N16 33.9	0 00　0.0
2	11 54 09	N16 32.6	10　0.1
4	11 54 10	N16 31.2	20　0.2
6	11 54 10	N16 29.8	30　0.3
8	11 54 11	N16 28.4	40　0.5
10	11 54 11	N16 27.0	0 50　0.6
12	11 54 12	N16 25.6	1 00　0.7
14	11 54 13	N16 24.2	10　0.8
16	11 54 13	N16 22.8	20　0.9
18	11 54 14	N16 21.4	30　1.0
20	11 54 15	N16 20.0	40　1.2
22	11 54 15	N16 18.6	1 50　1.3
24	11 54 16	N16 17.2	2 00　1.4

視半径 S.D.　15′ 48″

✳ 恒星　$U=0^h$ の値

No.		E_*	d
		h m s	° ′
1	Polaris	18 09 08	N89 19.4

8日 ☉ 太陽

U	$E_☉$	d	dのP.P.
h	h m s	° ′	h m
0	11 54 16	N16 17.2	0 00　0.0
2	11 54 16	N16 15.8	10　0.1
4	11 54 17	N16 14.4	20　0.2
6	11 54 17	N16 12.9	30　0.4
8	11 54 18	N16 11.5	40　0.5
10	11 54 19	N16 10.1	0 50　0.6
12	11 54 20	N16 08.7	1 00　0.7
14	11 54 20	N16 07.3	10　0.8
16	11 54 21	N16 05.9	20　0.9
18	11 54 22	N16 04.4	30　1.1
20	11 54 22	N16 03.0	40　1.2
22	11 54 23	N16 01.6	1 50　1.3
24	11 54 24	N16 00.2	2 00　1.4

視半径 S.D.　15′ 48″

✳ 恒星　$U=0^h$ の値

No.		E_*	d
		h m s	° ′
1	Polaris	18 13 02	N89 19.4

9日 ☉ 太陽

U	$E_☉$	d	dのP.P.
h	h m s	° ′	h m
0	11 54 24	N16 00.2	0 00　0.0
2	11 54 24	N15 58.7	10　0.1
4	11 54 25	N15 57.3	20　0.2
6	11 54 26	N15 55.9	30　0.4
8	11 54 26	N15 54.4	40　0.5
10	11 54 27	N15 53.0	0 50　0.6
12	11 54 28	N15 51.5	1 00　0.7
14	11 54 28	N15 50.1	10　0.8
16	11 54 29	N15 48.7	20　1.0
18	11 54 30	N15 47.2	30　1.1
20	11 54 30	N15 45.8	40　1.2
22	11 54 31	N15 44.3	1 50　1.3
24	11 54 32	N15 42.9	2 00　1.4

視半径 S.D.　15′ 48″

✳ 恒星　$U=0^h$ の値

No.		E_*	d
		h m s	° ′
1	Polaris	18 16 56	N89 19.4

10日 ☉ 太陽

U	$E_☉$	d	dのP.P.
h	h m s	° ′	h m
0	11 54 32	N15 42.9	0 00　0.0
2	11 54 33	N15 41.4	10　0.1
4	11 54 33	N15 40.0	20　0.2
6	11 54 34	N15 38.5	30　0.4
8	11 54 35	N15 37.1	40　0.5
10	11 54 36	N15 35.6	0 50　0.6
12	11 54 36	N15 34.1	1 00　0.7
14	11 54 37	N15 32.7	10　0.9
16	11 54 38	N15 31.2	20　1.0
18	11 54 39	N15 29.7	30　1.1
20	11 54 39	N15 28.3	40　1.2
22	11 54 40	N15 26.8	1 50　1.3
24	11 54 41	N15 25.3	2 00　1.5

視半径 S.D.　15′ 48″

✳ 恒星　$U=0^h$ の値

No.		E_*	d
		h m s	° ′
1	Polaris	18 20 51	N89 19.4

11日 ☉ 太陽

U	$E_☉$	d	dのP.P.
h	h m s	° ′	h m
0	11 54 41	N15 25.3	0 00　0.0
2	11 54 42	N15 23.9	10　0.1
4	11 54 42	N15 22.4	20　0.2
6	11 54 43	N15 20.9	30　0.4
8	11 54 44	N15 19.4	40　0.5
10	11 54 45	N15 18.0	0 50　0.6
12	11 54 45	N15 16.5	1 00　0.7
14	11 54 46	N15 15.0	10　0.9
16	11 54 47	N15 13.5	20　1.0
18	11 54 48	N15 12.0	30　1.1
20	11 54 49	N15 10.5	40　1.2
22	11 54 49	N15 09.0	1 50　1.4
24	11 54 50	N15 07.6	2 00　1.5

視半径 S.D.　15′ 48″

✳ 恒星　$U=0^h$ の値

No.		E_*	d
		h m s	° ′
1	Polaris	18 24 45	N89 19.4

12日 ☉ 太陽

U	$E_☉$	d	dのP.P.
h	h m s	° ′	h m
0	11 54 50	N15 07.6	0 00　0.0
2	11 54 51	N15 06.1	10　0.1
4	11 54 52	N15 04.6	20　0.3
6	11 54 53	N15 03.1	30　0.4
8	11 54 54	N15 01.6	40　0.5
10	11 54 54	N15 00.1	0 50　0.6
12	11 54 55	N14 58.6	1 00　0.8
14	11 54 56	N14 57.1	10　0.9
16	11 54 57	N14 55.6	20　1.0
18	11 54 58	N14 54.1	30　1.1
20	11 54 59	N14 52.5	40　1.3
22	11 54 59	N14 51.0	1 50　1.4
24	11 55 00	N14 49.5	2 00　1.5

視半径 S.D.　15′ 48″

✳ 恒星　$U=0^h$ の値

No.		E_*	d
		h m s	° ′
1	Polaris	18 28 40	N89 19.4

13日 ☉ 太陽

U	$E_☉$	d	dのP.P.
h	h m s	° ′	h m
0	11 55 00	N14 49.5	0 00　0.0
2	11 55 01	N14 48.0	10　0.1
4	11 55 02	N14 46.5	20　0.3
6	11 55 03	N14 45.0	30　0.4
8	11 55 04	N14 43.5	40　0.5
10	11 55 05	N14 41.9	0 50　0.6
12	11 55 06	N14 40.4	1 00　0.8
14	11 55 06	N14 38.9	10　0.9
16	11 55 07	N14 37.4	20　1.0
18	11 55 08	N14 35.9	30　1.1
20	11 55 09	N14 34.3	40　1.3
22	11 55 10	N14 32.8	1 50　1.4
24	11 55 11	N14 31.3	2 00　1.5

視半径 S.D.　15′ 49″

✳ 恒星　$U=0^h$ の値

No.		E_*	d
		h m s	° ′
1	Polaris	18 32 34	N89 19.4
2	Kochab	6 33 49	N74 05.9
3	Dubhe	10 19 50	N61 40.1
4	β Cassiop.	21 14 23	N59 14.0
5	Merak	10 21 44	N56 18.0
6	Alioth	8 29 47	N55 52.8
7	Schedir	20 43 01	N56 37.2
8	Mizar	7 59 56	N54 51.0
9	α Persei	17 59 00	N49 54.6
10	Benetnasch	7 36 20	N49 14.5
11	Capella	16 06 38	N46 00.5
12	Deneb	0 42 27	N45 20.4
13	Vega	2 46 58	N38 48.3
14	Castor	13 48 54	N31 51.0
15	Alpheratz	21 15 14	N29 10.6
16	Pollux	13 38 13	N27 59.1
17	α Cor. Bor.	5 49 07	N26 40.1
18	Arcturus	7 08 06	N19 06.4
19	Aldebaran	16 47 39	N16 32.2
20	Markab	22 18 54	N15 17.5
21	Denebola	9 34 37	N14 29.2
22	α Ophiuchi	3 48 47	N12 33.3
23	Regulus	11 15 17	N11 53.5
24	Altair	1 32 54	N 8 54.9
25	Betelgeuse	15 28 27	N 7 24.4
26	Bellatrix	15 58 30	N 6 21.7
27	Procyon	13 44 22	N 5 11.0
28	Rigel	16 09 11	S 8 11.1
29	α Hydrae	11 56 07	S 8 43.6
30	Spica	7 58 27	S11 14.5
31	Sirius	14 38 39	S16 44.3
32	β Ceti	20 40 05	S17 53.9
33	Antares	4 54 05	S26 27.8
34	σ Sagittarii	2 28 12	S26 16.4
35	Fomalhaut	22 25 56	S29 32.1
36	λ Scorpii	3 49 46	S37 06.7
37	Canopus	15 00 11	S52 42.2
38	α Pavonis	0 57 33	S56 40.9
39	Achernar	19 46 10	S57 09.2
40	β Crucis	8 35 49	S59 46.6
41	β Centauri	7 19 31	S60 27.0
42	α Centauri	6 43 47	S60 54.1
43	α Crucis	8 57 00	S63 11.3
44	α Tri. Aust.	4 34 06	S69 03.3
45	β Carinae	12 11 08	S69 47.0

R_0　21 24 28 (h m s)

8 月 14 日 ～ 8 月 20 日   2015

14 日 ☉ 太陽

U	$E_☉$	d	dのP.P.
h	h m s	° ′	h m ′
0	11 55 11	N14 31.3	0 00 0.0
2	11 55 12	N14 29.7	10 0.1
4	11 55 13	N14 28.2	20 0.3
6	11 55 14	N14 26.7	30 0.4
8	11 55 15	N14 25.1	40 0.5
10	11 55 15	N14 23.6	0 50 0.6
12	11 55 16	N14 22.1	1 00 0.8
14	11 55 17	N14 20.5	10 0.9
16	11 55 18	N14 19.0	20 1.0
18	11 55 19	N14 17.4	30 1.2
20	11 55 20	N14 15.9	40 1.3
22	11 55 21	N14 14.3	1 50 1.4
24	11 55 22	N14 12.8	2 00 1.5

視半径 S.D.   15′ 49″

✱ 恒星 $U = 0^h$ の値 E_* d

No.		h m s	° ′
1	Polaris	18 36 29	N89 19.4

15 日 ☉ 太陽

U	$E_☉$	d	dのP.P.
h	h m s	° ′	h m ′
0	11 55 22	N14 12.8	0 00 0.0
2	11 55 23	N14 11.2	10 0.1
4	11 55 24	N14 09.7	20 0.3
6	11 55 25	N14 08.1	30 0.4
8	11 55 26	N14 06.6	40 0.5
10	11 55 27	N14 05.0	0 50 0.6
12	11 55 28	N14 03.4	1 00 0.8
14	11 55 29	N14 01.9	10 0.9
16	11 55 30	N14 00.3	20 1.0
18	11 55 31	N13 58.8	30 1.2
20	11 55 32	N13 57.2	40 1.3
22	11 55 33	N13 55.6	1 50 1.4
24	11 55 34	N13 54.1	2 00 1.6

視半径 S.D.   15′ 49″

✱ 恒星 $U = 0^h$ の値

No.		h m s	° ′
1	Polaris	18 40 24	N89 19.4

16 日 ☉ 太陽

U	$E_☉$	d	dのP.P.
h	h m s	° ′	h m ′
0	11 55 34	N13 54.1	0 00 0.0
2	11 55 35	N13 52.5	10 0.1
4	11 55 36	N13 50.9	20 0.3
6	11 55 37	N13 49.3	30 0.4
8	11 55 38	N13 47.8	40 0.5
10	11 55 39	N13 46.2	0 50 0.7
12	11 55 40	N13 44.6	1 00 0.8
14	11 55 41	N13 43.0	10 1.0
16	11 55 42	N13 41.5	20 1.1
18	11 55 43	N13 39.9	30 1.2
20	11 55 44	N13 38.3	40 1.4
22	11 55 45	N13 36.7	1 50 1.4
24	11 55 46	N13 35.1	2 00 1.6

視半径 S.D.   15′ 49″

✱ 恒星 $U = 0^h$ の値

No.		h m s	° ′
1	Polaris	18 44 19	N89 19.4

17 日 ☉ 太陽

U	$E_☉$	d	dのP.P.
h	h m s	° ′	h m ′
0	11 55 46	N13 35.1	0 00 0.0
2	11 55 47	N13 33.5	10 0.1
4	11 55 48	N13 31.9	20 0.3
6	11 55 49	N13 30.4	30 0.4
8	11 55 50	N13 28.8	40 0.5
10	11 55 51	N13 27.2	0 50 0.7
12	11 55 52	N13 25.6	1 00 0.8
14	11 55 53	N13 24.0	10 0.9
16	11 55 54	N13 22.4	20 1.1
18	11 55 55	N13 20.8	30 1.2
20	11 55 56	N13 19.2	40 1.3
22	11 55 57	N13 17.6	1 50 1.5
24	11 55 59	N13 16.0	2 00 1.6

視半径 S.D.   15′ 49″

✱ 恒星 $U = 0^h$ の値

No.		h m s	° ′
1	Polaris	18 48 13	N89 19.4

18 日 ☉ 太陽

U	$E_☉$	d	dのP.P.
h	h m s	° ′	h m ′
0	11 55 59	N13 16.0	0 00 0.0
2	11 56 00	N13 14.4	10 0.1
4	11 56 01	N13 12.8	20 0.3
6	11 56 02	N13 11.2	30 0.4
8	11 56 03	N13 09.5	40 0.5
10	11 56 04	N13 07.9	0 50 0.7
12	11 56 05	N13 06.3	1 00 0.8
14	11 56 06	N13 04.7	10 0.9
16	11 56 07	N13 03.1	20 1.1
18	11 56 08	N13 01.5	30 1.2
20	11 56 10	N12 59.9	40 1.3
22	11 56 11	N12 58.2	1 50 1.5
24	11 56 12	N12 56.6	2 00 1.6

視半径 S.D.   15′ 49″

✱ 恒星 $U = 0^h$ の値

No.		h m s	° ′
1	Polaris	18 52 08	N89 19.4

19 日 ☉ 太陽

U	$E_☉$	d	dのP.P.
h	h m s	° ′	h m ′
0	11 56 12	N12 56.6	0 00 0.0
2	11 56 13	N12 55.0	10 0.1
4	11 56 14	N12 53.4	20 0.3
6	11 56 15	N12 51.7	30 0.4
8	11 56 16	N12 50.1	40 0.5
10	11 56 17	N12 48.5	0 50 0.7
12	11 56 19	N12 46.9	1 00 0.8
14	11 56 20	N12 45.2	10 1.0
16	11 56 21	N12 43.6	20 1.1
18	11 56 22	N12 42.0	30 1.2
20	11 56 23	N12 40.3	40 1.4
22	11 56 24	N12 38.7	1 50 1.5
24	11 56 26	N12 37.0	2 00 1.6

視半径 S.D.   15′ 50″

✱ 恒星 $U = 0^h$ の値

No.		h m s	° ′
1	Polaris	18 56 03	N89 19.4

20 日 ☉ 太陽

U	$E_☉$	d	dのP.P.
h	h m s	° ′	h m ′
0	11 56 26	N12 37.0	0 00 0.0
2	11 56 27	N12 35.4	10 0.1
4	11 56 28	N12 33.8	20 0.3
6	11 56 29	N12 32.1	30 0.4
8	11 56 30	N12 30.5	40 0.5
10	11 56 31	N12 28.8	0 50 0.7
12	11 56 33	N12 27.2	1 00 0.8
14	11 56 34	N12 25.5	10 1.0
16	11 56 35	N12 23.9	20 1.1
18	11 56 36	N12 22.2	30 1.2
20	11 56 37	N12 20.6	40 1.4
22	11 56 39	N12 18.9	1 50 1.5
24	11 56 40	N12 17.3	2 00 1.6

視半径 S.D.   15′ 50″

✱ 恒星 $U = 0^h$ の値

No.		E_* h m s	d ° ′
1	Polaris	18 59 58	N89 19.4
2	Kochab	7 01 26	N74 05.9
3	Dubhe	10 47 26	N61 40.1
4	β Cassiop.	21 41 59	N59 14.1
5	Merak	10 49 20	N56 18.0
6	Alioth	8 57 23	N55 52.8
7	Schedir	21 10 37	N56 37.2
8	Mizar	8 27 32	N54 51.0
9	α Persei	18 26 36	N49 54.7
10	Benetnasch	8 03 56	N49 14.5
11	Capella	16 34 13	N46 00.5
12	Deneb	1 10 03	N45 20.5
13	Vega	3 14 34	N38 48.3
14	Castor	14 16 29	N31 51.0
15	Alpheratz	21 42 50	N29 10.6
16	Pollux	14 05 49	N27 59.1
17	α Cor. Bor.	6 16 43	N26 40.1
18	Arcturus	7 35 42	N19 06.4
19	Aldebaran	17 15 15	N16 32.3
20	Markab	22 46 30	N15 17.5
21	Denebola	10 02 13	N14 29.2
22	α Ophiuchi	4 16 23	N12 33.3
23	Regulus	11 42 53	N11 53.5
24	Altair	2 00 29	N 8 54.9
25	Betelgeuse	15 56 03	N 7 24.5
26	Bellatrix	16 26 06	N 6 21.7
27	Procyon	14 11 57	N 5 11.0
28	Rigel	16 36 47	S 8 11.1
29	α Hydrae	12 23 43	S 8 43.6
30	Spica	8 26 03	S11 14.4
31	Sirius	15 06 14	S16 44.3
32	β Ceti	21 07 40	S17 53.9
33	Antares	5 21 41	S26 27.8
34	σ Sagittarii	2 55 48	S26 16.4
35	Fomalhaut	22 53 32	S29 32.1
36	λ Scorpii	4 17 22	S37 06.8
37	Canopus	15 27 47	S52 42.2
38	α Pavonis	1 25 09	S56 40.9
39	Achernar	20 13 45	S57 09.2
40	β Crucis	9 03 25	S59 46.6
41	β Centauri	7 47 07	S60 27.0
42	α Centauri	7 11 23	S60 54.1
43	α Crucis	2 24 36	S63 11.3
44	α Tri. Aust.	5 01 42	S69 03.4
45	β Carinae	12 38 44	S69 46.9

R_0 h m s
21 52 04

2015 8月21日 ～ 8月27日 41

21日 ☉ 太陽

U	$E_☉$	d	dのP.P.
h	° ′	h m ′	
0 11 56 40	N12 17.3	0 00 0.0
2 11 56 41	N12 15.6	10 0.1
4 11 56 42	N12 14.0	20 0.3
6 11 56 43	N12 12.3	30 0.4
8 11 56 45	N12 10.6	40 0.6
10 11 56 46	N12 09.0	0 50 0.7
12 11 56 47	N12 07.3	1 00 0.8
14 11 56 48	N12 05.7	10 1.0
16 11 56 50	N12 04.0	20 1.1
18 11 56 51	N12 02.3	30 1.2
20 11 56 52	N12 00.7	40 1.4
22 11 56 53	N11 59.0	1 50 1.5
24 11 56 55	N11 57.3	2 00 1.7

視半径 S.D. 15′ 50″

✳ 恒 星 $U=0^h$ の値 E_* d

No.		h m s	° ′
1 Polaris		19 03 52	N89 19.4

22日 ☉ 太陽

U	$E_☉$	d	dのP.P.
0 11 56 55	N11 57.3	0 00 0.0
2 11 56 56	N11 55.7	10 0.1
4 11 56 57	N11 54.0	20 0.3
6 11 56 58	N11 52.3	30 0.4
8 11 57 00	N11 50.6	40 0.6
10 11 57 01	N11 49.0	0 50 0.7
12 11 57 02	N11 47.3	1 00 0.8
14 11 57 03	N11 45.6	10 1.0
16 11 57 05	N11 43.9	20 1.1
18 11 57 06	N11 42.2	30 1.3
20 11 57 07	N11 40.5	40 1.4
22 11 57 08	N11 38.9	1 50 1.5
24 11 57 10	N11 37.2	2 00 1.7

視半径 S.D. 15′ 50″

✳ 恒 星 $U=0^h$ の値

| 1 Polaris | 19 07 47 | N89 19.4 |

23日 ☉ 太陽

U	$E_☉$	d	dのP.P.
0 11 57 10	N11 37.2	0 00 0.0
2 11 57 11	N11 35.5	10 0.1
4 11 57 12	N11 33.8	20 0.3
6 11 57 14	N11 32.1	30 0.4
8 11 57 15	N11 30.4	40 0.6
10 11 57 16	N11 28.7	0 50 0.7
12 11 57 17	N11 27.0	1 00 0.8
14 11 57 19	N11 25.3	10 1.0
16 11 57 20	N11 23.6	20 1.1
18 11 57 21	N11 21.9	30 1.3
20 11 57 23	N11 20.3	40 1.4
22 11 57 24	N11 18.6	1 50 1.5
24 11 57 25	N11 16.9	2 00 1.7

視半径 S.D. 15′ 50″

✳ 恒 星 $U=0^h$ の値

| 1 Polaris | 19 11 41 | N89 19.4 |

24日 ☉ 太陽

U	$E_☉$	d	dのP.P.
0 11 57 25	N11 16.9	0 00 0.0
2 11 57 27	N11 15.1	10 0.1
4 11 57 28	N11 13.4	20 0.3
6 11 57 29	N11 11.7	30 0.4
8 11 57 31	N11 10.0	40 0.6
10 11 57 32	N11 08.3	0 50 0.7
12 11 57 33	N11 06.6	1 00 0.9
14 11 57 35	N11 04.9	10 1.0
16 11 57 36	N11 03.2	20 1.1
18 11 57 37	N11 01.5	30 1.3
20 11 57 39	N10 59.8	40 1.4
22 11 57 40	N10 58.1	1 50 1.6
24 11 57 41	N10 56.3	2 00 1.7

視半径 S.D. 15′ 51″

✳ 恒 星 $U=0^h$ の値

| 1 Polaris | 19 15 36 | N89 19.4 |

25日 ☉ 太陽

U	$E_☉$	d	dのP.P.
0 11 57 41	N10 56.3	0 00 0.0
2 11 57 43	N10 54.6	10 0.1
4 11 57 44	N10 52.9	20 0.3
6 11 57 46	N10 51.2	30 0.4
8 11 57 47	N10 49.5	40 0.6
10 11 57 48	N10 47.7	0 50 0.7
12 11 57 50	N10 46.0	1 00 0.9
14 11 57 51	N10 44.3	10 1.0
16 11 57 52	N10 42.6	20 1.1
18 11 57 54	N10 40.9	30 1.3
20 11 57 55	N10 39.1	40 1.4
22 11 57 57	N10 37.4	1 50 1.6
24 11 57 58	N10 35.7	2 00 1.7

視半径 S.D. 15′ 51″

✳ 恒 星 $U=0^h$ の値

| 1 Polaris | 19 19 30 | N89 19.4 |

26日 ☉ 太陽

U	$E_☉$	d	dのP.P.
0 11 57 58	N10 35.7	0 00 0.0
2 11 57 59	N10 33.9	10 0.1
4 11 58 01	N10 32.2	20 0.3
6 11 58 02	N10 30.5	30 0.4
8 11 58 04	N10 28.7	40 0.6
10 11 58 05	N10 27.0	0 50 0.7
12 11 58 06	N10 25.3	1 00 0.9
14 11 58 08	N10 23.5	10 1.0
16 11 58 09	N10 21.8	20 1.2
18 11 58 11	N10 20.1	30 1.3
20 11 58 12	N10 18.3	40 1.4
22 11 58 14	N10 16.6	1 50 1.6
24 11 58 15	N10 14.8	2 00 1.7

視半径 S.D. 15′ 51″

✳ 恒 星 $U=0^h$ の値

| 1 Polaris | 19 23 25 | N89 19.4 |

27日 ☉ 太陽

U	$E_☉$	d	dのP.P.
0 11 58 15	N10 14.8	0 00 0.0
2 11 58 16	N10 13.1	10 0.1
4 11 58 18	N10 11.3	20 0.3
6 11 58 19	N10 09.6	30 0.4
8 11 58 21	N10 07.8	40 0.6
10 11 58 22	N10 06.1	0 50 0.7
12 11 58 24	N10 04.3	1 00 0.9
14 11 58 25	N10 02.6	10 1.0
16 11 58 27	N10 00.8	20 1.2
18 11 58 28	N 9 59.1	30 1.3
20 11 58 29	N 9 57.3	40 1.5
22 11 58 31	N 9 55.6	1 50 1.6
24 11 58 32	N 9 53.8	2 00 1.8

視半径 S.D. 15′ 51″

✳ 恒 星 $U=0^h$ の値 E_* d

No.		h m s	° ′
1 Polaris		19 27 19	N89 19.4
2 Kochab		7 29 02	N74 05.9
3 Dubhe		11 15 02	N61 40.0
4 β Cassiop.		22 09 35	N59 14.1
5 Merak		11 16 56	N56 18.0
6 Alioth		9 24 59	N55 52.8
7 Schedir		21 38 12	N56 37.3
8 Mizar		8 55 08	N54 50.9
9 α Persei		18 54 12	N49 54.7
10 Benetnasch		8 31 32	N49 14.5
11 Capella		17 01 49	N46 00.5
12 Deneb		1 37 39	N45 20.5
13 Vega		3 42 10	N38 48.3
14 Castor		14 44 05	N31 51.0
15 Alpheratz		22 10 26	N29 10.6
16 Pollux		14 33 24	N27 59.1
17 α Cor. Bor.		6 44 19	N26 40.1
18 Arcturus		8 03 18	N19 06.4
19 Aldebaran		17 42 50	N16 32.3
20 Markab		23 14 05	N15 17.5
21 Denebola		10 29 49	N14 29.2
22 α Ophiuchi		4 43 59	N12 33.3
23 Regulus		12 10 28	N11 53.4
24 Altair		2 28 05	N 8 54.9
25 Betelgeuse		16 23 39	N 7 24.5
26 Bellatrix		16 53 41	N 6 21.7
27 Procyon		14 39 33	N 5 11.0
28 Rigel		17 04 22	S 8 11.1
29 α Hydrae		12 51 19	S 8 43.6
30 Spica		8 53 39	S11 14.4
31 Sirius		15 33 50	S16 44.3
32 β Ceti		21 35 16	S17 53.9
33 Antares		5 49 17	S26 27.8
34 σ Sagittarii		3 23 24	S26 16.4
35 Fomalhaut		23 21 07	S29 32.2
36 λ Scorpii		4 44 58	S37 06.8
37 Canopus		15 55 22	S52 42.2
38 α Pavonis		1 52 45	S56 40.9
39 Achernar		20 41 21	S57 09.2
40 β Crucis		9 31 01	S59 46.5
41 β Centauri		8 14 43	S60 27.0
42 α Centauri		7 38 59	S60 54.1
43 α Crucis		9 52 12	S63 11.2
44 α Tri. Aust.		5 29 18	S69 03.4
45 β Carinae		13 06 20	S69 46.9

R_0 22 19 39

8 月 28 日 ～ 9 月 3 日　　2015

28 日　⊙ 太陽

U	$E_⊙$	d	d の P.P.
h	h m s	° ′	h m ′
0	11 58 32	N 9 53.8	0 00 0.0
2	11 58 34	N 9 52.1	10 0.1
4	11 58 35	N 9 50.3	20 0.3
6	11 58 37	N 9 48.5	30 0.4
8	11 58 38	N 9 46.8	40 0.6
10	11 58 40	N 9 45.0	0 50 0.7
12	11 58 41	N 9 43.3	1 00 0.9
14	11 58 43	N 9 41.5	10 1.0
16	11 58 44	N 9 39.7	20 1.2
18	11 58 46	N 9 38.0	30 1.3
20	11 58 47	N 9 36.2	40 1.5
22	11 58 49	N 9 34.4	1 50 1.6
24	11 58 50	N 9 32.7	2 00 1.8

視半径 S.D.　15′ 51″

✻ 恒星　$U = 0^h$ の値

No.		E_*	d
		h m s	° ′
1	Polaris	19 31 14	N89 19.4

29 日　⊙ 太陽

U	$E_⊙$	d	d の P.P.
h	h m s	° ′	h m ′
0	11 58 50	N 9 32.7	0 00 0.0
2	11 58 52	N 9 30.9	10 0.1
4	11 58 53	N 9 29.1	20 0.3
6	11 58 55	N 9 27.3	30 0.4
8	11 58 56	N 9 25.6	40 0.6
10	11 58 58	N 9 23.8	0 50 0.7
12	11 58 59	N 9 22.0	1 00 0.9
14	11 59 01	N 9 20.2	10 1.0
16	11 59 02	N 9 18.5	20 1.2
18	11 59 04	N 9 16.7	30 1.3
20	11 59 05	N 9 14.9	40 1.5
22	11 59 07	N 9 13.1	1 50 1.6
24	11 59 08	N 9 11.3	2 00 1.8

視半径 S.D.　15′ 52″

✻ 恒星　$U = 0^h$ の値

No.		E_*	d
		h m s	° ′
1	Polaris	19 35 09	N89 19.4

30 日　⊙ 太陽

U	$E_⊙$	d	d の P.P.
h	h m s	° ′	h m ′
0	11 59 08	N 9 11.3	0 00 0.0
2	11 59 10	N 9 09.6	10 0.1
4	11 59 11	N 9 07.8	20 0.3
6	11 59 13	N 9 06.0	30 0.4
8	11 59 14	N 9 04.2	40 0.6
10	11 59 16	N 9 02.4	0 50 0.7
12	11 59 17	N 9 00.6	1 00 0.9
14	11 59 19	N 8 58.8	10 1.0
16	11 59 20	N 8 57.1	20 1.2
18	11 59 22	N 8 55.3	30 1.3
20	11 59 24	N 8 53.5	40 1.5
22	11 59 25	N 8 51.7	1 50 1.6
24	11 59 27	N 8 49.9	2 00 1.8

視半径 S.D.　15′ 52″

✻ 恒星　$U = 0^h$ の値

No.		E_*	d
		h m s	° ′
1	Polaris	19 39 04	N89 19.4

31 日　⊙ 太陽

U	$E_⊙$	d	d の P.P.
h	h m s	° ′	h m ′
0	11 59 27	N 8 49.9	0 00 0.0
2	11 59 28	N 8 48.1	10 0.2
4	11 59 30	N 8 46.3	20 0.3
6	11 59 31	N 8 44.5	30 0.5
8	11 59 33	N 8 42.7	40 0.6
10	11 59 34	N 8 40.9	0 50 0.8
12	11 59 36	N 8 39.1	1 00 0.9
14	11 59 38	N 8 37.3	10 1.1
16	11 59 39	N 8 35.5	20 1.2
18	11 59 41	N 8 33.7	30 1.4
20	11 59 42	N 8 31.9	40 1.5
22	11 59 44	N 8 30.1	1 50 1.7
24	11 59 45	N 8 28.3	2 00 1.8

視半径 S.D.　15′ 52″

✻ 恒星　$U = 0^h$ の値

No.		E_*	d
		h m s	° ′
1	Polaris	19 42 59	N89 19.5

1 日　⊙ 太陽

U	$E_⊙$	d	d の P.P.
h	h m s	° ′	h m ′
0	11 59 45	N 8 28.3	0 00 0.0
2	11 59 47	N 8 26.5	10 0.2
4	11 59 49	N 8 24.7	20 0.3
6	11 59 50	N 8 22.9	30 0.5
8	11 59 52	N 8 21.1	40 0.6
10	11 59 53	N 8 19.2	0 50 0.8
12	11 59 55	N 8 17.4	1 00 0.9
14	11 59 56	N 8 15.6	10 1.1
16	11 59 58	N 8 13.8	20 1.2
18	12 00 00	N 8 12.0	30 1.4
20	12 00 01	N 8 10.2	40 1.5
22	12 00 03	N 8 08.4	1 50 1.7
24	12 00 04	N 8 06.5	2 00 1.8

視半径 S.D.　15′ 52″

✻ 恒星　$U = 0^h$ の値

No.		E_*	d
		h m s	° ′
1	Polaris	19 46 54	N89 19.5

2 日　⊙ 太陽

U	$E_⊙$	d	d の P.P.
h	h m s	° ′	h m ′
0	12 00 04	N 8 06.5	0 00 0.0
2	12 00 06	N 8 04.7	10 0.2
4	12 00 08	N 8 02.9	20 0.3
6	12 00 09	N 8 01.1	30 0.5
8	12 00 11	N 7 59.3	40 0.6
10	12 00 12	N 7 57.5	0 50 0.8
12	12 00 14	N 7 55.6	1 00 0.9
14	12 00 16	N 7 53.8	10 1.1
16	12 00 17	N 7 52.0	20 1.2
18	12 00 19	N 7 50.2	30 1.4
20	12 00 21	N 7 48.3	40 1.5
22	12 00 22	N 7 46.5	1 50 1.7
24	12 00 24	N 7 44.7	2 00 1.8

視半径 S.D.　15′ 53″

✻ 恒星　$U = 0^h$ の値

No.		E_*	d
		h m s	° ′
1	Polaris	19 50 49	N89 19.5

3 日　⊙ 太陽

U	$E_⊙$	d	d の P.P.
h	h m s	° ′	h m ′
0	12 00 24	N 7 44.7	0 00 0.0
2	12 00 25	N 7 42.8	10 0.2
4	12 00 27	N 7 41.0	20 0.3
6	12 00 29	N 7 39.2	30 0.5
8	12 00 30	N 7 37.4	40 0.6
10	12 00 32	N 7 35.5	0 50 0.8
12	12 00 34	N 7 33.7	1 00 0.9
14	12 00 35	N 7 31.9	10 1.1
16	12 00 37	N 7 30.0	20 1.2
18	12 00 38	N 7 28.2	30 1.4
20	12 00 40	N 7 26.4	40 1.5
22	12 00 42	N 7 24.5	1 50 1.7
24	12 00 43	N 7 22.7	2 00 1.8

視半径 S.D.　15′ 53″

✻ 恒星　$U = 0^h$ の値

No.		E_*	d
		h m s	° ′
1	Polaris	19 54 43	N89 19.5
2	Kochab	7 56 38	N74 05.9
3	Dubhe	11 42 38	N61 40.0
4	β Cassiop.	22 37 11	N59 14.1
5	Merak	11 44 32	N56 17.9
6	Alioth	9 52 35	N55 52.7
7	Schedir	22 05 48	N56 37.3
8	Mizar	9 22 44	N54 50.9
9	α Persei	19 21 47	N49 54.7
10	Benetnasch	8 59 08	N49 14.5
11	Capella	17 29 24	N46 00.5
12	Deneb	2 05 15	N45 20.5
13	Vega	4 09 46	N38 48.4
14	Castor	15 11 41	N31 51.0
15	Alpheratz	22 38 01	N29 10.7
16	Pollux	15 01 00	N27 59.1
17	α Cor. Bor.	7 11 55	N26 40.1
18	Arcturus	8 30 54	N19 06.4
19	Aldebaran	18 10 26	N16 32.3
20	Markab	23 41 41	N15 17.5
21	Denebola	10 57 25	N14 29.2
22	α Ophiuchi	5 11 35	N12 33.3
23	Regulus	12 38 04	N11 53.4
24	Altair	2 55 41	N 8 54.9
25	Betelgeuse	16 51 14	N 7 24.5
26	Bellatrix	17 21 17	N 6 21.7
27	Procyon	15 07 09	N 5 11.0
28	Rigel	17 31 58	S 8 11.0
29	α Hydrae	13 18 55	S 8 43.6
30	Spica	9 21 15	S11 14.4
31	Sirius	16 01 26	S16 44.3
32	β Ceti	22 02 52	S17 53.9
33	Antares	6 16 53	S26 27.8
34	σ Sagittarii	3 51 00	S26 16.4
35	Fomalhaut	23 48 43	S29 32.2
36	λ Scorpii	5 12 34	S37 06.8
37	Canopus	16 22 58	S52 42.1
38	α Pavonis	2 20 21	S56 41.0
39	Achernar	21 08 57	S57 09.2
40	β Crucis	9 58 37	S59 46.5
41	β Centauri	8 42 19	S60 26.9
42	α Centauri	8 06 35	S60 54.0
43	α Crucis	10 19 48	S63 11.2
44	α Tri. Aust.	5 56 54	S69 03.4
45	β Carinae	13 33 56	S69 46.9

R_0　22 47 15 (h m s)

2015 9月4日

⊙ 太陽

U	$E_\odot$	d	dのP.P.
h	h m s	° ′	h m
0	12 00 43	N 7 22.7	0 00 0.0
2	12 00 45	N 7 20.8	10 0.2
4	12 00 47	N 7 19.0	20 0.3
6	12 00 48	N 7 17.2	30 0.5
8	12 00 50	N 7 15.3	40 0.6
10	12 00 52	N 7 13.5	0 50 0.8
12	12 00 53	N 7 11.6	1 00 0.9
14	12 00 55	N 7 09.8	10 1.1
16	12 00 57	N 7 07.9	20 1.2
18	12 00 58	N 7 06.1	30 1.4
20	12 01 00	N 7 04.3	40 1.5
22	12 01 02	N 7 02.4	1 50 1.7
24	12 01 03	N 7 00.6	2 00 1.8

視半径 S.D. 15′ 53″

✱ 恒星 $U=0^h$ の値

No.		E_*	d
		h m s	° ′
1	Polaris	19 58 38	N89 19.5
2	Kochab	8 00 35	N74 05.9
3	Dubhe	11 46 34	N61 40.0
4	β Cassiop.	22 41 07	N59 14.1
5	Merak	11 48 28	N56 17.9
6	Alioth	9 56 32	N55 52.7
7	Schedir	22 09 45	N56 37.3
8	Mizar	9 26 41	N54 50.9
9	α Persei	19 25 44	N49 54.7
10	Benetnasch	9 03 04	N49 14.4
11	Capella	17 33 21	N46 00.5
12	Deneb	2 09 12	N45 20.5
13	Vega	4 13 43	N38 48.4
14	Castor	15 15 37	N31 51.0
15	Alpheratz	22 41 58	N29 10.7
16	Pollux	15 04 57	N27 59.1
17	α Cor. Bor.	7 15 51	N26 40.1
18	Arcturus	8 34 50	N19 06.4
19	Aldebaran	18 14 22	N16 32.3
20	Markab	23 45 38	N15 17.5
21	Denebola	11 01 22	N14 29.2
22	α Ophiuchi	5 15 32	N12 33.3
23	Regulus	12 42 01	N11 53.4
24	Altair	2 59 38	N 8 54.9
25	Betelgeuse	16 55 11	N 7 24.5
26	Bellatrix	17 25 14	N 6 21.7
27	Procyon	15 11 05	N 5 11.0
28	Rigel	17 35 54	S 8 11.0
29	α Hydrae	13 22 51	S 8 43.6
30	Spica	9 25 11	S11 14.4
31	Sirius	16 05 22	S 16 44.3
32	β Ceti	22 06 48	S 17 53.9
33	Antares	6 20 49	S 26 27.8
34	σ Sagittarii	3 54 57	S 26 16.4
35	Fomalhaut	23 52 40	S 29 32.2
36	λ Scorpii	5 16 31	S 37 06.8
37	Canopus	16 26 55	S 52 42.1
38	α Pavonis	2 24 18	S 56 41.0
39	Achernar	21 12 53	S 57 09.3
40	β Crucis	10 02 34	S 59 46.5
41	β Centauri	8 46 16	S 60 26.9
42	α Centauri	8 10 32	S 60 54.0
43	α Crucis	10 23 44	S 63 11.2
44	α Tri. Aust.	6 00 51	S 69 03.4
45	β Carinae	13 37 52	S 69 46.9

R_0 22 51 12

P 惑星

♀ 金星   正中時 Tr. 10 06

U	E_P	d	E_P d
h	h m s	° ′	h m s ′
0	13 51 56	N 9 29.2	0 00 0 0.0
2	13 52 16	N 9 29.9	10 2 0.1
4	13 52 37	N 9 30.7	20 3 0.1
6	13 52 58	N 9 31.4	30 5 0.2
8	13 53 18	N 9 32.1	40 7 0.2
10	13 53 39	N 9 32.8	0 50 9 0.3
12	13 53 59	N 9 33.5	1 00 10 0.4
14	13 54 20	N 9 34.3	10 12 0.4
16	13 54 40	N 9 35.0	20 14 0.5
18	13 55 00	N 9 35.7	30 15 0.5
20	13 55 20	N 9 36.4	40 17 0.6
22	13 55 40	N 9 37.1	1 50 19 0.7
24	13 56 00	N 9 37.8	2 00 20 0.7

♂ 火星   正中時 Tr. 10 26

U	E_P	d	E_P d
h	h m s	° ′	h m s ′
0	13 33 10	N16 55.8	0 00 0 0.0
2	13 33 17	N16 54.8	10 1 0.1
4	13 33 24	N16 53.9	20 1 0.2
6	13 33 31	N16 53.0	30 2 0.2
8	13 33 38	N16 52.0	40 2 0.3
10	13 33 45	N16 51.1	0 50 3 0.4
12	13 33 52	N16 50.1	1 00 4 0.5
14	13 33 59	N16 49.2	10 4 0.5
16	13 34 06	N16 48.3	20 5 0.6
18	13 34 13	N16 47.3	30 5 0.7
20	13 34 20	N16 46.4	40 6 0.8
22	13 34 28	N16 45.4	1 50 6 0.9
24	13 34 35	N16 44.5	2 00 7 0.9

♃ 木星   正中時 Tr. 11 36

U	E_P	d	E_P d
h	h m s	° ′	h m s ′
0	12 22 08	N10 27.4	0 00 0 0.0
2	12 22 22	N10 27.0	10 1 0.0
4	12 22 39	N10 26.6	20 3 0.1
6	12 22 55	N10 26.2	30 4 0.1
8	12 23 10	N10 25.8	40 5 0.1
10	12 23 26	N10 25.5	0 50 7 0.2
12	12 23 42	N10 25.1	1 00 8 0.2
14	12 23 57	N10 24.7	10 9 0.2
16	12 24 13	N10 24.3	20 10 0.3
18	12 24 28	N10 23.9	30 12 0.3
20	12 24 44	N10 23.5	40 13 0.3
22	12 25 00	N10 23.1	1 50 14 0.4
24	12 25 15	N10 22.7	2 00 16 0.4

♄ 土星   正中時 Tr. 16 56

U	E_P	d	E_P d
h	h m s	° ′	h m s ′
0	7 01 49	S18 09.6	0 00 0 0.0
2	7 02 07	S18 09.6	10 2 0.0
4	7 02 26	S18 09.7	20 3 0.0
6	7 02 45	S18 09.8	30 5 0.0
8	7 03 04	S18 09.8	40 6 0.0
10	7 03 22	S18 09.9	0 50 8 0.0
12	7 03 41	S18 10.0	1 00 9 0.0
14	7 04 00	S18 10.1	10 11 0.0
16	7 04 18	S18 10.1	20 12 0.0
18	7 04 37	S18 10.2	30 14 0.1
20	7 04 56	S18 10.3	40 16 0.1
22	7 05 14	S18 10.4	1 50 17 0.1
24	7 05 33	S18 10.4	2 00 19 0.1

☾ 月   正中時 Tr. 4h 47m

U	$E_☾$	d
h	h m s	° ′
0	19 23 43	N14 32.1
	19 22 37	N14 35.4
1	19 21 32	N14 38.7
	19 20 26	N14 42.0
2	19 19 20	N14 45.2
	19 18 14	N14 48.4
3	19 17 09	N14 51.6
	19 16 03	N14 54.8
4	19 14 57	N14 58.0
	19 13 51	N15 01.1
5	19 12 46	N15 04.2
	19 11 40	N15 07.3

H.P. 58.8 , S.D. 16′ 01″

6	19 10 34	N15 10.3
	19 09 28	N15 13.3
7	19 08 23	N15 16.3
	19 07 17	N15 19.3
8	19 06 11	N15 22.3
	19 05 06	N15 25.2
9	19 04 00	N15 28.1
	19 02 54	N15 31.0
10	19 01 49	N15 33.8
	19 00 43	N15 36.6
11	18 59 37	N15 39.4
	18 58 32	N15 42.2

H.P. 58.5 , S.D. 15′ 57″

12	18 57 26	N15 45.0
	18 56 21	N15 47.7
13	18 55 15	N15 50.4
	18 54 10	N15 53.1
14	18 53 04	N15 55.7
	18 51 58	N15 58.3
15	18 50 53	N16 00.9
	18 49 47	N16 03.5
16	18 48 42	N16 06.1
	18 47 36	N16 08.6
17	18 46 31	N16 11.1
	18 45 26	N16 13.5

H.P. 58.3 , S.D. 15′ 54″

18	18 44 20	N16 16.0
	18 43 15	N16 18.4
19	18 42 09	N16 20.8
	18 41 04	N16 23.2
20	18 39 59	N16 25.5
	18 38 53	N16 27.9
21	18 37 48	N16 30.1
	18 36 42	N16 32.4
22	18 35 37	N16 34.6
	18 34 32	N16 36.8
23	18 33 27	N16 39.0
	18 32 21	N16 41.2
24	18 31 16	N16 43.3

H.P. 58.1 , S.D. 15′ 50″

P 惑星

星名	赤経 R.A.	赤緯 d	等級 Mag.	地平視差 H.P.	視半径 S.D.
	h m	° ′		′	″
♀ 金星	8 59	N 9 29	−4.4	0.4	25
♂ 火星	9 18	N16 56	+1.8	0.1	2
♃ 木星	10 29	N10 27	−1.7	0.0	14
♄ 土星	15 49	S18 10	+0.5	0.0	7
☿ 水星	12 26	S 5 25	+0.2	0.2	4

9月5日～9月11日　2015

5 日　☉ 太陽

U	$E_☉$	d	dのP.P.
h m s	° ′	h m ′	
0 12 01 03	N 7 00.6	0 00 0.0	
2 12 01 05	N 6 58.7	10 0.2	
4 12 01 07	N 6 56.9	20 0.3	
6 12 01 08	N 6 55.0	30 0.5	
8 12 01 10	N 6 53.2	40 0.6	
10 12 01 12	N 6 51.3	0 50 0.8	
12 12 01 13	N 6 49.5	1 00 0.9	
14 12 01 15	N 6 47.6	10 1.1	
16 12 01 17	N 6 45.8	20 1.2	
18 12 01 18	N 6 43.9	30 1.4	
20 12 01 20	N 6 42.0	40 1.5	
22 12 01 22	N 6 40.2	1 50 1.7	
24 12 01 23	N 6 38.3	2 00 1.9	

視半径 S.D.　15′ 53″

✳ 恒星　$U=0^h$ の値

No.		E_*	d
		h m s	° ′
1	Polaris	20 02 32	N89 19.5

6 日　☉ 太陽

U	$E_☉$	d	dのP.P.
h m s	° ′	h m ′	
0 12 01 23	N 6 38.3	0 00 0.0	
2 12 01 25	N 6 36.5	10 0.2	
4 12 01 27	N 6 34.6	20 0.3	
6 12 01 28	N 6 32.8	30 0.5	
8 12 01 30	N 6 30.9	40 0.6	
10 12 01 32	N 6 29.0	0 50 0.8	
12 12 01 33	N 6 27.2	1 00 0.9	
14 12 01 35	N 6 25.3	10 1.1	
16 12 01 37	N 6 23.4	20 1.2	
18 12 01 38	N 6 21.6	30 1.4	
20 12 01 40	N 6 19.7	40 1.6	
22 12 01 42	N 6 17.9	1 50 1.7	
24 12 01 43	N 6 16.0	2 00 1.9	

視半径 S.D.　15′ 53″

✳ 恒星　$U=0^h$ の値

No.		E_*	d
		h m s	° ′
1	Polaris	20 06 27	N89 19.5

7 日　☉ 太陽

U	$E_☉$	d	dのP.P.
h m s	° ′	h m ′	
0 12 01 43	N 6 16.0	0 00 0.0	
2 12 01 45	N 6 14.1	10 0.2	
4 12 01 47	N 6 12.3	20 0.3	
6 12 01 49	N 6 10.4	30 0.5	
8 12 01 50	N 6 08.5	40 0.6	
10 12 01 52	N 6 06.6	0 50 0.8	
12 12 01 54	N 6 04.8	1 00 0.9	
14 12 01 55	N 6 02.9	10 1.1	
16 12 01 57	N 6 01.0	20 1.2	
18 12 01 59	N 5 59.2	30 1.4	
20 12 02 01	N 5 57.3	40 1.6	
22 12 02 02	N 5 55.4	1 50 1.7	
24 12 02 04	N 5 53.5	2 00 1.9	

視半径 S.D.　15′ 54″

✳ 恒星　$U=0^h$ の値

No.		E_*	d
		h m s	° ′
1	Polaris	20 10 22	N89 19.5

8 日　☉ 太陽

U	$E_☉$	d	dのP.P.
h m s	° ′	h m ′	
0 12 02 04	N 5 53.5	0 00 0.0	
2 12 02 06	N 5 51.7	10 0.2	
4 12 02 07	N 5 49.8	20 0.3	
6 12 02 09	N 5 47.9	30 0.5	
8 12 02 11	N 5 46.0	40 0.6	
10 12 02 12	N 5 44.2	0 50 0.8	
12 12 02 14	N 5 42.3	1 00 0.9	
14 12 02 16	N 5 40.4	10 1.1	
16 12 02 18	N 5 38.5	20 1.3	
18 12 02 19	N 5 36.6	30 1.4	
20 12 02 21	N 5 34.8	40 1.6	
22 12 02 23	N 5 32.9	1 50 1.7	
24 12 02 24	N 5 31.0	2 00 1.9	

視半径 S.D.　15′ 54″

✳ 恒星　$U=0^h$ の値

No.		E_*	d
		h m s	° ′
1	Polaris	20 14 16	N89 19.5

9 日　☉ 太陽

U	$E_☉$	d	dのP.P.
h m s	° ′	h m ′	
0 12 02 24	N 5 31.0	0 00 0.0	
2 12 02 26	N 5 29.1	10 0.2	
4 12 02 28	N 5 27.2	20 0.3	
6 12 02 30	N 5 25.3	30 0.5	
8 12 02 31	N 5 23.5	40 0.6	
10 12 02 33	N 5 21.6	0 50 0.8	
12 12 02 35	N 5 19.7	1 00 0.9	
14 12 02 37	N 5 17.8	10 1.1	
16 12 02 38	N 5 15.9	20 1.3	
18 12 02 40	N 5 14.0	30 1.4	
20 12 02 42	N 5 12.1	40 1.6	
22 12 02 43	N 5 10.2	1 50 1.7	
24 12 02 45	N 5 08.4	2 00 1.9	

視半径 S.D.　15′ 54″

✳ 恒星　$U=0^h$ の値

No.		E_*	d
		h m s	° ′
1	Polaris	20 18 11	N89 19.5

10 日　☉ 太陽

U	$E_☉$	d	dのP.P.
h m s	° ′	h m ′	
0 12 02 45	N 5 08.4	0 00 0.0	
2 12 02 47	N 5 06.5	10 0.2	
4 12 02 48	N 5 04.6	20 0.3	
6 12 02 50	N 5 02.7	30 0.5	
8 12 02 52	N 5 00.8	40 0.6	
10 12 02 54	N 4 58.9	0 50 0.8	
12 12 02 56	N 4 57.0	1 00 0.9	
14 12 02 57	N 4 55.1	10 1.1	
16 12 02 59	N 4 53.2	20 1.3	
18 12 03 01	N 4 51.3	30 1.4	
20 12 03 03	N 4 49.4	40 1.6	
22 12 03 04	N 4 47.5	1 50 1.7	
24 12 03 06	N 4 45.6	2 00 1.9	

視半径 S.D.　15′ 54″

✳ 恒星　$U=0^h$ の値

No.		E_*	d
		h m s	° ′
1	Polaris	20 22 06	N89 19.5

11 日　☉ 太陽

U	$E_☉$	d	dのP.P.
h m s	° ′	h m ′	
0 12 03 06	N 4 45.6	0 00 0.0	
2 12 03 08	N 4 43.7	10 0.2	
4 12 03 10	N 4 41.8	20 0.3	
6 12 03 11	N 4 39.9	30 0.5	
8 12 03 13	N 4 38.0	40 0.6	
10 12 03 15	N 4 36.1	0 50 0.8	
12 12 03 17	N 4 34.2	1 00 1.0	
14 12 03 18	N 4 32.3	10 1.1	
16 12 03 20	N 4 30.4	20 1.3	
18 12 03 22	N 4 28.5	30 1.4	
20 12 03 24	N 4 26.6	40 1.6	
22 12 03 25	N 4 24.7	1 50 1.7	
24 12 03 27	N 4 22.8	2 00 1.9	

視半径 S.D.　15′ 55″

✳ 恒星　$U=0^h$ の値

No.		E_*	d
		h m s	° ′
1	Polaris	20 26 01	N89 19.5
2	Kochab	8 28 11	N74 05.9
3	Dubhe	12 14 10	N61 40.0
4	β Cassiop.	23 08 43	N59 14.2
5	Merak	12 16 04	N56 17.9
6	Alioth	10 24 08	N55 52.7
7	Schedir	22 37 20	N56 37.3
8	Mizar	9 54 17	N54 50.9
9	α Persei	19 53 19	N49 54.7
10	Benetnasch	9 30 40	N49 14.4
11	Capella	18 00 56	N46 00.5
12	Deneb	2 36 48	N45 20.6
13	Vega	4 41 19	N38 48.4
14	Castor	15 43 13	N31 51.0
15	Alpheratz	23 09 34	N29 10.7
16	Pollux	15 32 32	N27 59.1
17	α Cor. Bor.	7 43 27	N26 40.1
18	Arcturus	9 02 26	N19 06.4
19	Aldebaran	18 41 58	N16 32.3
20	Markab	0 13 14	N15 17.6
21	Denebola	11 28 58	N14 29.2
22	α Ophiuchi	5 43 08	N12 33.3
23	Regulus	13 09 37	N11 53.4
24	Altair	3 27 14	N 8 54.9
25	Betelgeuse	17 22 47	N 7 24.5
26	Bellatrix	17 52 49	N 6 21.7
27	Procyon	15 38 41	N 5 11.0
28	Rigel	18 03 30	S 8 11.0
29	α Hydrae	13 50 27	S 8 43.6
30	Spica	9 52 47	S11 14.4
31	Sirius	16 32 58	S16 44.3
32	β Ceti	22 34 24	S17 53.9
33	Antares	6 48 25	S26 27.8
34	σ Sagittarii	4 22 33	S26 16.4
35	Fomalhaut	0 20 16	S29 32.2
36	λ Scorpii	5 44 07	S37 06.8
37	Canopus	16 54 30	S52 42.1
38	α Pavonis	2 51 54	S56 41.0
39	Achernar	21 40 29	S57 09.3
40	β Crucis	10 30 10	S59 46.5
41	β Centauri	9 13 52	S60 26.9
42	α Centauri	8 38 08	S60 54.0
43	α Crucis	10 51 20	S63 11.2
44	α Tri. Aust.	6 28 27	S69 03.4
45	β Carinae	14 05 28	S69 46.8

R_0　23 18 48 (h m s)

2015　　　　　9 月 12 日 ～ 9 月 18 日　　　　　45

12 日　☉ 太 陽

U	$E_☉$	d	dのP.P.
h	h m s	° ′	h m ′
0	12 03 27	N 4 22.8	0 00 0.0
2	12 03 29	N 4 20.9	10 0.2
4	12 03 31	N 4 19.0	20 0.3
6	12 03 32	N 4 17.1	30 0.5
8	12 03 34	N 4 15.2	40 0.6
10	12 03 36	N 4 13.3	0 50 0.8
12	12 03 38	N 4 11.4	1 00 1.0
14	12 03 39	N 4 09.5	10 1.1
16	12 03 41	N 4 07.6	20 1.3
18	12 03 43	N 4 05.7	30 1.4
20	12 03 45	N 4 03.8	40 1.6
22	12 03 46	N 4 01.8	1 50 1.7
24	12 03 48	N 3 59.9	2 00 1.9

視半径 S.D.　15′ 55″

✴ 恒 星　$U = 0^h$ の値

No.		E_*	d
		h m s	° ′
1	Polaris	20 29 56	N89 19.5

13 日　☉ 太 陽

U	$E_☉$	d	dのP.P.
h	h m s	° ′	h m ′
0	12 03 48	N 3 59.9	0 00 0.0
2	12 03 50	N 3 58.0	10 0.2
4	12 03 52	N 3 56.1	20 0.3
6	12 03 53	N 3 54.2	30 0.5
8	12 03 55	N 3 52.3	40 0.6
10	12 03 57	N 3 50.4	0 50 0.8
12	12 03 59	N 3 48.5	1 00 1.0
14	12 04 01	N 3 46.5	10 1.1
16	12 04 02	N 3 44.6	20 1.3
18	12 04 04	N 3 42.7	30 1.4
20	12 04 06	N 3 40.8	40 1.6
22	12 04 08	N 3 38.9	1 50 1.8
24	12 04 09	N 3 37.0	2 00 1.9

視半径 S.D.　15′ 55″

✴ 恒 星　$U = 0^h$ の値

No.		E_*	d
		h m s	° ′
1	Polaris	20 33 51	N89 19.5

14 日　☉ 太 陽

U	$E_☉$	d	dのP.P.
h	h m s	° ′	h m ′
0	12 04 09	N 3 37.0	0 00 0.0
2	12 04 11	N 3 35.1	10 0.2
4	12 04 13	N 3 33.1	20 0.3
6	12 04 15	N 3 31.2	30 0.5
8	12 04 16	N 3 29.3	40 0.6
10	12 04 18	N 3 27.4	0 50 0.8
12	12 04 20	N 3 25.5	1 00 1.0
14	12 04 22	N 3 23.6	10 1.1
16	12 04 24	N 3 21.6	20 1.3
18	12 04 25	N 3 19.7	30 1.4
20	12 04 27	N 3 17.8	40 1.6
22	12 04 29	N 3 15.9	1 50 1.8
24	12 04 31	N 3 14.0	2 00 1.9

視半径 S.D.　15′ 55″

✴ 恒 星　$U = 0^h$ の値

No.		E_*	d
		h m s	° ′
1	Polaris	20 37 46	N89 19.5

15 日　☉ 太 陽

U	$E_☉$	d	dのP.P.
h	h m s	° ′	h m ′
0	12 04 31	N 3 14.0	0 00 0.0
2	12 04 32	N 3 12.0	10 0.2
4	12 04 34	N 3 10.1	20 0.3
6	12 04 36	N 3 08.2	30 0.5
8	12 04 38	N 3 06.3	40 0.6
10	12 04 40	N 3 04.3	0 50 0.8
12	12 04 41	N 3 02.4	1 00 1.0
14	12 04 43	N 3 00.5	10 1.1
16	12 04 45	N 2 58.6	20 1.3
18	12 04 47	N 2 56.6	30 1.4
20	12 04 48	N 2 54.7	40 1.6
22	12 04 50	N 2 52.8	1 50 1.8
24	12 04 52	N 2 50.9	2 00 1.9

視半径 S.D.　15′ 56″

✴ 恒 星　$U = 0^h$ の値

No.		E_*	d
		h m s	° ′
1	Polaris	20 41 41	N89 19.5

16 日　☉ 太 陽

U	$E_☉$	d	dのP.P.
h	h m s	° ′	h m ′
0	12 04 52	N 2 50.9	0 00 0.0
2	12 04 54	N 2 48.9	10 0.2
4	12 04 56	N 2 47.0	20 0.3
6	12 04 57	N 2 45.1	30 0.5
8	12 04 59	N 2 43.2	40 0.6
10	12 05 01	N 2 41.2	0 50 0.8
12	12 05 03	N 2 39.3	1 00 1.0
14	12 05 04	N 2 37.4	10 1.1
16	12 05 06	N 2 35.5	20 1.3
18	12 05 08	N 2 33.5	30 1.4
20	12 05 10	N 2 31.6	40 1.6
22	12 05 12	N 2 29.7	1 50 1.8
24	12 05 13	N 2 27.7	2 00 1.9

視半径 S.D.　15′ 56″

✴ 恒 星　$U = 0^h$ の値

No.		E_*	d
		h m s	° ′
1	Polaris	20 45 36	N89 19.5

17 日　☉ 太 陽

U	$E_☉$	d	dのP.P.
h	h m s	° ′	h m ′
0	12 05 13	N 2 27.7	0 00 0.0
2	12 05 15	N 2 25.8	10 0.2
4	12 05 17	N 2 23.9	20 0.3
6	12 05 19	N 2 21.9	30 0.5
8	12 05 20	N 2 20.0	40 0.6
10	12 05 22	N 2 18.1	0 50 0.8
12	12 05 24	N 2 16.2	1 00 1.0
14	12 05 26	N 2 14.2	10 1.1
16	12 05 28	N 2 12.3	20 1.3
18	12 05 29	N 2 10.4	30 1.4
20	12 05 31	N 2 08.4	40 1.6
22	12 05 33	N 2 06.5	1 50 1.8
24	12 05 35	N 2 04.6	2 00 1.9

視半径 S.D.　15′ 56″

✴ 恒 星　$U = 0^h$ の値

No.		E_*	d
		h m s	° ′
1	Polaris	20 49 31	N89 19.5

18 日　☉ 太 陽

U	$E_☉$	d	dのP.P.
h	h m s	° ′	h m ′
0	12 05 35	N 2 04.6	0 00 0.0
2	12 05 36	N 2 02.6	10 0.2
4	12 05 38	N 2 00.7	20 0.3
6	12 05 40	N 1 58.8	30 0.5
8	12 05 42	N 1 56.9	40 0.6
10	12 05 44	N 1 54.9	0 50 0.8
12	12 05 45	N 1 52.9	1 00 1.0
14	12 05 47	N 1 51.0	10 1.1
16	12 05 49	N 1 49.1	20 1.3
18	12 05 51	N 1 47.1	30 1.5
20	12 05 52	N 1 45.2	40 1.6
22	12 05 54	N 1 43.3	1 50 1.8
24	12 05 56	N 1 41.3	2 00 1.9

視半径 S.D.　15′ 56″

✴ 恒 星　$U = 0^h$ の値

No.		E_*	d
		h m s	° ′
1	Polaris	20 53 26	N89 19.5
2	Kochab	8 55 48	N74 05.8
3	Dubhe	12 41 46	N61 39.9
4	β Cassiop.	23 36 19	N59 14.2
5	Merak	12 43 40	N56 17.9
6	Alioth	10 51 44	N55 52.7
7	Schedir	23 04 56	N56 37.4
8	Mizar	10 21 53	N54 50.9
9	α Persei	20 20 55	N49 54.7
10	Benetnasch	9 58 16	N49 14.4
11	Capella	18 28 32	N46 00.5
12	Deneb	3 04 24	N45 20.6
13	Vega	5 08 55	N38 48.4
14	Castor	16 10 48	N31 51.0
15	Alpheratz	23 37 10	N29 10.7
16	Pollux	16 00 08	N27 59.1
17	α Cor. Bor.	8 11 03	N26 40.1
18	Arcturus	9 30 02	N19 06.3
19	Aldebaran	19 09 34	N16 32.3
20	Markab	0 40 49	N15 17.6
21	Denebola	11 56 33	N14 29.2
22	α Ophiuchi	6 10 44	N12 33.3
23	Regulus	13 37 12	N11 53.4
24	Altair	3 54 50	N 8 55.0
25	Betelgeuse	17 50 22	N 7 24.5
26	Bellatrix	18 20 25	N 6 21.7
27	Procyon	16 06 17	N 5 11.0
28	Rigel	18 31 06	S 8 11.0
29	α Hydrae	14 18 03	S 8 43.6
30	Spica	10 20 23	S11 14.4
31	Sirius	17 00 34	S16 44.3
32	β Ceti	23 02 00	S17 53.9
33	Antares	7 16 01	S26 27.8
34	σ Sagittarii	4 50 09	S26 16.4
35	Fomalhaut	0 47 51	S29 32.2
36	λ Scorpii	6 11 43	S37 06.8
37	Canopus	17 22 06	S52 42.1
38	α Pavonis	3 19 30	S56 41.0
39	Achernar	22 08 05	S57 09.3
40	β Crucis	10 57 46	S59 46.4
41	β Centauri	9 41 28	S60 26.9
42	α Centauri	9 05 44	S60 54.0
43	α Crucis	11 18 56	S63 11.1
44	α Tri. Aust.	6 56 03	S69 03.4
45	β Carinae	14 33 03	S69 46.5

R_0	h m s
	23 46 24

9月19日～9月25日　2015

19日 ☉ 太陽

U	$E_☉$	d	dのP.P.
h	h m s	° ′	h m ′
0	12 05 56	N 1 41.3	0 00 0.0
2	12 05 58	N 1 39.4	10 0.2
4	12 06 00	N 1 37.5	20 0.3
6	12 06 01	N 1 35.5	30 0.5
8	12 06 03	N 1 33.6	40 0.6
10	12 06 05	N 1 31.6	0 50 0.8
12	12 06 07	N 1 29.7	1 00 1.0
14	12 06 09	N 1 27.8	10 1.1
16	12 06 10	N 1 25.8	20 1.3
18	12 06 12	N 1 23.9	30 1.5
20	12 06 14	N 1 22.0	40 1.6
22	12 06 16	N 1 20.0	1 50 1.8
24	12 06 17	N 1 18.1	2 00 1.9

視半径 S.D. 15′ 57″

✳ 恒 星 No.	E_*	$U=0^h$ の値 d
	h m s	° ′
1 Polaris	20 57 21	N89 19.5

20日 ☉ 太陽

U	$E_☉$	d	dのP.P.
h	h m s	° ′	h m ′
0	12 06 17	N 1 18.1	0 00 0.0
2	12 06 19	N 1 16.1	10 0.2
4	12 06 21	N 1 14.2	20 0.3
6	12 06 23	N 1 12.3	30 0.5
8	12 06 25	N 1 10.3	40 0.6
10	12 06 26	N 1 08.4	0 50 0.8
12	12 06 28	N 1 06.4	1 00 1.0
14	12 06 30	N 1 04.5	10 1.1
16	12 06 32	N 1 02.5	20 1.3
18	12 06 33	N 1 00.6	30 1.5
20	12 06 35	N 0 58.7	40 1.6
22	12 06 37	N 0 56.7	1 50 1.8
24	12 06 39	N 0 54.8	2 00 1.9

視半径 S.D. 15′ 57″

✳ 恒 星 No.	E_*	$U=0^h$ の値 d
	h m s	° ′
1 Polaris	21 01 16	N89 19.5

21日 ☉ 太陽

U	$E_☉$	d	dのP.P.
h	h m s	° ′	h m ′
0	12 06 39	N 0 54.8	0 00 0.0
2	12 06 40	N 0 52.8	10 0.2
4	12 06 42	N 0 50.9	20 0.3
6	12 06 44	N 0 49.0	30 0.5
8	12 06 46	N 0 47.0	40 0.6
10	12 06 48	N 0 45.1	0 50 0.8
12	12 06 49	N 0 43.1	1 00 1.0
14	12 06 51	N 0 41.2	10 1.1
16	12 06 53	N 0 39.2	20 1.3
18	12 06 55	N 0 37.3	30 1.5
20	12 06 56	N 0 35.4	40 1.6
22	12 06 58	N 0 33.4	1 50 1.8
24	12 07 00	N 0 31.5	2 00 1.9

視半径 S.D. 15′ 57″

✳ 恒 星 No.	E_*	$U=0^h$ の値 d
	h m s	° ′
1 Polaris	21 05 11	N89 19.5

22日 ☉ 太陽

U	$E_☉$	d	dのP.P.
h	h m s	° ′	h m ′
0	12 07 00	N 0 31.5	0 00 0.0
2	12 07 02	N 0 29.5	10 0.2
4	12 07 04	N 0 27.6	20 0.3
6	12 07 05	N 0 25.6	30 0.5
8	12 07 07	N 0 23.7	40 0.6
10	12 07 09	N 0 21.7	0 50 0.8
12	12 07 11	N 0 19.8	1 00 1.0
14	12 07 12	N 0 17.8	10 1.1
16	12 07 14	N 0 15.9	20 1.3
18	12 07 16	N 0 14.0	30 1.5
20	12 07 18	N 0 12.0	40 1.6
22	12 07 19	N 0 10.1	1 50 1.8
24	12 07 21	N 0 08.1	2 00 1.9

視半径 S.D. 15′ 57″

✳ 恒 星 No.	E_*	$U=0^h$ の値 d
	h m s	° ′
1 Polaris	21 09 05	N89 19.5

23日 ☉ 太陽

U	$E_☉$	d	dのP.P.
h	h m s	° ′	h m ′
0	12 07 21	N 0 08.1	0 00 0.0
2	12 07 23	N 0 06.2	10 0.2
4	12 07 24	N 0 04.2	20 0.3
6	12 07 26	N 0 02.3	30 0.5
8	12 07 28	N 0 00.3	40 0.6
10	12 07 30	S 0 01.6	0 50 0.8
12	12 07 32	S 0 03.5	1 00 1.0
14	12 07 33	S 0 05.5	10 1.1
16	12 07 35	S 0 07.4	20 1.3
18	12 07 37	S 0 09.4	30 1.5
20	12 07 39	S 0 11.3	40 1.6
22	12 07 41	S 0 13.3	1 50 1.8
24	12 07 42	S 0 15.2	2 00 1.9

視半径 S.D. 15′ 58″

✳ 恒 星 No.	E_*	$U=0^h$ の値 d
	h m s	° ′
1 Polaris	21 13 00	N89 19.5

24日 ☉ 太陽

U	$E_☉$	d	dのP.P.
h	h m s	° ′	h m ′
0	12 07 42	S 0 15.2	0 00 0.0
2	12 07 44	S 0 17.2	10 0.2
4	12 07 46	S 0 19.1	20 0.3
6	12 07 48	S 0 21.1	30 0.5
8	12 07 49	S 0 23.0	40 0.6
10	12 07 51	S 0 25.0	0 50 0.8
12	12 07 53	S 0 26.9	1 00 1.0
14	12 07 55	S 0 28.8	10 1.1
16	12 07 56	S 0 30.8	20 1.3
18	12 07 58	S 0 32.7	30 1.5
20	12 08 00	S 0 34.7	40 1.6
22	12 08 02	S 0 36.6	1 50 1.8
24	12 08 03	S 0 38.6	2 00 1.9

視半径 S.D. 15′ 58″

✳ 恒 星 No.	E_*	$U=0^h$ の値 d
	h m s	° ′
1 Polaris	21 16 56	N89 19.5

25日 ☉ 太陽

U	$E_☉$	d	dのP.P.
h	h m s	° ′	h m ′
0	12 08 03	S 0 38.6	0 00 0.0
2	12 08 05	S 0 40.5	10 0.2
4	12 08 07	S 0 42.5	20 0.3
6	12 08 08	S 0 44.4	30 0.5
8	12 08 10	S 0 46.4	40 0.6
10	12 08 12	S 0 48.3	0 50 0.8
12	12 08 14	S 0 50.3	1 00 1.0
14	12 08 15	S 0 52.2	10 1.1
16	12 08 17	S 0 54.2	20 1.3
18	12 08 19	S 0 56.1	30 1.5
20	12 08 21	S 0 58.0	40 1.6
22	12 08 22	S 1 00.0	1 50 1.8
24	12 08 24	S 1 01.9	2 00 1.9

視半径 S.D. 15′ 58″

✳ 恒 星 No.	E_*	$U=0^h$ の値 d
	h m s	° ′
1 Polaris	21 20 51	N89 19.5
2 Kochab	9 23 24	N74 05.8
3 Dubhe	13 09 22	N61 39.9
4 β Cassiop.	0 03 54	N59 14.3
5 Merak	13 11 16	N56 17.8
6 Alioth	11 19 19	N55 52.6
7 Schedir	23 32 32	N56 37.4
8 Mizar	10 49 29	N54 50.8
9 α Persei	20 48 30	N49 54.8
10 Benetnasch	10 25 52	N49 14.4
11 Capella	18 56 08	N46 00.5
12 Deneb	3 32 00	N45 20.6
13 Vega	5 36 31	N38 48.4
14 Castor	16 38 24	N31 51.0
15 Alpheratz	0 04 45	N29 10.7
16 Pollux	16 27 44	N27 59.1
17 α Cor. Bor.	8 38 39	N26 40.1
18 Arcturus	9 57 38	N19 06.3
19 Aldebaran	19 37 09	N16 32.3
20 Markab	1 08 25	N15 17.6
21 Denebola	12 24 09	N14 29.2
22 α Ophiuchi	6 38 20	N12 33.3
23 Regulus	14 04 48	N11 53.4
24 Altair	4 22 26	N 8 55.0
25 Betelgeuse	18 17 58	N 7 24.5
26 Bellatrix	18 48 01	N 6 21.7
27 Procyon	16 33 52	N 5 11.0
28 Rigel	18 58 41	S 8 11.0
29 α Hydrae	14 45 39	S 8 43.6
30 Spica	10 47 59	S11 14.4
31 Sirius	17 28 09	S16 44.3
32 β Ceti	23 29 36	S17 53.9
33 Antares	7 43 37	S26 27.8
34 σ Sagittarii	5 17 45	S26 16.4
35 Fomalhaut	1 15 27	S29 32.2
36 λ Scorpii	6 39 19	S37 06.8
37 Canopus	17 49 41	S52 42.1
38 α Pavonis	3 47 06	S56 41.0
39 Achernar	22 35 40	S57 09.3
40 β Crucis	11 25 22	S59 46.4
41 β Centauri	10 09 04	S60 26.9
42 α Centauri	9 33 20	S60 54.0
43 α Crucis	11 46 32	S63 11.1
44 α Tri. Aust.	7 23 40	S69 03.4
45 β Carinae	15 00 39	S69 46.8

R_0	h m s
	0 13 59

2015　　　　　　9 月 26 日 ～ 10 月 2 日　　　　　　47

26 日	⊙ 太陽		
U	$E_⊙$	d	d の P.P.
h	h m s	° ′	h m ′
0	12 08 24	S 1 01.9	0 00 0.0
2	12 08 26	S 1 03.9	10 0.2
4	12 08 28	S 1 05.8	20 0.3
6	12 08 29	S 1 07.8	30 0.5
8	12 08 31	S 1 09.7	40 0.6
10	12 08 33	S 1 11.7	0 50 0.8
12	12 08 34	S 1 13.6	1 00 1.0
14	12 08 36	S 1 15.6	10 1.1
16	12 08 38	S 1 17.5	20 1.3
18	12 08 40	S 1 19.5	30 1.5
20	12 08 41	S 1 21.4	40 1.6
22	12 08 43	S 1 23.3	1 50 1.8
24	12 08 45	S 1 25.3	2 00 1.9

視半径 S.D.　15′ 59″

✴ 恒 星	$U=0^h$ の値	
No.	E_*	d
	h m s	° ′
1 Polaris	21 24 46	N89 19.6

27 日	⊙ 太陽		
U	$E_⊙$	d	d の P.P.
h	h m s	° ′	h m ′
0	12 08 45	S 1 25.3	0 00 0.0
2	12 08 46	S 1 27.2	10 0.2
4	12 08 48	S 1 29.2	20 0.3
6	12 08 50	S 1 31.1	30 0.5
8	12 08 52	S 1 33.1	40 0.6
10	12 08 53	S 1 35.0	0 50 0.8
12	12 08 55	S 1 37.0	1 00 1.0
14	12 08 57	S 1 38.9	10 1.1
16	12 08 58	S 1 40.9	20 1.3
18	12 09 00	S 1 42.8	30 1.5
20	12 09 02	S 1 44.7	40 1.6
22	12 09 04	S 1 46.7	1 50 1.8
24	12 09 05	S 1 48.6	2 00 1.9

視半径 S.D.　15′ 59″

✴ 恒 星	$U=0^h$ の値	
No.	E_*	d
	h m s	° ′
1 Polaris	21 28 41	N89 19.6

28 日	⊙ 太陽		
U	$E_⊙$	d	d の P.P.
h	h m s	° ′	h m ′
0	12 09 05	S 1 48.6	0 00 0.0
2	12 09 07	S 1 50.6	10 0.2
4	12 09 09	S 1 52.5	20 0.3
6	12 09 10	S 1 54.5	30 0.5
8	12 09 12	S 1 56.4	40 0.6
10	12 09 14	S 1 58.4	0 50 0.8
12	12 09 15	S 2 00.3	1 00 1.0
14	12 09 17	S 2 02.3	10 1.1
16	12 09 19	S 2 04.2	20 1.3
18	12 09 20	S 2 06.1	30 1.5
20	12 09 22	S 2 08.1	40 1.6
22	12 09 24	S 2 10.0	1 50 1.8
24	12 09 26	S 2 12.0	2 00 1.9

視半径 S.D.　15′ 59″

✴ 恒 星	$U=0^h$ の値	
No.	E_*	d
	h m s	° ′
1 Polaris	21 32 37	N89 19.6

29 日	⊙ 太陽		
U	$E_⊙$	d	d の P.P.
h	h m s	° ′	h m ′
0	12 09 26	S 2 12.0	0 00 0.0
2	12 09 27	S 2 13.9	10 0.2
4	12 09 29	S 2 15.9	20 0.3
6	12 09 31	S 2 17.8	30 0.5
8	12 09 32	S 2 19.7	40 0.6
10	12 09 34	S 2 21.7	0 50 0.8
12	12 09 36	S 2 23.6	1 00 1.0
14	12 09 37	S 2 25.6	10 1.1
16	12 09 39	S 2 27.5	20 1.3
18	12 09 41	S 2 29.5	30 1.5
20	12 09 42	S 2 31.4	40 1.6
22	12 09 44	S 2 33.3	1 50 1.8
24	12 09 46	S 2 35.3	2 00 1.9

視半径 S.D.　15′ 59″

✴ 恒 星	$U=0^h$ の値	
No.	E_*	d
	h m s	° ′
1 Polaris	21 36 32	N89 19.6

30 日	⊙ 太陽		
U	$E_⊙$	d	d の P.P.
h	h m s	° ′	h m ′
0	12 09 46	S 2 35.3	0 00 0.0
2	12 09 47	S 2 37.2	10 0.2
4	12 09 49	S 2 39.2	20 0.3
6	12 09 51	S 2 41.1	30 0.5
8	12 09 52	S 2 43.1	40 0.6
10	12 09 54	S 2 45.0	0 50 0.8
12	12 09 55	S 2 46.9	1 00 1.0
14	12 09 57	S 2 48.9	10 1.1
16	12 09 59	S 2 50.8	20 1.3
18	12 10 00	S 2 52.8	30 1.5
20	12 10 02	S 2 54.7	40 1.6
22	12 10 04	S 2 56.6	1 50 1.8
24	12 10 05	S 2 58.6	2 00 1.9

視半径 S.D.　16′ 00″

✴ 恒 星	$U=0^h$ の値	
No.	E_*	d
	h m s	° ′
1 Polaris	21 40 27	N89 19.6

1 日	⊙ 太陽		
U	$E_⊙$	d	d の P.P.
h	h m s	° ′	h m ′
0	12 10 05	S 2 58.6	0 00 0.0
2	12 10 07	S 3 00.5	10 0.2
4	12 10 09	S 3 02.5	20 0.3
6	12 10 10	S 3 04.4	30 0.5
8	12 10 12	S 3 06.3	40 0.6
10	12 10 13	S 3 08.3	0 50 0.8
12	12 10 15	S 3 10.2	1 00 1.0
14	12 10 17	S 3 12.2	10 1.1
16	12 10 18	S 3 14.1	20 1.3
18	12 10 20	S 3 16.0	30 1.5
20	12 10 22	S 3 18.0	40 1.6
22	12 10 23	S 3 19.9	1 50 1.8
24	12 10 25	S 3 21.8	2 00 1.9

視半径 S.D.　16′ 00″

✴ 恒 星	$U=0^h$ の値	
No.	E_*	d
	h m s	° ′
1 Polaris	21 44 22	N89 19.6

2 日	⊙ 太陽		
U	$E_⊙$	d	d の P.P.
h	h m s	° ′	h m ′
0	12 10 25	S 3 21.8	0 00 0.0
2	12 10 26	S 3 23.8	10 0.2
4	12 10 28	S 3 25.7	20 0.3
6	12 10 30	S 3 27.6	30 0.5
8	12 10 31	S 3 29.6	40 0.6
10	12 10 33	S 3 31.5	0 50 0.8
12	12 10 34	S 3 33.5	1 00 1.0
14	12 10 36	S 3 35.4	10 1.1
16	12 10 38	S 3 37.3	20 1.3
18	12 10 39	S 3 39.3	30 1.5
20	12 10 41	S 3 41.2	40 1.6
22	12 10 42	S 3 43.1	1 50 1.8
24	12 10 44	S 3 45.1	2 00 1.9

視半径 S.D.　16′ 00″

✴ 恒 星	$U=0^h$ の値	
No.	E_*	d
	h m s	° ′
1 Polaris	21 48 17	N89 19.6
2 Kochab	9 51 00	N74 05.8
3 Dubhe	13 36 58	N61 39.9
4 β Cassiop.	0 31 30	N59 14.3
5 Merak	13 38 51	N56 17.8
6 Alioth	11 46 55	N55 52.6
7 Schedir	0 00 08	N56 37.5
8 Mizar	11 17 05	N54 50.8
9 α Persei	21 16 06	N49 54.8
10 Benetnasch	10 53 28	N49 15.0
11 Capella	19 23 43	N46 00.5
12 Deneb	3 59 36	N45 20.6
13 Vega	6 04 07	N38 48.4
14 Castor	17 06 00	N31 51.0
15 Alpheratz	0 32 21	N29 10.8
16 Pollux	16 55 19	N27 59.1
17 α Cor. Bor.	9 06 15	N26 42.0
18 Arcturus	10 25 14	N19 06.3
19 Aldebaran	20 04 45	N16 32.3
20 Markab	1 36 01	N15 17.6
21 Denebola	12 51 45	N14 29.1
22 α Ophiuchi	7 05 56	N12 33.3
23 Regulus	14 32 24	N11 53.4
24 Altair	4 50 02	N 8 55.0
25 Betelgeuse	18 45 34	N 7 24.5
26 Bellatrix	19 15 36	N 6 21.7
27 Procyon	17 01 28	N 5 11.0
28 Rigel	19 26 17	S 8 11.0
29 α Hydrae	15 13 14	S 8 43.6
30 Spica	11 15 35	S11 14.4
31 Sirius	17 55 45	S16 44.3
32 β Ceti	23 57 11	S17 53.9
33 Antares	8 11 13	S26 27.8
34 σ Sagittarii	5 45 21	S26 16.4
35 Fomalhaut	1 43 03	S29 32.2
36 λ Scorpii	7 06 55	S37 06.8
37 Canopus	18 17 17	S52 42.1
38 α Pavonis	4 14 42	S56 41.0
39 Achernar	23 03 16	S57 09.4
40 β Crucis	11 52 58	S59 46.4
41 β Centauri	10 36 40	S60 26.8
42 α Centauri	10 00 56	S60 53.9
43 α Crucis	12 14 08	S63 11.1
44 α Tri. Aust.	7 51 16	S69 03.3
45 β Carinae	15 28 14	S69 46.7

R_0　　0 41 35 (h m s)

☉ 太陽

U	E☉	d	dのP.P.
h	h m s	° ′	h m ′
0	12 10 44	S 3 45.1	0 00 0.0
2	12 10 46	S 3 47.0	10 0.2
4	12 10 47	S 3 48.9	20 0.3
6	12 10 49	S 3 50.9	30 0.5
8	12 10 50	S 3 52.8	40 0.6
10	12 10 52	S 3 54.7	0 50 0.8
12	12 10 53	S 3 56.7	1 00 1.0
14	12 10 55	S 3 58.6	10 1.1
16	12 10 57	S 4 00.5	20 1.3
18	12 10 58	S 4 02.5	30 1.4
20	12 11 00	S 4 04.4	40 1.6
22	12 11 01	S 4 06.3	1 50 1.8
24	12 11 03	S 4 08.2	2 00 1.9

視半径 S.D. 16′ 00″

✱ 恒星 U＝0ʰ の値

No.		E✱	d
		h m s	° ′
1	Polaris	21 52 12	N89 19.6
2	Kochab	9 54 57	N74 05.8
3	Dubhe	13 40 54	N61 39.8
4	βCassiop.	0 35 27	N59 14.3
5	Merak	13 42 48	N56 17.8
6	Alioth	11 50 52	N55 52.6
7	Schedir	0 04 04	N56 37.5
8	Mizar	11 21 01	N54 50.8
9	αPersei	21 20 03	N49 54.8
10	Benetnasch	10 57 25	N49 14.3
11	Capella	19 27 40	N46 00.5
12	Deneb	4 03 32	N45 20.6
13	Vega	6 08 03	N38 48.4
14	Castor	17 09 56	N31 51.0
15	Alpheratz	0 36 18	N29 10.8
16	Pollux	16 59 16	N27 59.1
17	αCor. Bor.	9 10 12	N26 40.1
18	Arcturus	10 29 10	N19 06.3
19	Aldebaran	20 08 42	N16 32.3
20	Markab	1 39 58	N15 17.6
21	Denebola	12 55 42	N14 29.1
22	αOphiuchi	7 09 52	N12 33.3
23	Regulus	14 36 20	N11 53.4
24	Altair	4 53 58	N 8 55.0
25	Betelgeuse	18 49 30	N 7 24.5
26	Bellatrix	19 19 33	N 6 21.7
27	Procyon	17 05 25	N 5 11.0
28	Rigel	19 30 14	S 8 11.0
29	αHydrae	15 17 11	S 8 43.6
30	Spica	11 19 32	S11 14.4
31	Sirius	17 59 41	S16 44.3
32	βCeti	0 01 08	S17 53.9
33	Antares	8 15 10	S26 27.8
34	σSagittarii	5 49 17	S26 16.4
35	Fomalhaut	1 47 00	S29 32.2
36	λScorpii	7 10 52	S37 06.8
37	Canopus	18 21 13	S52 42.1
38	αPavonis	4 18 38	S56 41.0
39	Achernar	23 07 12	S57 09.4
40	βCrucis	11 56 54	S59 46.4
41	βCentauri	10 40 36	S60 26.8
42	αCentauri	10 04 52	S60 53.9
43	αCrucis	12 18 04	S63 11.1
44	αTri. Aust.	7 55 12	S69 03.3
45	βCarinae	15 32 11	S69 46.7

R_0　0ʰ 45ᵐ 32ˢ

P 惑星

♀ 金星　正中時 Tr. 9ʰ 01ᵐ

U	E_P	d	P.P.	E_P	d
h	h m s	° ′	h m	s	′
0	14 58 14	N10 17.4	0 00	0	0.0
2	14 58 19	N10 16.8	10	0	0.0
4	14 58 24	N10 16.3	20	1	0.1
6	14 58 28	N10 15.7	30	1	0.1
8	14 58 33	N10 15.2	40	2	0.2
10	14 58 38	N10 14.6	0 50	2	0.2
12	14 58 42	N10 14.1	1 00	2	0.3
14	14 58 47	N10 13.5	10	3	0.3
16	14 58 51	N10 13.0	20	3	0.4
18	14 58 56	N10 12.4	30	3	0.4
20	14 59 00	N10 11.8	40	4	0.5
22	14 59 05	N10 11.3	1 50	4	0.5
24	14 59 09	N10 10.7	2 00	5	0.6

♂ 火星　正中時 Tr. 9ʰ 43ᵐ

U	E_P	d	P.P.	E_P	d
h	h m s	° ′	h m	s	′
0	14 16 31	N10 53.6	0 00	0	0.0
2	14 16 39	N10 52.4	10	1	0.1
4	14 16 47	N10 51.3	20	1	0.2
6	14 16 55	N10 50.2	30	2	0.3
8	14 17 03	N10 49.1	40	3	0.4
10	14 17 11	N10 47.9	0 50	3	0.5
12	14 17 19	N10 46.8	1 00	4	0.6
14	14 17 27	N10 45.7	10	5	0.7
16	14 17 34	N10 44.6	20	5	0.8
18	14 17 42	N10 43.4	30	6	0.8
20	14 17 50	N10 42.3	40	7	0.9
22	14 17 58	N10 41.2	1 50	7	1.0
24	14 18 06	N10 40.1	2 00	8	1.1

♃ 木星　正中時 Tr. 10ʰ 05ᵐ

U	E_P	d	P.P.	E_P	d
h	h m s	° ′	h m	s	′
0	13 53 19	N 8 12.2	0 00	0	0.0
2	13 53 35	N 8 11.8	10	1	0.0
4	13 53 50	N 8 11.4	20	3	0.1
6	13 54 06	N 8 11.0	30	4	0.1
8	13 54 22	N 8 10.6	40	5	0.1
10	13 54 38	N 8 10.3	0 50	7	0.2
12	13 54 54	N 8 09.9	1 00	8	0.2
14	13 55 10	N 8 09.5	10	9	0.2
16	13 55 26	N 8 09.1	20	11	0.3
18	13 55 42	N 8 08.8	30	12	0.3
20	13 55 58	N 8 08.4	40	13	0.3
22	13 56 14	N 8 08.0	1 50	15	0.3
24	13 56 29	N 8 07.6	2 00	16	0.4

♄ 土星　正中時 Tr. 15ʰ 10ᵐ

U	E_P	d	P.P.	E_P	d
h	h m s	° ′	h m	s	′
0	8 47 49	S18 40.9	0 00	0	0.0
2	8 48 07	S18 41.0	10	1	0.0
4	8 48 25	S18 41.1	20	3	0.0
6	8 48 43	S18 41.2	30	4	0.0
8	8 49 01	S18 41.3	40	6	0.0
10	8 49 19	S18 41.4	0 50	7	0.0
12	8 49 37	S18 41.5	1 00	9	0.1
14	8 49 55	S18 41.6	10	10	0.1
16	8 50 13	S18 41.7	20	12	0.1
18	8 50 31	S18 41.8	30	13	0.1
20	8 50 49	S18 41.9	40	15	0.1
22	8 51 06	S18 42.0	1 50	16	0.1
24	8 51 24	S18 42.1	2 00	18	0.1

☾ 月　正中時 Tr. 4ʰ 27ᵐ

U	E☾	d
h	h m s	° ′
0	19 42 53	N17 37.9
	19 41 46	N17 39.2
1	19 40 40	N17 40.4
	19 39 33	N17 41.6
2	19 38 27	N17 42.8
	19 37 20	N17 44.0
3	19 36 14	N17 45.1
	19 35 07	N17 46.2
4	19 34 01	N17 47.3
	19 32 54	N17 48.4
5	19 31 48	N17 49.4
	19 30 42	N17 50.4
H.P. 58′.2,	S.D. 15′ 51″	
6	19 29 36	N17 51.4
	19 28 30	N17 52.3
7	19 27 23	N17 53.3
	19 26 17	N17 54.1
8	19 25 11	N17 55.0
	19 24 05	N17 55.8
9	19 22 59	N17 56.7
	19 21 53	N17 57.4
10	19 20 47	N17 58.2
	19 19 41	N17 58.9
11	19 18 36	N17 59.6
	19 17 30	N18 00.3
H.P. 57′.9,	S.D. 15′ 47″	
12	19 16 24	N18 00.9
	19 15 18	N18 01.6
13	19 14 13	N18 02.1
	19 13 07	N18 02.7
14	19 12 01	N18 03.3
	19 10 56	N18 03.8
15	19 09 50	N18 04.2
	19 08 45	N18 04.7
16	19 07 40	N18 05.1
	19 06 34	N18 05.5
17	19 05 29	N18 05.9
	19 04 24	N18 06.3
H.P. 57′.7,	S.D. 15′ 43″	
18	19 03 18	N18 06.6
	19 02 13	N18 06.9
19	19 01 08	N18 07.2
	19 00 03	N18 07.4
20	18 58 58	N18 07.6
	18 57 53	N18 07.8
21	18 56 48	N18 08.0
	18 55 43	N18 08.1
22	18 54 38	N18 08.2
	18 53 33	N18 08.3
23	18 52 28	N18 08.4
	18 51 24	N18 08.4
24	18 50 19	N18 08.4
H.P. 57′.5,	S.D. 15′ 39″	

P.P.

	E☾	d
m	s	′
1	2	0.0
2	4	0.1
3	7	0.1
4	9	0.1
5	11	0.2
6	13	0.2
7	15	0.2
8	18	0.3
9	20	0.3
10	22	0.3
11	24	0.4
12	26	0.4
13	29	0.4
14	31	0.4
15	33	0.5
16	35	0.5
17	38	0.5
18	40	0.6
19	42	0.6
20	44	0.6
21	46	0.7
22	49	0.7
23	51	0.7
24	53	0.8
25	55	0.8
26	57	0.8
27	60	0.9
28	62	0.9
29	64	0.9
30	66	1.0

	E☾	d
m	s	′
1	2	0.0
2	4	0.0
3	7	0.0
4	9	0.0
5	11	0.1
6	13	0.1
7	15	0.1
8	17	0.1
9	20	0.1
10	22	0.1
11	24	0.1
12	26	0.1
13	28	0.1
14	30	0.1
15	33	0.2
16	35	0.2
17	37	0.2
18	39	0.2
19	41	0.2
20	43	0.2
21	46	0.2
22	48	0.2
23	50	0.2
24	52	0.2
25	54	0.3
26	57	0.3
27	59	0.3
28	61	0.3
29	63	0.3
30	65	0.3

P 惑星

星名	赤経 R.A.	赤緯 d	等級 Mag.	地平視差 H.P.	視半径 S.D.
	h m	° ′		′	″
♀ 金星	9 47	N10 17	−4.5	0.3	16
♂ 火星	10 29	N10 54	+1.8	0.1	2
♃ 木星	10 52	N 8 12	−1.7	0.0	15
♄ 土星	15 58	S18 41	+0.6	0.0	7
☿ 水星	12 14	S 3 22	+4.1	0.2	5

2015　　　10 月 4 日 ～ 10 月 10 日　　　49

4 日　☉ 太陽

U	$E_☉$	d	d の P.P.
h	h m s	° ′	h m
0	12 11 03	S 4 08.2	0 00　0.0
2	12 11 04	S 4 10.2	10　0.2
4	12 11 06	S 4 12.1	20　0.3
6	12 11 07	S 4 14.0	30　0.5
8	12 11 09	S 4 16.0	40　0.6
10	12 11 11	S 4 17.9	0 50　0.8
12	12 11 12	S 4 19.8	1 00　1.0
14	12 11 14	S 4 21.8	10　1.1
16	12 11 15	S 4 23.7	20　1.3
18	12 11 17	S 4 25.6	30　1.4
20	12 11 18	S 4 27.5	40　1.6
22	12 11 20	S 4 29.5	1 50　1.8
24	12 11 21	S 4 31.4	2 00　1.9

視半径 S.D.　16′01″

✻ 恒星　$U = 0^h$ の値

No.		E_*	d
		h m s	° ′
1	Polaris	21 56 07	N 89 19.6

5 日　☉ 太陽

U	$E_☉$	d	d の P.P.
h	h m s	° ′	h m
0	12 11 21	S 4 31.4	0 00　0.0
2	12 11 23	S 4 33.3	10　0.2
4	12 11 24	S 4 35.2	20　0.3
6	12 11 26	S 4 37.2	30　0.5
8	12 11 27	S 4 39.1	40　0.6
10	12 11 29	S 4 41.0	0 50　0.8
12	12 11 30	S 4 42.9	1 00　1.0
14	12 11 32	S 4 44.9	10　1.1
16	12 11 33	S 4 46.8	20　1.3
18	12 11 35	S 4 48.7	30　1.4
20	12 11 36	S 4 50.6	40　1.6
22	12 11 38	S 4 52.5	1 50　1.8
24	12 11 39	S 4 54.5	2 00　1.9

視半径 S.D.　16′01″

✻ 恒星　$U = 0^h$ の値

No.		E_*	d
		h m s	° ′
1	Polaris	22 00 03	N 89 19.6

6 日　☉ 太陽

U	$E_☉$	d	d の P.P.
h	h m s	° ′	h m
0	12 11 39	S 4 54.5	0 00　0.0
2	12 11 41	S 4 56.4	10　0.2
4	12 11 42	S 4 58.3	20　0.3
6	12 11 44	S 5 00.2	30　0.5
8	12 11 45	S 5 02.1	40　0.6
10	12 11 47	S 5 04.1	0 50　0.8
12	12 11 48	S 5 06.0	1 00　1.0
14	12 11 50	S 5 07.9	10　1.1
16	12 11 51	S 5 09.8	20　1.3
18	12 11 53	S 5 11.7	30　1.4
20	12 11 54	S 5 13.7	40　1.6
22	12 11 56	S 5 15.6	1 50　1.8
24	12 11 57	S 5 17.5	2 00　1.9

視半径 S.D.　16′01″

✻ 恒星　$U = 0^h$ の値

No.		E_*	d
		h m s	° ′
1	Polaris	22 03 58	N 89 19.6

7 日　☉ 太陽

U	$E_☉$	d	d の P.P.
h	h m s	° ′	h m
0	12 11 57	S 5 17.5	0 00　0.0
2	12 11 59	S 5 19.4	10　0.2
4	12 12 00	S 5 21.3	20　0.3
6	12 12 01	S 5 23.2	30　0.5
8	12 12 03	S 5 25.2	40　0.6
10	12 12 04	S 5 27.1	0 50　0.8
12	12 12 06	S 5 29.0	1 00　1.0
14	12 12 07	S 5 30.9	10　1.1
16	12 12 09	S 5 32.8	20　1.3
18	12 12 10	S 5 34.7	30　1.4
20	12 12 11	S 5 36.6	40　1.6
22	12 12 13	S 5 38.5	1 50　1.8
24	12 12 14	S 5 40.4	2 00　1.9

視半径 S.D.　16′02″

✻ 恒星　$U = 0^h$ の値

No.		E_*	d
		h m s	° ′
1	Polaris	22 07 53	N 89 19.6

8 日　☉ 太陽

U	$E_☉$	d	d の P.P.
h	h m s	° ′	h m
0	12 12 14	S 5 40.4	0 00　0.0
2	12 12 16	S 5 42.4	10　0.2
4	12 12 17	S 5 44.3	20　0.3
6	12 12 19	S 5 46.2	30　0.5
8	12 12 20	S 5 48.1	40　0.6
10	12 12 21	S 5 50.0	0 50　0.8
12	12 12 23	S 5 51.9	1 00　1.0
14	12 12 24	S 5 53.8	10　1.1
16	12 12 26	S 5 55.7	20　1.3
18	12 12 27	S 5 57.6	30　1.4
20	12 12 28	S 5 59.5	40　1.6
22	12 12 30	S 6 01.4	1 50　1.7
24	12 12 31	S 6 03.3	2 00　1.9

視半径 S.D.　16′02″

✻ 恒星　$U = 0^h$ の値

No.		E_*	d
		h m s	° ′
1	Polaris	22 11 49	N 89 19.6

9 日　☉ 太陽

U	$E_☉$	d	d の P.P.
h	h m s	° ′	h m
0	12 12 31	S 6 03.3	0 00　0.0
2	12 12 33	S 6 05.2	10　0.2
4	12 12 34	S 6 07.1	20　0.3
6	12 12 35	S 6 09.0	30　0.5
8	12 12 37	S 6 10.9	40　0.6
10	12 12 38	S 6 12.8	0 50　0.8
12	12 12 39	S 6 14.7	1 00　1.0
14	12 12 41	S 6 16.6	10　1.1
16	12 12 42	S 6 18.5	20　1.3
18	12 12 44	S 6 20.4	30　1.4
20	12 12 45	S 6 22.3	40　1.6
22	12 12 46	S 6 24.2	1 50　1.7
24	12 12 48	S 6 26.1	2 00　1.9

視半径 S.D.　16′02″

✻ 恒星　$U = 0^h$ の値

No.		E_*	d
		h m s	° ′
1	Polaris	22 15 44	N 89 19.6

10 日　☉ 太陽

U	$E_☉$	d	d の P.P.
h	h m s	° ′	h m
0	12 12 48	S 6 26.1	0 00　0.0
2	12 12 49	S 6 28.0	10　0.2
4	12 12 50	S 6 29.9	20　0.3
6	12 12 52	S 6 31.8	30　0.5
8	12 12 53	S 6 33.7	40　0.6
10	12 12 54	S 6 35.6	0 50　0.8
12	12 12 56	S 6 37.5	1 00　0.9
14	12 12 57	S 6 39.4	10　1.1
16	12 12 58	S 6 41.3	20　1.3
18	12 13 00	S 6 43.2	30　1.4
20	12 13 01	S 6 45.1	40　1.6
22	12 13 02	S 6 47.0	1 50　1.7
24	12 13 04	S 6 48.9	2 00　1.9

視半径 S.D.　16′02″

✻ 恒星　$U = 0^h$ の値

No.		E_*	d
		h m s	° ′
1	Polaris	22 19 40	N 89 19.6
2	Kochab	10 22 33	N 74 05.7
3	Dubhe	14 08 30	N 61 39.8
4	β Cassiop.	1 03 03	N 59 14.3
5	Merak	14 10 23	N 56 17.7
6	Alioth	12 18 28	N 55 52.6
7	Schedir	0 31 40	N 56 37.5
8	Mizar	11 48 37	N 54 50.7
9	α Persei	21 47 38	N 49 54.8
10	Benetnasch	11 25 01	N 49 14.3
11	Capella	19 55 15	N 46 00.5
12	Deneb	4 31 08	N 45 20.6
13	Vega	6 35 40	N 38 48.4
14	Castor	17 37 32	N 31 50.9
15	Alpheratz	1 03 54	N 29 10.8
16	Pollux	17 26 51	N 27 59.1
17	α Cor. Bor.	9 37 48	N 26 40.1
18	Arcturus	10 56 46	N 19 06.3
19	Aldebaran	20 36 17	N 16 32.3
20	Markab	2 07 34	N 15 17.6
21	Denebola	13 23 17	N 14 29.1
22	α Ophiuchi	7 37 28	N 12 33.3
23	Regulus	15 03 56	N 11 53.4
24	Altair	5 21 34	N 8 55.0
25	Betelgeuse	19 17 06	N 7 24.5
26	Bellatrix	19 47 08	N 6 21.7
27	Procyon	17 33 00	N 5 11.0
28	Rigel	19 57 49	S 8 11.0
29	α Hydrae	15 44 47	S 8 43.6
30	Spica	11 47 07	S 11 14.4
31	Sirius	18 27 17	S 16 44.3
32	β Ceti	0 28 44	S 17 53.9
33	Antares	8 42 46	S 26 27.8
34	σ Sagittarii	6 16 53	S 26 16.4
35	Fomalhaut	2 14 36	S 29 32.2
36	λ Scorpii	7 38 28	S 37 06.8
37	Canopus	18 48 49	S 52 42.1
38	α Pavonis	4 46 14	S 56 41.1
39	Achernar	23 34 48	S 57 09.4
40	β Crucis	12 24 30	S 59 46.3
41	β Centauri	11 08 12	S 60 26.8
42	α Centauri	10 32 28	S 60 53.9
43	α Crucis	12 45 40	S 63 11.0
44	α Tri. Aust.	8 22 49	S 69 03.3
45	β Carinae	15 59 46	S 69 46.7

R_0　　h m s
　　　1 13 08

10月11日 ～ 10月17日　2015

11日 ☉ 太陽

U	$E_☉$	d	dのP.P.
h	h m s	° ′	h m ′
0	12 13 04	S 6 48.9	0 00 0.0
2	12 13 05	S 6 50.8	10 0.2
4	12 13 06	S 6 52.6	20 0.3
6	12 13 07	S 6 54.5	30 0.5
8	12 13 09	S 6 56.4	40 0.6
10	12 13 10	S 6 58.3	0 50 0.8
12	12 13 11	S 7 00.1	1 00 0.9
14	12 13 13	S 7 02.1	10 1.1
16	12 13 14	S 7 04.0	20 1.3
18	12 13 15	S 7 05.8	30 1.4
20	12 13 16	S 7 07.7	40 1.6
22	12 13 18	S 7 09.6	1 50 1.7
24	12 13 19	S 7 11.5	2 00 1.9

視半径 S.D.　16′ 03″

No.	✱ 恒 星	E_*　$U=0^h$の値	d
1	Polaris	22 23 36	N89 19.6

12日 ☉ 太陽

U	$E_☉$	d	dのP.P.
h	h m s	° ′	h m ′
0	12 13 19	S 7 11.5	0 00 0.0
2	12 13 20	S 7 13.4	10 0.2
4	12 13 22	S 7 15.3	20 0.3
6	12 13 23	S 7 17.1	30 0.5
8	12 13 24	S 7 19.0	40 0.6
10	12 13 25	S 7 20.9	0 50 0.8
12	12 13 27	S 7 22.8	1 00 0.9
14	12 13 28	S 7 24.7	10 1.1
16	12 13 29	S 7 26.5	20 1.3
18	12 13 30	S 7 28.4	30 1.4
20	12 13 32	S 7 30.3	40 1.6
22	12 13 33	S 7 32.2	1 50 1.7
24	12 13 34	S 7 34.0	2 00 1.9

視半径 S.D.　16′ 03″

No.	✱ 恒 星	E_*　$U=0^h$の値	d
1	Polaris	22 27 31	N89 19.6

13日 ☉ 太陽

U	$E_☉$	d	dのP.P.
h	h m s	° ′	h m ′
0	12 13 34	S 7 34.0	0 00 0.0
2	12 13 35	S 7 35.9	10 0.2
4	12 13 36	S 7 37.8	20 0.3
6	12 13 38	S 7 39.6	30 0.5
8	12 13 39	S 7 41.5	40 0.6
10	12 13 40	S 7 43.4	0 50 0.8
12	12 13 41	S 7 45.3	1 00 0.9
14	12 13 42	S 7 47.1	10 1.1
16	12 13 44	S 7 49.0	20 1.2
18	12 13 45	S 7 50.9	30 1.4
20	12 13 46	S 7 52.7	40 1.6
22	12 13 47	S 7 54.6	1 50 1.7
24	12 13 48	S 7 56.5	2 00 1.9

視半径 S.D.　16′ 03″

No.	✱ 恒 星	E_*　$U=0^h$の値	d
1	Polaris	22 31 27	N89 19.6

14日 ☉ 太陽

U	$E_☉$	d	dのP.P.
h	h m s	° ′	h m ′
0	12 13 48	S 7 56.5	0 00 0.0
2	12 13 50	S 7 58.3	10 0.2
4	12 13 51	S 8 00.2	20 0.3
6	12 13 52	S 8 02.0	30 0.5
8	12 13 53	S 8 03.9	40 0.6
10	12 13 54	S 8 05.8	0 50 0.8
12	12 13 55	S 8 07.6	1 00 0.9
14	12 13 57	S 8 09.5	10 1.1
16	12 13 58	S 8 11.4	20 1.2
18	12 13 59	S 8 13.2	30 1.4
20	12 14 00	S 8 15.1	40 1.6
22	12 14 01	S 8 16.9	1 50 1.7
24	12 14 02	S 8 18.8	2 00 1.9

視半径 S.D.　16′ 03″

No.	✱ 恒 星	E_*　$U=0^h$の値	d
1	Polaris	22 35 22	N89 19.6

15日 ☉ 太陽

U	$E_☉$	d	dのP.P.
h	h m s	° ′	h m ′
0	12 14 02	S 8 18.8	0 00 0.0
2	12 14 03	S 8 20.6	10 0.2
4	12 14 05	S 8 22.5	20 0.3
6	12 14 06	S 8 24.3	30 0.5
8	12 14 07	S 8 26.2	40 0.6
10	12 14 08	S 8 28.0	0 50 0.8
12	12 14 09	S 8 29.9	1 00 0.9
14	12 14 10	S 8 31.7	10 1.1
16	12 14 11	S 8 33.6	20 1.2
18	12 14 12	S 8 35.4	30 1.4
20	12 14 14	S 8 37.3	40 1.5
22	12 14 15	S 8 39.1	1 50 1.7
24	12 14 16	S 8 41.0	2 00 1.9

視半径 S.D.　16′ 04″

No.	✱ 恒 星	E_*　$U=0^h$の値	d
1	Polaris	22 39 18	N89 19.7

16日 ☉ 太陽

U	$E_☉$	d	dのP.P.
h	h m s	° ′	h m ′
0	12 14 16	S 8 41.0	0 00 0.0
2	12 14 17	S 8 42.8	10 0.2
4	12 14 18	S 8 44.7	20 0.3
6	12 14 19	S 8 46.5	30 0.5
8	12 14 20	S 8 48.4	40 0.6
10	12 14 21	S 8 50.2	0 50 0.8
12	12 14 22	S 8 52.0	1 00 0.9
14	12 14 23	S 8 53.9	10 1.1
16	12 14 24	S 8 55.7	20 1.2
18	12 14 25	S 8 57.6	30 1.4
20	12 14 26	S 8 59.4	40 1.5
22	12 14 28	S 9 01.2	1 50 1.7
24	12 14 29	S 9 03.1	2 00 1.8

視半径 S.D.　16′ 04″

No.	✱ 恒 星	E_*　$U=0^h$の値	d
1	Polaris	22 43 13	N89 19.7

17日 ☉ 太陽

U	$E_☉$	d	dのP.P.
h	h m s	° ′	h m ′
0	12 14 29	S 9 03.1	0 00 0.0
2	12 14 30	S 9 04.9	10 0.2
4	12 14 31	S 9 06.7	20 0.3
6	12 14 32	S 9 08.6	30 0.5
8	12 14 33	S 9 10.4	40 0.6
10	12 14 34	S 9 12.2	0 50 0.8
12	12 14 35	S 9 14.1	1 00 0.9
14	12 14 36	S 9 15.9	10 1.1
16	12 14 37	S 9 17.7	20 1.2
18	12 14 38	S 9 19.5	30 1.4
20	12 14 39	S 9 21.4	40 1.5
22	12 14 40	S 9 23.2	1 50 1.7
24	12 14 41	S 9 25.0	2 00 1.8

視半径 S.D.　16′ 04″

No.	✱ 恒 星	E_*　$U=0^h$の値	d
1	Polaris	22 47 09	N89 19.7
2	Kochab	10 50 09	N74 05.7
3	Dubhe	14 36 05	N61 39.8
4	β Cassiop.	1 30 39	N59 14.4
5	Merak	14 37 59	N56 17.7
6	Alioth	12 46 04	N55 52.5
7	Schedir	0 59 16	N56 37.5
8	Mizar	12 16 13	N54 50.7
9	α Persei	22 15 14	N49 54.8
10	Benetnasch	11 52 37	N49 14.3
11	Capella	20 22 51	N46 00.5
12	Deneb	4 58 45	N45 20.7
13	Vega	7 03 16	N38 48.4
14	Castor	18 05 08	N31 50.9
15	Alpheratz	1 31 30	N29 10.8
16	Pollux	17 54 27	N27 59.0
17	α Cor. Bor.	10 05 24	N26 40.0
18	Arcturus	11 24 22	N19 06.3
19	Aldebaran	21 03 53	N16 32.3
20	Markab	2 35 10	N15 17.6
21	Denebola	13 50 53	N14 29.1
22	α Ophiuchi	8 05 04	N12 33.3
23	Regulus	15 31 32	N11 53.4
24	Altair	5 49 10	N 8 55.0
25	Betelgeuse	19 44 41	N 7 24.5
26	Bellatrix	20 14 44	N 6 21.7
27	Procyon	18 00 36	N 5 11.0
28	Rigel	20 25 25	S 8 11.1
29	α Hydrae	16 12 22	S 8 43.6
30	Spica	12 14 43	S11 14.4
31	Sirius	18 54 53	S16 44.3
32	β Ceti	0 56 20	S17 54.0
33	Antares	15 18 55	S26 27.8
34	σ Sagittarii	6 44 29	S26 16.4
35	Fomalhaut	2 42 12	S29 32.3
36	λ Scorpii	8 06 04	S37 06.7
37	Canopus	19 16 25	S52 42.1
38	α Pavonis	5 13 51	S56 41.1
39	Achernar	0 02 24	S57 09.4
40	β Crucis	12 52 06	S59 46.3
41	β Centauri	11 35 48	S60 26.8
42	α Centauri	11 00 04	S60 53.9
43	α Crucis	13 13 16	S63 11.0
44	α Tri. Aust.	8 50 25	S69 03.3
45	β Carinae	16 27 22	S69 46.7

R_0　1 40 44 h m s

2015　　　10 月 18 日 ～ 10 月 24 日　　　51

18 日 ☉ 太陽

U	$E_☉$	d	dのP.P.
h	h m s	° ′	h m
0	12 14 41	S 9 25.0	0 00 0.0
2	12 14 42	S 9 26.8	10 0.2
4	12 14 43	S 9 28.7	20 0.3
6	12 14 44	S 9 30.5	30 0.5
8	12 14 45	S 9 32.3	40 0.6
10	12 14 46	S 9 34.1	0 50 0.8
12	12 14 47	S 9 35.9	1 00 0.9
14	12 14 48	S 9 37.8	10 1.1
16	12 14 49	S 9 39.6	20 1.2
18	12 14 50	S 9 41.4	30 1.4
20	12 14 51	S 9 43.2	40 1.5
22	12 14 52	S 9 45.0	1 50 1.7
24	12 14 52	S 9 46.8	2 00 1.8

視半径 S.D.　16′ 05″

✶ 恒 星　$U = 0^h$ の値

No.	E_*	d
	h m s	° ′
1 Polaris	22 51 04	N89 19.7

19 日 ☉ 太陽

U	$E_☉$	d	dのP.P.
h	h m s	° ′	h m
0	12 14 52	S 9 46.8	0 00 0.0
2	12 14 53	S 9 48.6	10 0.2
4	12 14 54	S 9 50.4	20 0.3
6	12 14 55	S 9 52.3	30 0.5
8	12 14 56	S 9 54.1	40 0.6
10	12 14 57	S 9 55.9	0 50 0.8
12	12 14 58	S 9 57.7	1 00 0.9
14	12 14 59	S 9 59.5	10 1.1
16	12 15 00	S 10 01.3	20 1.2
18	12 15 01	S 10 03.1	30 1.4
20	12 15 02	S 10 04.9	40 1.5
22	12 15 03	S 10 06.7	1 50 1.7
24	12 15 04	S 10 08.5	2 00 1.8

視半径 S.D.　16′ 05″

✶ 恒 星　$U = 0^h$ の値

No.	E_*	d
	h m s	° ′
1 Polaris	22 54 59	N89 19.7

20 日 ☉ 太陽

U	$E_☉$	d	dのP.P.
h	h m s	° ′	h m
0	12 15 04	S 10 08.5	0 00 0.0
2	12 15 04	S 10 10.3	10 0.1
4	12 15 05	S 10 12.1	20 0.3
6	12 15 06	S 10 13.9	30 0.4
8	12 15 07	S 10 15.7	40 0.6
10	12 15 08	S 10 17.5	0 50 0.7
12	12 15 09	S 10 19.3	1 00 0.9
14	12 15 10	S 10 21.1	10 1.0
16	12 15 11	S 10 22.9	20 1.2
18	12 15 11	S 10 24.7	30 1.3
20	12 15 12	S 10 26.4	40 1.5
22	12 15 13	S 10 28.2	1 50 1.6
24	12 15 14	S 10 30.0	2 00 1.8

視半径 S.D.　16′ 05″

✶ 恒 星　$U = 0^h$ の値

No.	E_*	d
	h m s	° ′
1 Polaris	22 58 55	N89 19.7

21 日 ☉ 太陽

U	$E_☉$	d	dのP.P.
h	h m s	° ′	h m
0	12 15 14	S 10 30.0	0 00 0.0
2	12 15 15	S 10 31.8	10 0.1
4	12 15 16	S 10 33.6	20 0.3
6	12 15 17	S 10 35.4	30 0.4
8	12 15 17	S 10 37.2	40 0.6
10	12 15 18	S 10 38.9	0 50 0.7
12	12 15 19	S 10 40.7	1 00 0.9
14	12 15 20	S 10 42.5	10 1.0
16	12 15 21	S 10 44.3	20 1.2
18	12 15 21	S 10 46.1	30 1.3
20	12 15 22	S 10 47.8	40 1.5
22	12 15 23	S 10 49.6	1 50 1.6
24	12 15 24	S 10 51.4	2 00 1.8

視半径 S.D.　16′ 05″

✶ 恒 星　$U = 0^h$ の値

No.	E_*	d
	h m s	° ′
1 Polaris	23 02 51	N89 19.7

22 日 ☉ 太陽

U	$E_☉$	d	dのP.P.
h	h m s	° ′	h m
0	12 15 24	S 10 51.4	0 00 0.0
2	12 15 25	S 10 53.2	10 0.1
4	12 15 25	S 10 54.9	20 0.3
6	12 15 26	S 10 56.7	30 0.4
8	12 15 27	S 10 58.5	40 0.6
10	12 15 28	S 11 00.2	0 50 0.7
12	12 15 28	S 11 02.0	1 00 0.9
14	12 15 29	S 11 03.8	10 1.0
16	12 15 30	S 11 05.5	20 1.2
18	12 15 31	S 11 07.3	30 1.3
20	12 15 32	S 11 09.1	40 1.5
22	12 15 32	S 11 10.8	1 50 1.6
24	12 15 33	S 11 12.6	2 00 1.8

視半径 S.D.　16′ 06″

✶ 恒 星　$U = 0^h$ の値

No.	E_*	d
	h m s	° ′
1 Polaris	23 06 47	N89 19.7

23 日 ☉ 太陽

U	$E_☉$	d	dのP.P.
h	h m s	° ′	h m
0	12 15 33	S 11 12.6	0 00 0.0
2	12 15 34	S 11 14.3	10 0.1
4	12 15 34	S 11 16.1	20 0.3
6	12 15 35	S 11 17.9	30 0.4
8	12 15 36	S 11 19.6	40 0.6
10	12 15 37	S 11 21.4	0 50 0.7
12	12 15 37	S 11 23.1	1 00 0.9
14	12 15 38	S 11 24.9	10 1.0
16	12 15 39	S 11 26.6	20 1.2
18	12 15 39	S 11 28.4	30 1.3
20	12 15 40	S 11 30.1	40 1.5
22	12 15 41	S 11 31.9	1 50 1.6
24	12 15 42	S 11 33.6	2 00 1.8

視半径 S.D.　16′ 06″

✶ 恒 星　$U = 0^h$ の値

No.	E_*	d
	h m s	° ′
1 Polaris	23 10 43	N89 19.7

24 日 ☉ 太陽

U	$E_☉$	d	dのP.P.
h	h m s	° ′	h m
0	12 15 42	S 11 33.6	0 00 0.0
2	12 15 42	S 11 35.4	10 0.1
4	12 15 43	S 11 37.1	20 0.3
6	12 15 44	S 11 38.8	30 0.4
8	12 15 44	S 11 40.6	40 0.6
10	12 15 45	S 11 42.3	0 50 0.7
12	12 15 46	S 11 44.1	1 00 0.9
14	12 15 46	S 11 45.8	10 1.0
16	12 15 47	S 11 47.5	20 1.2
18	12 15 47	S 11 49.3	30 1.3
20	12 15 48	S 11 51.0	40 1.4
22	12 15 49	S 11 52.7	1 50 1.6
24	12 15 49	S 11 54.5	2 00 1.7

視半径 S.D.　16′ 06″

✶ 恒 星　$U = 0^h$ の値

No.		E_*	d
		h m s	° ′
1	Polaris	23 14 39	N89 19.7
2	Kochab	11 17 45	N74 05.6
3	Dubhe	15 03 41	N61 39.7
4	β Cassiop.	1 58 14	N59 14.4
5	Merak	15 05 35	N56 17.7
6	Alioth	13 13 39	N55 52.5
7	Schedir	1 26 52	N56 37.6
8	Mizar	12 43 49	N54 50.7
9	α Persei	22 42 50	N49 54.8
10	Benetnasch	12 20 12	N49 14.2
11	Capella	20 50 27	N46 00.5
12	Deneb	5 26 21	N45 20.7
13	Vega	7 30 52	N38 48.4
14	Castor	18 32 43	N31 50.9
15	Alpheratz	1 59 05	N29 10.8
16	Pollux	18 22 03	N27 59.0
17	α Cor. Bor.	10 33 00	N26 40.0
18	Arcturus	11 51 58	N19 06.2
19	Aldebaran	21 31 29	N16 32.3
20	Markab	3 02 45	N15 17.6
21	Denebola	14 18 29	N14 29.1
22	α Ophiuchi	8 32 40	N12 33.0
23	Regulus	15 59 08	N11 53.4
24	Altair	6 16 46	N 8 55.0
25	Betelgeuse	20 12 17	N 7 24.5
26	Bellatrix	20 42 20	N 6 21.7
27	Procyon	18 28 12	N 5 11.0
28	Rigel	20 53 01	S 8 11.1
29	α Hydrae	16 39 58	S 8 43.6
30	Spica	12 42 19	S11 14.4
31	Sirius	19 22 28	S16 44.3
32	β Ceti	1 23 56	S17 54.0
33	Antares	9 27 35	S26 27.8
34	σ Sagittarii	7 12 05	S26 16.4
35	Fomalhaut	3 09 48	S29 32.3
36	λ Scorpii	8 33 40	S37 06.7
37	Canopus	19 44 00	S52 42.1
38	α Pavonis	5 41 27	S56 41.1
39	Achernar	0 30 00	S57 09.5
40	β Crucis	13 19 42	S59 46.3
41	β Centauri	12 03 24	S60 26.8
42	α Centauri	11 27 40	S60 53.9
43	α Crucis	13 40 52	S63 11.0
44	α Tri. Aust.	9 18 01	S69 03.3
45	β Carinae	16 54 57	S69 46.7

R_0　　　h m s
　　　　2 08 19

10 月 25 日 ～ 10 月 31 日　2015

25 日　☉ 太陽

U	$E_☉$	d	dのP.P.
h	h m s	° ′	h m
0	12 15 49	S 11 54.5	0 00　0.0
2	12 15 50	S 11 56.2	10　0.1
4	12 15 51	S 11 57.9	20　0.3
6	12 15 51	S 11 59.7	30　0.4
8	12 15 52	S 12 01.4	40　0.6
10	12 15 52	S 12 03.1	0 50　0.7
12	12 15 53	S 12 04.8	1 00　0.9
14	12 15 54	S 12 06.6	10　1.0
16	12 15 54	S 12 08.3	20　1.1
18	12 15 55	S 12 10.0	30　1.3
20	12 15 55	S 12 11.7	40　1.4
22	12 15 56	S 12 13.4	1 50　1.6
24	12 15 56	S 12 15.1	2 00　1.7

視半径 S.D.　16′ 06″

✶ 恒星　$U = 0^h$ の値

No.		E_*	d
		h m s	° ′
1 Polaris		23 18 35	N 89 19.7

26 日　☉ 太陽

U	$E_☉$	d	dのP.P.
h	h m s	° ′	h m
0	12 15 56	S 12 15.1	0 00　0.0
2	12 15 57	S 12 16.9	10　0.1
4	12 15 58	S 12 18.6	20　0.3
6	12 15 58	S 12 20.3	30　0.4
8	12 15 59	S 12 22.0	40　0.6
10	12 15 59	S 12 23.7	0 50　0.7
12	12 16 00	S 12 25.4	1 00　0.9
14	12 16 00	S 12 27.1	10　1.0
16	12 16 01	S 12 28.8	20　1.1
18	12 16 01	S 12 30.5	30　1.3
20	12 16 02	S 12 32.2	40　1.4
22	12 16 02	S 12 33.9	1 50　1.6
24	12 16 03	S 12 35.6	2 00　1.7

視半径 S.D.　16′ 07″

✶ 恒星　$U = 0^h$ の値

No.		E_*	d
		h m s	° ′
1 Polaris		23 22 31	N 89 19.7

27 日　☉ 太陽

U	$E_☉$	d	dのP.P.
h	h m s	° ′	h m
0	12 16 03	S 12 35.6	0 00　0.0
2	12 16 03	S 12 37.3	10　0.1
4	12 16 04	S 12 39.0	20　0.3
6	12 16 04	S 12 40.7	30　0.4
8	12 16 05	S 12 42.4	40　0.6
10	12 16 05	S 12 44.1	0 50　0.7
12	12 16 06	S 12 45.8	1 00　0.8
14	12 16 06	S 12 47.5	10　1.0
16	12 16 07	S 12 49.2	20　1.1
18	12 16 07	S 12 50.9	30　1.3
20	12 16 08	S 12 52.6	40　1.4
22	12 16 08	S 12 54.2	1 50　1.5
24	12 16 09	S 12 55.9	2 00　1.7

視半径 S.D.　16′ 07″

✶ 恒星　$U = 0^h$ の値

No.		E_*	d
		h m s	° ′
1 Polaris		23 26 28	N 89 19.7

28 日　☉ 太陽

U	$E_☉$	d	dのP.P.
h	h m s	° ′	h m
0	12 16 09	S 12 55.9	0 00　0.0
2	12 16 09	S 12 57.6	10　0.1
4	12 16 10	S 12 59.3	20　0.3
6	12 16 10	S 13 01.0	30　0.4
8	12 16 10	S 13 02.6	40　0.6
10	12 16 11	S 13 04.3	0 50　0.7
12	12 16 11	S 13 06.0	1 00　0.8
14	12 16 12	S 13 07.7	10　1.0
16	12 16 12	S 13 09.3	20　1.1
18	12 16 12	S 13 11.0	30　1.3
20	12 16 13	S 13 12.7	40　1.4
22	12 16 13	S 13 14.3	1 50　1.5
24	12 16 14	S 13 16.0	2 00　1.7

視半径 S.D.　16′ 07″

✶ 恒星　$U = 0^h$ の値

No.		E_*	d
		h m s	° ′
1 Polaris		23 30 22	N 89 19.7

29 日　☉ 太陽

U	$E_☉$	d	dのP.P.
h	h m s	° ′	h m
0	12 16 14	S 13 16.0	0 00　0.0
2	12 16 14	S 13 17.7	10　0.1
4	12 16 14	S 13 19.3	20　0.3
6	12 16 15	S 13 21.0	30　0.4
8	12 16 15	S 13 22.7	40　0.6
10	12 16 15	S 13 24.3	0 50　0.7
12	12 16 16	S 13 26.0	1 00　0.8
14	12 16 16	S 13 27.6	10　1.0
16	12 16 16	S 13 29.3	20　1.1
18	12 16 17	S 13 30.9	30　1.2
20	12 16 17	S 13 32.6	40　1.4
22	12 16 18	S 13 34.2	1 50　1.5
24	12 16 18	S 13 35.9	2 00　1.7

視半径 S.D.　16′ 08″

✶ 恒星　$U = 0^h$ の値

No.		E_*	d
		h m s	° ′
1 Polaris		23 34 18	N 89 19.7

30 日　☉ 太陽

U	$E_☉$	d	dのP.P.
h	h m s	° ′	h m
0	12 16 18	S 13 35.9	0 00　0.0
2	12 16 18	S 13 37.5	10　0.1
4	12 16 18	S 13 39.2	20　0.3
6	12 16 19	S 13 40.8	30　0.4
8	12 16 19	S 13 42.5	40　0.5
10	12 16 19	S 13 44.1	0 50　0.7
12	12 16 19	S 13 45.8	1 00　0.8
14	12 16 20	S 13 47.4	10　1.0
16	12 16 20	S 13 49.0	20　1.1
18	12 16 20	S 13 50.7	30　1.2
20	12 16 21	S 13 52.3	40　1.4
22	12 16 21	S 13 53.9	1 50　1.5
24	12 16 21	S 13 55.6	2 00　1.6

視半径 S.D.　16′ 08″

✶ 恒星　$U = 0^h$ の値

No.		E_*	d
		h m s	° ′
1 Polaris		23 38 14	N 89 19.7

31 日　☉ 太陽

U	$E_☉$	d	dのP.P.
h	h m s	° ′	h m
0	12 16 21	S 13 55.6	0 00　0.0
2	12 16 21	S 13 57.2	10　0.1
4	12 16 22	S 13 58.8	20　0.3
6	12 16 22	S 14 00.4	30　0.4
8	12 16 22	S 14 02.1	40　0.5
10	12 16 22	S 14 03.7	0 50　0.7
12	12 16 22	S 14 05.3	1 00　0.8
14	12 16 23	S 14 06.9	10　0.9
16	12 16 23	S 14 08.5	20　1.1
18	12 16 23	S 14 10.2	30　1.2
20	12 16 23	S 14 11.8	40　1.4
22	12 16 23	S 14 13.4	1 50　1.5
24	12 16 24	S 14 15.0	2 00　1.6

視半径 S.D.　16′ 08″

✶ 恒星　$U = 0^h$ の値

No.		E_*	d
		h m s	° ′
1 Polaris		23 42 09	N 89 19.7
2 Kochab		11 45 21	N 74 05.6
3 Dubhe		15 31 17	N 61 39.7
4 β Cassiop.		2 25 50	N 59 14.4
5 Merak		15 33 10	N 56 17.6
6 Alioth		13 41 15	N 55 52.4
7 Schedir		1 54 28	N 56 37.6
8 Mizar		13 11 25	N 54 50.6
9 α Persei		23 10 25	N 49 54.9
10 Benetnasch		12 47 48	N 49 14.2
11 Capella		21 18 02	N 46 00.5
12 Deneb		5 53 57	N 45 20.7
13 Vega		7 58 28	N 38 48.4
14 Castor		19 00 19	N 31 50.9
15 Alpheratz		2 26 41	N 29 10.8
16 Pollux		18 49 38	N 27 59.0
17 α Cor. Bor.		9 00 16	N 26 40.0
18 Arcturus		12 19 34	N 19 06.2
19 Aldebaran		21 59 04	N 16 32.3
20 Markab		3 30 21	N 15 17.6
21 Denebola		14 46 05	N 14 29.1
22 α Ophiuchi		9 00 16	N 12 33.3
23 Regulus		16 26 43	N 11 53.3
24 Altair		6 44 22	N 8 55.0
25 Betelgeuse		20 39 53	N 7 24.4
26 Bellatrix		21 09 56	N 6 21.7
27 Procyon		18 55 47	N 5 10.9
28 Rigel		21 20 36	S 8 11.1
29 α Hydrae		17 07 34	S 8 43.6
30 Spica		13 09 55	S 11 14.4
31 Sirius		19 50 04	S 16 44.3
32 β Ceti		1 51 31	S 17 54.0
33 Antares		10 05 34	S 26 27.8
34 σ Sagittarii		7 39 41	S 26 16.4
35 Fomalhaut		3 37 24	S 29 32.3
36 λ Scorpii		9 01 15	S 37 06.7
37 Canopus		20 11 36	S 52 42.2
38 α Pavonis		6 09 03	S 56 41.1
39 Achernar		0 57 36	S 57 09.5
40 β Crucis		13 47 17	S 59 46.3
41 β Centauri		12 31 00	S 60 26.7
42 α Centauri		11 55 16	S 60 53.8
43 α Crucis		14 08 27	S 63 11.0
44 α Tri. Aust.		9 45 37	S 69 03.2
45 β Carinae		17 22 33	S 69 46.7

R_0　　2 35 55　h m s

☉ 太陽

U (h)	E☉ (h m s)	d (° ′)	dのP.P. (h m)	(′)
0	12 16 24	S14 15.0	0 00	0.0
2	12 16 24	S14 16.6	10	0.1
4	12 16 24	S14 18.2	20	0.3
6	12 16 24	S14 19.8	30	0.4
8	12 16 24	S14 21.4	40	0.5
10	12 16 25	S14 23.0	0 50	0.7
12	12 16 25	S14 24.6	1 00	0.8
14	12 16 25	S14 26.2	10	0.9
16	12 16 25	S14 27.8	20	1.1
18	12 16 25	S14 29.4	30	1.2
20	12 16 25	S14 31.0	40	1.3
22	12 16 25	S14 32.6	1 50	1.5
24	12 16 25	S14 34.2	2 00	1.6

視半径 S.D. 16′ 08″

✳ 恒星 U＝0ʰの値

No.		E✳ (h m s)	d (° ′)
1	Polaris	23 46 05	N89 19.8
2	Kochab	11 49 18	N74 05.6
3	Dubhe	15 35 13	N61 39.7
4	β Cassiop.	2 29 47	N59 14.4
5	Merak	15 37 07	N56 17.6
6	Alioth	13 45 12	N55 52.4
7	Schedir	1 58 24	N56 37.6
8	Mizar	13 15 21	N54 50.6
9	α Persei	23 14 22	N49 54.9
10	Benetnasch	12 51 45	N49 14.2
11	Capella	21 21 59	N46 00.5
12	Deneb	5 57 53	N45 20.7
13	Vega	8 02 24	N38 48.4
14	Castor	19 04 15	N31 50.9
15	Alpheratz	2 30 38	N29 10.8
16	Pollux	18 53 35	N27 59.0
17	α Cor. Bor.	11 04 32	N26 40.0
18	Arcturus	12 23 30	N19 06.2
19	Aldebaran	22 03 01	N16 32.3
20	Markab	3 34 18	N15 17.6
21	Denebola	14 50 01	N14 29.1
22	α Ophiuchi	9 04 13	N12 33.3
23	Regulus	16 30 40	N11 53.3
24	Altair	6 48 19	N 8 55.0
25	Betelgeuse	20 43 49	N 7 24.4
26	Bellatrix	21 13 52	N 6 21.7
27	Procyon	18 59 44	N 5 10.9
28	Rigel	21 24 33	S 8 11.1
29	α Hydrae	17 11 30	S 8 43.6
30	Spica	13 13 51	S11 14.4
31	Sirius	19 54 01	S16 44.3
32	β Ceti	1 55 28	S17 54.0
33	Antares	10 09 30	S26 27.8
34	σ Sagittarii	7 43 38	S26 16.4
35	Fomalhaut	3 41 20	S29 32.3
36	λ Scorpii	9 05 12	S37 06.7
37	Canopus	20 15 32	S52 42.2
38	α Pavonis	6 12 59	S56 41.1
39	Achernar	1 01 32	S57 09.5
40	β Crucis	13 51 14	S59 46.3
41	β Centauri	12 34 56	S60 26.7
42	α Centauri	11 59 13	S60 53.8
43	α Crucis	14 12 24	S63 11.0
44	α Tri. Aust.	9 49 34	S69 03.2
45	β Carinae	17 26 29	S69 46.7

R_0 2ʰ 39ᵐ 52ˢ

P 惑星

♀ 金星 正中時 Tr. 8ʰ 51ᵐ

U (h)	E_P (h m s)	d (° ′)	P.P. (h m)	E_P (s)	d (′)
0	15 08 46	N 3 41.7	0 00	0	0.0
2	15 08 46	N 3 40.0	10	0	0.1
4	15 08 46	N 3 38.4	20	0	0.3
6	15 08 46	N 3 36.7	30	0	0.4
8	15 08 46	N 3 35.1	40	0	0.6
10	15 08 46	N 3 33.4	0 50	0	0.7
12	15 08 46	N 3 31.8	1 00	0	0.8
14	15 08 46	N 3 30.1	10	0	1.0
16	15 08 46	N 3 28.4	20	0	1.1
18	15 08 46	N 3 26.8	30	0	1.2
20	15 08 45	N 3 25.1	40	0	1.4
22	15 08 45	N 3 23.5	1 50	0	1.5
24	15 08 45	N 3 21.8	2 00	0	1.7

♂ 火星 正中時 Tr. 8ʰ 55ᵐ

U (h)	E_P (h m s)	d (° ′)	P.P. (h m)	E_P (s)	d (′)
0	15 04 08	N 4 07.8	0 00	0	0.0
2	15 04 17	N 4 06.6	10	1	0.1
4	15 04 25	N 4 05.4	20	1	0.2
6	15 04 34	N 4 04.2	30	2	0.3
8	15 04 42	N 4 03.1	40	3	0.4
10	15 04 51	N 4 01.9	0 50	4	0.5
12	15 04 59	N 4 00.7	1 00	4	0.6
14	15 05 08	N 3 59.5	10	5	0.7
16	15 05 16	N 3 58.3	20	6	0.8
18	15 05 25	N 3 57.1	30	6	0.9
20	15 05 33	N 3 55.9	40	7	1.0
22	15 05 42	N 3 54.7	1 50	8	1.1
24	15 05 50	N 3 53.5	2 00	8	1.2

♃ 木星 正中時 Tr. 8ʰ 32ᵐ

U (h)	E_P (h m s)	d (° ′)	P.P. (h m)	E_P (s)	d (′)
0	15 27 10	N 6 09.6	0 00	0	0.0
2	15 27 26	N 6 09.3	10	1	0.0
4	15 27 43	N 6 09.0	20	3	0.1
6	15 27 59	N 6 08.7	30	4	0.1
8	15 28 16	N 6 08.4	40	6	0.1
10	15 28 33	N 6 08.0	0 50	7	0.1
12	15 28 49	N 6 07.7	1 00	8	0.2
14	15 29 06	N 6 07.4	10	10	0.2
16	15 29 22	N 6 07.1	20	11	0.2
18	15 29 39	N 6 06.8	30	12	0.2
20	15 29 55	N 6 06.5	40	14	0.3
22	15 30 12	N 6 06.1	1 50	15	0.3
24	15 30 28	N 6 05.8	2 00	17	0.3

♄ 土星 正中時 Tr. 13ʰ 28ᵐ

U (h)	E_P (h m s)	d (° ′)	P.P. (h m)	E_P (s)	d (′)
0	10 30 09	S19 18.8	0 00	0	0.0
2	10 30 26	S19 18.9	10	1	0.0
4	10 30 44	S19 19.0	20	3	0.0
6	10 31 01	S19 19.1	30	4	0.0
8	10 31 19	S19 19.2	40	6	0.0
10	10 31 36	S19 19.3	0 50	7	0.0
12	10 31 53	S19 19.4	1 00	9	0.1
14	10 32 11	S19 19.5	10	10	0.1
16	10 32 28	S19 19.7	20	12	0.1
18	10 32 46	S19 19.8	30	13	0.1
20	10 33 03	S19 19.9	40	15	0.1
22	10 33 20	S19 20.0	1 50	16	0.1
24	10 33 38	S19 20.1	2 00	17	0.1

☾ 月 正中時 Tr. 4ʰ 04ᵐ

U (h)	E☾ (h m s)	d (° ′)
0	20 04 43	N18 02.2
	20 03 38	N18 01.3
1	20 02 33	N18 00.5
	20 01 28	N17 59.6
2	20 00 23	N17 58.7
	19 59 18	N17 57.8
3	19 58 13	N17 56.9
	19 57 08	N17 55.9
4	19 56 03	N17 54.9
	19 54 59	N17 53.9
5	19 53 54	N17 52.8
	19 52 49	N17 51.7
H.P. 57′.4, S.D. 15′ 39″		
6	19 51 45	N17 50.6
	19 50 40	N17 49.5
7	19 49 36	N17 48.4
	19 48 32	N17 47.2
8	19 47 27	N17 46.0
	19 46 23	N17 44.8
9	19 45 19	N17 43.5
	19 44 15	N17 42.3
10	19 43 11	N17 41.0
	19 42 07	N17 39.7
11	19 41 03	N17 38.3
	19 40 00	N17 37.0
H.P. 57′.2, S.D. 15′ 35″		
12	19 38 56	N17 35.6
	19 37 52	N17 34.2
13	19 36 49	N17 32.7
	19 35 45	N17 31.3
14	19 34 42	N17 29.8
	19 33 38	N17 28.3
15	19 32 35	N17 26.8
	19 31 32	N17 25.2
16	19 30 28	N17 23.6
	19 29 25	N17 22.0
17	19 28 22	N17 20.4
	19 27 19	N17 18.8
H.P. 57′.0, S.D. 15′ 32″		
18	19 26 16	N17 17.1
	19 25 13	N17 15.4
19	19 24 11	N17 13.7
	19 23 08	N17 12.0
20	19 22 05	N17 10.2
	19 21 03	N17 08.4
21	19 20 00	N17 06.6
	19 18 58	N17 04.8
22	19 17 55	N17 03.0
	19 16 53	N17 01.1
23	19 15 51	N16 59.2
	19 14 48	N16 57.3
24	19 13 46	N16 55.4
H.P. 56′.8, S.D. 15′ 28″		

P.P. (E☾ d)

m	E☾ (s)	d (′)
1	2	0.0
2	4	0.1
3	6	0.1
4	9	0.1
5	11	0.2
6	13	0.2
7	15	0.3
8	17	0.3
9	19	0.3
10	21	0.4
11	24	0.4
12	26	0.4
13	28	0.5
14	30	0.5
15	32	0.6
16	34	0.6
17	37	0.6
18	39	0.7
19	41	0.7
20	43	0.7
21	45	0.8
22	47	0.8
23	49	0.8
24	52	0.9
25	54	0.9
26	56	1.0
27	58	1.0
28	60	1.0
29	62	1.1
30	64	1.1

m	E☾ (s)	d (′)
1	2	0.1
2	4	0.1
3	6	0.2
4	8	0.2
5	10	0.3
6	13	0.3
7	15	0.4
8	17	0.4
9	19	0.5
10	21	0.6
11	23	0.6
12	25	0.7
13	27	0.7
14	29	0.8
15	31	0.8
16	34	0.9
17	36	0.9
18	38	1.0
19	40	1.1
20	42	1.1
21	44	1.2
22	46	1.2
23	48	1.3
24	50	1.3
25	52	1.4
26	55	1.5
27	57	1.5
28	59	1.6
29	61	1.6
30	63	1.7

P 惑星

星名	赤経 R.A. (h m)	赤緯 d (° ′)	等級 Mag.	地平視差 H.P. (′)	視半径 S.D. (″)
♀ 金星	11 31	N 3 42	−4.3	0.2	11
♂ 火星	11 36	N 4 08	+1.7	0.1	2
♃ 木星	11 13	N 6 10	−1.8	0.0	15
♄ 土星	16 10	S19 19	+0.5	0.0	7
☿ 水星	13 46	S 9 16	−1.0	0.1	3

11 月 2 日 ～ 11 月 8 日　2015

2 日　⊙ 太陽

U	$E_⊙$	d	dのP.P.
h	h m s	° ′	h m ′
0	12 16 25	S 14 34.2	0 00 0.0
2	12 16 26	S 14 35.8	10 0.1
4	12 16 26	S 14 37.4	20 0.3
6	12 16 26	S 14 39.0	30 0.4
8	12 16 26	S 14 40.6	40 0.5
10	12 16 26	S 14 42.2	0 50 0.7
12	12 16 26	S 14 43.7	1 00 0.8
14	12 16 26	S 14 45.3	10 0.9
16	12 16 26	S 14 46.9	20 1.1
18	12 16 26	S 14 48.5	30 1.2
20	12 16 26	S 14 50.1	40 1.3
22	12 16 26	S 14 51.6	1 50 1.5
24	12 16 26	S 14 53.2	2 00 1.6

視半径 S.D.　16′09″

No.	✱ 恒 星　E_*	$U=0^h$ の値　d
	h m s	° ′
1 Polaris	23 50 01	N 89 19.8

3 日　⊙ 太陽

U	$E_⊙$	d	dのP.P.
h	h m s	° ′	h m ′
0	12 16 26	S 14 53.2	0 00 0.0
2	12 16 26	S 14 54.8	10 0.1
4	12 16 26	S 14 56.4	20 0.3
6	12 16 27	S 14 57.9	30 0.4
8	12 16 27	S 14 59.5	40 0.5
10	12 16 27	S 15 01.1	0 50 0.7
12	12 16 27	S 15 02.6	1 00 0.8
14	12 16 27	S 15 04.2	10 0.9
16	12 16 27	S 15 05.7	20 1.1
18	12 16 27	S 15 07.3	30 1.2
20	12 16 27	S 15 08.8	40 1.3
22	12 16 27	S 15 10.4	1 50 1.4
24	12 16 27	S 15 12.0	2 00 1.6

視半径 S.D.　16′09″

No.	✱ 恒 星　E_*	$U=0^h$ の値　d
	h m s	° ′
1 Polaris	23 53 57	N 89 19.8

4 日　⊙ 太陽

U	$E_⊙$	d	dのP.P.
h	h m s	° ′	h m ′
0	12 16 27	S 15 12.0	0 00 0.0
2	12 16 27	S 15 13.5	10 0.1
4	12 16 26	S 15 15.1	20 0.3
6	12 16 26	S 15 16.6	30 0.4
8	12 16 26	S 15 18.1	40 0.5
10	12 16 26	S 15 19.7	0 50 0.6
12	12 16 26	S 15 21.2	1 00 0.8
14	12 16 26	S 15 22.8	10 0.9
16	12 16 26	S 15 24.3	20 1.0
18	12 16 26	S 15 25.9	30 1.2
20	12 16 26	S 15 27.4	40 1.3
22	12 16 26	S 15 28.9	1 50 1.4
24	12 16 26	S 15 30.5	2 00 1.5

視半径 S.D.　16′09″

No.	✱ 恒 星　E_*	$U=0^h$ の値　d
	h m s	° ′
1 Polaris	23 57 54	N 89 19.8

5 日　⊙ 太陽

U	$E_⊙$	d	dのP.P.
h	h m s	° ′	h m ′
0	12 16 26	S 15 30.5	0 00 0.0
2	12 16 26	S 15 32.0	10 0.1
4	12 16 26	S 15 33.5	20 0.3
6	12 16 26	S 15 35.0	30 0.4
8	12 16 25	S 15 36.6	40 0.5
10	12 16 25	S 15 38.1	0 50 0.6
12	12 16 25	S 15 39.6	1 00 0.8
14	12 16 25	S 15 41.1	10 0.9
16	12 16 25	S 15 42.6	20 1.0
18	12 16 25	S 15 44.2	30 1.1
20	12 16 25	S 15 45.7	40 1.3
22	12 16 24	S 15 47.2	1 50 1.4
24	12 16 24	S 15 48.7	2 00 1.5

視半径 S.D.　16′09″

No.	✱ 恒 星　E_*	$U=0^h$ の値　d
	h m s	° ′
1 Polaris	0 01 50	N 89 19.8

6 日　⊙ 太陽

U	$E_⊙$	d	dのP.P.
h	h m s	° ′	h m ′
0	12 16 24	S 15 48.7	0 00 0.0
2	12 16 24	S 15 50.2	10 0.1
4	12 16 24	S 15 51.7	20 0.2
6	12 16 24	S 15 53.2	30 0.4
8	12 16 24	S 15 54.7	40 0.5
10	12 16 23	S 15 56.2	0 50 0.6
12	12 16 23	S 15 57.7	1 00 0.7
14	12 16 23	S 15 59.2	10 0.9
16	12 16 23	S 16 00.7	20 1.0
18	12 16 23	S 16 02.2	30 1.1
20	12 16 22	S 16 03.7	40 1.2
22	12 16 22	S 16 05.2	1 50 1.4
24	12 16 22	S 16 06.7	2 00 1.5

視半径 S.D.　16′09″

No.	✱ 恒 星　E_*	$U=0^h$ の値　d
	h m s	° ′
1 Polaris	0 05 46	N 89 19.8

7 日　⊙ 太陽

U	$E_⊙$	d	dのP.P.
h	h m s	° ′	h m ′
0	12 16 22	S 16 06.7	0 00 0.0
2	12 16 22	S 16 08.2	10 0.1
4	12 16 21	S 16 09.6	20 0.2
6	12 16 21	S 16 11.1	30 0.4
8	12 16 21	S 16 12.6	40 0.5
10	12 16 21	S 16 14.1	0 50 0.6
12	12 16 20	S 16 15.6	1 00 0.7
14	12 16 20	S 16 17.0	10 0.9
16	12 16 20	S 16 18.5	20 1.0
18	12 16 20	S 16 20.0	30 1.1
20	12 16 19	S 16 21.5	40 1.2
22	12 16 19	S 16 22.9	1 50 1.4
24	12 16 19	S 16 24.4	2 00 1.5

視半径 S.D.　16′10″

No.	✱ 恒 星　E_*	$U=0^h$ の値　d
	h m s	° ′
1 Polaris	0 09 43	N 89 19.8

8 日　⊙ 太陽

U	$E_⊙$	d	dのP.P.
h	h m s	° ′	h m ′
0	12 16 19	S 16 24.4	0 00 0.0
2	12 16 18	S 16 25.9	10 0.1
4	12 16 18	S 16 27.3	20 0.2
6	12 16 18	S 16 28.8	30 0.4
8	12 16 17	S 16 30.2	40 0.5
10	12 16 17	S 16 31.7	0 50 0.6
12	12 16 17	S 16 33.1	1 00 0.7
14	12 16 16	S 16 34.6	10 0.8
16	12 16 16	S 16 36.0	20 1.0
18	12 16 16	S 16 37.5	30 1.1
20	12 16 15	S 16 38.9	40 1.2
22	12 16 15	S 16 40.4	1 50 1.3
24	12 16 15	S 16 41.8	2 00 1.5

視半径 S.D.　16′10″

No.	恒 星	E_*	d
		h m s	° ′
1	Polaris	0 13 39	N 89 19.8
2	Kochab	12 16 54	N 74 05.5
3	Dubhe	16 02 49	N 61 39.7
4	β Cassiop.	2 57 23	N 59 14.5
5	Merak	16 04 43	N 56 17.6
6	Alioth	14 12 47	N 55 52.4
7	Schedir	2 26 00	N 56 37.6
8	Mizar	13 42 57	N 54 50.6
9	α Persei	23 41 58	N 49 54.9
10	Benetnasch	13 19 21	N 49 14.1
11	Capella	21 49 34	N 46 00.5
12	Deneb	6 25 29	N 45 20.7
13	Vega	8 30 00	N 38 48.3
14	Castor	19 31 51	N 31 50.9
15	Alpheratz	2 58 14	N 29 10.9
16	Pollux	19 21 10	N 27 59.0
17	α Cor. Bor.	11 30 48	N 26 40.0
18	Arcturus	12 51 06	N 19 06.2
19	Aldebaran	22 30 37	N 16 32.3
20	Markab	4 01 54	N 15 17.6
21	Denebola	15 17 37	N 14 29.0
22	α Ophiuchi	9 31 49	N 12 33.3
23	Regulus	16 58 15	N 11 53.3
24	Altair	7 15 55	N 8 54.9
25	Betelgeuse	21 11 25	N 7 24.4
26	Bellatrix	21 41 28	N 6 21.7
27	Procyon	19 27 19	N 5 10.9
28	Rigel	21 52 09	S 8 11.1
29	α Hydrae	17 39 06	S 8 43.6
30	Spica	13 41 27	S 11 14.4
31	Sirius	20 21 36	S 16 44.3
32	β Ceti	2 23 04	S 17 54.0
33	Antares	10 37 06	S 26 27.8
34	σ Sagittarii	8 11 14	S 26 16.4
35	Fomalhaut	4 08 56	S 29 32.3
36	λ Scorpii	9 32 48	S 37 06.7
37	Canopus	20 43 08	S 52 42.2
38	α Pavonis	6 40 35	S 56 41.1
39	Achernar	1 29 08	S 57 09.5
40	β Crucis	14 18 50	S 59 46.2
41	β Centauri	13 02 32	S 60 26.7
42	α Centauri	12 26 48	S 60 53.8
43	α Crucis	14 39 59	S 63 10.9
44	α Tri. Aust.	10 17 10	S 69 03.2
45	β Carinae	17 54 04	S 69 46.7

R_0　　3 07 28 (h m s)

2015年 11月9日～11月15日

9日 ☉ 太陽

U	$E_\odot$	d	dのP.P.
h m s	° ′		h m ′ ′
0 12 16 15	S 16 41.8	0 00	0.0
2 12 16 14	S 16 43.3	10	0.1
4 12 16 14	S 16 44.7	20	0.2
6 12 16 13	S 16 46.1	30	0.4
8 12 16 13	S 16 47.6	40	0.5
10 12 16 13	S 16 49.0	0 50	0.6
12 12 16 12	S 16 50.4	1 00	0.7
14 12 16 12	S 16 51.9	10	0.8
16 12 16 11	S 16 53.3	20	1.0
18 12 16 11	S 16 54.7	30	1.1
20 12 16 10	S 16 56.1	40	1.2
22 12 16 10	S 16 57.6	1 50	1.3
24 12 16 10	S 16 59.0	2 00	1.4

視半径 S.D. 16′ 10″

＊ 恒 星 $U=0^h$ の値

No.		E_*	d
		h m s	° ′
1	Polaris	0 17 35	N 89 19.8

10日 ☉ 太陽

U	$E_\odot$	d	dのP.P.
h m s	° ′		h m ′ ′
0 12 16 10	S 16 59.0	0 00	0.0
2 12 16 09	S 17 00.4	10	0.1
4 12 16 09	S 17 01.8	20	0.2
6 12 16 08	S 17 03.2	30	0.4
8 12 16 08	S 17 04.6	40	0.5
10 12 16 07	S 17 06.1	0 50	0.6
12 12 16 07	S 17 07.5	1 00	0.7
14 12 16 06	S 17 08.9	10	0.8
16 12 16 06	S 17 10.3	20	0.9
18 12 16 05	S 17 11.7	30	1.1
20 12 16 05	S 17 13.1	40	1.2
22 12 16 04	S 17 14.5	1 50	1.3
24 12 16 04	S 17 15.9	2 00	1.4

視半径 S.D. 16′ 10″

＊ 恒 星 $U=0^h$ の値

No.		E_*	d
		h m s	° ′
1	Polaris	0 21 32	N 89 19.8

11日 ☉ 太陽

U	$E_\odot$	d	dのP.P.
h m s	° ′		h m ′ ′
0 12 16 04	S 17 15.9	0 00	0.0
2 12 16 03	S 17 17.2	10	0.1
4 12 16 03	S 17 18.6	20	0.2
6 12 16 02	S 17 20.0	30	0.3
8 12 16 02	S 17 21.4	40	0.5
10 12 16 01	S 17 22.8	0 50	0.6
12 12 16 01	S 17 24.2	1 00	0.7
14 12 16 00	S 17 25.6	10	0.8
16 12 15 59	S 17 26.9	20	0.9
18 12 15 59	S 17 28.3	30	1.0
20 12 15 58	S 17 29.7	40	1.2
22 12 15 58	S 17 31.1	1 50	1.3
24 12 15 57	S 17 32.4	2 00	1.4

視半径 S.D. 16′ 11″

＊ 恒 星 $U=0^h$ の値

No.		E_*	d
		h m s	° ′
1	Polaris	0 25 28	N 89 19.8

12日 ☉ 太陽

U	$E_\odot$	d	dのP.P.
h m s	° ′		h m ′ ′
0 12 15 57	S 17 32.4	0 00	0.0
2 12 15 57	S 17 33.8	10	0.1
4 12 15 56	S 17 35.2	20	0.2
6 12 15 55	S 17 36.5	30	0.3
8 12 15 55	S 17 37.9	40	0.5
10 12 15 54	S 17 39.2	0 50	0.6
12 12 15 54	S 17 40.6	1 00	0.7
14 12 15 53	S 17 42.0	10	0.8
16 12 15 52	S 17 43.3	20	0.9
18 12 15 52	S 17 44.7	30	1.0
20 12 15 51	S 17 46.0	40	1.1
22 12 15 50	S 17 47.4	1 50	1.2
24 12 15 50	S 17 48.7	2 00	1.4

視半径 S.D. 16′ 11″

＊ 恒 星 $U=0^h$ の値

No.		E_*	d
		h m s	° ′
1	Polaris	0 29 24	N 89 19.8

13日 ☉ 太陽

U	$E_\odot$	d	dのP.P.
h m s	° ′		h m ′ ′
0 12 15 50	S 17 48.7	0 00	0.0
2 12 15 49	S 17 50.0	10	0.1
4 12 15 48	S 17 51.4	20	0.2
6 12 15 48	S 17 52.7	30	0.3
8 12 15 47	S 17 54.1	40	0.4
10 12 15 46	S 17 55.4	0 50	0.6
12 12 15 46	S 17 56.7	1 00	0.7
14 12 15 45	S 17 58.1	10	0.8
16 12 15 44	S 17 59.4	20	0.9
18 12 15 43	S 18 00.7	30	1.0
20 12 15 43	S 18 02.0	40	1.1
22 12 15 42	S 18 03.3	1 50	1.2
24 12 15 41	S 18 04.7	2 00	1.3

視半径 S.D. 16′ 11″

＊ 恒 星 $U=0^h$ の値

No.		E_*	d
		h m s	° ′
1	Polaris	0 33 20	N 89 19.8

14日 ☉ 太陽

U	$E_\odot$	d	dのP.P.
h m s	° ′		h m ′ ′
0 12 15 41	S 18 04.7	0 00	0.0
2 12 15 41	S 18 06.0	10	0.1
4 12 15 40	S 18 07.3	20	0.2
6 12 15 39	S 18 08.6	30	0.3
8 12 15 38	S 18 09.9	40	0.4
10 12 15 38	S 18 11.2	0 50	0.5
12 12 15 37	S 18 12.5	1 00	0.7
14 12 15 36	S 18 13.8	10	0.8
16 12 15 35	S 18 15.1	20	0.9
18 12 15 34	S 18 16.4	30	1.0
20 12 15 34	S 18 17.7	40	1.1
22 12 15 33	S 18 19.0	1 50	1.2
24 12 15 32	S 18 20.3	2 00	1.3

視半径 S.D. 16′ 11″

＊ 恒 星 $U=0^h$ の値

No.		E_*	d
		h m s	° ′
1	Polaris	0 37 17	N 89 19.8

15日 ☉ 太陽

U	$E_\odot$	d	dのP.P.
h m s	° ′		h m ′ ′
0 12 15 32	S 18 20.3	0 00	0.0
2 12 15 31	S 18 21.6	10	0.1
4 12 15 30	S 18 22.9	20	0.2
6 12 15 30	S 18 24.2	30	0.3
8 12 15 29	S 18 25.5	40	0.4
10 12 15 28	S 18 26.7	0 50	0.5
12 12 15 27	S 18 28.0	1 00	0.6
14 12 15 26	S 18 29.3	10	0.7
16 12 15 25	S 18 30.6	20	0.9
18 12 15 25	S 18 31.8	30	1.0
20 12 15 24	S 18 33.1	40	1.1
22 12 15 23	S 18 34.4	1 50	1.2
24 12 15 22	S 18 35.6	2 00	1.3

視半径 S.D. 16′ 12″

＊ 恒 星 $U=0^h$ の値

No.		E_*	d
		h m s	° ′
1	Polaris	0 41 13	N 89 19.8
2	Kochab	12 44 30	N 74 05.5
3	Dubhe	16 30 24	N 61 39.6
4	β Cassiop.	3 24 59	N 59 14.5
5	Merak	16 32 18	N 56 17.6
6	Alioth	14 40 23	N 55 52.4
7	Schedir	2 53 36	N 56 37.7
8	Mizar	14 10 33	N 54 50.5
9	α Persei	0 09 33	N 49 54.9
10	Benetnasch	13 46 56	N 49 14.1
11	Capella	22 17 10	N 46 00.6
12	Deneb	6 53 05	N 45 20.7
13	Vega	8 57 36	N 38 48.3
14	Castor	19 59 27	N 31 50.9
15	Alpheratz	3 25 50	N 29 10.9
16	Pollux	19 48 46	N 27 59.0
17	α Cor. Bor.	11 59 44	N 26 39.9
18	Arcturus	13 18 42	N 19 06.2
19	Aldebaran	22 58 12	N 16 32.3
20	Markab	4 29 30	N 15 17.6
21	Denebola	15 45 13	N 14 29.0
22	α Ophiuchi	9 59 25	N 12 33.2
23	Regulus	17 25 51	N 11 53.3
24	Altair	7 43 31	N 8 54.9
25	Betelgeuse	21 39 01	N 7 24.4
26	Bellatrix	22 09 04	N 6 21.7
27	Procyon	19 54 55	N 5 10.9
28	Rigel	22 19 44	S 8 11.1
29	α Hydrae	18 06 42	S 8 43.6
30	Spica	14 09 03	S 11 14.4
31	Sirius	20 49 12	S 16 44.3
32	β Ceti	2 50 40	S 17 54.0
33	Antares	11 04 42	S 26 27.8
34	σ Sagittarii	8 38 50	S 26 16.4
35	Fomalhaut	4 36 32	S 29 32.3
36	λ Scorpii	10 00 24	S 37 06.7
37	Canopus	21 10 44	S 52 42.2
38	α Pavonis	7 08 12	S 56 41.1
39	Achernar	1 56 44	S 57 09.6
40	β Crucis	14 46 25	S 59 46.2
41	β Centauri	13 30 08	S 60 26.7
42	α Centauri	12 54 24	S 60 53.8
43	α Crucis	15 07 35	S 63 10.9
44	α Tri. Aust.	10 44 45	S 69 03.2
45	β Carinae	18 21 40	S 69 46.7

R_0	h m s
	3 35 04

11 月 16 日 ～ 11 月 22 日　2015

16 日　☉ 太陽

U	$E_☉$	d	dのP.P.
h	h m s	° ′	h m ′
0	12 15 22	S18 35.6	0 00 0.0
2	12 15 21	S18 36.9	10 0.1
4	12 15 20	S18 38.2	20 0.2
6	12 15 19	S18 39.4	30 0.3
8	12 15 18	S18 40.7	40 0.4
10	12 15 18	S18 41.9	0 50 0.5
12	12 15 17	S18 43.2	1 00 0.6
14	12 15 16	S18 44.4	10 0.7
16	12 15 15	S18 45.7	20 0.8
18	12 15 14	S18 46.9	30 0.9
20	12 15 13	S18 48.2	40 1.0
22	12 15 12	S18 49.4	1 50 1.1
24	12 15 11	S18 50.6	2 00 1.2

視半径 S.D.　16′ 12″

＊ 恒 星　$U = 0^h$ の値

No.		E_*	d
		h m s	° ′
1	Polaris	0 45 09	N89 19.8

17 日　☉ 太陽

U	$E_☉$	d	dのP.P.
h	h m s	° ′	h m ′
0	12 15 11	S18 50.6	0 00 0.0
2	12 15 10	S18 51.9	10 0.1
4	12 15 09	S18 53.1	20 0.2
6	12 15 08	S18 54.3	30 0.3
8	12 15 07	S18 55.6	40 0.4
10	12 15 06	S18 56.8	0 50 0.5
12	12 15 05	S18 58.0	1 00 0.6
14	12 15 04	S18 59.2	10 0.7
16	12 15 03	S19 00.4	20 0.8
18	12 15 02	S19 01.7	30 0.9
20	12 15 01	S19 02.9	40 1.0
22	12 15 00	S19 04.1	1 50 1.1
24	12 14 59	S19 05.3	2 00 1.2

視半径 S.D.　16′ 12″

No.		E_*	d
		h m s	° ′
1	Polaris	0 49 06	N89 19.8

18 日　☉ 太陽

U	$E_☉$	d	dのP.P.
h	h m s	° ′	h m ′
0	12 14 59	S19 05.3	0 00 0.0
2	12 14 58	S19 06.5	10 0.1
4	12 14 57	S19 07.7	20 0.2
6	12 14 56	S19 08.9	30 0.3
8	12 14 55	S19 10.1	40 0.4
10	12 14 54	S19 11.3	0 50 0.5
12	12 14 53	S19 12.5	1 00 0.6
14	12 14 52	S19 13.7	10 0.7
16	12 14 51	S19 14.9	20 0.8
18	12 14 50	S19 16.1	30 0.9
20	12 14 49	S19 17.3	40 1.0
22	12 14 48	S19 18.4	1 50 1.1
24	12 14 47	S19 19.6	2 00 1.2

視半径 S.D.　16′ 12″

No.		E_*	d
		h m s	° ′
1	Polaris	0 53 02	N89 19.9

19 日　☉ 太陽

U	$E_☉$	d	dのP.P.
h	h m s	° ′	h m ′
0	12 14 47	S19 19.6	0 00 0.0
2	12 14 46	S19 20.8	10 0.1
4	12 14 45	S19 22.0	20 0.2
6	12 14 44	S19 23.1	30 0.3
8	12 14 43	S19 24.3	40 0.4
10	12 14 42	S19 25.5	0 50 0.5
12	12 14 40	S19 26.6	1 00 0.6
14	12 14 39	S19 27.8	10 0.7
16	12 14 38	S19 29.0	20 0.8
18	12 14 37	S19 30.1	30 0.9
20	12 14 36	S19 31.3	40 1.0
22	12 14 35	S19 32.4	1 50 1.1
24	12 14 34	S19 33.6	2 00 1.2

視半径 S.D.　16′ 12″

No.		E_*	d
		h m s	° ′
1	Polaris	0 56 59	N89 19.9

20 日　☉ 太陽

U	$E_☉$	d	dのP.P.
h	h m s	° ′	h m ′
0	12 14 34	S19 33.6	0 00 0.0
2	12 14 33	S19 34.7	10 0.1
4	12 14 31	S19 35.9	20 0.2
6	12 14 30	S19 37.0	30 0.3
8	12 14 29	S19 38.2	40 0.4
10	12 14 28	S19 39.3	0 50 0.5
12	12 14 27	S19 40.4	1 00 0.6
14	12 14 26	S19 41.6	10 0.7
16	12 14 24	S19 42.7	20 0.8
18	12 14 23	S19 43.8	30 0.9
20	12 14 22	S19 45.0	40 1.0
22	12 14 21	S19 46.1	1 50 1.0
24	12 14 20	S19 47.2	2 00 1.1

視半径 S.D.　16′ 13″

No.		E_*	d
		h m s	° ′
1	Polaris	1 00 56	N89 19.9

21 日　☉ 太陽

U	$E_☉$	d	dのP.P.
h	h m s	° ′	h m ′
0	12 14 20	S19 47.2	0 00 0.0
2	12 14 18	S19 48.3	10 0.1
4	12 14 17	S19 49.4	20 0.2
6	12 14 16	S19 50.6	30 0.3
8	12 14 15	S19 51.7	40 0.4
10	12 14 14	S19 52.8	0 50 0.5
12	12 14 12	S19 53.9	1 00 0.6
14	12 14 11	S19 55.0	10 0.6
16	12 14 10	S19 56.1	20 0.7
18	12 14 09	S19 57.2	30 0.8
20	12 14 07	S19 58.3	40 0.9
22	12 14 06	S19 59.4	1 50 1.0
24	12 14 05	S20 00.5	2 00 1.1

視半径 S.D.　16′ 13″

No.		E_*	d
		h m s	° ′
1	Polaris	1 04 53	N89 19.9

22 日　☉ 太陽

U	$E_☉$	d	dのP.P.
h	h m s	° ′	h m ′
0	12 14 05	S20 00.5	0 00 0.0
2	12 14 03	S20 01.5	10 0.1
4	12 14 02	S20 02.6	20 0.2
6	12 14 01	S20 03.7	30 0.3
8	12 14 00	S20 04.8	40 0.4
10	12 13 58	S20 05.9	0 50 0.4
12	12 13 57	S20 06.9	1 00 0.5
14	12 13 56	S20 08.0	10 0.6
16	12 13 54	S20 09.1	20 0.7
18	12 13 53	S20 10.2	30 0.8
20	12 13 52	S20 11.2	40 0.9
22	12 13 50	S20 12.3	1 50 1.0
24	12 13 49	S20 13.3	2 00 1.1

視半径 S.D.　16′ 13″

＊ 恒 星　$U = 0^h$ の値

No.		E_*	d
		h m s	° ′
1	Polaris	1 08 50	N89 19.9
2	Kochab	13 12 05	N74 05.5
3	Dubhe	16 58 00	N61 39.6
4	β Cassiop.	3 52 35	N59 14.5
5	Merak	16 59 54	N56 17.6
6	Alioth	15 07 59	N55 52.3
7	Schedir	3 21 12	N56 37.7
8	Mizar	14 38 08	N54 50.5
9	α Persei	0 37 09	N49 54.9
10	Benetnasch	14 14 32	N49 14.0
11	Capella	22 44 46	N46 00.6
12	Deneb	7 20 41	N45 20.6
13	Vega	9 25 12	N38 48.3
14	Castor	20 27 02	N31 50.9
15	Alpheratz	3 53 26	N29 10.9
16	Pollux	20 16 22	N27 59.0
17	α Cor. Bor.	12 27 20	N26 39.9
18	Arcturus	13 46 18	N19 06.1
19	Aldebaran	23 25 48	N16 32.3
20	Markab	4 57 06	N15 17.6
21	Denebola	16 12 48	N14 29.0
22	α Ophiuchi	10 27 01	N12 33.2
23	Regulus	17 53 27	N11 53.3
24	Altair	8 11 07	N 8 54.9
25	Betelgeuse	22 06 36	N 7 24.4
26	Bellatrix	22 36 39	N 6 21.7
27	Procyon	20 22 31	N 5 10.9
28	Rigel	22 47 20	S 8 11.1
29	α Hydrae	18 34 17	S 8 43.7
30	Spica	14 36 39	S11 14.4
31	Sirius	21 16 48	S16 44.4
32	β Ceti	3 18 16	S17 54.0
33	Antares	11 32 18	S26 27.8
34	σ Sagittarii	9 06 26	S26 16.4
35	Fomalhaut	5 04 08	S29 32.3
36	λ Scorpii	10 28 00	S37 06.7
37	Canopus	21 38 19	S52 42.3
38	α Pavonis	7 35 48	S56 41.1
39	Achernar	2 24 20	S57 09.6
40	β Crucis	15 14 01	S59 46.2
41	β Centauri	13 57 44	S60 26.7
42	α Centauri	13 22 00	S60 53.8
43	α Crucis	15 35 11	S63 10.9
44	α Tri. Aust.	11 12 21	S69 03.2
45	β Carinae	18 49 15	S69 46.7

R_0	h m s
	4 02 40

2015　11月23日〜11月29日　57

23日 ☉ 太陽

U	$E_☉$	d	dのP.P.
h	h m s	° ′	h m ′
0	12 13 49	S 20 13.3	0 00 0.0
2	12 13 48	S 20 14.4	10 0.1
4	12 13 46	S 20 15.5	20 0.2
6	12 13 45	S 20 16.5	30 0.3
8	12 13 44	S 20 17.6	40 0.3
10	12 13 42	S 20 18.6	0 50 0.4
12	12 13 41	S 20 19.7	1 00 0.5
14	12 13 40	S 20 20.7	10 0.6
16	12 13 38	S 20 21.7	20 0.7
18	12 13 37	S 20 22.8	30 0.8
20	12 13 35	S 20 23.8	40 0.9
22	12 13 34	S 20 24.8	1 50 1.0
24	12 13 33	S 20 25.9	2 00 1.0

視半径 S.D. 16′ 13″

✱ 恒星 $U=0^h$ の値

No.		E_*	d
		h m s	° ′
1	Polaris	1 12 47	N 89 19.9

24日 ☉ 太陽

U	$E_☉$	d	dのP.P.
h	h m s	° ′	h m ′
0	12 13 33	S 20 25.9	0 00 0.0
2	12 13 31	S 20 26.9	10 0.1
4	12 13 30	S 20 27.9	20 0.2
6	12 13 28	S 20 28.9	30 0.3
8	12 13 27	S 20 30.0	40 0.3
10	12 13 26	S 20 31.0	0 50 0.4
12	12 13 24	S 20 32.0	1 00 0.5
14	12 13 23	S 20 33.0	10 0.6
16	12 13 21	S 20 34.0	20 0.7
18	12 13 20	S 20 35.0	30 0.8
20	12 13 18	S 20 36.0	40 0.8
22	12 13 17	S 20 37.0	1 50 0.9
24	12 13 15	S 20 38.0	2 00 1.0

視半径 S.D. 16′ 13″

✱ 恒星 $U=0^h$ の値

No.		E_*	d
		h m s	° ′
1	Polaris	1 16 43	N 89 19.9

25日 ☉ 太陽

U	$E_☉$	d	dのP.P.
h	h m s	° ′	h m ′
0	12 13 15	S 20 38.0	0 00 0.0
2	12 13 14	S 20 39.0	10 0.1
4	12 13 12	S 20 40.0	20 0.2
6	12 13 11	S 20 41.0	30 0.2
8	12 13 10	S 20 42.0	40 0.3
10	12 13 08	S 20 42.9	0 50 0.4
12	12 13 07	S 20 43.9	1 00 0.5
14	12 13 05	S 20 44.9	10 0.6
16	12 13 04	S 20 45.9	20 0.7
18	12 13 02	S 20 46.9	30 0.7
20	12 13 01	S 20 47.9	40 0.8
22	12 12 59	S 20 48.8	1 50 0.9
24	12 12 58	S 20 49.8	2 00 1.0

視半径 S.D. 16′ 14″

✱ 恒星 $U=0^h$ の値

No.		E_*	d
		h m s	° ′
1	Polaris	1 20 40	N 89 19.9

26日 ☉ 太陽

U	$E_☉$	d	dのP.P.
h	h m s	° ′	h m ′
0	12 12 58	S 20 49.8	0 00 0.0
2	12 12 56	S 20 50.7	10 0.1
4	12 12 54	S 20 51.7	20 0.2
6	12 12 53	S 20 52.6	30 0.2
8	12 12 51	S 20 53.6	40 0.3
10	12 12 50	S 20 54.5	0 50 0.4
12	12 12 48	S 20 55.5	1 00 0.5
14	12 12 47	S 20 56.4	10 0.6
16	12 12 45	S 20 57.4	20 0.6
18	12 12 43	S 20 58.3	30 0.7
20	12 12 42	S 20 59.3	40 0.8
22	12 12 40	S 21 00.2	1 50 0.9
24	12 12 39	S 21 01.1	2 00 0.9

視半径 S.D. 16′ 14″

✱ 恒星 $U=0^h$ の値

No.		E_*	d
		h m s	° ′
1	Polaris	1 24 36	N 89 19.9

27日 ☉ 太陽

U	$E_☉$	d	dのP.P.
h	h m s	° ′	h m ′
0	12 12 39	S 21 01.1	0 00 0.0
2	12 12 37	S 21 02.1	10 0.1
4	12 12 36	S 21 03.0	20 0.2
6	12 12 34	S 21 03.9	30 0.2
8	12 12 32	S 21 04.8	40 0.3
10	12 12 31	S 21 05.7	0 50 0.4
12	12 12 29	S 21 06.7	1 00 0.5
14	12 12 28	S 21 07.6	10 0.5
16	12 12 26	S 21 08.5	20 0.6
18	12 12 24	S 21 09.4	30 0.7
20	12 12 23	S 21 10.3	40 0.8
22	12 12 21	S 21 11.2	1 50 0.8
24	12 12 19	S 21 12.1	2 00 0.9

視半径 S.D. 16′ 14″

✱ 恒星 $U=0^h$ の値

No.		E_*	d
		h m s	° ′
1	Polaris	1 28 33	N 89 19.9

28日 ☉ 太陽

U	$E_☉$	d	dのP.P.
h	h m s	° ′	h m ′
0	12 12 19	S 21 12.1	0 00 0.0
2	12 12 18	S 21 13.0	10 0.1
4	12 12 16	S 21 13.9	20 0.1
6	12 12 14	S 21 14.8	30 0.2
8	12 12 13	S 21 15.7	40 0.3
10	12 12 11	S 21 16.6	0 50 0.4
12	12 12 09	S 21 17.4	1 00 0.4
14	12 12 08	S 21 18.3	10 0.5
16	12 12 06	S 21 19.2	20 0.6
18	12 12 04	S 21 20.1	30 0.7
20	12 12 03	S 21 20.9	40 0.7
22	12 12 01	S 21 21.8	1 50 0.8
24	12 11 59	S 21 22.7	2 00 0.9

視半径 S.D. 16′ 14″

✱ 恒星 $U=0^h$ の値

No.		E_*	d
		h m s	° ′
1	Polaris	1 32 30	N 89 19.9

29日 ☉ 太陽

U	$E_☉$	d	dのP.P.
h	h m s	° ′	h m ′
0	12 11 59	S 21 22.7	0 00 0.0
2	12 11 58	S 21 23.5	10 0.1
4	12 11 56	S 21 24.4	20 0.1
6	12 11 54	S 21 25.3	30 0.2
8	12 11 52	S 21 26.1	40 0.3
10	12 11 51	S 21 27.0	0 50 0.4
12	12 11 49	S 21 27.8	1 00 0.4
14	12 11 47	S 21 28.7	10 0.5
16	12 11 45	S 21 29.5	20 0.6
18	12 11 44	S 21 30.3	30 0.6
20	12 11 42	S 21 31.2	40 0.7
22	12 11 40	S 21 32.0	1 50 0.8
24	12 11 38	S 21 32.8	2 00 0.8

視半径 S.D. 16′ 14″

✱ 恒星 $U=0^h$ の値

No.		E_*	d
		h m s	° ′
1	Polaris	1 36 27	N 89 19.9
2	Kochab	13 39 41	N 74 05.4
3	Dubhe	17 25 35	N 61 39.6
4	β Cassiop.	4 20 11	N 59 14.5
5	Merak	17 27 29	N 56 17.5
6	Alioth	15 35 34	N 55 52.3
7	Schedir	3 48 48	N 56 37.7
8	Mizar	15 05 44	N 54 50.5
9	α Persei	1 04 45	N 49 55.0
10	Benetnasch	14 42 08	N 49 14.0
11	Capella	23 12 21	N 46 00.6
12	Deneb	7 48 17	N 45 20.6
13	Vega	9 52 48	N 38 48.3
14	Castor	20 54 38	N 31 50.9
15	Alpheratz	4 21 02	N 29 10.9
16	Pollux	20 43 57	N 27 59.0
17	α Cor. Bor.	12 54 55	N 26 39.9
18	Arcturus	14 13 54	N 19 06.1
19	Aldebaran	23 53 24	N 16 32.3
20	Markab	5 24 42	N 15 17.6
21	Denebola	16 40 24	N 14 29.0
22	α Ophiuchi	10 54 36	N 12 33.2
23	Regulus	18 21 02	N 11 53.3
24	Altair	8 38 43	N 8 54.9
25	Betelgeuse	22 34 12	N 7 24.4
26	Bellatrix	23 04 15	N 6 21.7
27	Procyon	20 50 06	N 5 10.9
28	Rigel	23 14 56	S 8 11.2
29	α Hydrae	19 01 53	S 8 43.7
30	Spica	15 04 14	S 11 14.5
31	Sirius	21 44 24	S 16 44.4
32	β Ceti	3 45 52	S 17 54.1
33	Antares	11 59 54	S 26 27.8
34	σ Sagittarii	9 34 02	S 26 16.4
35	Fomalhaut	5 31 44	S 29 32.3
36	λ Scorpii	10 55 36	S 37 06.7
37	Canopus	22 05 55	S 52 42.3
38	α Pavonis	8 03 24	S 56 41.1
39	Achernar	2 51 56	S 57 09.6
40	β Crucis	15 41 36	S 59 46.2
41	β Centauri	14 25 19	S 60 26.6
42	α Centauri	13 49 35	S 60 53.7
43	α Crucis	16 02 46	S 63 10.9
44	α Tri. Aust.	11 39 57	S 69 03.1
45	β Carinae	19 16 51	S 69 46.5

R_0　4 30 15 (h m s)

11月30日 ～ 12月6日　　2015

30日　⊙ 太陽

U	$E_\odot$	d	dのP.P.
h	h m s	° ′	h m
0	12 11 38	S 21 32.8	0 00 0.0
2	12 11 37	S 21 33.7	10 0.1
4	12 11 35	S 21 34.5	20 0.1
6	12 11 33	S 21 35.3	30 0.2
8	12 11 31	S 21 36.1	40 0.3
10	12 11 29	S 21 37.0	0 50 0.3
12	12 11 28	S 21 37.8	1 00 0.4
14	12 11 26	S 21 38.6	10 0.5
16	12 11 24	S 21 39.4	20 0.5
18	12 11 22	S 21 40.2	30 0.6
20	12 11 20	S 21 41.0	40 0.7
22	12 11 19	S 21 41.8	1 50 0.7
24	12 11 17	S 21 42.6	2 00 0.8

視半径 S.D.　16′ 15″

✳ 恒星　E_*　$U = 0^h$ の値　d

No.		h m s	° ′
1	Polaris	1 40 23	N 89 19.9

1日　⊙ 太陽

U	$E_\odot$	d	dのP.P.
h	h m s	° ′	h m
0	12 11 17	S 21 42.6	0 00 0.0
2	12 11 15	S 21 43.4	10 0.1
4	12 11 13	S 21 44.2	20 0.1
6	12 11 11	S 21 45.0	30 0.2
8	12 11 09	S 21 45.8	40 0.3
10	12 11 08	S 21 46.6	0 50 0.3
12	12 11 06	S 21 47.3	1 00 0.4
14	12 11 04	S 21 48.1	10 0.5
16	12 11 02	S 21 48.9	20 0.5
18	12 11 00	S 21 49.7	30 0.6
20	12 10 58	S 21 50.4	40 0.6
22	12 10 56	S 21 51.2	1 50 0.7
24	12 10 55	S 21 52.0	2 00 0.8

視半径 S.D.　16′ 15″

✳ 恒星　E_*　$U = 0^h$ の値　d

No.		h m s	° ′
1	Polaris	1 44 21	N 89 19.9

2日　⊙ 太陽

U	$E_\odot$	d	dのP.P.
h	h m s	° ′	h m
0	12 10 55	S 21 52.0	0 00 0.0
2	12 10 53	S 21 52.7	10 0.1
4	12 10 51	S 21 53.5	20 0.1
6	12 10 49	S 21 54.2	30 0.2
8	12 10 47	S 21 55.0	40 0.2
10	12 10 45	S 21 55.7	0 50 0.3
12	12 10 43	S 21 56.5	1 00 0.4
14	12 10 41	S 21 57.2	10 0.4
16	12 10 39	S 21 58.0	20 0.5
18	12 10 37	S 21 58.7	30 0.6
20	12 10 36	S 21 59.4	40 0.6
22	12 10 34	S 22 00.2	1 50 0.7
24	12 10 32	S 22 00.9	2 00 0.7

視半径 S.D.　16′ 15″

✳ 恒星　E_*　$U = 0^h$ の値　d

No.		h m s	° ′
1	Polaris	1 48 18	N 89 19.9

3日　⊙ 太陽

U	$E_\odot$	d	dのP.P.
h	h m s	° ′	h m
0	12 10 32	S 22 00.9	0 00 0.0
2	12 10 30	S 22 01.6	10 0.1
4	12 10 28	S 22 02.3	20 0.1
6	12 10 26	S 22 03.0	30 0.2
8	12 10 24	S 22 03.8	40 0.2
10	12 10 22	S 22 04.5	0 50 0.3
12	12 10 20	S 22 05.2	1 00 0.4
14	12 10 18	S 22 05.9	10 0.4
16	12 10 16	S 22 06.6	20 0.5
18	12 10 14	S 22 07.3	30 0.5
20	12 10 12	S 22 08.0	40 0.6
22	12 10 10	S 22 08.7	1 50 0.6
24	12 10 08	S 22 09.4	2 00 0.7

視半径 S.D.　16′ 15″

✳ 恒星　E_*　$U = 0^h$ の値　d

No.		h m s	° ′
1	Polaris	1 52 15	N 89 19.9

4日　⊙ 太陽

U	$E_\odot$	d	dのP.P.
h	h m s	° ′	h m
0	12 10 08	S 22 09.4	0 00 0.0
2	12 10 06	S 22 10.1	10 0.1
4	12 10 04	S 22 10.8	20 0.1
6	12 10 02	S 22 11.4	30 0.2
8	12 10 00	S 22 12.1	40 0.2
10	12 09 58	S 22 12.8	0 50 0.3
12	12 09 56	S 22 13.5	1 00 0.3
14	12 09 54	S 22 14.1	10 0.4
16	12 09 52	S 22 14.8	20 0.4
18	12 09 50	S 22 15.5	30 0.5
20	12 09 48	S 22 16.2	40 0.6
22	12 09 46	S 22 16.8	1 50 0.6
24	12 09 44	S 22 17.5	2 00 0.7

視半径 S.D.　16′ 15″

✳ 恒星　E_*　$U = 0^h$ の値　d

No.		h m s	° ′
1	Polaris	1 56 12	N 89 19.9

5日　⊙ 太陽

U	$E_\odot$	d	dのP.P.
h	h m s	° ′	h m
0	12 09 44	S 22 17.5	0 00 0.0
2	12 09 42	S 22 18.1	10 0.1
4	12 09 40	S 22 18.8	20 0.1
6	12 09 38	S 22 19.4	30 0.2
8	12 09 36	S 22 20.1	40 0.2
10	12 09 34	S 22 20.7	0 50 0.3
12	12 09 32	S 22 21.3	1 00 0.3
14	12 09 30	S 22 22.0	10 0.4
16	12 09 28	S 22 22.6	20 0.4
18	12 09 25	S 22 23.2	30 0.5
20	12 09 23	S 22 23.9	40 0.5
22	12 09 21	S 22 24.5	1 50 0.6
24	12 09 19	S 22 25.1	2 00 0.6

視半径 S.D.　16′ 15″

✳ 恒星　E_*　$U = 0^h$ の値　d

No.		h m s	° ′
1	Polaris	2 00 09	N 89 20.0

6日　⊙ 太陽

U	$E_\odot$	d	dのP.P.
h	h m s	° ′	h m
0	12 09 19	S 22 25.1	0 00 0.0
2	12 09 17	S 22 25.7	10 0.1
4	12 09 15	S 22 26.3	20 0.1
6	12 09 13	S 22 27.0	30 0.2
8	12 09 11	S 22 27.6	40 0.2
10	12 09 09	S 22 28.2	0 50 0.3
12	12 09 07	S 22 28.8	1 00 0.3
14	12 09 05	S 22 29.4	10 0.4
16	12 09 02	S 22 30.0	20 0.4
18	12 09 00	S 22 30.6	30 0.5
20	12 08 58	S 22 31.2	40 0.5
22	12 08 56	S 22 31.7	1 50 0.6
24	12 08 54	S 22 32.3	2 00 0.6

視半径 S.D.　16′ 15″

✳ 恒星　E_*　$U = 0^h$ の値　d

No.		h m s	° ′
1	Polaris	2 04 07	N 89 20.0
2	Kochab	14 07 17	N 74 05.4
3	Dubhe	17 53 11	N 61 39.6
4	β Cassiop.	4 47 47	N 59 14.5
5	Merak	17 55 05	N 56 17.5
6	Alioth	16 03 10	N 55 52.2
7	Schedir	4 16 24	N 56 37.7
8	Mizar	15 33 20	N 54 50.4
9	α Persei	1 32 21	N 49 55.0
10	Benetnasch	15 09 43	N 49 14.0
11	Capella	23 39 57	N 46 00.6
12	Deneb	8 15 54	N 45 20.6
13	Vega	10 20 24	N 38 48.2
14	Castor	21 22 14	N 31 50.9
15	Alpheratz	4 48 38	N 29 10.9
16	Pollux	21 11 33	N 27 59.0
17	α Cor. Bor.	13 22 31	N 26 39.8
18	Arcturus	14 41 29	N 19 06.1
19	Aldebaran	0 21 00	N 16 32.3
20	Markab	5 52 18	N 15 17.6
21	Denebola	17 08 00	N 14 28.9
22	α Ophiuchi	11 22 12	N 12 33.2
23	Regulus	18 48 38	N 11 53.2
24	Altair	9 06 19	N 8 54.9
25	Betelgeuse	23 01 48	N 7 24.4
26	Bellatrix	23 31 51	N 6 21.6
27	Procyon	21 17 42	N 5 10.9
28	Rigel	23 42 32	S 8 11.2
29	α Hydrae	19 29 29	S 8 43.7
30	Spica	15 31 50	S 11 14.5
31	Sirius	22 11 59	S 16 44.4
32	β Ceti	4 13 28	S 17 54.1
33	Antares	12 27 30	S 26 27.8
34	σ Sagittarii	10 01 38	S 26 16.4
35	Fomalhaut	5 59 20	S 29 32.4
36	λ Scorpii	11 23 12	S 37 06.7
37	Canopus	22 33 31	S 52 42.3
38	α Pavonis	8 31 00	S 56 41.0
39	Achernar	3 19 32	S 57 09.7
40	β Crucis	16 09 12	S 59 46.2
41	β Centauri	14 52 55	S 60 26.6
42	α Centauri	14 17 11	S 60 53.7
43	α Crucis	16 30 22	S 63 10.9
44	α Tri. Aust.	12 07 33	S 69 03.1
45	β Carinae	19 44 26	S 69 46.8

R_0　　4 57 51

☉ 太陽

U h	E☉ h m s	d ° ′	dのP.P. h m	′
0	12 08 54	S 22 32.3	**0 00**	0.0
2	12 08 52	S 22 32.9	**10**	0.0
4	12 08 50	S 22 33.5	**20**	0.1
6	12 08 48	S 22 34.1	**30**	0.1
8	12 08 45	S 22 34.6	**40**	0.2
10	12 08 43	S 22 35.2	**0 50**	0.2
12	12 08 41	S 22 35.8	**1 00**	0.3
14	12 08 39	S 22 36.3	**10**	0.3
16	12 08 37	S 22 36.9	**20**	0.4
18	12 08 35	S 22 37.4	**30**	0.4
20	12 08 32	S 22 38.0	**40**	0.5
22	12 08 30	S 22 38.5	**1 50**	0.5
24	12 08 28	S 22 39.1	**2 00**	0.6

視半径 S.D. 16′ 16″

✳ 恒星 U = 0^h の値

No.		E✳ h m s	d ° ′
1	Polaris	2 08 04	N89 20.0
2	Kochab	14 11 13	N74 05.4
3	Dubhe	17 57 07	N61 39.6
4	β Cassiop.	4 51 44	N59 14.5
5	Merak	17 59 01	N56 17.5
6	Alioth	16 07 06	N55 52.2
7	Schedir	4 20 21	N56 37.7
8	Mizar	15 37 16	N54 50.4
9	α Persei	1 36 17	N49 55.0
10	Benetnasch	15 13 40	N49 14.0
11	Capella	23 43 54	N46 00.6
12	Deneb	8 19 50	N45 20.6
13	Vega	10 24 21	N38 48.2
14	Castor	21 26 10	N31 50.9
15	Alpheratz	4 52 34	N29 10.9
16	Pollux	21 15 30	N27 59.0
17	α Cor. Bor.	13 26 28	N26 39.8
18	Arcturus	14 45 26	N19 06.1
19	Aldebaran	0 24 56	N16 32.3
20	Markab	5 56 14	N15 17.6
21	Denebola	17 11 56	N14 28.9
22	α Ophiuchi	11 26 09	N12 33.2
23	Regulus	18 52 35	N11 53.2
24	Altair	9 10 15	N 8 54.9
25	Betelgeuse	23 05 45	N 7 24.4
26	Bellatrix	23 35 47	N 6 21.6
27	Procyon	21 21 39	N 5 10.8
28	Rigel	23 46 28	S 8 11.2
29	α Hydrae	19 33 25	S 8 43.7
30	Spica	15 35 47	S11 14.5
31	Sirius	22 15 56	S16 44.4
32	β Ceti	4 17 24	S17 54.1
33	Antares	12 31 26	S26 27.8
34	σ Sagittarii	10 05 34	S26 16.4
35	Fomalhaut	6 03 17	S29 32.4
36	λ Scorpii	11 27 08	S37 06.7
37	Canopus	22 37 27	S52 42.3
38	α Pavonis	8 34 56	S56 41.0
39	Achernar	3 23 29	S57 09.7
40	β Crucis	16 13 08	S59 46.2
41	β Centauri	14 56 51	S60 26.6
42	α Centauri	14 21 08	S60 53.7
43	α Crucis	16 34 18	S63 10.9
44	α Tri. Aust.	12 11 30	S69 03.1
45	β Carinae	19 48 23	S69 46.8

R_0 5h 01m 48s

P 惑星 (U, E_P, d; P.P. E_P d)

♀ 金星 正中時 Tr. 9h 01m

U h	E_P h m s	d ° ′	P.P. h m	E_P s	d ′
0	14 58 48	S10 05.8	**0 00**	0	0.0
2	14 58 45	S10 07.7	**10**	0	0.2
4	14 58 42	S10 09.7	**20**	0	0.3
6	14 58 40	S10 11.6	**30**	1	0.5
8	14 58 37	S10 13.6	**40**	1	0.7
10	14 58 34	S10 15.5	**0 50**	1	0.8
12	14 58 31	S10 17.5	**1 00**	1	1.0
14	14 58 28	S10 19.4	**10**	2	1.1
16	14 58 25	S10 21.4	**20**	2	1.3
18	14 58 23	S10 23.3	**30**	2	1.5
20	14 58 20	S10 25.3	**40**	2	1.6
22	14 58 17	S10 27.2	**1 50**	3	1.8
24	14 58 14	S10 29.2	**2 00**	3	2.0

♂ 火星 正中時 Tr. 7h 53m

U h	E_P h m s	d ° ′	P.P. h m	E_P s	d ′
0	16 06 53	S 4 16.7	**0 00**	0	0.0
2	16 07 02	S 4 17.8	**10**	1	0.1
4	16 07 11	S 4 18.9	**20**	1	0.2
6	16 07 20	S 4 20.0	**30**	2	0.3
8	16 07 29	S 4 21.1	**40**	3	0.4
10	16 07 38	S 4 22.3	**0 50**	4	0.5
12	16 07 47	S 4 23.4	**1 00**	4	0.6
14	16 07 56	S 4 24.5	**10**	5	0.7
16	16 08 05	S 4 25.6	**20**	6	0.7
18	16 08 14	S 4 26.7	**30**	7	0.8
20	16 08 22	S 4 27.8	**40**	7	0.9
22	16 08 31	S 4 29.0	**1 50**	8	1.0
24	16 08 40	S 4 30.1	**2 00**	9	1.1

♃ 木星 正中時 Tr. 6h 28m

U h	E_P h m s	d ° ′	P.P. h m	E_P s	d ′
0	17 30 44	N 4 21.2	**0 00**	0	0.0
2	17 31 02	N 4 21.0	**10**	1	0.0
4	17 31 20	N 4 20.8	**20**	3	0.0
6	17 31 38	N 4 20.7	**30**	4	0.0
8	17 31 56	N 4 20.5	**40**	6	0.1
10	17 32 14	N 4 20.3	**0 50**	7	0.1
12	17 32 32	N 4 20.2	**1 00**	9	0.1
14	17 32 50	N 4 20.0	**10**	10	0.1
16	17 33 08	N 4 19.8	**20**	12	0.1
18	17 33 26	N 4 19.7	**30**	13	0.1
20	17 33 44	N 4 19.5	**40**	15	0.1
22	17 34 02	N 4 19.3	**1 50**	16	0.2
24	17 34 20	N 4 19.2	**2 00**	18	0.2

♄ 土星 正中時 Tr. 11h 24m

U h	E_P h m s	d ° ′	P.P. h m	E_P s	d ′
0	12 34 34	S20 04.2	**0 00**	0	0.0
2	12 34 52	S20 04.3	**10**	1	0.0
4	12 35 09	S20 04.4	**20**	3	0.0
6	12 35 26	S20 04.5	**30**	4	0.0
8	12 35 43	S20 04.6	**40**	6	0.0
10	12 36 01	S20 04.7	**0 50**	7	0.0
12	12 36 18	S20 04.8	**1 00**	9	0.0
14	12 36 35	S20 04.9	**10**	10	0.1
16	12 36 52	S20 05.0	**20**	11	0.1
18	12 37 09	S20 05.1	**30**	13	0.1
20	12 37 27	S20 05.2	**40**	14	0.1
22	12 37 44	S20 05.3	**1 50**	16	0.1
24	12 38 01	S20 05.4	**2 00**	17	0.1

☾ 月 正中時 Tr. 8h 47m

U h	E☾ h m s	d ° ′
0	15 28 22	S 7 20.3
	15 27 30	S 7 24.6
1	15 26 37	S 7 28.9
	15 25 45	S 7 33.2
2	15 24 52	S 7 37.6
	15 23 59	S 7 41.9
3	15 23 06	S 7 46.2
	15 22 14	S 7 50.4
4	15 21 21	S 7 54.7
	15 20 28	S 7 59.0
5	15 19 35	S 8 03.3
	15 18 42	S 8 07.5

H.P. 54′.3, S.D. 14′ 48″

U h	E☾ h m s	d ° ′
6	15 17 49	S 8 11.8
	15 16 56	S 8 16.0
7	15 16 03	S 8 20.3
	15 15 10	S 8 24.5
8	15 14 17	S 8 28.7
	15 13 24	S 8 32.9
9	15 12 31	S 8 37.1
	15 11 38	S 8 41.3
10	15 10 45	S 8 45.5
	15 09 52	S 8 49.7
11	15 08 58	S 8 53.9
	15 08 05	S 8 58.0

H.P. 54′.4, S.D. 14′ 49″

U h	E☾ h m s	d ° ′
12	15 07 12	S 9 02.2
	15 06 18	S 9 06.3
13	15 05 25	S 9 10.5
	15 04 31	S 9 14.6
14	15 03 38	S 9 18.7
	15 02 44	S 9 22.8
15	15 01 51	S 9 26.9
	15 00 57	S 9 31.0
16	15 00 04	S 9 35.1
	14 59 10	S 9 39.2
17	14 58 16	S 9 43.3
	14 57 22	S 9 47.3

H.P. 54′.5, S.D. 14′ 50″

U h	E☾ h m s	d ° ′
18	14 56 29	S 9 51.4
	14 55 35	S 9 55.4
19	14 54 41	S 9 59.4
	14 53 47	S10 03.5
20	14 52 53	S10 07.5
	14 51 59	S10 11.5
21	14 51 05	S10 15.5
	14 50 11	S10 19.4
22	14 49 17	S10 23.4
	14 48 22	S10 27.4
23	14 47 28	S10 31.3
	14 46 34	S10 35.3
24	14 45 40	S10 39.2

H.P. 54′.5, S.D. 14′ 52″

P.P. (E☾ d)

m	s	′
1	2	0.1
2	4	0.3
3	5	0.4
4	7	0.6
5	9	0.7
6	11	0.8
7	12	1.0
8	14	1.1
9	16	1.3
10	18	1.4
11	19	1.6
12	21	1.7
13	23	1.8
14	25	2.0
15	26	2.1
16	28	2.3
17	30	2.4
18	32	2.5
19	34	2.7
20	35	2.8
21	37	3.0
22	39	3.1
23	41	3.3
24	42	3.4
25	44	3.5
26	46	3.7
27	48	3.8
28	49	4.0
29	51	4.1
30	53	4.2

m	s	′
1	2	0.1
2	4	0.3
3	5	0.4
4	7	0.5
5	9	0.7
6	11	0.8
7	13	0.9
8	14	1.1
9	16	1.2
10	18	1.3
11	20	1.5
12	22	1.6
13	23	1.8
14	25	1.9
15	27	2.0
16	29	2.2
17	31	2.3
18	32	2.4
19	34	2.6
20	36	2.7
21	38	2.8
22	39	3.0
23	41	3.1
24	43	3.2
25	45	3.4
26	47	3.5
27	48	3.6
28	50	3.8
29	52	3.9
30	54	4.0

P 惑星

星名	赤経 R.A. h m	赤緯 d ° ′	等級 Mag.	地平視差 H.P. ′	視半径 S.D. ″
♀ 金星	14 03	S10 06	−4.2	0.1	8
♂ 火星	12 55	S 4 17	+1.5	0.1	2
♃ 木星	11 31	N 4 21	−2.0	0.0	17
♄ 土星	16 27	S20 04	+0.5	0.0	7
☿ 水星	17 39	S25 20	−0.7	0.1	2

12月8日 ～ 12月14日　2015

8日 ☉ 太陽

U	$E_☉$	d	dのP.P.
h	h m s	° ′	h m ′
0	12 08 28	S 22 39.1	0 00 0.0
2	12 08 26	S 22 39.6	10 0.0
4	12 08 24	S 22 40.2	20 0.1
6	12 08 22	S 22 40.7	30 0.1
8	12 08 19	S 22 41.3	40 0.2
10	12 08 17	S 22 41.8	0 50 0.2
12	12 08 15	S 22 42.3	1 00 0.3
14	12 08 13	S 22 42.8	10 0.3
16	12 08 11	S 22 43.4	20 0.4
18	12 08 08	S 22 43.9	30 0.4
20	12 08 06	S 22 44.4	40 0.4
22	12 08 04	S 22 44.9	1 50 0.5
24	12 08 02	S 22 45.4	2 00 0.5

視半径 S.D. 16′ 16″

恒星 $U = 0^h$ の値

No.		E_*	d
		h m s	° ′
1	Polaris	2 12 01	N 89 20.0

9日 ☉ 太陽

U	$E_☉$	d	dのP.P.
h	h m s	° ′	h m ′
0	12 08 02	S 22 45.4	0 00 0.0
2	12 08 00	S 22 45.9	10 0.0
4	12 07 57	S 22 46.4	20 0.1
6	12 07 55	S 22 46.9	30 0.1
8	12 07 53	S 22 47.4	40 0.2
10	12 07 51	S 22 47.9	0 50 0.2
12	12 07 49	S 22 48.4	1 00 0.2
14	12 07 46	S 22 48.9	10 0.3
16	12 07 44	S 22 49.4	20 0.3
18	12 07 42	S 22 49.9	30 0.4
20	12 07 40	S 22 50.4	40 0.4
22	12 07 37	S 22 50.8	1 50 0.5
24	12 07 35	S 22 51.3	2 00 0.5

視半径 S.D. 16′ 16″

恒星 $U = 0^h$ の値

No.		E_*	d
		h m s	° ′
1	Polaris	2 15 58	N 89 20.0

10日 ☉ 太陽

U	$E_☉$	d	dのP.P.
h	h m s	° ′	h m ′
0	12 07 35	S 22 51.3	0 00 0.0
2	12 07 33	S 22 51.8	10 0.0
4	12 07 31	S 22 52.2	20 0.1
6	12 07 28	S 22 52.7	30 0.1
8	12 07 26	S 22 53.2	40 0.2
10	12 07 24	S 22 53.6	0 50 0.2
12	12 07 21	S 22 54.1	1 00 0.2
14	12 07 19	S 22 54.5	10 0.3
16	12 07 17	S 22 55.0	20 0.3
18	12 07 15	S 22 55.4	30 0.3
20	12 07 12	S 22 55.9	40 0.4
22	12 07 10	S 22 56.3	1 50 0.4
24	12 07 08	S 22 56.7	2 00 0.5

視半径 S.D. 16′ 16″

恒星 $U = 0^h$ の値

No.		E_*	d
		h m s	° ′
1	Polaris	2 19 55	N 89 20.0

11日 ☉ 太陽

U	$E_☉$	d	dのP.P.
h	h m s	° ′	h m ′
0	12 07 08	S 22 56.7	0 00 0.0
2	12 07 06	S 22 57.2	10 0.0
4	12 07 03	S 22 57.6	20 0.1
6	12 07 01	S 22 58.0	30 0.1
8	12 06 59	S 22 58.4	40 0.1
10	12 06 56	S 22 58.9	0 50 0.2
12	12 06 54	S 22 59.3	1 00 0.2
14	12 06 52	S 22 59.7	10 0.2
16	12 06 49	S 23 00.1	20 0.3
18	12 06 47	S 23 00.5	30 0.3
20	12 06 45	S 23 00.9	40 0.3
22	12 06 43	S 23 01.3	1 50 0.4
24	12 06 40	S 23 01.7	2 00 0.4

視半径 S.D. 16′ 16″

恒星 $U = 0^h$ の値

No.		E_*	d
		h m s	° ′
1	Polaris	2 23 53	N 89 20.0

12日 ☉ 太陽

U	$E_☉$	d	dのP.P.
h	h m s	° ′	h m ′
0	12 06 40	S 23 01.7	0 00 0.0
2	12 06 38	S 23 02.1	10 0.0
4	12 06 36	S 23 02.5	20 0.1
6	12 06 33	S 23 02.9	30 0.1
8	12 06 31	S 23 03.3	40 0.1
10	12 06 29	S 23 03.6	0 50 0.2
12	12 06 26	S 23 04.0	1 00 0.2
14	12 06 24	S 23 04.4	10 0.2
16	12 06 22	S 23 04.8	20 0.3
18	12 06 19	S 23 05.1	30 0.3
20	12 06 17	S 23 05.5	40 0.3
22	12 06 15	S 23 05.9	1 50 0.4
24	12 06 12	S 23 06.2	2 00 0.4

視半径 S.D. 16′ 16″

恒星 $U = 0^h$ の値

No.		E_*	d
		h m s	° ′
1	Polaris	2 27 50	N 89 20.0

13日 ☉ 太陽

U	$E_☉$	d	dのP.P.
h	h m s	° ′	h m ′
0	12 06 12	S 23 06.2	0 00 0.0
2	12 06 10	S 23 06.6	10 0.0
4	12 06 08	S 23 06.9	20 0.1
6	12 06 05	S 23 07.3	30 0.1
8	12 06 03	S 23 07.6	40 0.1
10	12 06 00	S 23 08.0	0 50 0.1
12	12 05 58	S 23 08.3	1 00 0.2
14	12 05 56	S 23 08.7	10 0.2
16	12 05 53	S 23 09.0	20 0.2
18	12 05 51	S 23 09.3	30 0.3
20	12 05 49	S 23 09.7	40 0.3
22	12 05 46	S 23 10.0	1 50 0.3
24	12 05 44	S 23 10.3	2 00 0.3

視半径 S.D. 16′ 16″

恒星 $U = 0^h$ の値

No.		E_*	d
		h m s	° ′
1	Polaris	2 31 47	N 89 20.0

14日 ☉ 太陽

U	$E_☉$	d	dのP.P.
h	h m s	° ′	h m ′
0	12 05 44	S 23 10.3	0 00 0.0
2	12 05 41	S 23 10.6	10 0.0
4	12 05 39	S 23 10.9	20 0.1
6	12 05 37	S 23 11.2	30 0.1
8	12 05 34	S 23 11.5	40 0.1
10	12 05 32	S 23 11.9	0 50 0.1
12	12 05 30	S 23 12.2	1 00 0.2
14	12 05 27	S 23 12.5	10 0.2
16	12 05 25	S 23 12.7	20 0.2
18	12 05 22	S 23 13.0	30 0.2
20	12 05 20	S 23 13.3	40 0.3
22	12 05 18	S 23 13.6	1 50 0.3
24	12 05 15	S 23 13.9	2 00 0.3

視半径 S.D. 16′ 16″

恒星 $U = 0^h$ の値

No.		E_*	d
		h m s	° ′
1	Polaris	2 35 44	N 89 20.0
2	Kochab	14 38 49	N 74 05.3
3	Dubhe	18 24 43	N 61 39.5
4	β Cassiop.	5 19 20	N 59 14.5
5	Merak	18 26 37	N 56 17.5
6	Alioth	16 34 42	N 55 52.2
7	Schedir	4 47 57	N 56 37.7
8	Mizar	16 04 52	N 54 50.4
9	α Persei	2 03 53	N 49 55.0
10	Benetnasch	15 41 16	N 49 13.9
11	Capella	0 11 30	N 46 00.6
12	Deneb	8 47 26	N 45 20.6
13	Vega	10 51 57	N 38 48.2
14	Castor	21 53 46	N 31 50.9
15	Alpheratz	5 20 10	N 29 10.9
16	Pollux	21 43 05	N 27 59.0
17	α Cor. Bor.	13 54 04	N 26 39.8
18	Arcturus	15 13 02	N 19 06.0
19	Aldebaran	0 52 32	N 16 32.3
20	Markab	6 23 50	N 15 17.6
21	Denebola	17 39 32	N 14 28.9
22	α Ophiuchi	11 53 45	N 12 33.2
23	Regulus	19 20 10	N 11 53.2
24	Altair	9 37 51	N 8 54.9
25	Betelgeuse	23 33 20	N 7 24.4
26	Bellatrix	0 03 23	N 6 21.6
27	Procyon	21 49 14	N 5 10.8
28	Rigel	0 14 04	S 8 11.2
29	α Hydrae	20 01 01	S 8 43.7
30	Spica	16 03 22	S 11 14.5
31	Sirius	22 43 32	S 16 44.5
32	β Ceti	4 45 00	S 17 54.1
33	Antares	12 59 02	S 26 27.8
34	σ Sagittarii	10 33 10	S 26 16.4
35	Fomalhaut	6 30 53	S 29 32.4
36	λ Scorpii	11 54 44	S 37 06.7
37	Canopus	23 55 03	S 52 42.4
38	α Pavonis	9 02 32	S 56 41.0
39	Achernar	3 51 05	S 57 09.7
40	β Crucis	16 40 44	S 59 46.2
41	β Centauri	15 24 27	S 60 26.6
42	α Centauri	14 48 43	S 60 53.7
43	α Crucis	17 01 54	S 63 10.9
44	α Tri. Aust.	12 39 05	S 69 03.1
45	β Carinae	20 15 58	S 69 46.8

R_0 h m s   5 29 24

2015　　　　12 月 15 日 ～ 12 月 21 日

15日 ⊙ 太陽

U	$E_⊙$	d	dのP.P.
h	h m s	° ′	h m ′
0	12 05 15	S 23 13.9	0 00　0.0
2	12 05 13	S 23 14.2	10　0.0
4	12 05 10	S 23 14.5	20　0.0
6	12 05 08	S 23 14.7	30　0.1
8	12 05 06	S 23 15.0	40　0.1
10	12 05 03	S 23 15.3	0 50　0.1
12	12 05 01	S 23 15.5	1 00　0.1
14	12 04 58	S 23 15.8	10　0.2
16	12 04 56	S 23 16.0	20　0.2
18	12 04 54	S 23 16.3	30　0.2
20	12 04 51	S 23 16.5	40　0.2
22	12 04 49	S 23 16.8	1 50　0.2
24	12 04 46	S 23 17.0	2 00　0.3

視半径 S.D.　　16′ 16″

✴ 恒星　$U=0^h$ の値

No.		E_*	d
		h m s	° ′
1	Polaris	2 39 42	N89 20.0

16日 ⊙ 太陽

U	$E_⊙$	d	dのP.P.
h	h m s	° ′	h m ′
0	12 04 46	S 23 17.0	0 00　0.0
2	12 04 44	S 23 17.3	10　0.0
4	12 04 42	S 23 17.5	20　0.0
6	12 04 39	S 23 17.8	30　0.1
8	12 04 37	S 23 18.0	40　0.1
10	12 04 34	S 23 18.2	0 50　0.1
12	12 04 32	S 23 18.4	1 00　0.1
14	12 04 29	S 23 18.7	10　0.1
16	12 04 27	S 23 18.9	20　0.1
18	12 04 25	S 23 19.1	30　0.2
20	12 04 22	S 23 19.3	40　0.2
22	12 04 20	S 23 19.5	1 50　0.2
24	12 04 17	S 23 19.7	2 00　0.2

視半径 S.D.　　16′ 17″

✴ 恒星　$U=0^h$ の値

No.		E_*	d
		h m s	° ′
1	Polaris	2 43 39	N89 20.0

17日 ⊙ 太陽

U	$E_⊙$	d	dのP.P.
h	h m s	° ′	h m ′
0	12 04 17	S 23 19.7	0 00　0.0
2	12 04 15	S 23 19.9	10　0.0
4	12 04 12	S 23 20.1	20　0.0
6	12 04 10	S 23 20.3	30　0.0
8	12 04 07	S 23 20.5	40　0.1
10	12 04 05	S 23 20.7	0 50　0.1
12	12 04 03	S 23 20.9	1 00　0.1
14	12 04 00	S 23 21.1	10　0.1
16	12 03 58	S 23 21.2	20　0.1
18	12 03 55	S 23 21.4	30　0.1
20	12 03 53	S 23 21.6	40　0.2
22	12 03 50	S 23 21.8	1 50　0.2
24	12 03 48	S 23 21.9	2 00　0.2

視半径 S.D.　　16′ 17″

✴ 恒星　$U=0^h$ の値

No.		E_*	d
		h m s	° ′
1	Polaris	2 47 37	N89 20.0

18日 ⊙ 太陽

U	$E_⊙$	d	dのP.P.
h	h m s	° ′	h m ′
0	12 03 48	S 23 21.9	0 00　0.0
2	12 03 45	S 23 22.1	10　0.0
4	12 03 43	S 23 22.2	20　0.0
6	12 03 41	S 23 22.4	30　0.0
8	12 03 38	S 23 22.6	40　0.0
10	12 03 36	S 23 22.7	0 50　0.1
12	12 03 33	S 23 22.9	1 00　0.1
14	12 03 31	S 23 23.0	10　0.1
16	12 03 28	S 23 23.1	20　0.1
18	12 03 26	S 23 23.3	30　0.1
20	12 03 23	S 23 23.4	40　0.1
22	12 03 21	S 23 23.5	1 50　0.1
24	12 03 18	S 23 23.7	2 00　0.1

視半径 S.D.　　16′ 17″

✴ 恒星　$U=0^h$ の値

No.		E_*	d
		h m s	° ′
1	Polaris	2 51 35	N89 20.0

19日 ⊙ 太陽

U	$E_⊙$	d	dのP.P.
h	h m s	° ′	h m ′
0	12 03 18	S 23 23.7	0 00　0.0
2	12 03 16	S 23 23.8	10　0.0
4	12 03 13	S 23 23.9	20　0.0
6	12 03 11	S 23 24.0	30　0.0
8	12 03 09	S 23 24.1	40　0.1
10	12 03 06	S 23 24.3	0 50　0.1
12	12 03 04	S 23 24.4	1 00　0.1
14	12 03 01	S 23 24.5	10　0.1
16	12 02 59	S 23 24.6	20　0.1
18	12 02 56	S 23 24.7	30　0.1
20	12 02 54	S 23 24.8	40　0.1
22	12 02 51	S 23 24.8	1 50　0.1
24	12 02 49	S 23 24.9	2 00　0.1

視半径 S.D.　　16′ 17″

✴ 恒星　$U=0^h$ の値

No.		E_*	d
		h m s	° ′
1	Polaris	2 55 33	N89 20.0

20日 ⊙ 太陽

U	$E_⊙$	d	dのP.P.
h	h m s	° ′	h m ′
0	12 02 49	S 23 24.9	0 00　0.0
2	12 02 46	S 23 25.0	10　0.0
4	12 02 44	S 23 25.1	20　0.0
6	12 02 41	S 23 25.2	30　0.0
8	12 02 39	S 23 25.3	40　0.0
10	12 02 37	S 23 25.3	0 50　0.0
12	12 02 34	S 23 25.4	1 00　0.0
14	12 02 32	S 23 25.5	10　0.0
16	12 02 29	S 23 25.5	20　0.0
18	12 02 27	S 23 25.6	30　0.0
20	12 02 24	S 23 25.6	40　0.1
22	12 02 22	S 23 25.7	1 50　0.1
24	12 02 19	S 23 25.7	2 00　0.1

視半径 S.D.　　16′ 17″

✴ 恒星　$U=0^h$ の値

No.		E_*	d
		h m s	° ′
1	Polaris	2 59 30	N89 20.0

21日 ⊙ 太陽

U	$E_⊙$	d	dのP.P.
h	h m s	° ′	h m ′
0	12 02 19	S 23 25.7	0 00　0.0
2	12 02 17	S 23 25.8	10　0.0
4	12 02 14	S 23 25.8	20　0.0
6	12 02 12	S 23 25.9	30　0.0
8	12 02 09	S 23 25.9	40　0.0
10	12 02 07	S 23 25.9	0 50　0.0
12	12 02 04	S 23 26.0	1 00　0.0
14	12 02 02	S 23 26.0	10　0.0
16	12 01 59	S 23 26.0	20　0.0
18	12 01 57	S 23 26.0	30　0.0
20	12 01 54	S 23 26.0	40　0.0
22	12 01 52	S 23 26.1	1 50　0.0
24	12 01 49	S 23 26.1	2 00　0.0

視半径 S.D.　　16′ 17″

✴ 恒星　$U=0^h$ の値

No.		E_*	d
		h m s	° ′
1	Polaris	3 03 28	N89 20.0
2	Kochab	15 06 24	N74 05.3
3	Dubhe	18 52 18	N61 39.5
4	β Cassiop.	5 46 56	N59 14.5
5	Merak	18 54 12	N56 17.5
6	Alioth	17 02 18	N55 52.2
7	Schedir	5 15 33	N56 37.7
8	Mizar	16 32 28	N54 50.3
9	α Persei	2 31 29	N49 55.0
10	Benetnasch	16 08 51	N49 13.9
11	Capella	0 39 05	N46 00.6
12	Deneb	9 15 02	N45 20.6
13	Vega	11 19 33	N38 48.2
14	Castor	22 21 22	N31 50.9
15	Alpheratz	5 47 46	N29 10.9
16	Pollux	22 10 41	N27 59.0
17	α Cor. Bor.	14 21 39	N26 39.8
18	Arcturus	15 40 37	N19 06.0
19	Aldebaran	1 20 08	N16 32.3
20	Markab	6 51 26	N15 17.6
21	Denebola	18 07 07	N14 28.9
22	α Ophiuchi	12 21 21	N12 33.1
23	Regulus	19 47 46	N11 53.2
24	Altair	10 05 27	N 8 54.9
25	Betelgeuse	0 00 56	N 7 24.4
26	Bellatrix	0 30 59	N 6 21.6
27	Procyon	22 16 50	N 5 10.8
28	Rigel	0 41 40	S 8 11.2
29	α Hydrae	20 28 36	S 8 43.8
30	Spica	16 30 58	S11 14.5
31	Sirius	23 11 07	S16 44.5
32	β Ceti	5 12 36	S17 54.1
33	Antares	13 26 38	S26 27.8
34	σ Sagittarii	11 00 46	S26 16.4
35	Fomalhaut	6 58 29	S29 32.4
36	λ Scorpii	12 22 20	S37 06.7
37	Canopus	23 32 39	S52 42.4
38	α Pavonis	9 30 08	S56 41.0
39	Achernar	4 18 41	S57 09.7
40	β Crucis	17 08 19	S59 46.2
41	β Centauri	15 52 02	S60 26.6
42	α Centauri	15 16 19	S60 53.7
43	α Crucis	17 29 29	S63 10.9
44	α Tri. Aust.	13 06 41	S69 03.0
45	β Carinae	20 43 34	S69 46.8

R_0　　　　h m s
　　　　　　5 57 00

12月22日 ～ 12月28日　2015

22日　☉ 太陽

U	$E_\odot$	d	dのP.P.
h	h m s	° ′	h m ′
0	12 01 49	S 23 26.1	0 00 0.0
2	12 01 47	S 23 26.1	10 0.0
4	12 01 44	S 23 26.1	20 0.0
6	12 01 42	S 23 26.1	30 0.0
8	12 01 40	S 23 26.1	40 0.0
10	12 01 37	S 23 26.1	0 50 0.0
12	12 01 35	S 23 26.1	1 00 0.0
14	12 01 32	S 23 26.0	10 0.0
16	12 01 30	S 23 26.0	20 0.0
18	12 01 27	S 23 26.0	30 0.0
20	12 01 25	S 23 26.0	40 0.0
22	12 01 22	S 23 26.0	1 50 0.0
24	12 01 20	S 23 25.9	2 00 0.0

視半径 S.D.　16′ 17″

✳ 恒星　$U=0^h$ の値

No.		E_*	d
		h m s	° ′
1	Polaris	3 07 25	N 89 20.0

23日　☉ 太陽

U	$E_\odot$	d	dのP.P.
h	h m s	° ′	h m ′
0	12 01 20	S 23 25.9	0 00 0.0
2	12 01 17	S 23 25.9	10 0.0
4	12 01 15	S 23 25.9	20 0.0
6	12 01 12	S 23 25.8	30 0.0
8	12 01 10	S 23 25.8	40 0.0
10	12 01 07	S 23 25.7	0 50 0.0
12	12 01 05	S 23 25.7	1 00 0.0
14	12 01 02	S 23 25.6	10 0.0
16	12 01 00	S 23 25.6	20 0.0
18	12 00 57	S 23 25.5	30 0.0
20	12 00 55	S 23 25.4	40 0.0
22	12 00 52	S 23 25.4	1 50 0.0
24	12 00 50	S 23 25.3	2 00 0.1

視半径 S.D.　16′ 17″

✳ 恒星　$U=0^h$ の値

No.		E_*	d
		h m s	° ′
1	Polaris	3 11 23	N 89 20.0

24日　☉ 太陽

U	$E_\odot$	d	dのP.P.
h	h m s	° ′	h m ′
0	12 00 50	S 23 25.3	0 00 0.0
2	12 00 47	S 23 25.2	10 0.0
4	12 00 45	S 23 25.2	20 0.0
6	12 00 43	S 23 25.1	30 0.0
8	12 00 40	S 23 25.0	40 0.0
10	12 00 38	S 23 24.9	0 50 0.0
12	12 00 35	S 23 24.8	1 00 0.0
14	12 00 33	S 23 24.7	10 0.1
16	12 00 30	S 23 24.6	20 0.1
18	12 00 28	S 23 24.5	30 0.1
20	12 00 25	S 23 24.4	40 0.1
22	12 00 23	S 23 24.3	1 50 0.1
24	12 00 20	S 23 24.2	2 00 0.1

視半径 S.D.　16′ 17″

✳ 恒星　$U=0^h$ の値

No.		E_*	d
		h m s	° ′
1	Polaris	3 15 20	N 89 20.0

25日　☉ 太陽

U	$E_\odot$	d	dのP.P.
h	h m s	° ′	h m ′
0	12 00 20	S 23 24.2	0 00 0.0
2	12 00 18	S 23 24.1	10 0.0
4	12 00 15	S 23 24.0	20 0.0
6	12 00 13	S 23 23.9	30 0.0
8	12 00 10	S 23 23.8	40 0.0
10	12 00 08	S 23 23.6	0 50 0.1
12	12 00 05	S 23 23.5	1 00 0.1
14	12 00 03	S 23 23.4	10 0.1
16	12 00 00	S 23 23.3	20 0.1
18	11 59 58	S 23 23.1	30 0.1
20	11 59 55	S 23 23.0	40 0.1
22	11 59 53	S 23 22.8	1 50 0.1
24	11 59 51	S 23 22.7	2 00 0.1

視半径 S.D.　16′ 17″

✳ 恒星　$U=0^h$ の値

No.		E_*	d
		h m s	° ′
1	Polaris	3 19 18	N 89 20.1

26日　☉ 太陽

U	$E_\odot$	d	dのP.P.
h	h m s	° ′	h m ′
0	11 59 51	S 23 22.7	0 00 0.0
2	11 59 48	S 23 22.5	10 0.0
4	11 59 46	S 23 22.4	20 0.0
6	11 59 43	S 23 22.2	30 0.0
8	11 59 41	S 23 22.1	40 0.1
10	11 59 38	S 23 21.9	0 50 0.1
12	11 59 36	S 23 21.7	1 00 0.1
14	11 59 33	S 23 21.6	10 0.1
16	11 59 31	S 23 21.4	20 0.1
18	11 59 28	S 23 21.2	30 0.1
20	11 59 26	S 23 21.0	40 0.1
22	11 59 23	S 23 20.8	1 50 0.2
24	11 59 21	S 23 20.7	2 00 0.2

視半径 S.D.　16′ 17″

✳ 恒星　$U=0^h$ の値

No.		E_*	d
		h m s	° ′
1	Polaris	3 23 16	N 89 20.1

27日　☉ 太陽

U	$E_\odot$	d	dのP.P.
h	h m s	° ′	h m ′
0	11 59 21	S 23 20.7	0 00 0.0
2	11 59 19	S 23 20.5	10 0.0
4	11 59 16	S 23 20.3	20 0.0
6	11 59 14	S 23 20.1	30 0.1
8	11 59 11	S 23 19.9	40 0.1
10	11 59 09	S 23 19.7	0 50 0.1
12	11 59 06	S 23 19.5	1 00 0.1
14	11 59 04	S 23 19.3	10 0.1
16	11 59 01	S 23 19.1	20 0.1
18	11 58 59	S 23 18.8	30 0.2
20	11 58 56	S 23 18.6	40 0.2
22	11 58 54	S 23 18.4	1 50 0.2
24	11 58 52	S 23 18.2	2 00 0.2

視半径 S.D.　16′ 17″

✳ 恒星　$U=0^h$ の値

No.		E_*	d
		h m s	° ′
1	Polaris	3 27 13	N 89 20.1

28日　☉ 太陽

U	$E_\odot$	d	dのP.P.
h	h m s	° ′	h m ′
0	11 58 52	S 23 18.2	0 00 0.0
2	11 58 49	S 23 17.9	10 0.0
4	11 58 47	S 23 17.7	20 0.0
6	11 58 44	S 23 17.5	30 0.1
8	11 58 42	S 23 17.2	40 0.1
10	11 58 39	S 23 17.0	0 50 0.1
12	11 58 37	S 23 16.7	1 00 0.1
14	11 58 34	S 23 16.5	10 0.1
16	11 58 32	S 23 16.3	20 0.2
18	11 58 30	S 23 16.0	30 0.2
20	11 58 27	S 23 15.7	40 0.2
22	11 58 25	S 23 15.5	1 50 0.2
24	11 58 22	S 23 15.2	2 00 0.2

視半径 S.D.　16′ 17″

✳ 恒星　$U=0^h$ の値

No.		E_*	d
		h m s	° ′
1	Polaris	3 31 11	N 89 20.1
2	Kochab	15 34 00	N 74 05.3
3	Dubhe	19 19 54	N 61 39.5
4	β Cassiop.	6 14 32	N 59 14.6
5	Merak	19 21 48	N 56 17.5
6	Alioth	17 29 53	N 55 52.2
7	Schedir	5 43 09	N 56 37.7
8	Mizar	17 00 03	N 54 50.3
9	α Persei	2 59 05	N 49 55.1
10	Benetnasch	16 36 27	N 49 13.9
11	Capella	1 06 41	N 46 00.7
12	Deneb	9 42 38	N 45 20.5
13	Vega	11 47 08	N 38 48.1
14	Castor	22 48 57	N 31 50.9
15	Alpheratz	6 15 22	N 29 10.9
16	Pollux	22 38 17	N 27 59.0
17	α Cor. Bor.	14 49 15	N 26 39.7
18	Arcturus	16 08 13	N 19 06.0
19	Aldebaran	1 47 44	N 16 32.3
20	Markab	7 19 02	N 15 17.6
21	Denebola	18 34 43	N 14 28.9
22	α Ophiuchi	12 48 56	N 12 33.1
23	Regulus	20 15 22	N 11 53.2
24	Altair	10 33 03	N 8 54.8
25	Betelgeuse	0 28 32	N 7 24.4
26	Bellatrix	0 58 35	N 6 21.6
27	Procyon	22 44 26	N 5 10.8
28	Rigel	1 09 16	S 8 11.2
29	α Hydrae	20 56 12	S 8 43.8
30	Spica	16 58 34	S 11 14.5
31	Sirius	23 38 43	S 16 44.5
32	β Ceti	5 40 12	S 17 54.1
33	Antares	13 54 13	S 26 27.8
34	σ Sagittarii	11 28 22	S 26 16.4
35	Fomalhaut	7 26 05	S 29 32.4
36	λ Scorpii	12 49 56	S 37 06.6
37	Canopus	0 00 15	S 52 42.5
38	α Pavonis	9 57 44	S 56 41.0
39	Achernar	4 46 17	S 57 09.7
40	β Crucis	17 35 55	S 59 46.2
41	β Centauri	16 19 38	S 60 26.6
42	α Centauri	15 43 54	S 60 53.7
43	α Crucis	17 57 04	S 63 10.9
44	α Tri. Aust.	13 34 17	S 69 03.0
45	β Carinae	21 11 09	S 69 46.9

R_0　　6 24 36 (h m s)

2015　　　　12 月 29 日 ～ 1 月 2 日　　　　63

29 日　⊙ 太陽

U	$E_⊙$	d	d の P.P.
h	h m s	° ′	h m
0	11 58 22	S 23 15.2	0 00　0.0
2	11 58 20	S 23 14.9	10　0.0
4	11 58 17	S 23 14.7	20　0.0
6	11 58 15	S 23 14.4	30　0.1
8	11 58 13	S 23 14.1	40　0.1
10	11 58 10	S 23 13.8	0 50　0.1
12	11 58 08	S 23 13.6	1 00　0.1
14	11 58 05	S 23 13.3	10　0.2
16	11 58 03	S 23 13.0	20　0.2
18	11 58 00	S 23 12.7	30　0.2
20	11 57 58	S 23 12.4	40　0.2
22	11 57 56	S 23 12.1	1 50　0.3
24	11 57 53	S 23 11.8	2 00　0.3

視半径 S.D. 16′ 17″

✴ 恒 星　$U = 0^h$ の値

No.	E_*	d
	h m s	° ′
1 Polaris	3 35 09	N 89 20.1

30 日　⊙ 太陽

U	$E_⊙$	d	d の P.P.
h	h m s	° ′	h m
0	11 57 53	S 23 11.8	0 00　0.0
2	11 57 51	S 23 11.5	10　0.0
4	11 57 48	S 23 11.2	20　0.1
6	11 57 46	S 23 10.9	30　0.1
8	11 57 43	S 23 10.5	40　0.1
10	11 57 41	S 23 10.2	0 50　0.1
12	11 57 39	S 23 09.9	1 00　0.2
14	11 57 36	S 23 09.6	10　0.2
16	11 57 34	S 23 09.2	20　0.2
18	11 57 31	S 23 08.9	30　0.2
20	11 57 29	S 23 08.6	40　0.3
22	11 57 27	S 23 08.2	1 50　0.3
24	11 57 24	S 23 07.9	2 00　0.3

視半径 S.D. 16′ 17″

✴ 恒 星　$U = 0^h$ の値

No.	E_*	d
	h m s	° ′
1 Polaris	3 39 07	N 89 20.1

31 日　⊙ 太陽

U	$E_⊙$	d	d の P.P.
h	h m s	° ′	h m
0	11 57 24	S 23 07.9	0 00　0.0
2	11 57 22	S 23 07.6	10　0.0
4	11 57 19	S 23 07.2	20　0.1
6	11 57 17	S 23 06.9	30　0.1
8	11 57 15	S 23 06.5	40　0.1
10	11 57 12	S 23 06.1	0 50　0.2
12	11 57 10	S 23 05.8	1 00　0.2
14	11 57 07	S 23 05.4	10　0.2
16	11 57 05	S 23 05.0	20　0.2
18	11 57 03	S 23 04.7	30　0.3
20	11 57 00	S 23 04.3	40　0.3
22	11 56 58	S 23 03.9	1 50　0.3
24	11 56 56	S 23 03.5	2 00　0.4

視半径 S.D. 16′ 17″

✴ 恒 星　$U = 0^h$ の値

No.	E_*	d
	h m s	° ′
1 Polaris	3 43 05	N 89 20.1

1 日　⊙ 太陽

U	$E_⊙$	d	d の P.P.
h	h m s	° ′	h m
0	11 56 56	S 23 03.5	0 00　0.0
2	11 56 53	S 23 03.2	10　0.0
4	11 56 51	S 23 02.8	20　0.1
6	11 56 48	S 23 02.4	30　0.1
8	11 56 46	S 23 02.0	40　0.1
10	11 56 44	S 23 01.6	0 50　0.2
12	11 56 41	S 23 01.2	1 00　0.2
14	11 56 39	S 23 00.8	10　0.2
16	11 56 37	S 23 00.4	20　0.3
18	11 56 34	S 23 00.0	30　0.3
20	11 56 32	S 22 59.6	40　0.3
22	11 56 30	S 22 59.2	1 50　0.4
24	11 56 27	S 22 58.7	2 00　0.4

視半径 S.D. 16′ 17″

✴ 恒 星　$U = 0^h$ の値

No.		E_*	d
		h m s	° ′
1	Polaris	3 47 03	N 89 20.1
2	Kochab	15 49 46	N 74 05.2
3	Dubhe	19 35 40	N 61 39.5
4	β Cassiop.	6 30 19	N 59 14.5
5	Merak	19 37 34	N 56 17.5
6	Alioth	17 45 39	N 55 52.1
7	Schedir	5 58 55	N 56 37.7
8	Mizar	17 15 49	N 54 50.3
9	α Persei	3 14 52	N 49 55.1
10	Benetnasch	16 52 13	N 49 13.8
11	Capella	1 22 27	N 46 00.7
12	Deneb	9 58 24	N 45 20.5
13	Vega	12 02 55	N 38 48.1
14	Castor	23 04 43	N 31 50.9
15	Alpheratz	6 31 09	N 29 10.9
16	Pollux	22 54 03	N 27 59.0
17	α Cor. Bor.	15 05 01	N 26 39.7
18	Arcturus	16 23 59	N 19 06.0
19	Aldebaran	2 03 30	N 16 32.3
20	Markab	7 34 49	N 15 17.6
21	Denebola	18 50 29	N 14 28.8
22	α Ophiuchi	13 04 43	N 12 33.1
23	Regulus	20 31 08	N 11 53.2
24	Altair	10 48 49	N 8 54.8
25	Betelgeuse	0 44 18	N 7 24.3
26	Bellatrix	1 14 21	N 6 21.6
27	Procyon	23 00 12	N 5 10.8
28	Rigel	1 25 02	S 8 11.3
29	α Hydrae	21 11 58	S 8 43.8
30	Spica	17 14 20	S 11 14.6
31	Sirius	23 54 29	S 16 44.5
32	β Ceti	5 55 58	S 17 54.1
33	Antares	14 10 00	S 26 27.8
34	σ Sagittarii	11 44 08	S 26 16.4
35	Fomalhaut	7 41 51	S 29 32.4
36	λ Scorpii	13 05 42	S 37 06.6
37	Canopus	0 16 01	S 52 42.5
38	α Pavonis	10 13 30	S 56 41.0
39	Achernar	5 02 04	S 57 09.7
40	β Crucis	17 51 41	S 59 46.2
41	β Centauri	16 35 24	S 60 26.6
42	α Centauri	15 59 40	S 60 53.7
43	α Crucis	18 12 50	S 63 10.9
44	α Tri. Aust.	13 50 03	S 69 03.0
45	β Carinae	21 26 55	S 69 46.9

R_0　　　h m s
　　　　　6 40 22

2 日　⊙ 太陽

U	$E_⊙$	d	d の P.P.
h	h m s	° ′	h m
0	11 56 27	S 22 58.7	0 00　0.0
2	11 56 25	S 22 58.3	10　0.0
4	11 56 22	S 22 57.9	20　0.1
6	11 56 20	S 22 57.5	30　0.1
8	11 56 18	S 22 57.0	40　0.1
10	11 56 15	S 22 56.6	0 50　0.2
12	11 56 13	S 22 56.2	1 00　0.2
14	11 56 11	S 22 55.7	10　0.3
16	11 56 08	S 22 55.3	20　0.3
18	11 56 06	S 22 54.8	30　0.3
20	11 56 04	S 22 54.4	40　0.4
22	11 56 01	S 22 53.9	1 50　0.4
24	11 55 59	S 22 53.5	2 00　0.4

視半径 S.D. 16′ 17″

✴ 恒 星　$U = 0^h$ の値

No.		E_*	d
		h m s	° ′
1	Polaris	3 51 01	N 89 20.1
2	Kochab	15 53 42	N 74 05.2
3	Dubhe	19 39 36	N 61 39.5
4	β Cassiop.	6 34 15	N 59 14.5
5	Merak	19 41 30	N 56 17.5
6	Alioth	17 49 36	N 55 52.1
7	Schedir	6 02 52	N 56 37.7
8	Mizar	17 19 46	N 54 50.3
9	α Persei	3 18 48	N 49 55.1
10	Benetnasch	16 56 09	N 49 13.8
11	Capella	1 26 24	N 46 00.7
12	Deneb	10 02 21	N 45 20.5
13	Vega	12 06 51	N 38 48.1
14	Castor	23 08 40	N 31 50.9
15	Alpheratz	6 35 05	N 29 10.9
16	Pollux	22 57 59	N 27 59.0
17	α Cor. Bor.	15 08 58	N 26 39.7
18	Arcturus	16 27 56	N 19 05.9
19	Aldebaran	2 07 27	N 16 32.3
20	Markab	7 38 45	N 15 17.6
21	Denebola	18 54 26	N 14 28.8
22	α Ophiuchi	13 08 39	N 12 33.1
23	Regulus	20 35 04	N 11 53.2
24	Altair	10 52 46	N 8 54.8
25	Betelgeuse	0 48 15	N 7 24.3
26	Bellatrix	1 18 18	N 6 21.6
27	Procyon	23 04 09	N 5 10.8
28	Rigel	1 28 59	S 8 11.3
29	α Hydrae	21 15 55	S 8 43.8
30	Spica	17 18 16	S 11 14.6
31	Sirius	23 58 26	S 16 44.5
32	β Ceti	5 59 55	S 17 54.1
33	Antares	14 13 56	S 26 27.8
34	σ Sagittarii	11 48 05	S 26 16.4
35	Fomalhaut	7 45 48	S 29 32.4
36	λ Scorpii	13 09 38	S 37 06.6
37	Canopus	0 19 58	S 52 42.5
38	α Pavonis	10 17 27	S 56 41.0
39	Achernar	5 06 00	S 57 09.7
40	β Crucis	17 55 37	S 59 46.2
41	β Centauri	16 39 20	S 60 26.6
42	α Centauri	16 03 37	S 60 53.7
43	α Crucis	18 16 47	S 63 10.9
44	α Tri. Aust.	13 53 59	S 69 03.0
45	β Carinae	21 30 52	S 69 46.9

R_0　　　h m s
　　　　　6 44 18

北緯日出時と薄明時間　地方平時　2015
SUNRISE AND DURATION OF TWILIGHT FOR NORTHERN LATITUDES　L.M.T

日出時　Sunrise

月日 Date	0° N	5° N	10° N	15° N	20° N	25° N	30° N	32° N	34° N	36° N	38° N	40° N	42° N
	h m	h m	h m	h m	h m	h m	h m	h m	h m	h m	h m	h m	h m
1 1	5 59	6 08	6 17	6 25	6 35	6 45	6 55	7 00	7 05	7 10	7 16	7 21	7 28
11	6 04	6 12	6 20	6 28	6 37	6 46	6 57	7 01	7 06	7 10	7 16	7 21	7 27
21	6 07	6 15	6 22	6 29	6 37	6 46	6 55	6 59	7 03	7 07	7 12	7 17	7 22
31	6 10	6 16	6 22	6 29	6 36	6 43	6 51	6 54	6 58	7 01	7 05	7 09	7 14
2 10	6 10	6 16	6 21	6 26	6 32	6 38	6 44	6 47	6 50	6 53	6 56	6 59	7 03
20	6 10	6 14	6 18	6 22	6 26	6 31	6 35	6 37	6 39	6 42	6 44	6 46	6 49
3 2	6 09	6 11	6 14	6 16	6 19	6 22	6 25	6 26	6 28	6 29	6 31	6 32	6 34
12	6 06	6 07	6 09	6 10	6 11	6 12	6 14	6 14	6 15	6 15	6 16	6 17	6 17
22	6 03	6 03	6 03	6 03	6 02	6 02	6 02	6 01	6 01	6 01	6 01	6 01	6 00
4 1	6 00	5 59	5 57	5 56	5 54	5 52	5 50	5 49	5 48	5 47	5 46	5 44	5 43
11	5 58	5 55	5 52	5 49	5 45	5 42	5 38	5 36	5 34	5 33	5 31	5 29	5 26
21	5 55	5 51	5 47	5 42	5 38	5 32	5 27	5 25	5 22	5 19	5 17	5 14	5 11
5 1	5 53	5 48	5 43	5 37	5 31	5 24	5 17	5 14	5 11	5 08	5 04	5 00	4 56
11	5 53	5 46	5 40	5 33	5 25	5 18	5 09	5 06	5 02	4 58	4 53	4 49	4 44
21	5 53	5 45	5 38	5 30	5 22	5 13	5 03	4 59	4 55	4 50	4 45	4 40	4 34
31	5 54	5 46	5 37	5 29	5 20	5 10	4 59	4 55	4 50	4 45	4 39	4 33	4 27
6 10	5 55	5 47	5 38	5 29	5 20	5 09	4 58	4 53	4 48	4 42	4 37	4 30	4 24
20	5 58	5 49	5 40	5 31	5 21	5 10	4 59	4 54	4 48	4 43	4 37	4 31	4 24
30	6 00	5 51	5 42	5 33	5 23	5 13	5 02	4 57	4 51	4 46	4 40	4 34	4 27
7 10	6 01	5 53	5 45	5 36	5 27	5 17	5 06	5 01	4 56	4 51	4 45	4 39	4 33
20	6 02	5 55	5 47	5 39	5 31	5 21	5 11	5 07	5 02	4 58	4 52	4 47	4 41
30	6 03	5 56	5 49	5 42	5 34	5 26	5 17	5 13	5 09	5 05	5 01	4 56	4 51
8 9	6 02	5 56	5 50	5 44	5 38	5 31	5 23	5 20	5 17	5 13	5 09	5 05	5 01
19	6 00	5 55	5 51	5 46	5 41	5 35	5 29	5 26	5 24	5 21	5 18	5 15	5 11
29	5 57	5 54	5 51	5 47	5 43	5 39	5 35	5 33	5 31	5 29	5 26	5 24	5 22
9 8	5 54	5 52	5 50	5 48	5 46	5 43	5 40	5 39	5 38	5 36	5 35	5 34	5 32
18	5 51	5 50	5 49	5 48	5 48	5 47	5 46	5 45	5 45	5 44	5 44	5 43	5 42
28	5 47	5 48	5 49	5 49	5 50	5 50	5 51	5 51	5 52	5 52	5 52	5 53	5 53
10 8	5 44	5 46	5 48	5 50	5 52	5 54	5 57	5 58	5 59	6 00	6 01	6 02	6 04
18	5 42	5 45	5 48	5 52	5 55	5 59	6 03	6 05	6 07	6 09	6 11	6 13	6 15
28	5 40	5 45	5 49	5 54	5 59	6 04	6 10	6 13	6 15	6 18	6 21	6 24	6 27
11 7	5 40	5 46	5 52	5 58	6 04	6 11	6 18	6 21	6 24	6 28	6 31	6 35	6 39
17	5 41	5 48	5 55	6 02	6 09	6 17	6 26	6 30	6 34	6 38	6 42	6 47	6 51
27	5 44	5 51	5 59	6 07	6 16	6 24	6 34	6 38	6 43	6 47	6 52	6 58	7 03
12 7	5 47	5 56	6 04	6 13	6 22	6 32	6 42	6 47	6 51	6 56	7 02	7 07	7 14
17	5 52	6 01	6 09	6 18	6 28	6 38	6 49	6 54	6 59	7 04	7 09	7 15	7 22
27	5 57	6 05	6 14	6 23	6 33	6 43	6 54	6 59	7 04	7 09	7 14	7 20	7 27
37	6 02	6 10	6 18	6 27	6 36	6 46	6 56	7 01	7 06	7 11	7 16	7 22	7 28

薄明時間　Duration of Twilight

月日 Date	0° N	5° N	10° N	15° N	20° N	25° N	30° N	32° N	34° N	36° N	38° N	40° N	42° N
	h m	h m	h m	h m	h m	h m	h m	h m	h m	h m	h m	h m	h m
1 1	1 15	1 14	1 15	1 16	1 18	1 21	1 25	1 27	1 29	1 31	1 34	1 37	1 40
11	1 14	1 14	1 14	1 15	1 17	1 20	1 24	1 26	1 28	1 30	1 33	1 36	1 39
21	1 13	1 13	1 13	1 15	1 17	1 19	1 23	1 25	1 27	1 29	1 32	1 34	1 37
31	1 12	1 12	1 12	1 14	1 15	1 18	1 22	1 24	1 25	1 28	1 30	1 33	1 36
2 10	1 11	1 11	1 11	1 13	1 14	1 17	1 21	1 22	1 24	1 26	1 29	1 31	1 34
20	1 10	1 10	1 10	1 12	1 14	1 16	1 20	1 21	1 23	1 25	1 28	1 30	1 33
3 2	1 09	1 09	1 10	1 11	1 13	1 16	1 19	1 21	1 23	1 25	1 27	1 30	1 32
12	1 09	1 09	1 09	1 11	1 13	1 16	1 19	1 21	1 23	1 25	1 27	1 30	1 33
22	1 08	1 09	1 10	1 11	1 13	1 16	1 20	1 21	1 23	1 26	1 28	1 31	1 34
4 1	1 09	1 09	1 10	1 11	1 14	1 17	1 21	1 22	1 25	1 27	1 30	1 32	1 36
11	1 09	1 10	1 11	1 12	1 15	1 18	1 22	1 24	1 26	1 29	1 32	1 35	1 39
21	1 10	1 11	1 12	1 13	1 16	1 19	1 24	1 26	1 29	1 32	1 35	1 39	1 43
5 1	1 11	1 12	1 13	1 15	1 18	1 21	1 27	1 29	1 32	1 35	1 39	1 43	1 48
11	1 12	1 13	1 14	1 16	1 19	1 23	1 29	1 32	1 35	1 39	1 43	1 48	1 54
21	1 13	1 14	1 15	1 18	1 21	1 25	1 32	1 35	1 38	1 43	1 47	1 53	2 00
31	1 14	1 15	1 16	1 19	1 22	1 27	1 34	1 37	1 41	1 46	1 51	1 58	2 06
6 10	1 15	1 15	1 17	1 20	1 23	1 28	1 36	1 39	1 43	1 48	1 54	2 01	2 10
20	1 15	1 16	1 17	1 20	1 24	1 29	1 36	1 40	1 44	1 49	1 55	2 03	2 12
30	1 15	1 16	1 17	1 20	1 23	1 29	1 36	1 39	1 44	1 49	1 55	2 02	2 11
7 10	1 14	1 15	1 17	1 19	1 23	1 28	1 34	1 38	1 42	1 47	1 52	1 59	2 07

北緯日没時と薄明時間
SUNSET AND DURATION OF TWILIGHT FOR NORTHERN LATITUDES   L.M.T

日没時 Sunset

月日 Date	0° N	5° N	10° N	15° N	20° N	25° N	30° N	32° N	34° N	36° N	38° N	40° N	42° N
	h m	h m	h m	h m	h m	h m	h m	h m	h m	h m	h m	h m	h m
1 1	18 07	17 59	17 50	17 42	17 32	17 22	17 11	17 07	17 02	16 57	16 51	16 46	16 39
11	18 12	18 04	17 56	17 47	17 39	17 29	17 19	17 15	17 10	17 05	17 00	16 55	16 49
21	18 15	18 08	18 01	17 53	17 45	17 37	17 28	17 24	17 20	17 15	17 11	17 06	17 01
31	18 17	18 11	18 05	17 58	17 51	17 44	17 36	17 33	17 29	17 26	17 22	17 18	17 13
2 10	18 18	18 13	18 08	18 02	17 57	17 51	17 45	17 42	17 39	17 36	17 33	17 30	17 26
20	18 17	18 14	18 10	18 06	18 02	17 57	17 53	17 51	17 48	17 46	17 44	17 42	17 39
3 2	18 16	18 13	18 11	18 08	18 06	18 03	18 00	17 59	17 57	17 56	17 54	17 53	17 51
12	18 13	18 12	18 11	18 10	18 09	18 08	18 06	18 06	18 05	18 05	18 04	18 04	18 03
22	18 10	18 11	18 11	18 11	18 12	18 12	18 13	18 13	18 13	18 13	18 14	18 14	18 14
4 1	18 08	18 09	18 11	18 13	18 14	18 17	18 19	18 20	18 21	18 22	18 23	18 24	18 25
11	18 05	18 08	18 11	18 14	18 17	18 21	18 25	18 27	18 28	18 30	18 32	18 34	18 37
21	18 02	18 07	18 11	18 16	18 20	18 25	18 31	18 33	18 36	18 39	18 42	18 44	18 48
5 1	18 01	18 06	18 12	18 18	18 24	18 30	18 37	18 41	18 44	18 47	18 51	18 55	18 59
11	18 00	18 07	18 13	18 20	18 27	18 35	18 44	18 48	18 52	18 56	19 00	19 05	19 10
21	18 00	18 08	18 15	18 23	18 32	18 40	18 50	18 55	18 59	19 04	19 09	19 14	19 20
31	18 02	18 10	18 18	18 27	18 36	18 45	18 56	19 01	19 06	19 11	19 16	19 22	19 28
6 10	18 03	18 12	18 21	18 30	18 39	18 50	19 01	19 06	19 11	19 17	19 22	19 29	19 35
20	18 05	18 14	18 23	18 32	18 42	18 53	19 04	19 09	19 15	19 20	19 26	19 32	19 39
30	18 08	18 16	18 25	18 34	18 44	18 54	19 06	19 10	19 16	19 21	19 27	19 33	19 40
7 10	18 09	18 17	18 26	18 35	18 44	18 54	19 05	19 09	19 14	19 19	19 25	19 31	19 37
20	18 10	18 18	18 26	18 34	18 42	18 51	19 01	19 05	19 10	19 15	19 20	19 25	19 31
30	18 10	18 17	18 24	18 31	18 38	18 46	18 55	18 59	19 03	19 07	19 12	19 17	19 22
8 9	18 09	18 15	18 21	18 27	18 33	18 40	18 47	18 51	18 54	18 58	19 01	19 05	19 10
19	18 07	18 12	18 17	18 21	18 26	18 32	18 38	18 40	18 43	18 46	18 49	18 52	18 56
29	18 05	18 08	18 11	18 15	18 18	18 22	18 27	18 29	18 31	18 33	18 35	18 37	18 40
9 8	18 01	18 03	18 05	18 07	18 10	18 12	18 15	18 16	18 17	18 19	18 20	18 21	18 23
18	17 58	17 58	17 59	18 00	18 01	18 01	18 02	18 03	18 03	18 04	18 04	18 05	18 05
28	17 54	17 54	17 53	17 52	17 51	17 51	17 50	17 50	17 49	17 49	17 49	17 48	17 48
10 8	17 51	17 49	17 47	17 45	17 43	17 40	17 38	17 37	17 36	17 35	17 33	17 32	17 31
18	17 49	17 45	17 42	17 38	17 35	17 31	17 27	17 25	17 23	17 21	17 19	17 17	17 15
28	17 48	17 43	17 38	17 33	17 28	17 23	17 17	17 15	17 12	17 09	17 06	17 03	17 00
11 7	17 47	17 42	17 36	17 30	17 23	17 16	17 09	17 06	17 03	16 59	16 56	16 52	16 48
17	17 49	17 42	17 35	17 28	17 20	17 12	17 04	17 00	16 56	16 52	16 47	16 43	16 38
27	17 51	17 44	17 36	17 28	17 19	17 10	17 01	16 56	16 52	16 47	16 42	16 37	16 32
12 7	17 55	17 47	17 39	17 30	17 21	17 11	17 00	16 56	16 51	16 46	16 41	16 35	16 29
17	18 00	17 51	17 43	17 34	17 24	17 14	17 03	16 58	16 53	16 48	16 42	16 37	16 30
27	18 05	17 56	17 48	17 39	17 29	17 19	17 08	17 03	16 58	16 53	16 48	16 42	16 35
37	18 10	18 01	17 53	17 44	17 35	17 26	17 15	17 10	17 06	17 01	16 55	16 50	16 44

薄明時間 Duration of Twilight

月日 Date	0° N	5° N	10° N	15° N	20° N	25° N	30° N	32° N	34° N	36° N	38° N	40° N	42° N
	h m	h m	h m	h m	h m	h m	h m	h m	h m	h m	h m	h m	h m
7 10	1 14	1 15	1 17	1 19	1 23	1 28	1 34	1 38	1 42	1 47	1 52	1 59	2 07
20	1 13	1 14	1 16	1 18	1 21	1 26	1 32	1 36	1 39	1 43	1 48	1 54	2 02
30	1 12	1 13	1 14	1 17	1 20	1 24	1 30	1 33	1 36	1 40	1 44	1 49	1 55
8 9	1 11	1 12	1 13	1 15	1 18	1 22	1 27	1 30	1 33	1 36	1 40	1 44	1 49
19	1 10	1 11	1 12	1 14	1 16	1 20	1 25	1 27	1 30	1 33	1 36	1 40	1 44
29	1 09	1 10	1 11	1 13	1 15	1 18	1 23	1 25	1 27	1 30	1 33	1 36	1 40
9 8	1 09	1 09	1 10	1 12	1 14	1 17	1 21	1 23	1 25	1 27	1 30	1 33	1 37
18	1 08	1 09	1 10	1 11	1 13	1 16	1 20	1 22	1 24	1 26	1 28	1 31	1 34
28	1 08	1 09	1 09	1 11	1 13	1 16	1 19	1 21	1 23	1 25	1 27	1 30	1 33
10 8	1 09	1 09	1 10	1 11	1 13	1 16	1 19	1 21	1 23	1 25	1 27	1 30	1 32
18	1 09	1 09	1 10	1 11	1 13	1 16	1 19	1 21	1 23	1 25	1 27	1 30	1 33
28	1 10	1 10	1 11	1 12	1 14	1 17	1 20	1 22	1 24	1 26	1 28	1 31	1 34
11 7	1 11	1 11	1 12	1 13	1 15	1 18	1 21	1 23	1 25	1 27	1 29	1 32	1 35
17	1 12	1 12	1 13	1 14	1 16	1 19	1 23	1 24	1 26	1 28	1 31	1 34	1 37
27	1 14	1 13	1 14	1 15	1 17	1 20	1 24	1 26	1 28	1 30	1 32	1 35	1 38
12 7	1 14	1 14	1 15	1 16	1 18	1 21	1 25	1 26	1 29	1 31	1 34	1 36	1 40
17	1 15	1 15	1 15	1 16	1 18	1 21	1 25	1 27	1 29	1 32	1 34	1 37	1 41
27	1 15	1 15	1 15	1 16	1 18	1 21	1 25	1 27	1 29	1 31	1 34	1 37	1 40
37	1 14	1 14	1 15	1 16	1 18	1 21	1 25	1 26	1 29	1 31	1 33	1 36	1 40

SUNRISE AND DURATION OF TWILIGHT FOR NORTHERN LATITUDES L.M.T

北緯日出時と薄明時間　地方平時　2015

日出時 Sunrise

Date	42° N	44° N	46° N	48° N	50° N	52° N	54° N	56° N	58° N	60° N	62° N	65° N	70° N
	h m	h m	h m	h m	h m	h m	h m	h m	h m	h m	h m	h m	h m
1 1	7 28	7 34	7 41	7 49	7 58	8 08	8 18	8 31	8 45	9 02	9 22	10 05	.. ..
11	7 27	7 33	7 40	7 47	7 55	8 04	8 14	8 25	8 38	8 53	9 11	9 47	.. ..
21	7 22	7 28	7 34	7 40	7 47	7 55	8 04	8 13	8 24	8 37	8 52	9 21	10 56
31	7 14	7 19	7 24	7 29	7 35	7 42	7 49	7 57	8 06	8 16	8 28	8 51	9 51
2 10	7 03	7 06	7 10	7 15	7 20	7 25	7 30	7 37	7 44	7 52	8 01	8 18	8 59
20	6 49	6 52	6 55	6 58	7 01	7 05	7 09	7 14	7 19	7 25	7 31	7 43	8 10
3 2	6 34	6 36	6 37	6 39	6 42	6 44	6 47	6 49	6 53	6 56	7 00	7 07	7 23
12	6 17	6 18	6 19	6 20	6 21	6 22	6 23	6 24	6 25	6 26	6 28	6 31	6 37
22	6 00	6 00	6 00	5 59	5 59	5 59	5 58	5 58	5 57	5 56	5 55	5 54	5 51
4 1	5 43	5 42	5 40	5 39	5 37	5 35	5 33	5 31	5 29	5 26	5 23	5 17	5 04
11	5 26	5 24	5 22	5 19	5 16	5 13	5 09	5 05	5 01	4 56	4 50	4 40	4 16
21	5 11	5 07	5 04	5 00	4 55	4 51	4 46	4 40	4 34	4 26	4 18	4 03	3 26
5 1	4 56	4 52	4 47	4 42	4 37	4 31	4 24	4 16	4 08	3 58	3 47	3 26	2 32
11	4 44	4 39	4 33	4 27	4 20	4 13	4 04	3 55	3 44	3 32	3 18	2 50	1 24
21	4 34	4 28	4 21	4 14	4 06	3 58	3 48	3 37	3 24	3 09	2 51	2 15	.. ..
31	4 27	4 21	4 13	4 05	3 56	3 47	3 36	3 23	3 08	2 51	2 29	1 41	.. ..
6 10	4 24	4 17	4 09	4 00	3 51	3 40	3 28	3 14	2 58	2 38	2 13	1 12	.. ..
20	4 24	4 16	4 08	4 00	3 50	3 39	3 27	3 12	2 55	2 35	2 08	0 58	.. ..
30	4 27	4 20	4 12	4 03	3 54	3 43	3 31	3 17	3 00	2 40	2 14	1 09	.. ..
7 10	4 33	4 26	4 19	4 10	4 01	3 51	3 40	3 27	3 11	2 53	2 30	1 38	.. ..
20	4 41	4 35	4 28	4 21	4 12	4 03	3 53	3 41	3 28	3 12	2 53	2 13	.. ..
30	4 51	4 45	4 39	4 33	4 25	4 18	4 09	3 59	3 48	3 34	3 19	2 48	0 58
8 9	5 01	4 56	4 51	4 46	4 40	4 33	4 26	4 18	4 09	3 58	3 46	3 23	2 19
19	5 11	5 07	5 03	4 59	4 55	4 49	4 44	4 37	4 30	4 22	4 13	3 56	3 13
29	5 22	5 19	5 16	5 13	5 09	5 06	5 02	4 57	4 52	4 46	4 40	4 28	4 00
9 8	5 32	5 30	5 28	5 26	5 24	5 22	5 19	5 17	5 13	5 10	5 06	4 59	4 42
18	5 42	5 42	5 41	5 40	5 39	5 38	5 37	5 36	5 35	5 33	5 32	5 29	5 22
28	5 53	5 53	5 54	5 54	5 54	5 55	5 55	5 56	5 56	5 57	5 57	5 59	6 01
10 8	6 04	6 05	6 06	6 08	6 10	6 11	6 13	6 16	6 18	6 21	6 24	6 29	6 41
18	6 15	6 17	6 20	6 23	6 26	6 29	6 32	6 36	6 40	6 45	6 51	7 00	7 23
28	6 27	6 30	6 34	6 38	6 42	6 46	6 51	6 57	7 03	7 10	7 18	7 33	8 08
11 7	6 39	6 43	6 48	6 53	6 58	7 04	7 11	7 18	7 27	7 36	7 47	8 07	8 58
17	6 51	6 57	7 02	7 08	7 15	7 22	7 30	7 39	7 49	8 01	8 15	8 41	9 59
27	7 03	7 09	7 15	7 22	7 30	7 39	7 48	7 59	8 11	8 25	8 42	9 15	.. ..
12 7	7 14	7 20	7 27	7 35	7 43	7 52	8 03	8 15	8 28	8 45	9 04	9 45	.. ..
17	7 22	7 28	7 36	7 44	7 53	8 02	8 13	8 26	8 41	8 58	9 19	10 05	.. ..
27	7 27	7 33	7 41	7 49	7 57	8 07	8 18	8 31	8 45	9 03	9 24	10 09	.. ..
37	7 28	7 34	7 41	7 49	7 57	8 06	8 17	8 29	8 42	8 58	9 18	9 58	.. ..

薄明時間 Duration of Twilight

Date	42° N	44° N	46° N	48° N	50° N	52° N	54° N	56° N	58° N	60° N	62° N	65° N	70° N
	h m	h m	h m	h m	h m	h m	h m	h m	h m	h m	h m	h m	h m
1 1	1 40	1 44	1 48	1 53	1 58	2 05	2 12	2 20	2 31	2 43	2 59	3 35	.. ..
11	1 39	1 43	1 47	1 51	1 56	2 02	2 09	2 17	2 27	2 39	2 53	3 23	.. ..
21	1 37	1 41	1 45	1 49	1 54	2 00	2 06	2 13	2 22	2 33	2 45	3 10	4 36
31	1 36	1 39	1 43	1 47	1 51	1 57	2 03	2 09	2 17	2 27	2 38	2 59	3 57
2 10	1 34	1 37	1 41	1 45	1 49	1 54	2 00	2 06	2 13	2 22	2 32	2 50	3 37
20	1 33	1 36	1 39	1 43	1 48	1 52	1 58	2 04	2 11	2 19	2 28	2 46	3 27
3 2	1 32	1 35	1 39	1 43	1 47	1 52	1 57	2 03	2 10	2 18	2 28	2 45	3 27
12	1 33	1 36	1 39	1 43	1 48	1 53	1 58	2 05	2 12	2 21	2 31	2 50	3 39
22	1 34	1 37	1 41	1 45	1 50	1 55	2 01	2 08	2 17	2 27	2 39	3 02	4 18
4 1	1 36	1 39	1 43	1 48	1 54	2 00	2 07	2 15	2 25	2 38	2 54	3 31	.. ..
11	1 39	1 43	1 48	1 53	1 59	2 07	2 16	2 26	2 40	2 59	3 28	.. ..	.. ..
21	1 43	1 48	1 53	2 00	2 07	2 17	2 29	2 45	3 09	4 03	.. ..	.. ..	.. ..
5 1	1 48	1 54	2 00	2 09	2 19	2 32	2 51	3 24	.. ..	.. ..	.. ..	.. ..	.. ..
11	1 54	2 01	2 09	2 20	2 34	2 56	3 47	.. ..	.. ..	.. ..	.. ..	.. ..	.. ..
21	2 00	2 08	2 19	2 34	2 57	.. ..	.. ..	.. ..	.. ..	.. ..	.. ..	.. ..	.. ..
31	2 06	2 16	2 30	2 51	3 42	.. ..	.. ..	.. ..	.. ..	.. ..	.. ..	.. ..	.. ..
6 10	2 10	2 22	2 39	3 08	.. ..	.. ..	.. ..	.. ..	.. ..	.. ..	.. ..	.. ..	.. ..
20	2 12	2 25	2 43	3 18	.. ..	.. ..	.. ..	.. ..	.. ..	.. ..	.. ..	.. ..	.. ..
30	2 11	2 23	2 40	3 11	.. ..	.. ..	.. ..	.. ..	.. ..	.. ..	.. ..	.. ..	.. ..
7 10	2 07	2 18	2 32	2 55	.. ..	.. ..	.. ..	.. ..	.. ..	.. ..	.. ..	.. ..	.. ..

SUNSET AND DURATION OF TWILIGHT FOR NORTHERN LATITUDES   L.M.T

日没時 Sunset

月 日 Date	42° N	44° N	46° N	48° N	50° N	52° N	54° N	56° N	58° N	60° N	62° N	65° N	70° N
	h m	h m	h m	h m	h m	h m	h m	h m	h m	h m	h m	h m	h m
1 1	16 39	16 33	16 26	16 18	16 09	15 59	15 49	15 36	15 22	15 06	14 45	14 02	.. ..
11	16 49	16 43	16 36	16 29	16 21	16 12	16 02	15 51	15 38	15 23	15 05	14 29	.. ..
21	17 01	16 55	16 49	16 43	16 36	16 28	16 19	16 10	15 59	15 46	15 31	15 02	13 27
31	17 13	17 09	17 04	16 58	16 52	16 46	16 39	16 31	16 22	16 11	15 59	15 37	14 37
2 10	17 26	17 23	17 19	17 14	17 10	17 04	16 59	16 53	16 46	16 38	16 29	16 12	15 31
20	17 39	17 36	17 33	17 30	17 27	17 23	17 19	17 14	17 09	17 04	16 57	16 46	16 19
3 2	17 51	17 49	17 48	17 46	17 44	17 41	17 39	17 36	17 33	17 29	17 26	17 19	17 03
12	18 03	18 02	18 02	18 01	18 00	17 59	17 58	17 57	17 56	17 54	17 53	17 50	17 45
22	18 14	18 15	18 15	18 15	18 16	18 16	18 17	18 18	18 18	18 19	18 20	18 22	18 25
4 1	18 25	18 27	18 28	18 30	18 32	18 34	18 36	18 38	18 41	18 43	18 47	18 53	19 06
11	18 37	18 39	18 42	18 44	18 47	18 51	18 54	18 58	19 03	19 08	19 14	19 24	19 49
21	18 48	18 51	18 55	18 59	19 03	19 08	19 13	19 19	19 25	19 33	19 41	19 57	20 35
5 1	18 59	19 03	19 08	19 13	19 19	19 25	19 32	19 39	19 48	19 58	20 09	20 30	21 27
11	19 10	19 15	19 21	19 27	19 34	19 41	19 50	19 59	20 10	20 22	20 37	21 05	22 37
21	19 20	19 26	19 32	19 40	19 48	19 56	20 06	20 17	20 30	20 46	21 04	21 41	.. ..
31	19 28	19 35	19 43	19 51	19 59	20 09	20 21	20 33	20 48	21 06	21 28	22 17	.. ..
6 10	19 35	19 42	19 50	19 59	20 08	20 19	20 31	20 45	21 01	21 21	21 46	22 49	.. ..
20	19 39	19 47	19 55	20 03	20 13	20 24	20 37	20 51	21 08	21 28	21 55	23 05	.. ..
30	19 40	19 47	19 55	20 04	20 13	20 24	20 36	20 50	21 07	21 27	21 52	22 56	.. ..
7 10	19 37	19 44	19 52	20 00	20 09	20 19	20 30	20 43	20 58	21 16	21 39	22 30	.. ..
20	19 31	19 37	19 44	19 51	20 00	20 09	20 19	20 30	20 43	20 59	21 18	21 57	.. ..
30	19 22	19 27	19 33	19 40	19 47	19 54	20 03	20 13	20 24	20 37	20 52	21 22	23 04
8 9	19 10	19 14	19 19	19 25	19 30	19 37	19 44	19 52	20 01	20 11	20 23	20 46	21 47
19	18 56	18 59	19 03	19 07	19 12	19 17	19 22	19 29	19 36	19 43	19 52	20 09	20 50
29	18 40	18 42	18 45	18 48	18 52	18 55	18 59	19 04	19 09	19 14	19 21	19 32	19 59
9 8	18 23	18 24	18 26	18 28	18 30	18 32	18 35	18 38	18 41	18 44	18 48	18 55	19 11
18	18 05	18 06	18 07	18 07	18 08	18 09	18 10	18 11	18 12	18 14	18 15	18 18	18 24
28	17 48	17 48	17 47	17 47	17 46	17 46	17 45	17 45	17 44	17 43	17 43	17 41	17 38
10 8	17 31	17 30	17 28	17 26	17 25	17 23	17 21	17 19	17 16	17 13	17 10	17 05	16 52
18	17 15	17 12	17 10	17 07	17 04	17 01	16 57	16 53	16 49	16 44	16 39	16 29	16 06
28	17 00	16 57	16 53	16 49	16 45	16 40	16 35	16 30	16 23	16 16	16 08	15 54	15 18
11 7	16 48	16 43	16 39	16 34	16 28	16 22	16 16	16 08	16 00	15 51	15 40	15 20	14 28
17	16 38	16 33	16 27	16 21	16 14	16 07	15 59	15 50	15 40	15 28	15 14	14 48	13 30
27	16 32	16 26	16 19	16 12	16 05	15 56	15 47	15 36	15 24	15 10	14 53	14 19	.. ..
12 7	16 29	16 22	16 15	16 08	15 59	15 50	15 39	15 28	15 14	14 58	14 38	13 57	.. ..
17	16 30	16 23	16 16	16 08	15 59	15 49	15 38	15 26	15 11	14 54	14 33	13 47	.. ..
27	16 35	16 29	16 21	16 13	16 04	15 55	15 44	15 31	15 17	14 59	14 38	13 52	.. ..
37	16 44	16 37	16 30	16 23	16 14	16 05	15 55	15 43	15 29	15 13	14 54	14 13	.. ..

薄明時間 Duration of Twilight

月 日 Date	42° N	44° N	46° N	48° N	50° N	52° N	54° N	56° N	58° N	60° N	62° N	65° N	70° N
	h m	h m	h m	h m	h m	h m	h m	h m	h m	h m	h m	h m	h m
7 10	2 07	2 18	2 32	2 55	.. ..	.. ..	.. ..	.. ..	.. ..	.. ..	.. ..	.. ..	.. ..
20	2 02	2 10	2 22	2 38	3 04	.. ..	.. ..	.. ..	.. ..	.. ..	.. ..	.. ..	.. ..
30	1 55	2 03	2 12	2 23	2 39	3 05	.. ..	.. ..	.. ..	.. ..	.. ..	.. ..	.. ..
8 9	1 49	1 55	2 03	2 11	2 22	2 37	3 00	3 52	.. ..	.. ..	.. ..	.. ..	.. ..
19	1 44	1 49	1 55	2 02	2 10	2 21	2 34	2 53	3 23	.. ..	.. ..	.. ..	.. ..
29	1 40	1 44	1 49	1 55	2 01	2 09	2 19	2 31	2 47	3 09	3 51	.. ..	.. ..
9 8	1 37	1 40	1 45	1 49	1 55	2 02	2 09	2 18	2 29	2 43	3 01	3 48	.. ..
18	1 34	1 38	1 42	1 46	1 51	1 56	2 03	2 10	2 19	2 30	2 42	3 09	5 04
28	1 33	1 36	1 40	1 44	1 48	1 53	1 59	2 06	2 13	2 22	2 33	2 53	3 47
10 8	1 32	1 35	1 39	1 43	1 47	1 52	1 57	2 04	2 11	2 19	2 28	2 46	3 30
18	1 33	1 36	1 39	1 43	1 47	1 52	1 57	2 04	2 10	2 19	2 28	2 45	3 26
28	1 34	1 37	1 40	1 44	1 48	1 53	1 59	2 05	2 12	2 21	2 30	2 48	3 32
11 7	1 35	1 38	1 42	1 46	1 50	1 56	2 01	2 08	2 16	2 25	2 35	2 55	3 48
17	1 37	1 40	1 44	1 48	1 53	1 58	2 05	2 12	2 20	2 30	2 42	3 05	4 17
27	1 38	1 42	1 46	1 50	1 56	2 01	2 08	2 16	2 25	2 36	2 50	3 18	.. ..
12 7	1 40	1 43	1 48	1 52	1 58	2 04	2 11	2 19	2 29	2 42	2 57	3 31	.. ..
17	1 41	1 44	1 49	1 53	1 59	2 05	2 13	2 21	2 32	2 45	3 02	3 39	.. ..
27	1 40	1 44	1 48	1 53	1 59	2 05	2 13	2 21	2 32	2 45	3 01	3 39	.. ..
37	1 40	1 43	1 47	1 52	1 58	2 04	2 11	2 19	2 29	2 41	2 57	3 30	.. ..

南緯日出時と薄明時間　地方平時　2015
SUNRISE AND DURATION OF TWILIGHT FOR SOUTHERN LATITUDES　L.M.T

日出時 Sunrise

月日 Date	0° S	10° S	20° S	30° S	35° S	40° S	45° S	50° S	52° S	54° S	56° S	58° S	60° S
	h m	h m	h m	h m	h m	h m	h m	h m	h m	h m	h m	h m	h m
1 1	5 59	5 42	5 23	5 02	4 49	4 34	4 16	3 54	3 44	3 32	3 18	3 01	2 42
11	6 04	5 48	5 30	5 09	4 57	4 44	4 27	4 06	3 57	3 46	3 33	3 18	3 00
21	6 07	5 53	5 37	5 18	5 07	4 55	4 40	4 22	4 13	4 03	3 52	3 40	3 25
31	6 10	5 57	5 43	5 27	5 18	5 07	4 54	4 39	4 32	4 23	4 14	4 04	3 52
2 10	6 10	6 00	5 49	5 36	5 28	5 19	5 09	4 56	4 51	4 44	4 37	4 29	4 20
20	6 10	6 02	5 54	5 44	5 38	5 31	5 23	5 14	5 10	5 05	5 00	4 54	4 47
3 2	6 09	6 03	5 58	5 51	5 47	5 43	5 38	5 31	5 28	5 25	5 22	5 18	5 13
12	6 06	6 04	6 01	5 58	5 56	5 54	5 51	5 48	5 46	5 45	5 43	5 41	5 39
22	6 03	6 04	6 04	6 04	6 04	6 04	6 04	6 04	6 04	6 04	6 04	6 04	6 03
4 1	6 00	6 03	6 07	6 10	6 12	6 14	6 17	6 20	6 21	6 22	6 24	6 26	6 28
11	5 58	6 03	6 09	6 16	6 20	6 24	6 29	6 35	6 38	6 41	6 44	6 48	6 52
21	5 55	6 03	6 12	6 22	6 28	6 34	6 42	6 50	6 54	6 59	7 04	7 09	7 16
5 1	5 53	6 04	6 16	6 28	6 36	6 44	6 54	7 06	7 11	7 17	7 24	7 31	7 39
11	5 53	6 05	6 19	6 35	6 44	6 54	7 06	7 20	7 27	7 34	7 43	7 52	8 03
21	5 53	6 07	6 23	6 41	6 51	7 03	7 17	7 34	7 41	7 50	8 00	8 11	8 25
31	5 54	6 10	6 27	6 47	6 58	7 11	7 26	7 45	7 54	8 04	8 15	8 28	8 43
6 10	5 55	6 12	6 31	6 51	7 03	7 17	7 34	7 54	8 03	8 14	8 26	8 41	8 57
20	5 58	6 15	6 34	6 55	7 07	7 21	7 38	7 59	8 09	8 20	8 32	8 47	9 04
30	6 00	6 17	6 35	6 56	7 08	7 22	7 39	7 59	8 09	8 20	8 32	8 47	9 04
7 10	6 01	6 18	6 35	6 55	7 07	7 20	7 36	7 55	8 04	8 14	8 26	8 39	8 55
20	6 02	6 18	6 34	6 52	7 03	7 15	7 29	7 47	7 55	8 04	8 14	8 26	8 40
30	6 03	6 16	6 30	6 47	6 56	7 07	7 19	7 34	7 41	7 49	7 58	8 08	8 19
8 9	6 02	6 13	6 25	6 39	6 47	6 56	7 06	7 19	7 25	7 31	7 38	7 46	7 55
19	6 00	6 09	6 19	6 30	6 36	6 43	6 51	7 01	7 05	7 10	7 16	7 22	7 29
29	5 57	6 04	6 11	6 19	6 23	6 28	6 34	6 41	6 44	6 48	6 51	6 56	7 00
9 8	5 54	5 58	6 02	6 07	6 10	6 13	6 16	6 20	6 22	6 24	6 26	6 28	6 31
18	5 51	5 52	5 53	5 55	5 55	5 56	5 57	5 58	5 59	5 59	6 00	6 00	6 01
28	5 47	5 46	5 44	5 42	5 41	5 40	5 38	5 36	5 35	5 34	5 33	5 32	5 30
10 8	5 44	5 40	5 35	5 30	5 27	5 24	5 19	5 14	5 12	5 10	5 07	5 04	5 00
18	5 42	5 35	5 27	5 19	5 14	5 08	5 02	4 53	4 50	4 46	4 41	4 36	4 30
28	5 40	5 31	5 21	5 09	5 02	4 54	4 45	4 34	4 29	4 23	4 17	4 10	4 01
11 7	5 40	5 28	5 15	5 01	4 52	4 42	4 31	4 17	4 10	4 03	3 54	3 45	3 34
17	5 41	5 27	5 12	4 55	4 45	4 33	4 19	4 02	3 54	3 45	3 35	3 23	3 10
27	5 44	5 28	5 11	4 51	4 40	4 27	4 11	3 51	3 42	3 32	3 20	3 06	2 50
12 7	5 47	5 30	5 12	4 51	4 39	4 24	4 07	3 45	3 35	3 23	3 10	2 54	2 36
17	5 52	5 34	5 15	4 53	4 40	4 25	4 07	3 45	3 34	3 22	3 07	2 51	2 30
27	5 57	5 39	5 20	4 58	4 45	4 30	4 12	3 50	3 39	3 27	3 12	2 56	2 35
37	6 02	5 45	5 26	5 05	4 53	4 38	4 21	4 00	3 49	3 38	3 24	3 09	2 50

薄明時間 Duration of Twilight

月日 Date	0° S	10° S	20° S	30° S	35° S	40° S	45° S	50° S	52° S	54° S	56° S	58° S	60° S
	h m	h m	h m	h m	h m	h m	h m	h m	h m	h m	h m	h m	h m
1 1	1 15	1 17	1 23	1 36	1 46	2 01	2 30	...	...	...	...	...	...
11	1 14	1 16	1 22	1 34	1 43	1 58	2 22	3 35	...	...	...	...	...
21	1 13	1 15	1 21	1 31	1 40	1 52	2 12	2 53	3 46	...	...	...	...
31	1 12	1 14	1 19	1 29	1 36	1 47	2 03	2 31	2 50	3 27	...	...	...
2 10	1 11	1 12	1 17	1 26	1 33	1 42	1 55	2 16	2 28	2 45	3 11	...	...
20	1 10	1 11	1 16	1 24	1 30	1 38	1 49	2 05	2 14	2 25	2 39	2 59	3 32
3 2	1 09	1 10	1 14	1 22	1 27	1 34	1 44	1 57	2 04	2 13	2 23	2 35	2 51
12	1 09	1 10	1 13	1 20	1 25	1 32	1 40	1 52	1 58	2 05	2 13	2 22	2 34
22	1 08	1 09	1 13	1 19	1 24	1 30	1 38	1 49	1 54	2 00	2 07	2 15	2 24
4 1	1 09	1 10	1 13	1 19	1 24	1 30	1 37	1 47	1 52	1 58	2 04	2 11	2 20
11	1 09	1 10	1 13	1 19	1 24	1 30	1 37	1 47	1 52	1 57	2 03	2 10	2 18
21	1 10	1 11	1 14	1 20	1 24	1 30	1 38	1 48	1 53	1 58	2 04	2 11	2 20
5 1	1 11	1 12	1 15	1 21	1 25	1 31	1 39	1 50	1 55	2 00	2 07	2 14	2 23
11	1 12	1 13	1 16	1 22	1 27	1 33	1 41	1 52	1 57	2 03	2 10	2 18	2 28
21	1 13	1 13	1 17	1 23	1 28	1 34	1 43	1 54	2 00	2 06	2 14	2 23	2 33
31	1 14	1 14	1 18	1 24	1 29	1 36	1 45	1 57	2 03	2 10	2 18	2 27	2 39
6 10	1 15	1 15	1 18	1 25	1 30	1 37	1 46	1 58	2 05	2 12	2 20	2 31	2 43
20	1 15	1 15	1 18	1 25	1 30	1 37	1 46	1 59	2 05	2 13	2 22	2 32	2 45
30	1 15	1 15	1 18	1 25	1 30	1 37	1 46	1 59	2 05	2 12	2 21	2 31	2 44
7 10	1 14	1 14	1 18	1 24	1 29	1 36	1 45	1 57	2 03	2 10	2 18	2 28	2 40

SUNSET AND DURATION OF TWILIGHT FOR SOUTHERN LATITUDES L.M.T

日没時 Sunset

Date	0° S	10° S	20° S	30° S	35° S	40° S	45° S	50° S	52° S	54° S	56° S	58° S	60° S
	h m	h m	h m	h m	h m	h m	h m	h m	h m	h m	h m	h m	h m
1 1	18 07	18 25	18 43	19 05	19 18	19 32	19 50	20 12	20 23	20 35	20 48	21 05	21 24
11	18 12	18 28	18 46	19 06	19 18	19 32	19 48	20 08	20 18	20 29	20 42	20 56	21 14
21	18 15	18 30	18 46	19 04	19 15	19 27	19 42	20 00	20 08	20 18	20 29	20 41	20 56
31	18 17	18 30	18 44	18 59	19 09	19 19	19 32	19 47	19 54	20 02	20 11	20 21	20 33
2 10	18 18	18 28	18 39	18 52	19 00	19 08	19 19	19 31	19 37	19 43	19 50	19 58	20 07
20	18 17	18 25	18 34	18 43	18 49	18 56	19 03	19 12	19 17	19 21	19 26	19 32	19 39
3 2	18 16	18 21	18 26	18 33	18 37	18 41	18 46	18 52	18 55	18 58	19 01	19 05	19 09
12	18 13	18 16	18 18	18 21	18 23	18 25	18 28	18 31	18 32	18 34	18 35	18 37	18 39
22	18 10	18 10	18 10	18 09	18 09	18 09	18 09	18 09	18 09	18 09	18 09	18 09	18 09
4 1	18 08	18 04	18 01	17 57	17 55	17 53	17 50	17 47	17 46	17 45	17 43	17 41	17 39
11	18 05	17 59	17 53	17 46	17 42	17 37	17 32	17 26	17 24	17 21	17 17	17 14	17 09
21	18 02	17 54	17 45	17 35	17 29	17 23	17 15	17 06	17 02	16 58	16 53	16 47	16 41
5 1	18 01	17 50	17 38	17 26	17 18	17 10	17 00	16 48	16 43	16 37	16 30	16 22	16 14
11	18 00	17 47	17 33	17 18	17 09	16 59	16 47	16 32	16 25	16 18	16 09	16 00	15 49
21	18 00	17 46	17 30	17 12	17 02	16 50	16 36	16 19	16 11	16 02	15 52	15 41	15 28
31	18 02	17 45	17 28	17 08	16 57	16 44	16 29	16 10	16 01	15 51	15 40	15 27	15 11
6 10	18 03	17 46	17 28	17 07	16 55	16 41	16 25	16 05	15 55	15 44	15 32	15 18	15 01
20	18 05	17 48	17 29	17 08	16 56	16 42	16 25	16 04	15 54	15 43	15 31	15 16	14 59
30	18 08	17 50	17 32	17 11	16 59	16 45	16 28	16 08	15 58	15 48	15 35	15 21	15 04
7 10	18 09	17 53	17 35	17 15	17 04	16 51	16 35	16 16	16 07	15 56	15 45	15 32	15 16
20	18 10	17 55	17 39	17 21	17 10	16 58	16 44	16 26	16 18	16 09	15 59	15 47	15 34
30	18 10	17 57	17 43	17 26	17 17	17 07	16 54	16 39	16 32	16 24	16 15	16 06	15 54
8 9	18 09	17 58	17 46	17 32	17 24	17 16	17 05	16 53	16 47	16 41	16 34	16 26	16 17
19	18 07	17 58	17 49	17 38	17 32	17 25	17 17	17 07	17 03	16 58	16 52	16 46	16 40
29	18 05	17 58	17 51	17 44	17 39	17 34	17 29	17 22	17 19	17 15	17 12	17 07	17 03
9 8	18 01	17 57	17 53	17 49	17 46	17 44	17 40	17 36	17 35	17 33	17 31	17 28	17 26
18	17 58	17 57	17 55	17 54	17 54	17 53	17 52	17 51	17 51	17 50	17 50	17 50	17 49
28	17 54	17 56	17 58	18 00	18 01	18 02	18 04	18 06	18 07	18 08	18 10	18 11	18 13
10 8	17 51	17 55	18 00	18 06	18 09	18 12	18 17	18 22	18 24	18 27	18 30	18 33	18 37
18	17 49	17 56	18 03	18 12	18 17	18 23	18 30	18 38	18 42	18 46	18 51	18 56	19 02
28	17 48	17 57	18 07	18 19	18 26	18 34	18 43	18 55	19 00	19 06	19 12	19 20	19 28
11 7	17 47	17 59	18 12	18 27	18 36	18 46	18 57	19 12	19 19	19 26	19 34	19 44	19 55
17	17 49	18 03	18 18	18 35	18 46	18 58	19 12	19 29	19 37	19 46	19 56	20 08	20 22
27	17 51	18 07	18 24	18 44	18 55	19 09	19 25	19 44	19 54	20 04	20 16	20 30	20 47
12 7	17 55	18 12	18 31	18 52	19 04	19 19	19 36	19 58	20 08	20 20	20 33	20 49	21 08
17	18 00	18 18	18 37	18 59	19 12	19 27	19 45	20 07	20 18	20 30	20 45	21 02	21 22
27	18 05	18 22	18 41	19 03	19 16	19 31	19 49	20 12	20 23	20 35	20 49	21 06	21 26
37	18 10	18 26	18 45	19 06	19 18	19 33	19 50	20 11	20 21	20 33	20 46	21 02	21 20

薄明時間 Duration of Twilight

Date	0° S	10° S	20° S	30° S	35° S	40° S	45° S	50° S	52° S	54° S	56° S	58° S	60° S
	h m	h m	h m	h m	h m	h m	h m	h m	h m	h m	h m	h m	h m
7 10	1 14	1 14	1 18	1 24	1 29	1 36	1 45	1 57	2 03	2 10	2 18	2 28	2 40
20	1 13	1 14	1 17	1 23	1 28	1 35	1 43	1 55	2 01	2 07	2 15	2 24	2 35
30	1 12	1 13	1 16	1 22	1 27	1 33	1 42	1 52	1 58	2 04	2 11	2 19	2 29
8 9	1 11	1 12	1 15	1 21	1 26	1 32	1 40	1 50	1 55	2 01	2 08	2 15	2 24
19	1 10	1 11	1 14	1 20	1 25	1 31	1 38	1 48	1 53	1 59	2 05	2 12	2 20
29	1 09	1 10	1 13	1 19	1 24	1 30	1 37	1 47	1 52	1 57	2 03	2 10	2 18
9 8	1 09	1 10	1 13	1 19	1 24	1 30	1 37	1 47	1 52	1 57	2 04	2 11	2 19
18	1 08	1 09	1 13	1 19	1 24	1 30	1 38	1 48	1 53	1 59	2 06	2 13	2 22
28	1 08	1 10	1 13	1 20	1 25	1 31	1 40	1 51	1 57	2 03	2 10	2 19	2 30
10 8	1 09	1 10	1 14	1 21	1 26	1 33	1 43	1 55	2 02	2 09	2 19	2 30	2 44
18	1 09	1 11	1 15	1 23	1 29	1 36	1 47	2 02	2 10	2 20	2 32	2 48	3 12
28	1 10	1 12	1 17	1 25	1 31	1 40	1 53	2 11	2 22	2 36	2 56	3 30	...
11 7	1 11	1 13	1 18	1 28	1 35	1 45	2 00	2 24	2 40	3 05	...	...	...
17	1 12	1 15	1 20	1 30	1 39	1 50	2 09	2 43	3 13	...	...	...	...
27	1 14	1 16	1 22	1 33	1 42	1 56	2 18	3 13	...	...	...	...	...
12 7	1 14	1 17	1 23	1 35	1 45	2 00	2 27	...	...	...	...	...	...
17	1 15	1 17	1 24	1 36	1 47	2 03	2 32	...	...	...	...	...	...
27	1 15	1 17	1 24	1 36	1 46	2 03	2 32	...	...	...	...	...	...
37	1 14	1 17	1 23	1 35	1 45	2 00	2 26	...	...	...	...	...	...

南緯日出時と薄明時間　地方平時　2015
SUNRISE AND DURATION OF TWILIGHT FOR SOUTHERN LATITUDES　L.M.T

日出時 Sunrise

月 日 Date	60° S	62° S	64° S	66° S	68° S	70° S
	h m	h m	h m	h m	h m	h m
1　1	2 42	2 16	1 41	0 20	... ..	... ..
11	3 00	2 39	2 10	1 25	... ..	... ..
21	3 25	3 07	2 45	2 14	1 27	... ..
31	3 52	3 38	3 21	2 59	2 31	1 48
2 10	4 20	4 09	3 56	3 41	3 22	2 57
20	4 47	4 39	4 30	4 20	4 07	3 51
3　2	5 13	5 08	5 02	4 56	4 48	4 38
12	5 39	5 36	5 33	5 30	5 26	5 21
22	6 03	6 03	6 03	6 03	6 02	6 02
4　1	6 28	6 30	6 32	6 35	6 39	6 42
11	6 52	6 56	7 01	7 08	7 15	7 23
21	7 16	7 23	7 31	7 40	7 52	8 06
5　1	7 39	7 49	8 01	8 14	8 31	8 52
11	8 03	8 15	8 30	8 48	9 12	9 43
21	8 25	8 40	8 59	9 23	9 55	10 51
31	8 43	9 02	9 25	9 55	10 45	... ..
6 10	8 57	9 18	9 44	10 22	... ..	... ..
20	9 04	9 26	9 54	10 36	... ..	... ..
30	9 04	9 24	9 52	10 31	... ..	... ..
7 10	8 55	9 14	9 38	10 10	11 06	... ..
20	8 40	8 56	9 16	9 41	10 17	11 30
30	8 19	8 33	8 49	9 08	9 34	10 09
8　9	7 55	8 06	8 18	8 33	8 51	9 15
19	7 29	7 37	7 46	7 56	8 09	8 25
29	7 00	7 06	7 12	7 19	7 28	7 38
9　8	6 31	6 34	6 37	6 41	6 46	6 52
18	6 01	6 02	6 02	6 03	6 04	6 06
28	5 30	5 29	5 27	5 25	5 22	5 19
10　8	5 00	4 56	4 52	4 46	4 40	4 32
18	4 30	4 24	4 16	4 07	3 57	3 44
28	4 01	3 52	3 41	3 28	3 12	2 52
11　7	3 34	3 22	3 07	2 49	2 26	1 54
17	3 10	2 54	2 34	2 09	1 33	0 22
27	2 50	2 30	2 04	1 28	0 07	... ..
12　7	2 36	2 12	1 40	0 43	... ..	... ..
17	2 30	2 04	1 26	... ..	... ..	... ..
27	2 35	2 09	1 31	... ..	... ..	... ..
37	2 50	2 26	1 53	0 56	... ..	... ..

日没時 Sunset

月 日 Date	60° S	62° S	64° S	66° S	68° S	70° S
	h m	h m	h m	h m	h m	h m
1　1	21 24	21 49	22 24	23 38	... ..	... ..
11	21 14	21 35	22 04	22 46	... ..	... ..
21	20 56	21 13	21 35	22 04	22 49	... ..
31	20 33	20 47	21 03	21 24	21 51	22 31
2 10	20 07	20 17	20 30	20 45	21 03	21 27
20	19 39	19 46	19 55	20 05	20 18	20 33
3　2	19 09	19 14	19 20	19 26	19 34	19 44
12	18 39	18 42	18 45	18 48	18 52	18 56
22	18 09	18 09	18 09	18 09	18 09	18 10
4　1	17 39	17 37	17 34	17 31	17 28	17 23
11	17 09	17 05	16 59	16 53	16 46	16 37
21	16 41	16 34	16 26	16 16	16 04	15 50
5　1	16 14	16 04	15 53	15 39	15 23	15 01
11	15 49	15 37	15 22	15 04	14 40	14 08
21	15 28	15 13	14 54	14 30	13 57	13 01
31	15 11	14 53	14 30	14 00	13 10	... ..
6 10	15 01	14 41	14 14	13 36	... ..	... ..
20	14 59	14 37	14 09	13 27	... ..	... ..
30	15 04	14 43	14 16	13 37	... ..	... ..
7 10	15 16	14 57	14 33	14 01	13 05	... ..
20	15 34	15 17	14 58	14 32	13 56	12 44
30	15 54	15 41	15 25	15 06	14 40	14 04
8　9	16 17	16 06	15 54	15 39	15 21	14 58
19	16 40	16 32	16 23	16 12	15 59	15 44
29	17 03	16 57	16 51	16 44	16 36	16 26
9　8	17 26	17 23	17 20	17 16	17 11	17 06
18	17 49	17 48	17 48	17 47	17 46	17 45
28	18 13	18 14	18 16	18 19	18 21	18 25
10　8	18 37	18 41	18 46	18 51	18 58	19 06
18	19 02	19 09	19 16	19 25	19 36	19 50
28	19 28	19 37	19 49	20 02	20 18	20 39
11　7	19 55	20 07	20 23	20 41	21 05	21 39
17	20 22	20 38	20 58	21 24	22 02	23 37
27	20 47	21 07	21 33	22 11	... ..	... ..
12　7	21 08	21 32	22 05	23 05	... ..	... ..
17	21 22	21 49	22 27	... ..	... ..	... ..
27	21 26	21 53	22 30	... ..	... ..	... ..
37	21 20	21 44	22 16	23 10	... ..	... ..

薄明時間 Duration of Twilight

月 日 Date	60° S	62° S	64° S	66° S	68° S	70° S
	h m	h m	h m	h m	h m	h m
1　1	... ..	... ..	... ..	... ..	... ..	... ..
11	... ..	... ..	... ..	... ..	... ..	... ..
21	... ..	... ..	... ..	... ..	... ..	... ..
31	... ..	... ..	... ..	... ..	... ..	... ..
2 10	... ..	... ..	... ..	... ..	... ..	... ..
20	3 32	... ..	... ..	... ..	... ..	... ..
3　2	2 51	3 14	3 55	... ..	... ..	... ..
12	2 34	2 48	3 07	3 33	4 21	... ..
22	2 24	2 36	2 49	3 06	3 28	4 00
4　1	2 20	2 29	2 41	2 55	3 12	3 34
11	2 18	2 28	2 39	2 52	3 07	3 26
21	2 20	2 29	2 40	2 53	3 09	3 29
5　1	2 23	2 33	2 45	2 59	3 17	3 40
11	2 28	2 39	2 52	3 09	3 31	4 02
21	2 33	2 46	3 02	3 23	3 52	4 44
31	2 39	2 54	3 12	3 39	4 23	... ..
6 10	2 43	2 59	3 21	3 53	... ..	... ..
20	2 45	3 02	3 25	4 01	... ..	... ..
30	2 44	3 00	3 22	3 56	... ..	... ..
7 10	2 40	2 55	3 15	3 42	4 33	... ..

月 日 Date	60° S	62° S	64° S	66° S	68° S	70° S
	h m	h m	h m	h m	h m	h m
7 10	2 40	2 55	3 15	3 42	4 33	... ..
20	2 35	2 48	3 05	3 27	3 59	5 07
30	2 29	2 41	2 55	3 13	3 36	4 10
8　9	2 24	2 34	2 47	3 02	3 21	3 45
19	2 20	2 30	2 41	2 55	3 11	3 31
29	2 18	2 28	2 39	2 52	3 07	3 26
9　8	2 19	2 29	2 40	2 53	3 10	3 30
18	2 22	2 33	2 46	3 01	3 21	3 48
28	2 30	2 43	2 59	3 21	3 54	... ..
10　8	2 44	3 03	3 30	4 33	... ..	... ..
18	3 12	3 59	... ..	... ..	... ..	... ..
28	... ..	... ..	... ..	... ..	... ..	... ..
11　7	... ..	... ..	... ..	... ..	... ..	... ..
17	... ..	... ..	... ..	... ..	... ..	... ..
27	... ..	... ..	... ..	... ..	... ..	... ..
12　7	... ..	... ..	... ..	... ..	... ..	... ..
17	... ..	... ..	... ..	... ..	... ..	... ..
27	... ..	... ..	... ..	... ..	... ..	... ..
37	... ..	... ..	... ..	... ..	... ..	... ..

日付変更線
INTERNATIONAL DATE LINE

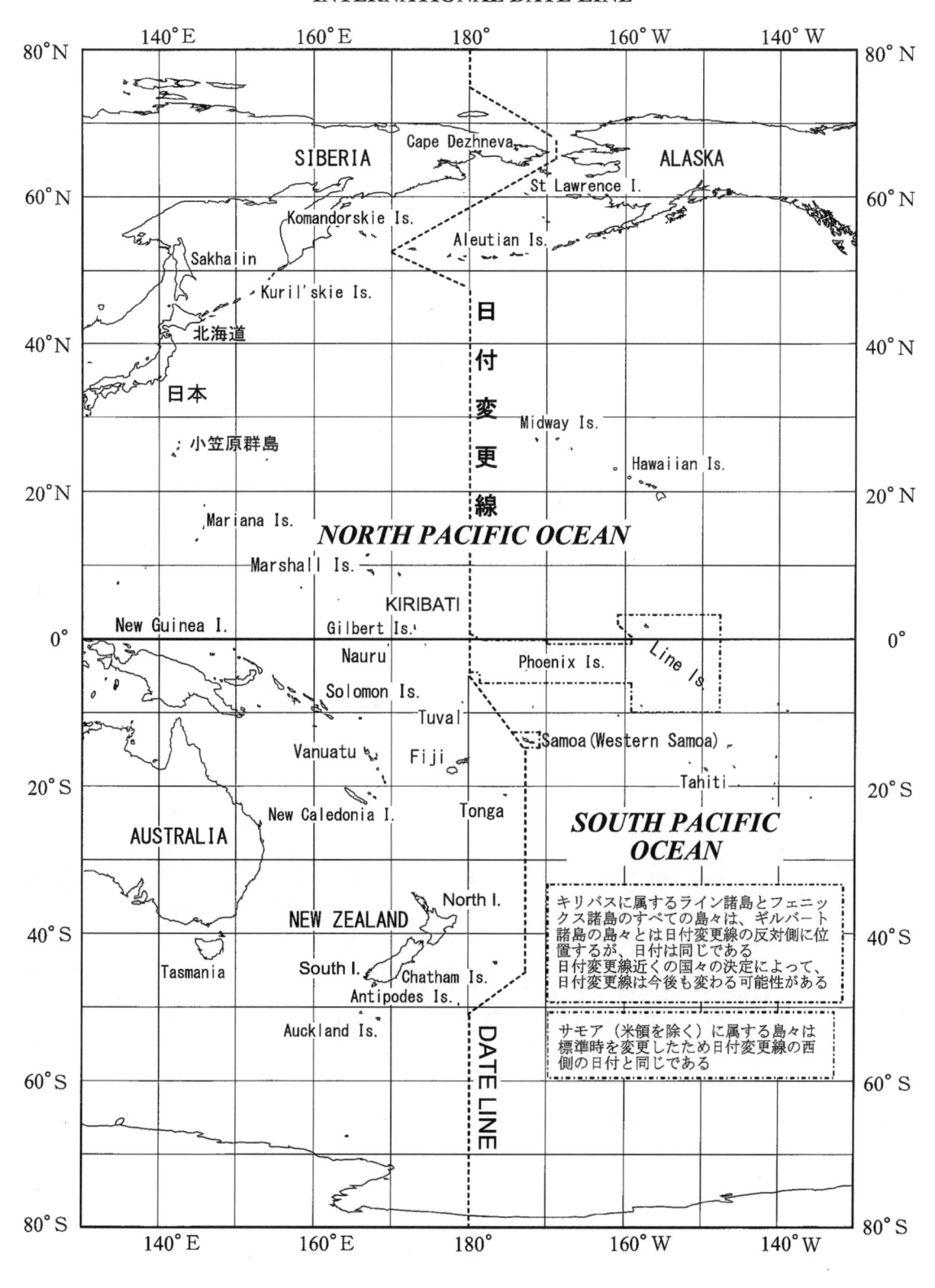

キリバスに属するライン諸島とフェニックス諸島のすべての島々は、ギルバート諸島の島々とは日付変更線の反対側に位置するが、日付は同じである
日付変更線近くの国々の決定によって、日付変更線は今後も変わる可能性がある

サモア（米領を除く）に属する島々は標準時を変更したため日付変更線の西側の日付と同じである

月出時　グリニジ子午線上の月出の地方平時　2015
MOONRISE　Local Mean Time of Moonrise on the Meridian of Greenwich

月 日 Date	北緯 Northern Latitudes												
	0°	10°	20°	30°	35°	40°	45°	50°	52°	54°	56°	58°	60°
	h m	h m	h m	h m	h m	h m	h m	h m	h m	h m	h m	h m	h m
1　1	15 07	14 54	14 41	14 26	14 17	14 07	13 56	13 42	13 35	13 28	13 20	13 11	13 01
2	15 58	15 45	15 30	15 14	15 04	14 53	14 40	14 24	14 17	14 09	14 00	13 49	13 37
3	16 50	16 36	16 21	16 04	15 54	15 42	15 29	15 12	15 04	14 56	14 46	14 35	14 23
4	17 41	17 27	17 12	16 56	16 46	16 35	16 21	16 05	15 58	15 49	15 40	15 29	15 17
5	18 30	18 18	18 04	17 49	17 40	17 29	17 17	17 03	16 56	16 48	16 40	16 30	16 19
6	19 18	19 07	18 55	18 42	18 34	18 25	18 15	18 02	17 56	17 50	17 43	17 35	17 25
7	20 03	19 55	19 45	19 35	19 28	19 21	19 13	19 03	18 59	18 54	18 48	18 42	18 35
8	20 47	20 41	20 34	20 27	20 22	20 17	20 12	20 05	20 01	19 58	19 54	19 50	19 45
9	21 30	21 27	21 23	21 18	21 16	21 13	21 10	21 06	21 04	21 02	21 00	20 58	20 55
10	22 12	22 12	22 11	22 10	22 09	22 09	22 08	22 07	22 07	22 06	22 06	22 06	22 05
11	22 55	22 57	22 59	23 01	23 03	23 05	23 07	23 09	23 10	23 11	23 12	23 14	23 16
12	23 38	23 43	23 48	23 54	23 57	.. ..	.. ..	.. ..	.. ..	.. ..	.. ..	.. ..	.. ..
13	.. ..	.. ..	.. ..	.. ..	.. ..	0 01	0 06	0 11	0 14	0 17	0 20	0 23	0 27
14	0 23	0 30	0 38	0 48	0 53	0 59	1 06	1 15	1 19	1 23	1 28	1 34	1 40
15	1 10	1 20	1 31	1 43	1 50	1 59	2 08	2 20	2 25	2 31	2 38	2 45	2 54
16	2 01	2 13	2 26	2 40	2 49	2 59	3 11	3 25	3 31	3 39	3 47	3 56	4 07
17	2 54	3 08	3 22	3 39	3 49	4 00	4 13	4 29	4 36	4 45	4 54	5 05	5 17
18	3 51	4 05	4 20	4 38	4 48	5 00	5 13	5 30	5 38	5 46	5 56	6 07	6 20
19	4 50	5 04	5 18	5 35	5 45	5 56	6 09	6 25	6 33	6 41	6 50	7 01	7 13
20	5 50	6 02	6 15	6 30	6 39	6 48	7 00	7 14	7 20	7 27	7 35	7 44	7 55
21	6 49	6 59	7 09	7 21	7 28	7 36	7 45	7 56	8 01	8 06	8 13	8 19	8 27
22	7 47	7 53	8 01	8 09	8 13	8 19	8 25	8 32	8 36	8 39	8 44	8 48	8 53
23	8 42	8 46	8 49	8 53	8 56	8 58	9 01	9 05	9 07	9 09	9 11	9 13	9 15
24	9 36	9 36	9 36	9 36	9 36	9 36	9 36	9 35	9 35	9 35	9 35	9 35	9 35
25	10 29	10 25	10 22	10 17	10 15	10 12	10 09	10 05	10 03	10 02	10 00	9 57	9 55
26	11 21	11 14	11 07	10 59	10 54	10 49	10 43	10 36	10 32	10 29	10 25	10 20	10 15
27	12 12	12 03	11 53	11 41	11 35	11 27	11 19	11 08	11 03	10 58	10 52	10 46	10 39
28	13 04	12 52	12 40	12 26	12 17	12 08	11 57	11 44	11 38	11 31	11 24	11 16	11 06
29	13 55	13 42	13 28	13 12	13 03	12 52	12 40	12 25	12 18	12 10	12 01	11 51	11 40
30	14 46	14 32	14 18	14 01	13 51	13 39	13 26	13 10	13 02	12 54	12 45	12 34	12 22
31	15 37	15 23	15 08	14 51	14 41	14 30	14 17	14 01	13 53	13 44	13 35	13 24	13 12
2　1	16 26	16 13	15 59	15 43	15 34	15 23	15 11	14 55	14 48	14 40	14 32	14 22	14 10
2	17 14	17 02	16 50	16 36	16 27	16 18	16 07	15 54	15 47	15 41	15 33	15 24	15 14
3	18 00	17 50	17 40	17 28	17 21	17 14	17 05	16 54	16 49	16 43	16 37	16 30	16 22
4	18 44	18 37	18 29	18 20	18 15	18 10	18 03	17 55	17 51	17 47	17 42	17 37	17 31
5	19 28	19 23	19 18	19 12	19 09	19 05	19 01	18 56	18 54	18 51	18 48	18 45	18 41
6	20 10	20 08	20 06	20 04	20 02	20 01	19 59	19 57	19 56	19 55	19 54	19 53	19 51
7	20 52	20 53	20 54	20 55	20 56	20 57	20 57	20 59	20 59	21 00	21 00	21 01	21 02
8	21 35	21 38	21 42	21 47	21 50	21 53	21 56	22 00	22 02	22 04	22 07	22 09	22 12
9	22 18	22 25	22 32	22 39	22 44	22 49	22 55	23 02	23 06	23 09	23 14	23 18	23 23
10	23 04	23 13	23 22	23 33	23 39	23 47	23 55	.. ..	.. ..	.. ..	.. ..	.. ..	.. ..
11	23 51	.. ..	.. ..	.. ..	.. ..	.. ..	.. ..	0 05	0 10	0 15	0 21	0 28	0 35
12	.. ..	0 03	0 14	0 28	0 36	0 45	0 56	1 08	1 14	1 21	1 28	1 37	1 46
13	0 42	0 55	1 08	1 24	1 33	1 44	1 56	2 11	2 18	2 26	2 35	2 45	2 56
14	1 35	1 49	2 04	2 21	2 31	2 42	2 55	3 12	3 19	3 28	3 37	3 48	4 01
15	2 32	2 45	3 00	3 17	3 27	3 39	3 52	4 08	4 16	4 25	4 34	4 45	4 58
16	3 30	3 43	3 57	4 13	4 22	4 32	4 45	5 00	5 07	5 15	5 23	5 33	5 44
17	4 29	4 40	4 52	5 05	5 13	5 22	5 33	5 45	5 51	5 57	6 05	6 13	6 22
18	5 27	5 36	5 45	5 55	6 01	6 08	6 16	6 25	6 29	6 34	6 39	6 45	6 52
19	6 25	6 30	6 36	6 42	6 46	6 50	6 55	7 00	7 03	7 06	7 09	7 13	7 16
20	7 22	7 23	7 25	7 27	7 28	7 30	7 31	7 33	7 34	7 35	7 36	7 37	7 38
21	8 17	8 15	8 13	8 11	8 09	8 08	8 06	8 04	8 04	8 03	8 02	8 00	7 59
22	9 11	9 06	9 00	8 54	8 50	8 46	8 42	8 36	8 33	8 31	8 27	8 24	8 20
23	10 05	9 57	9 48	9 38	9 32	9 26	9 18	9 09	9 05	9 00	8 55	8 50	8 43
24	10 58	10 47	10 36	10 23	10 15	10 07	9 57	9 45	9 39	9 33	9 26	9 19	9 10
25	11 51	11 38	11 25	11 10	11 01	10 51	10 39	10 25	10 18	10 11	10 02	9 53	9 42
26	12 43	12 29	12 15	11 58	11 48	11 37	11 25	11 09	11 02	10 53	10 44	10 34	10 22
27	13 34	13 20	13 05	12 48	12 38	12 27	12 14	11 58	11 50	11 42	11 33	11 22	11 10
28	14 23	14 10	13 56	13 40	13 30	13 19	13 07	12 51	12 44	12 36	12 27	12 17	12 05
3　1	15 11	14 59	14 46	14 32	14 23	14 13	14 02	13 48	13 42	13 34	13 26	13 17	13 07

| 南緯に対する改正数 | m 1 | m 1 | m 1 | m 1 | m 1 | m 2 | m 2 | m 2 | m 2 | m 2 | m 3 | m 3 | m 3 |

（東経／西経）L, 南緯lの月没時＝（西経／東経）$(180°-L)$, 北緯lの月出時±12^h　（Lが 東経のとき＋／西経のとき－）－改正数

2015　月没時　グリニジ子午線上の月没の地方平時

MOONSET　Local Mean Time of Moonset on the Meridian of Greenwich

月日 Date		北緯 Northern Latitudes											
		0°	10°	20°	30°	35°	40°	45°	50°	52°	54°	56°	58°	60°
		h m	h m	h m	h m	h m	h m	h m	h m	h m	h m	h m	h m	h m
1	1	2 40	2 51	3 03	3 18	3 26	3 35	3 46	3 59	4 05	4 12	4 20	4 29	4 39
	2	3 31	3 45	3 59	4 15	4 24	4 35	4 47	5 03	5 10	5 18	5 27	5 37	5 49
	3	4 23	4 37	4 52	5 09	5 19	5 31	5 44	6 01	6 08	6 17	6 26	6 37	6 50
	4	5 15	5 29	5 44	6 01	6 11	6 22	6 35	6 52	6 59	7 08	7 17	7 28	7 41
	5	6 05	6 18	6 32	6 48	6 58	7 08	7 21	7 36	7 43	7 51	8 00	8 10	8 21
	6	6 53	7 05	7 18	7 32	7 40	7 50	8 01	8 14	8 20	8 27	8 34	8 43	8 53
	7	7 40	7 50	8 00	8 12	8 19	8 27	8 36	8 46	8 51	8 57	9 03	9 10	9 18
	8	8 25	8 32	8 40	8 49	8 54	9 00	9 07	9 15	9 19	9 23	9 27	9 32	9 38
	9	9 08	9 13	9 18	9 24	9 27	9 31	9 36	9 41	9 43	9 46	9 49	9 52	9 55
	10	9 50	9 53	9 55	9 57	9 59	10 01	10 02	10 05	10 06	10 07	10 08	10 10	10 11
	11	10 33	10 32	10 31	10 30	10 30	10 29	10 29	10 28	10 28	10 27	10 27	10 27	10 26
	12	11 15	11 12	11 08	11 04	11 02	10 59	10 56	10 52	10 50	10 48	10 46	10 44	10 41
	13	11 59	11 53	11 46	11 39	11 35	11 30	11 24	11 17	11 14	11 11	11 07	11 03	10 58
	14	12 45	12 36	12 27	12 16	12 10	12 03	11 55	11 46	11 41	11 36	11 31	11 25	11 18
	15	13 34	13 23	13 11	12 58	12 50	12 41	12 31	12 18	12 12	12 06	11 59	11 51	11 42
	16	14 26	14 13	13 59	13 44	13 34	13 24	13 12	12 57	12 50	12 43	12 34	12 24	12 13
	17	15 21	15 07	14 52	14 35	14 25	14 14	14 00	13 44	13 37	13 28	13 18	13 08	12 55
	18	16 19	16 05	15 50	15 33	15 22	15 11	14 57	14 41	14 33	14 24	14 14	14 03	13 50
	19	17 18	17 05	16 51	16 35	16 26	16 15	16 02	15 47	15 39	15 31	15 22	15 12	15 00
	20	18 18	18 07	17 55	17 41	17 33	17 24	17 13	17 00	16 54	16 47	16 40	16 31	16 21
	21	19 17	19 08	18 59	18 49	18 43	18 36	18 28	18 18	18 14	18 09	18 03	17 57	17 50
	22	20 13	20 08	20 03	19 56	19 53	19 49	19 44	19 38	19 35	19 32	19 29	19 25	19 21
	23	21 08	21 07	21 05	21 03	21 02	21 00	20 59	20 57	20 56	20 55	20 54	20 53	20 52
	24	22 01	22 03	22 05	22 08	22 09	22 11	22 12	22 14	22 15	22 16	22 17	22 19	22 20
	25	22 54	22 59	23 05	23 11	23 15	23 19	23 24	23 29	23 32	23 35	23 38	23 42	23 46
	26	23 45	23 54	.. ..	.. ..	.. ..	.. ..	.. ..	.. ..	.. ..	.. ..	.. ..	.. ..	.. ..
	27	.. ..	.. ..	0 02	0 12	0 18	0 25	0 33	0 42	0 46	0 51	0 56	1 02	1 09
	28	0 37	0 48	0 59	1 12	1 20	1 29	1 39	1 51	1 57	2 03	2 10	2 18	2 27
	29	1 29	1 41	1 55	2 10	2 19	2 29	2 41	2 56	3 02	3 10	3 18	3 28	3 39
	30	2 20	2 34	2 48	3 05	3 15	3 26	3 39	3 55	4 02	4 11	4 20	4 31	4 43
	31	3 11	3 25	3 40	3 57	4 07	4 18	4 31	4 48	4 55	5 04	5 13	5 24	5 37
2	1	4 01	4 14	4 29	4 45	4 55	5 06	5 18	5 34	5 41	5 49	5 58	6 08	6 20
	2	4 49	5 02	5 15	5 30	5 38	5 48	6 00	6 14	6 20	6 27	6 35	6 44	6 55
	3	5 36	5 47	5 58	6 11	6 18	6 27	6 36	6 48	6 54	7 00	7 06	7 14	7 22
	4	6 21	6 30	6 39	6 49	6 55	7 01	7 09	7 18	7 22	7 27	7 32	7 38	7 44
	5	7 05	7 11	7 17	7 25	7 29	7 33	7 39	7 45	7 48	7 51	7 55	7 59	8 03
	6	7 48	7 51	7 55	7 59	8 01	8 03	8 06	8 10	8 11	8 13	8 15	8 17	8 19
	7	8 30	8 31	8 31	8 32	8 32	8 33	8 33	8 33	8 34	8 34	8 34	8 34	8 35
	8	9 13	9 10	9 08	9 05	9 03	9 02	9 00	8 57	8 56	8 55	8 53	8 52	8 50
	9	9 56	9 51	9 45	9 39	9 36	9 32	9 27	9 22	9 19	9 16	9 13	9 10	9 06
	10	10 40	10 32	10 24	10 15	10 10	10 04	9 57	9 48	9 44	9 40	9 36	9 30	9 24
	11	11 26	11 16	11 06	10 54	10 47	10 39	10 29	10 18	10 13	10 07	10 01	9 54	9 46
	12	12 15	12 03	11 51	11 36	11 28	11 18	11 07	10 53	10 47	10 40	10 32	10 23	10 13
	13	13 07	12 54	12 40	12 23	12 14	12 03	11 50	11 35	11 27	11 19	11 10	11 00	10 49
	14	14 02	13 48	13 33	13 16	13 06	12 54	12 41	12 25	12 17	12 08	11 59	11 48	11 35
	15	14 59	14 45	14 31	14 14	14 04	13 53	13 40	13 24	13 16	13 08	12 58	12 48	12 35
	16	15 58	15 45	15 32	15 17	15 08	14 58	14 46	14 32	14 25	14 18	14 09	14 00	13 49
	17	16 56	16 47	16 37	16 24	16 16	16 08	15 59	15 47	15 42	15 36	15 29	15 22	15 13
	18	17 55	17 48	17 40	17 32	17 27	17 21	17 15	17 07	17 03	16 59	16 54	16 49	16 43
	19	18 52	18 48	18 45	18 40	18 38	18 35	18 32	18 28	18 26	18 24	18 21	18 19	18 16
	20	19 48	19 48	19 48	19 48	19 48	19 48	19 49	19 49	19 49	19 49	19 49	19 49	19 49
	21	20 43	20 47	20 50	20 55	20 57	21 00	21 04	21 08	21 10	21 12	21 14	21 16	21 19
	22	21 37	21 44	21 51	22 00	22 05	22 10	22 17	22 24	22 28	22 32	22 36	22 41	22 47
	23	22 31	22 40	22 51	23 02	23 09	23 17	23 26	23 37	23 43	23 48	23 54	.. ..	.. ..
	24	23 24	23 35	23 48	.. ..	.. ..	.. ..	.. ..	.. ..	.. ..	.. ..	.. ..	0 02	0 10
	25	.. ..	.. ..	.. ..	0 03	0 11	0 21	0 32	0 46	0 52	0 59	1 07	1 16	1 26
	26	0 16	0 29	0 43	1 00	1 09	1 20	1 33	1 48	1 55	2 03	2 12	2 22	2 34
	27	1 08	1 21	1 36	1 53	2 03	2 14	2 27	2 43	2 51	2 59	3 09	3 19	3 32
	28	1 58	2 11	2 26	2 43	2 52	3 03	3 16	3 32	3 39	3 47	3 57	4 07	4 19
3	1	2 47	2 59	3 13	3 28	3 37	3 47	3 59	4 14	4 20	4 28	4 36	4 45	4 56
南緯に対する改正数		m 1	m 1	m 1	m 1	m 1	m 2	m 2	m 2	m 2	m 2	m 2	m 3	m 3

（東経／西経）L, 南緯 l の月出時＝（西経／東経）$(180°-L)$, 北緯 l の月没時 $±12^h$　（L が 東経のとき＋／西経のとき－）＋改正数

北 極 星 緯 度 表

TABLES FOR FINDING LATITUDE BY OBSERVING POLARIS

第 1 表　（Table 1）

h	0^h	1^h	2^h	3^h	4^h	5^h	6^h	7^h	8^h	9^h	10^h	11^h
m	′	′	′	′	′	′	′	′	′	′	′	′
0	− 41.3	− 39.9	− 35.9	− 29.5	− 21.2	− 11.4	− 1.0	+ 9.4	+ 19.2	+ 27.5	+ 33.9	+ 37.9
1	− 41.3	− 39.9	− 35.8	− 29.4	− 21.0	− 11.3	− 0.8	+ 9.6	+ 19.3	+ 27.6	+ 34.0	+ 38.0
2	− 41.3	− 39.8	− 35.7	− 29.2	− 20.8	− 11.1	− 0.6	+ 9.8	+ 19.5	+ 27.7	+ 34.1	+ 38.0
3	− 41.3	− 39.8	− 35.6	− 29.1	− 20.7	− 10.9	− 0.5	+ 9.9	+ 19.6	+ 27.9	+ 34.2	+ 38.1
4	− 41.3	− 39.7	− 35.5	− 29.0	− 20.5	− 10.7	− 0.3	+ 10.1	+ 19.8	+ 28.0	+ 34.2	+ 38.1
5	− 41.3	− 39.7	− 35.5	− 28.9	− 20.4	− 10.6	− 0.1	+ 10.3	+ 19.9	+ 28.1	+ 34.3	+ 38.1
6	− 41.3	− 39.6	− 35.4	− 28.7	− 20.2	− 10.4	+ 0.1	+ 10.4	+ 20.1	+ 28.2	+ 34.4	+ 38.2
7	− 41.3	− 39.6	− 35.3	− 28.6	− 20.1	− 10.2	+ 0.2	+ 10.6	+ 20.2	+ 28.4	+ 34.5	+ 38.2
8	− 41.3	− 39.5	− 35.2	− 28.5	− 19.9	− 10.1	+ 0.4	+ 10.8	+ 20.4	+ 28.5	+ 34.6	+ 38.3
9	− 41.3	− 39.5	− 35.1	− 28.4	− 19.8	− 9.9	+ 0.6	+ 11.0	+ 20.5	+ 28.6	+ 34.7	+ 38.3
10	− 41.3	− 39.4	− 35.0	− 28.2	− 19.6	− 9.7	+ 0.8	+ 11.1	+ 20.7	+ 28.7	+ 34.7	+ 38.3
11	− 41.3	− 39.4	− 34.9	− 28.1	− 19.5	− 9.6	+ 0.9	+ 11.3	+ 20.8	+ 28.8	+ 34.8	+ 38.4
12	− 41.2	− 39.3	− 34.8	− 28.0	− 19.3	− 9.4	+ 1.1	+ 11.5	+ 20.9	+ 28.9	+ 34.9	+ 38.4
13	− 41.2	− 39.3	− 34.7	− 27.8	− 19.1	− 9.2	+ 1.3	+ 11.6	+ 21.1	+ 29.1	+ 35.0	+ 38.5
14	− 41.2	− 39.2	− 34.6	− 27.7	− 19.0	− 9.0	+ 1.5	+ 11.8	+ 21.2	+ 29.2	+ 35.1	+ 38.5
15	− 41.2	− 39.2	− 34.5	− 27.6	− 18.8	− 8.9	+ 1.6	+ 12.0	+ 21.4	+ 29.3	+ 35.1	+ 38.5
16	− 41.2	− 39.1	− 34.4	− 27.4	− 18.7	− 8.7	+ 1.8	+ 12.1	+ 21.5	+ 29.4	+ 35.2	+ 38.6
17	− 41.2	− 39.0	− 34.3	− 27.3	− 18.5	− 8.5	+ 2.0	+ 12.3	+ 21.7	+ 29.5	+ 35.3	+ 38.6
18	− 41.2	− 39.0	− 34.2	− 27.2	− 18.3	− 8.3	+ 2.2	+ 12.5	+ 21.8	+ 29.6	+ 35.4	+ 38.6
19	− 41.2	− 38.9	− 34.1	− 27.0	− 18.2	− 8.2	+ 2.3	+ 12.6	+ 22.0	+ 29.8	+ 35.4	+ 38.7
20	− 41.1	− 38.9	− 34.0	− 26.9	− 18.0	− 8.0	+ 2.5	+ 12.8	+ 22.1	+ 29.9	+ 35.5	+ 38.7
21	− 41.1	− 38.8	− 33.9	− 26.8	− 17.9	− 7.8	+ 2.7	+ 12.9	+ 22.3	+ 30.0	+ 35.6	+ 38.7
22	− 41.1	− 38.7	− 33.8	− 26.6	− 17.7	− 7.7	+ 2.9	+ 13.1	+ 22.4	+ 30.1	+ 35.7	+ 38.7
23	− 41.1	− 38.7	− 33.7	− 26.5	− 17.6	− 7.5	+ 3.0	+ 13.3	+ 22.5	+ 30.2	+ 35.7	+ 38.8
24	− 41.1	− 38.6	− 33.6	− 26.4	− 17.4	− 7.3	+ 3.2	+ 13.4	+ 22.7	+ 30.3	+ 35.8	+ 38.8
25	− 41.1	− 38.6	− 33.5	− 26.2	− 17.2	− 7.1	+ 3.4	+ 13.6	+ 22.8	+ 30.4	+ 35.9	+ 38.8
26	− 41.0	− 38.5	− 33.4	− 26.1	− 17.1	− 7.0	+ 3.6	+ 13.8	+ 23.0	+ 30.5	+ 36.0	+ 38.9
27	− 41.0	− 38.4	− 33.3	− 25.9	− 16.9	− 6.8	+ 3.7	+ 13.9	+ 23.1	+ 30.6	+ 36.0	+ 38.9
28	− 41.0	− 38.4	− 33.2	− 25.8	− 16.7	− 6.6	+ 3.9	+ 14.1	+ 23.3	+ 30.8	+ 36.1	+ 38.9
29	− 41.0	− 38.3	− 33.1	− 25.7	− 16.6	− 6.4	+ 4.1	+ 14.3	+ 23.4	+ 30.9	+ 36.2	+ 38.9
30	− 41.0	− 38.2	− 33.0	− 25.5	− 16.4	− 6.3	+ 4.3	+ 14.4	+ 23.5	+ 31.0	+ 36.2	+ 39.0
31	− 40.9	− 38.2	− 32.9	− 25.4	− 16.3	− 6.1	+ 4.4	+ 14.6	+ 23.7	+ 31.1	+ 36.3	+ 39.0
32	− 40.9	− 38.1	− 32.8	− 25.3	− 16.1	− 5.9	+ 4.6	+ 14.7	+ 23.8	+ 31.2	+ 36.4	+ 39.0
33	− 40.9	− 38.0	− 32.6	− 25.1	− 15.9	− 5.7	+ 4.8	+ 14.9	+ 23.9	+ 31.3	+ 36.4	+ 39.0
34	− 40.9	− 38.0	− 32.5	− 25.0	− 15.8	− 5.6	+ 5.0	+ 15.1	+ 24.1	+ 31.4	+ 36.5	+ 39.0
35	− 40.8	− 37.9	− 32.4	− 24.8	− 15.6	− 5.4	+ 5.1	+ 15.2	+ 24.2	+ 31.5	+ 36.6	+ 39.1
36	− 40.8	− 37.8	− 32.3	− 24.7	− 15.4	− 5.2	+ 5.3	+ 15.4	+ 24.4	+ 31.6	+ 36.6	+ 39.1
37	− 40.8	− 37.7	− 32.2	− 24.5	− 15.3	− 5.0	+ 5.5	+ 15.6	+ 24.5	+ 31.7	+ 36.7	+ 39.1
38	− 40.7	− 37.7	− 32.1	− 24.4	− 15.1	− 4.9	+ 5.7	+ 15.7	+ 24.6	+ 31.8	+ 36.7	+ 39.1
39	− 40.7	− 37.6	− 32.0	− 24.3	− 14.9	− 4.7	+ 5.8	+ 15.9	+ 24.8	+ 31.9	+ 36.8	+ 39.1
40	− 40.7	− 37.5	− 31.9	− 24.1	− 14.8	− 4.5	+ 6.0	+ 16.0	+ 24.9	+ 32.0	+ 36.9	+ 39.1
41	− 40.7	− 37.4	− 31.8	− 24.0	− 14.6	− 4.3	+ 6.2	+ 16.2	+ 25.0	+ 32.1	+ 36.9	+ 39.2
42	− 40.6	− 37.4	− 31.6	− 23.8	− 14.5	− 4.2	+ 6.3	+ 16.3	+ 25.2	+ 32.2	+ 37.0	+ 39.2
43	− 40.6	− 37.3	− 31.5	− 23.7	− 14.3	− 4.0	+ 6.5	+ 16.5	+ 25.3	+ 32.3	+ 37.0	+ 39.2
44	− 40.6	− 37.2	− 31.4	− 23.5	− 14.1	− 3.8	+ 6.7	+ 16.7	+ 25.4	+ 32.4	+ 37.1	+ 39.2
45	− 40.5	− 37.1	− 31.3	− 23.4	− 14.0	− 3.6	+ 6.9	+ 16.8	+ 25.6	+ 32.5	+ 37.2	+ 39.2
46	− 40.5	− 37.1	− 31.2	− 23.2	− 13.8	− 3.5	+ 7.0	+ 17.0	+ 25.7	+ 32.6	+ 37.2	+ 39.2
47	− 40.5	− 37.0	− 31.1	− 23.1	− 13.6	− 3.3	+ 7.2	+ 17.1	+ 25.8	+ 32.7	+ 37.3	+ 39.2
48	− 40.4	− 36.9	− 30.9	− 22.9	− 13.5	− 3.1	+ 7.4	+ 17.3	+ 26.0	+ 32.8	+ 37.3	+ 39.2
49	− 40.4	− 36.8	− 30.8	− 22.8	− 13.3	− 2.9	+ 7.6	+ 17.5	+ 26.1	+ 32.9	+ 37.4	+ 39.3
50	− 40.3	− 36.7	− 30.7	− 22.7	− 13.1	− 2.8	+ 7.7	+ 17.6	+ 26.2	+ 33.0	+ 37.4	+ 39.3
51	− 40.3	− 36.7	− 30.6	− 22.5	− 13.0	− 2.6	+ 7.9	+ 17.8	+ 26.4	+ 33.1	+ 37.5	+ 39.3
52	− 40.3	− 36.6	− 30.5	− 22.4	− 12.8	− 2.4	+ 8.1	+ 17.9	+ 26.5	+ 33.2	+ 37.5	+ 39.3
53	− 40.2	− 36.5	− 30.4	− 22.2	− 12.6	− 2.2	+ 8.2	+ 18.1	+ 26.6	+ 33.3	+ 37.6	+ 39.3
54	− 40.2	− 36.4	− 30.2	− 22.1	− 12.4	− 2.1	+ 8.4	+ 18.2	+ 26.7	+ 33.4	+ 37.6	+ 39.3
55	− 40.1	− 36.3	− 30.1	− 21.9	− 12.3	− 1.9	+ 8.6	+ 18.4	+ 26.9	+ 33.5	+ 37.7	+ 39.3
56	− 40.1	− 36.2	− 30.0	− 21.8	− 12.1	− 1.7	+ 8.7	+ 18.5	+ 27.0	+ 33.5	+ 37.7	+ 39.3
57	− 40.1	− 36.2	− 29.9	− 21.6	− 11.9	− 1.5	+ 8.9	+ 18.7	+ 27.1	+ 33.6	+ 37.8	+ 39.3
58	− 40.0	− 36.1	− 29.7	− 21.5	− 11.8	− 1.4	+ 9.1	+ 18.8	+ 27.2	+ 33.7	+ 37.8	+ 39.3
59	− 40.0	− 36.0	− 29.6	− 21.3	− 11.6	− 1.2	+ 9.3	+ 19.0	+ 27.4	+ 33.8	+ 37.9	+ 39.3
60	− 39.9	− 35.9	− 29.5	− 21.2	− 11.4	− 1.0	+ 9.4	+ 19.2	+ 27.5	+ 33.9	+ 37.9	+ 39.3

北極星緯度表
TABLES FOR FINDING LATITUDE BY OBSERVING POLARIS

第2表 (Table 2)
〔常化〕 (add)

高度 Alt.	時角 h												
°	0^h	1^h	2^h	3^h	4^h	5^h	6^h	7^h	8^h	9^h	10^h	11^h	12^h
0	0.0	0.0	0.0	0.0	0.0	0.0	0.0	0.0	0.0	0.0	0.0	0.0	0.0
5	0.0	0.0	0.0	0.0	0.0	0.0	0.0	0.0	0.0	0.0	0.0	0.0	0.0
10	0.0	0.0	0.0	0.0	0.0	0.0	0.0	0.0	0.0	0.0	0.0	0.0	0.0
15	0.0	0.0	0.0	0.0	0.0	0.1	0.1	0.1	0.0	0.0	0.0	0.0	0.0
20	0.0	0.0	0.0	0.0	0.1	0.1	0.1	0.1	0.1	0.0	0.0	0.0	0.0
25	0.0	0.0	0.0	0.1	0.1	0.1	0.1	0.1	0.1	0.1	0.0	0.0	0.0
30	0.0	0.0	0.0	0.1	0.1	0.1	0.1	0.1	0.1	0.1	0.0	0.0	0.0
35	0.0	0.0	0.0	0.1	0.1	0.2	0.2	0.2	0.1	0.1	0.0	0.0	0.0
40	0.0	0.0	0.0	0.1	0.1	0.2	0.2	0.2	0.1	0.1	0.0	0.0	0.0
45	0.0	0.0	0.1	0.1	0.2	0.2	0.2	0.2	0.2	0.1	0.1	0.0	0.0
50	0.0	0.0	0.1	0.1	0.2	0.3	0.3	0.3	0.2	0.1	0.1	0.0	0.0
55	0.0	0.0	0.1	0.2	0.3	0.3	0.3	0.3	0.3	0.2	0.1	0.0	0.0
60	0.0	0.0	0.1	0.2	0.3	0.4	0.4	0.4	0.3	0.2	0.1	0.0	0.0
65	0.0	0.0	0.1	0.3	0.4	0.5	0.5	0.5	0.4	0.3	0.1	0.0	0.0
70	0.0	0.0	0.2	0.3	0.5	0.6	0.6	0.6	0.5	0.3	0.2	0.0	0.0

第3表 (Table 3)
〔常化〕 (add)

月日 Date	時角 h												
	0^h	1^h	2^h	3^h	4^h	5^h	6^h	7^h	8^h	9^h	10^h	11^h	12^h
1 1	1.2	1.2	1.2	1.1	1.1	1.0	1.0	1.0	0.9	0.9	0.8	0.8	0.8
1 21	1.2	1.2	1.2	1.2	1.1	1.1	1.0	0.9	0.9	0.8	0.8	0.8	0.8
2 10	1.2	1.2	1.2	1.2	1.1	1.1	1.0	0.9	0.9	0.8	0.8	0.8	0.8
3 2	1.2	1.2	1.2	1.2	1.1	1.1	1.0	0.9	0.9	0.8	0.8	0.8	0.8
3 22	1.1	1.1	1.1	1.1	1.1	1.0	1.0	1.0	0.9	0.9	0.9	0.9	0.9
4 11	1.1	1.1	1.0	1.0	1.0	1.0	1.0	1.0	1.0	1.0	1.0	0.9	0.9
5 1	1.0	1.0	1.0	1.0	1.0	1.0	1.0	1.0	1.0	1.0	1.0	1.0	1.0
5 21	0.9	0.9	0.9	0.9	0.9	1.0	1.0	1.0	1.1	1.1	1.1	1.1	1.1
6 10	0.8	0.8	0.8	0.8	0.9	0.9	1.0	1.1	1.1	1.2	1.2	1.2	1.2
6 30	0.7	0.7	0.8	0.8	0.9	0.9	1.0	1.1	1.1	1.2	1.2	1.3	1.3
7 20	0.7	0.7	0.7	0.8	0.8	0.9	1.0	1.1	1.2	1.2	1.3	1.3	1.3
8 9	0.7	0.7	0.7	0.8	0.8	0.9	1.0	1.1	1.2	1.2	1.3	1.3	1.3
8 29	0.7	0.8	0.8	0.8	0.9	0.9	1.0	1.1	1.1	1.2	1.2	1.2	1.3
9 18	0.8	0.8	0.8	0.9	0.9	1.0	1.0	1.0	1.1	1.1	1.2	1.2	1.2
10 8	0.9	0.9	0.9	0.9	1.0	1.0	1.0	1.0	1.0	1.1	1.1	1.1	1.1
10 28	1.0	1.0	1.0	1.0	1.0	1.0	1.0	1.0	1.0	1.0	1.0	1.0	1.0
11 17	1.2	1.1	1.1	1.1	1.1	1.0	1.0	1.0	0.9	0.9	0.9	0.9	0.8
12 7	1.3	1.3	1.2	1.2	1.1	1.1	1.0	0.9	0.9	0.8	0.8	0.7	0.7
12 27	1.4	1.4	1.3	1.3	1.2	1.1	1.0	0.9	0.8	0.7	0.7	0.6	0.6
1 16	1.4	1.4	1.4	1.3	1.2	1.1	1.0	0.9	0.8	0.7	0.6	0.6	0.6

緯度＝（北極星真高度）＋（第1表）＋（第2表）＋（第3表）
Lat.＝(Obs. true Alt.)＋(Tab.1)＋(Tab.2)＋(Tab.3)

$h = U + E* \pm L$ in T. (L が 東経 E. Long. のとき ＋ / 西経 W. Long. のとき －)

北極星緯度表
TABLES FOR FINDING LATITUDE BY OBSERVING POLARIS
第 1 表　(Table 1)

h	12ʰ	13ʰ	14ʰ	15ʰ	16ʰ	17ʰ	18ʰ	19ʰ	20ʰ	21ʰ	22ʰ	23ʰ
m	′	′	′	′	′	′	′	′	′	′	′	′
0	+ 39.3	+ 37.9	+ 33.9	+ 27.5	+ 19.2	+ 9.4	− 1.0	− 11.4	− 21.2	− 29.5	− 35.9	− 39.9
1	+ 39.3	+ 37.9	+ 33.8	+ 27.4	+ 19.0	+ 9.3	− 1.2	− 11.6	− 21.3	− 29.6	− 36.0	− 40.0
2	+ 39.3	+ 37.8	+ 33.7	+ 27.2	+ 18.8	+ 9.1	− 1.4	− 11.8	− 21.5	− 29.7	− 36.1	− 40.0
3	+ 39.3	+ 37.8	+ 33.6	+ 27.1	+ 18.7	+ 8.9	− 1.5	− 11.9	− 21.6	− 29.9	− 36.2	− 40.1
4	+ 39.3	+ 37.7	+ 33.5	+ 27.0	+ 18.5	+ 8.7	− 1.7	− 12.1	− 21.8	− 30.0	− 36.2	− 40.1
5	+ 39.3	+ 37.7	+ 33.5	+ 26.9	+ 18.4	+ 8.6	− 1.9	− 12.3	− 21.9	− 30.1	− 36.3	− 40.1
6	+ 39.3	+ 37.6	+ 33.4	+ 26.7	+ 18.2	+ 8.4	− 2.1	− 12.4	− 22.1	− 30.2	− 36.4	− 40.2
7	+ 39.3	+ 37.6	+ 33.3	+ 26.6	+ 18.1	+ 8.2	− 2.2	− 12.6	− 22.2	− 30.4	− 36.5	− 40.2
8	+ 39.3	+ 37.5	+ 33.2	+ 26.5	+ 17.9	+ 8.1	− 2.4	− 12.8	− 22.4	− 30.5	− 36.6	− 40.3
9	+ 39.3	+ 37.5	+ 33.1	+ 26.4	+ 17.8	+ 7.9	− 2.6	− 13.0	− 22.5	− 30.6	− 36.7	− 40.3
10	+ 39.3	+ 37.4	+ 33.0	+ 26.2	+ 17.6	+ 7.7	− 2.8	− 13.1	− 22.7	− 30.7	− 36.7	− 40.3
11	+ 39.3	+ 37.4	+ 32.9	+ 26.1	+ 17.5	+ 7.6	− 2.9	− 13.3	− 22.8	− 30.8	− 36.8	− 40.4
12	+ 39.2	+ 37.3	+ 32.8	+ 26.0	+ 17.3	+ 7.4	− 3.1	− 13.5	− 22.9	− 30.9	− 36.9	− 40.4
13	+ 39.2	+ 37.3	+ 32.7	+ 25.8	+ 17.1	+ 7.2	− 3.3	− 13.6	− 23.1	− 31.1	− 37.0	− 40.5
14	+ 39.2	+ 37.2	+ 32.6	+ 25.7	+ 17.0	+ 7.0	− 3.5	− 13.8	− 23.2	− 31.2	− 37.1	− 40.5
15	+ 39.2	+ 37.2	+ 32.5	+ 25.6	+ 16.8	+ 6.9	− 3.6	− 14.0	− 23.4	− 31.3	− 37.1	− 40.5
16	+ 39.2	+ 37.1	+ 32.4	+ 25.4	+ 16.7	+ 6.7	− 3.8	− 14.1	− 23.5	− 31.4	− 37.2	− 40.6
17	+ 39.2	+ 37.0	+ 32.3	+ 25.3	+ 16.5	+ 6.5	− 4.0	− 14.3	− 23.7	− 31.5	− 37.3	− 40.6
18	+ 39.2	+ 37.0	+ 32.2	+ 25.2	+ 16.3	+ 6.3	− 4.2	− 14.5	− 23.8	− 31.6	− 37.4	− 40.6
19	+ 39.2	+ 36.9	+ 32.1	+ 25.0	+ 16.2	+ 6.2	− 4.3	− 14.6	− 24.0	− 31.8	− 37.4	− 40.7
20	+ 39.1	+ 36.9	+ 32.0	+ 24.9	+ 16.0	+ 6.0	− 4.5	− 14.8	− 24.1	− 31.9	− 37.5	− 40.7
21	+ 39.1	+ 36.8	+ 31.9	+ 24.8	+ 15.9	+ 5.8	− 4.7	− 14.9	− 24.3	− 32.0	− 37.6	− 40.7
22	+ 39.1	+ 36.7	+ 31.8	+ 24.6	+ 15.7	+ 5.7	− 4.9	− 15.1	− 24.4	− 32.1	− 37.7	− 40.7
23	+ 39.1	+ 36.7	+ 31.7	+ 24.5	+ 15.6	+ 5.5	− 5.0	− 15.3	− 24.5	− 32.2	− 37.7	− 40.8
24	+ 39.1	+ 36.6	+ 31.6	+ 24.4	+ 15.4	+ 5.3	− 5.2	− 15.4	− 24.7	− 32.3	− 37.8	− 40.8
25	+ 39.1	+ 36.6	+ 31.5	+ 24.2	+ 15.2	+ 5.1	− 5.4	− 15.6	− 24.8	− 32.4	− 37.9	− 40.8
26	+ 39.0	+ 36.5	+ 31.4	+ 24.1	+ 15.1	+ 5.0	− 5.6	− 15.8	− 25.0	− 32.5	− 38.0	− 40.9
27	+ 39.0	+ 36.4	+ 31.3	+ 23.9	+ 14.9	+ 4.8	− 5.7	− 15.9	− 25.1	− 32.6	− 38.0	− 40.9
28	+ 39.0	+ 36.4	+ 31.2	+ 23.8	+ 14.7	+ 4.6	− 5.9	− 16.1	− 25.3	− 32.8	− 38.1	− 40.9
29	+ 39.0	+ 36.3	+ 31.1	+ 23.7	+ 14.6	+ 4.4	− 6.1	− 16.3	− 25.4	− 32.9	− 38.2	− 40.9
30	+ 39.0	+ 36.2	+ 31.0	+ 23.5	+ 14.4	+ 4.3	− 6.3	− 16.4	− 25.5	− 33.0	− 38.2	− 41.0
31	+ 38.9	+ 36.2	+ 30.9	+ 23.4	+ 14.3	+ 4.1	− 6.4	− 16.6	− 25.7	− 33.1	− 38.3	− 41.0
32	+ 38.9	+ 36.1	+ 30.8	+ 23.3	+ 14.1	+ 3.9	− 6.6	− 16.7	− 25.8	− 33.2	− 38.4	− 41.0
33	+ 38.9	+ 36.0	+ 30.6	+ 23.1	+ 13.9	+ 3.7	− 6.8	− 16.9	− 25.9	− 33.3	− 38.4	− 41.0
34	+ 38.9	+ 36.0	+ 30.5	+ 23.0	+ 13.8	+ 3.6	− 7.0	− 17.1	− 26.1	− 33.4	− 38.5	− 41.0
35	+ 38.8	+ 35.9	+ 30.4	+ 22.8	+ 13.6	+ 3.4	− 7.1	− 17.2	− 26.2	− 33.5	− 38.6	− 41.1
36	+ 38.8	+ 35.8	+ 30.3	+ 22.7	+ 13.4	+ 3.2	− 7.3	− 17.4	− 26.4	− 33.6	− 38.6	− 41.1
37	+ 38.8	+ 35.7	+ 30.2	+ 22.5	+ 13.3	+ 3.0	− 7.5	− 17.6	− 26.5	− 33.7	− 38.7	− 41.1
38	+ 38.7	+ 35.7	+ 30.1	+ 22.4	+ 13.1	+ 2.9	− 7.7	− 17.7	− 26.6	− 33.8	− 38.7	− 41.1
39	+ 38.7	+ 35.6	+ 30.0	+ 22.3	+ 12.9	+ 2.7	− 7.8	− 17.9	− 26.8	− 33.9	− 38.8	− 41.1
40	+ 38.7	+ 35.5	+ 29.9	+ 22.1	+ 12.8	+ 2.5	− 8.0	− 18.0	− 26.9	− 34.0	− 38.9	− 41.1
41	+ 38.7	+ 35.4	+ 29.8	+ 22.0	+ 12.6	+ 2.3	− 8.2	− 18.2	− 27.0	− 34.1	− 38.9	− 41.2
42	+ 38.6	+ 35.4	+ 29.6	+ 21.8	+ 12.5	+ 2.2	− 8.3	− 18.3	− 27.2	− 34.2	− 39.0	− 41.2
43	+ 38.6	+ 35.3	+ 29.5	+ 21.7	+ 12.3	+ 2.0	− 8.5	− 18.5	− 27.3	− 34.3	− 39.0	− 41.2
44	+ 38.6	+ 35.2	+ 29.4	+ 21.5	+ 12.1	+ 1.8	− 8.7	− 18.7	− 27.4	− 34.4	− 39.1	− 41.2
45	+ 38.5	+ 35.1	+ 29.3	+ 21.4	+ 12.0	+ 1.6	− 8.9	− 18.8	− 27.6	− 34.5	− 39.2	− 41.2
46	+ 38.5	+ 35.1	+ 29.2	+ 21.2	+ 11.8	+ 1.5	− 9.0	− 19.0	− 27.7	− 34.6	− 39.2	− 41.2
47	+ 38.5	+ 35.0	+ 29.1	+ 21.1	+ 11.6	+ 1.3	− 9.2	− 19.1	− 27.8	− 34.7	− 39.3	− 41.2
48	+ 38.4	+ 34.9	+ 28.9	+ 20.9	+ 11.5	+ 1.1	− 9.4	− 19.3	− 28.0	− 34.8	− 39.3	− 41.2
49	+ 38.4	+ 34.8	+ 28.8	+ 20.8	+ 11.3	+ 0.9	− 9.6	− 19.5	− 28.1	− 34.9	− 39.4	− 41.3
50	+ 38.3	+ 34.7	+ 28.7	+ 20.7	+ 11.1	+ 0.8	− 9.7	− 19.6	− 28.2	− 35.0	− 39.4	− 41.3
51	+ 38.3	+ 34.7	+ 28.6	+ 20.5	+ 11.0	+ 0.6	− 9.9	− 19.8	− 28.4	− 35.1	− 39.5	− 41.3
52	+ 38.3	+ 34.6	+ 28.5	+ 20.4	+ 10.8	+ 0.4	− 10.1	− 19.9	− 28.5	− 35.2	− 39.5	− 41.3
53	+ 38.2	+ 34.5	+ 28.4	+ 20.2	+ 10.6	+ 0.2	− 10.2	− 20.1	− 28.6	− 35.3	− 39.6	− 41.3
54	+ 38.2	+ 34.4	+ 28.2	+ 20.1	+ 10.4	+ 0.1	− 10.4	− 20.2	− 28.7	− 35.4	− 39.6	− 41.3
55	+ 38.1	+ 34.3	+ 28.1	+ 19.9	+ 10.3	− 0.1	− 10.6	− 20.4	− 28.9	− 35.5	− 39.7	− 41.3
56	+ 38.1	+ 34.2	+ 28.0	+ 19.8	+ 10.1	− 0.3	− 10.7	− 20.5	− 29.0	− 35.5	− 39.7	− 41.3
57	+ 38.1	+ 34.2	+ 27.9	+ 19.6	+ 9.9	− 0.5	− 10.9	− 20.7	− 29.1	− 35.6	− 39.8	− 41.3
58	+ 38.0	+ 34.1	+ 27.7	+ 19.5	+ 9.8	− 0.6	− 11.1	− 20.8	− 29.2	− 35.7	− 39.8	− 41.3
59	+ 38.0	+ 34.0	+ 27.6	+ 19.3	+ 9.6	− 0.8	− 11.3	− 21.0	− 29.4	− 35.8	− 39.9	− 41.3
60	+ 37.9	+ 33.9	+ 27.5	+ 19.2	+ 9.4	− 1.0	− 11.4	− 21.2	− 29.5	− 35.9	− 39.9	− 41.3

北 極 星 緯 度 表
TABLES FOR FINDING LATITUDE BY OBSERVING POLARIS

第 2 表　(Table 2)

〔常化〕　(add)

高度 Alt.	時角 h												
	12^h	13^h	14^h	15^h	16^h	17^h	18^h	19^h	20^h	21^h	22^h	23^h	24^h
°	′	′	′	′	′	′	′	′	′	′	′	′	′
0	0.0	0.0	0.0	0.0	0.0	0.0	0.0	0.0	0.0	0.0	0.0	0.0	0.0
5	0.0	0.0	0.0	0.0	0.0	0.0	0.0	0.0	0.0	0.0	0.0	0.0	0.0
10	0.0	0.0	0.0	0.0	0.0	0.0	0.0	0.0	0.0	0.0	0.0	0.0	0.0
15	0.0	0.0	0.0	0.0	0.0	0.1	0.1	0.1	0.0	0.0	0.0	0.0	0.0
20	0.0	0.0	0.0	0.0	0.1	0.1	0.1	0.1	0.1	0.0	0.0	0.0	0.0
25	0.0	0.0	0.0	0.1	0.1	0.1	0.1	0.1	0.1	0.1	0.0	0.0	0.0
30	0.0	0.0	0.0	0.1	0.1	0.1	0.1	0.1	0.1	0.1	0.0	0.0	0.0
35	0.0	0.0	0.0	0.1	0.1	0.2	0.2	0.2	0.1	0.1	0.0	0.0	0.0
40	0.0	0.0	0.0	0.1	0.1	0.2	0.2	0.2	0.1	0.1	0.0	0.0	0.0
45	0.0	0.0	0.1	0.1	0.2	0.2	0.2	0.2	0.2	0.1	0.1	0.0	0.0
50	0.0	0.0	0.1	0.1	0.2	0.3	0.3	0.3	0.2	0.1	0.1	0.0	0.0
55	0.0	0.0	0.1	0.2	0.3	0.3	0.3	0.3	0.3	0.2	0.1	0.0	0.0
60	0.0	0.0	0.1	0.2	0.3	0.4	0.4	0.4	0.3	0.2	0.1	0.0	0.0
65	0.0	0.0	0.1	0.3	0.4	0.5	0.5	0.5	0.4	0.3	0.1	0.0	0.0
70	0.0	0.0	0.2	0.3	0.5	0.6	0.6	0.6	0.5	0.3	0.2	0.0	0.0

第 3 表　(Table 3)

〔常化〕　(add)

月日 Date	時角 h												
	12^h	13^h	14^h	15^h	16^h	17^h	18^h	19^h	20^h	21^h	22^h	23^h	24^h
	′	′	′	′	′	′	′	′	′	′	′	′	′
1　1	0.8	0.8	0.8	0.9	0.9	1.0	1.0	1.0	1.1	1.1	1.2	1.2	1.2
1 21	0.8	0.8	0.8	0.8	0.9	0.9	1.0	1.1	1.1	1.2	1.2	1.2	1.2
2 10	0.8	0.8	0.8	0.8	0.9	0.9	1.0	1.1	1.1	1.2	1.2	1.2	1.2
3　2	0.8	0.8	0.8	0.8	0.9	0.9	1.0	1.1	1.1	1.2	1.2	1.2	1.2
3 22	0.9	0.9	0.9	0.9	0.9	1.0	1.0	1.0	1.1	1.1	1.1	1.1	1.1
4 11	0.9	0.9	1.0	1.0	1.0	1.0	1.0	1.0	1.0	1.0	1.0	1.1	1.1
5　1	1.0	1.0	1.0	1.0	1.0	1.0	1.0	1.0	1.0	1.0	1.0	1.0	1.0
5 21	1.1	1.1	1.1	1.1	1.1	1.0	1.0	1.0	0.9	0.9	0.9	0.9	0.9
6 10	1.2	1.2	1.2	1.2	1.1	1.1	1.0	0.9	0.9	0.8	0.8	0.8	0.8
6 30	1.3	1.3	1.2	1.2	1.1	1.1	1.0	0.9	0.9	0.8	0.8	0.7	0.7
7 20	1.3	1.3	1.3	1.2	1.2	1.1	1.0	0.9	0.8	0.8	0.7	0.7	0.7
8　9	1.3	1.3	1.3	1.2	1.2	1.1	1.0	0.9	0.8	0.8	0.7	0.7	0.7
8 29	1.3	1.2	1.2	1.2	1.1	1.1	1.0	0.9	0.9	0.8	0.8	0.8	0.7
9 18	1.2	1.2	1.2	1.1	1.1	1.0	1.0	1.0	0.9	0.9	0.8	0.8	0.8
10　8	1.1	1.1	1.1	1.1	1.0	1.0	1.0	1.0	1.0	0.9	0.9	0.9	0.9
10 28	1.0	1.0	1.0	1.0	1.0	1.0	1.0	1.0	1.0	1.0	1.0	1.0	1.0
11 17	0.8	0.9	0.9	0.9	0.9	1.0	1.0	1.0	1.1	1.1	1.1	1.1	1.2
12　7	0.7	0.7	0.8	0.8	0.9	0.9	1.0	1.1	1.1	1.2	1.2	1.3	1.3
12 27	0.6	0.6	0.7	0.7	0.8	0.9	1.0	1.1	1.2	1.3	1.3	1.4	1.4
1 16	0.6	0.6	0.6	0.7	0.8	0.9	1.0	1.1	1.2	1.3	1.4	1.4	1.4

緯度＝（北極星真高度）＋（第1表）＋（第2表）＋（第3表）
Lat.＝(Obs. true Alt.)＋(Tab. 1)＋(Tab. 2)＋(Tab. 3)

$h = U + E* \pm L$ in T.　(L が 東経 E. Long. のとき ＋／西経 W. Long. のとき －)

北 極 星 方 位 角 表
AZIMUTH OF POLARIS

緯度 l	時角 h												
	0^h	1^h	2^h	3^h	4^h	5^h	6^h	7^h	8^h	9^h	10^h	11^h	12^h
		W	W	W	W	W	W	W	W	W	W	W	
°	°	°	°	°	°	°	°	°	°	°	°	°	°
0	0.0	0.2	0.3	0.5	0.6	0.6	0.7	0.6	0.6	0.5	0.3	0.2	0.0
5	0.0	0.2	0.3	0.5	0.6	0.7	0.7	0.7	0.6	0.5	0.3	0.2	0.0
10	0.0	0.2	0.3	0.5	0.6	0.7	0.7	0.7	0.6	0.5	0.3	0.2	0.0
15	0.0	0.2	0.3	0.5	0.6	0.7	0.7	0.7	0.6	0.5	0.3	0.2	0.0
20	0.0	0.2	0.4	0.5	0.6	0.7	0.7	0.7	0.6	0.5	0.4	0.2	0.0
25	0.0	0.2	0.4	0.5	0.6	0.7	0.7	0.7	0.6	0.5	0.4	0.2	0.0
30	0.0	0.2	0.4	0.6	0.7	0.8	0.8	0.7	0.7	0.5	0.4	0.2	0.0
35	0.0	0.2	0.4	0.6	0.7	0.8	0.8	0.8	0.7	0.6	0.4	0.2	0.0
40	0.0	0.2	0.4	0.6	0.8	0.8	0.9	0.8	0.8	0.6	0.4	0.2	0.0
45	0.0	0.2	0.5	0.7	0.8	0.9	0.9	0.9	0.8	0.7	0.5	0.2	0.0
50	0.0	0.3	0.5	0.7	0.9	1.0	1.0	1.0	0.9	0.7	0.5	0.3	0.0
55	0.0	0.3	0.6	0.8	1.0	1.1	1.2	1.1	1.0	0.8	0.6	0.3	0.0
60	0.0	0.4	0.7	1.0	1.2	1.3	1.3	1.3	1.2	0.9	0.7	0.3	0.0
65	0.0	0.4	0.8	1.1	1.4	1.5	1.6	1.5	1.4	1.1	0.8	0.4	0.0
70	0.0	0.5	1.0	1.4	1.7	1.9	2.0	1.9	1.7	1.4	1.0	0.5	0.0

緯度 l	時角 h												
	12^h	13^h	14^h	15^h	16^h	17^h	18^h	19^h	20^h	21^h	22^h	23^h	24^h
		E	E	E	E	E	E	E	E	E	E	E	
°	°	°	°	°	°	°	°	°	°	°	°	°	°
0	0.0	0.2	0.3	0.5	0.6	0.6	0.7	0.6	0.6	0.5	0.3	0.2	0.0
5	0.0	0.2	0.3	0.5	0.6	0.7	0.7	0.7	0.6	0.5	0.3	0.2	0.0
10	0.0	0.2	0.3	0.5	0.6	0.7	0.7	0.7	0.6	0.5	0.3	0.2	0.0
15	0.0	0.2	0.3	0.5	0.6	0.7	0.7	0.7	0.6	0.5	0.3	0.2	0.0
20	0.0	0.2	0.4	0.5	0.6	0.7	0.7	0.7	0.6	0.5	0.4	0.2	0.0
25	0.0	0.2	0.4	0.5	0.6	0.7	0.7	0.7	0.6	0.5	0.4	0.2	0.0
30	0.0	0.2	0.4	0.5	0.7	0.7	0.8	0.8	0.7	0.6	0.4	0.2	0.0
35	0.0	0.2	0.4	0.6	0.7	0.8	0.8	0.8	0.7	0.6	0.4	0.2	0.0
40	0.0	0.2	0.4	0.6	0.8	0.8	0.9	0.8	0.8	0.6	0.4	0.2	0.0
45	0.0	0.2	0.5	0.7	0.8	0.9	0.9	0.9	0.8	0.7	0.5	0.2	0.0
50	0.0	0.3	0.5	0.7	0.9	1.0	1.0	1.0	0.9	0.7	0.5	0.3	0.0
55	0.0	0.3	0.6	0.8	1.0	1.1	1.2	1.1	1.0	0.8	0.6	0.3	0.0
60	0.0	0.3	0.7	0.9	1.2	1.3	1.3	1.3	1.2	1.0	0.7	0.4	0.0
65	0.0	0.4	0.8	1.1	1.4	1.5	1.6	1.5	1.4	1.1	0.8	0.4	0.0
70	0.0	0.5	1.0	1.4	1.7	1.9	2.0	1.9	1.7	1.4	1.0	0.5	0.0

$h = U + E* \pm L$ in T. (L が 東経 E. Long. のとき ＋ / 西経 W. Long. のとき −)

時角 $h = 0^h \sim 12^h$：北極星は子午線の西にある　W. of Meridian
時角 $h = 12^h \sim 24^h$：北極星は子午線の東にある　E. of Meridian

常用恒星概略位置表
MEAN PLACES OF FIXED STARS

No.	星名 Name	固有名 Proper Name	読み方	等級 Mag.	R.A. h m		d °
1	α Ursae Minoris	Polaris	ポラリス	2.0	2 51	N	89.3
2	β Ursae Minoris	Kochab	コカブ	2.1	14 51		74.1
3	α Ursae Majoris	Dubhe	ヅーベ	1.8	11 05		61.7
4	β Cassiopeiae		ベータカシオペア	2.3	0 10		59.2
5	β Ursae Majoris	Merak	メラク	2.4	11 03		56.3
6	ε Ursae Majoris	Alioth	アリオス	1.8	12 55	N	55.9
7	α Cassiopeiae	Schedir	シェダ	2.2	0 41		56.6
8	ζ Ursae Majoris	Mizar	ミザル	2.3	13 25		54.8
9	α Persei		アルファ ペルセイ	1.8	3 25		49.9
10	η Ursae Majoris	Benetnasch	ベネトナッシュ	1.9	13 48		49.2
11	α Aurigae	Capella	カペラ	0.1	5 18	N	46.0
12	α Cygni	Deneb	デネブ	1.3	20 42		45.3
13	α Lyrae	Vega	ベガ	0.0	18 37		38.8
14	α Geminorum	Castor	カストル	1.6	7 36		31.9
15	α Andromedae	Alpheratz	アルフェラッツ	2.1	0 09		29.2
16	β Geminorum	Pollux	ポルックス	1.1	7 46	N	28.0
17	α Coronae Borealis		アルファ コロナ ボレアリス	2.2	15 35		26.7
18	α Bootis	Arcturus	アルクツルス	0.0	14 16		19.1
19	α Tauri	Aldebaran	アルデバラン	0.9	4 37		16.5
20	α Pegasi	Markab	マルカブ	2.5	23 06		15.3
21	β Leonis	Denebola	デネボラ	2.1	11 50	N	14.5
22	α Ophiuchi		アルファ オヒウチ	2.1	17 36		12.5
23	α Leonis	Regulus	レグルス	1.4	10 09		11.9
24	α Aquilae	Altair	アルタイル	0.8	19 52		8.9
25	α Orionis	Betelgeuse	ベテルギウス	0.4〜1.3	5 56		7.4
26	γ Orionis	Bellatrix	ベラトリックス	1.6	5 26	N	6.4
27	α Canis Minoris	Procyon	プロシオン	0.4	7 40	N	5.2
28	β Orionis	Rigel	リゲル	0.1	5 15	S	8.2
29	α Hydrae		アルファ ヒドラ	2.0	9 28		8.7
30	α Virginis	Spica	スピカ	1.0	13 26		11.2
31	α Canis Majoris	Sirius	シリウス	−1.5	6 46	S	16.7
32	β Ceti		ベータ セティ	2.0	0 44		17.9
33	α Scorpii	Antares	アンタレス	1.3	16 30		26.5
34	σ Sagittarii		シグマ サギタリ	2.0	18 56		26.3
35	α Piscis Australis	Fomalhaut	フォマルハウト	1.2	22 59		29.5
36	λ Scorpii		ラムダ スコルピ	1.6	17 35	S	37.1
37	α Carinae	Canopus	カノプス	−0.7	6 24		52.7
38	α Pavonis		アルファ パボニス	1.9	20 27		56.7
39	α Eridani	Achernar	アカーナー	0.5	1 38		57.2
40	β Crucis		ベータ クルシス	1.3	12 49		59.8
41	β Centauri		ベータ センタウリ	0.6	14 05	S	60.4
42	α Centauri		アルファ センタウリ	−0.3	14 41		60.9
43	α Crucis		アルファ クルシス	1.3	12 27		63.2
44	α Trianguli Australis		アルファ トリアングリ オーストラリス	1.9	16 50		69.1
45	β Carinae		ベータ カリナ	1.7	9 13	S	69.8

α アルファ　ε イプシロン　ι イオタ　ν ニュー　ρ ロウ　φ ファイ
β ベータ(ビータ)　ζ ゼータ　κ カッパ　ξ クシー(クサイ)　σ シグマ　χ カイ
γ ガンマ　η イータ　λ ラムダ　ο オミクロン　τ タウ　ψ プサイ
δ デルタ　θ シータ　μ ミュー　π パイ　υ ユプシロン(ウプシロン)　ω オメガ

天体出没方位角表
RISING AND SETTING AZIMUTH (True Alt.=0°)

緯度 l	赤 緯 d															
	1°	2°	3°	4°	5°	6°	7°	8°	9°	10°	11°	12°	13°	14°	15°	16°
°	°	°	°	°	°	°	°	°	°	°	°	°	°	°	°	°
0	89.0	88.0	87.0	86.0	85.0	84.0	83.0	82.0	81.0	80.0	79.0	78.0	77.0	76.0	75.0	74.0
2	89.0	88.0	87.0	86.0	85.0	84.0	83.0	82.0	81.0	80.0	79.0	78.0	77.0	76.0	75.0	74.0
4	89.0	88.0	87.0	86.0	85.0	84.0	83.0	82.0	81.0	80.0	79.0	78.0	77.0	76.0	75.0	74.0
6	89.0	88.0	87.0	86.0	85.0	84.0	83.0	82.0	81.0	79.9	78.9	77.9	76.9	75.9	74.9	73.9
8	89.0	88.0	87.0	86.0	85.0	83.9	82.9	81.9	80.9	79.9	78.9	77.9	76.9	75.9	74.8	73.8
10	89.0	88.0	87.0	85.9	84.9	83.9	82.9	81.9	80.9	79.8	78.8	77.8	76.8	75.8	74.8	73.7
12	89.0	88.0	86.9	85.9	84.9	83.9	82.8	81.8	80.8	79.8	78.8	77.7	76.7	75.7	74.7	73.6
14	89.0	87.9	86.9	85.9	84.8	83.8	82.8	81.8	80.7	79.7	78.7	77.6	76.6	75.6	74.5	73.5
16	89.0	87.9	86.9	85.8	84.8	83.8	82.7	81.7	80.6	79.6	78.6	77.5	76.5	75.4	74.4	73.3
18	88.9	87.9	86.8	85.8	84.7	83.7	82.6	81.6	80.5	79.5	78.4	77.4	76.3	75.3	74.2	73.2
20	88.9	87.9	86.8	85.7	84.7	83.6	82.5	81.5	80.4	79.4	78.3	77.2	76.1	75.1	74.0	72.9
21	88.9	87.9	86.8	85.7	84.6	83.6	82.5	81.4	80.4	79.3	78.2	77.1	76.1	75.0	73.9	72.8
22	88.9	87.8	86.8	85.7	84.6	83.5	82.4	81.4	80.3	79.2	78.1	77.0	76.0	74.9	73.8	72.7
23	88.9	87.8	86.7	85.7	84.6	83.5	82.4	81.3	80.2	79.1	78.0	76.9	75.9	74.8	73.7	72.6
24	88.9	87.8	86.7	85.6	84.5	83.4	82.3	81.2	80.1	79.0	77.9	76.8	75.7	74.6	73.5	72.4
25	88.9	87.8	86.7	85.6	84.5	83.4	82.3	81.2	80.1	79.0	77.8	76.7	75.6	74.5	73.4	72.3
26	88.9	87.8	86.7	85.5	84.4	83.3	82.2	81.1	80.0	78.9	77.7	76.6	75.5	74.4	73.3	72.1
27	88.9	87.8	86.6	85.5	84.4	83.3	82.1	81.0	79.9	78.8	77.6	76.5	75.4	74.2	73.1	72.0
28	88.9	87.7	86.6	85.5	84.3	83.2	82.1	80.9	79.8	78.7	77.5	76.4	75.2	74.1	73.0	71.8
29	88.9	87.7	86.6	85.4	84.3	83.1	82.0	80.8	79.7	78.5	77.4	76.2	75.1	73.9	72.8	71.6
30	88.8	87.7	86.5	85.4	84.2	83.1	81.9	80.8	79.6	78.4	77.3	76.1	74.9	73.8	72.6	71.4
31	88.8	87.7	86.5	85.3	84.2	83.0	81.8	80.7	79.5	78.3	77.1	76.0	74.8	73.6	72.4	71.2
32	88.8	87.6	86.5	85.3	84.1	82.9	81.7	80.6	79.4	78.2	77.0	75.8	74.6	73.4	72.2	71.0
33	88.8	87.6	86.4	85.2	84.0	82.8	81.6	80.4	79.2	78.1	76.8	75.6	74.4	73.2	72.0	70.8
34	88.8	87.6	86.4	85.2	84.0	82.8	81.5	80.3	79.1	77.9	76.7	75.5	74.3	73.0	71.8	70.6
35	88.8	87.6	86.3	85.1	83.9	82.7	81.4	80.2	79.0	77.8	76.5	75.3	74.1	72.8	71.6	70.3
36	88.8	87.5	86.3	85.1	83.8	82.6	81.3	80.1	78.9	77.6	76.4	75.1	73.9	72.6	71.3	70.1
37	88.7	87.5	86.2	85.0	83.7	82.5	81.2	80.0	78.7	77.4	76.2	74.9	73.6	72.4	71.1	69.8
38	88.7	87.5	86.2	84.9	83.6	82.4	81.1	79.8	78.5	77.3	76.0	74.7	73.4	72.1	70.8	69.5
39	88.7	87.4	86.1	84.9	83.6	82.3	81.0	79.7	78.4	77.1	75.8	74.5	73.2	71.9	70.5	69.2
40	88.7	87.4	86.1	84.8	83.5	82.2	80.8	79.5	78.2	76.9	75.6	74.3	72.9	71.6	70.3	68.9
41	88.7	87.3	86.0	84.7	83.4	82.0	80.7	79.4	78.0	76.7	75.4	74.0	72.7	71.3	69.9	68.6
42	88.7	87.3	86.0	84.6	83.3	81.9	80.6	79.2	77.8	76.5	75.1	73.8	72.4	71.0	69.6	68.2
43	88.6	87.3	85.9	84.5	83.2	81.8	80.4	79.0	77.6	76.3	74.9	73.5	72.1	70.7	69.3	67.9
44	88.6	87.2	85.8	84.4	83.0	81.6	80.2	78.8	77.4	76.0	74.6	73.2	71.8	70.3	68.9	67.5
45	88.6	87.2	85.8	84.3	82.9	81.5	80.1	78.6	77.2	75.8	74.3	72.9	71.5	70.0	68.5	67.1
46	88.6	87.1	85.7	84.2	82.8	81.3	79.9	78.4	77.0	75.5	74.1	72.6	71.1	69.6	68.1	66.6
47	88.5	87.1	85.6	84.1	82.7	81.2	79.7	78.2	76.7	75.2	73.8	72.3	70.7	69.2	67.7	66.2
48	88.5	87.0	85.5	84.0	82.5	81.0	79.5	78.0	76.5	75.0	73.4	71.9	70.4	68.8	67.2	65.7
49	88.5	87.0	85.4	83.9	82.4	80.8	79.3	77.8	76.2	74.7	73.1	71.5	69.9	68.4	66.8	65.2
50	88.4	86.9	85.3	83.8	82.2	80.6	79.1	77.5	75.9	74.3	72.7	71.1	69.5	67.9	66.3	64.6
51	88.4	86.8	85.2	83.6	82.0	80.4	78.8	77.2	75.6	74.0	72.4	70.7	69.1	67.4	65.7	64.0
52	88.4	86.8	85.1	83.5	81.9	80.2	78.6	76.9	75.3	73.6	71.9	70.3	68.6	66.9	65.1	63.4
53	88.3	86.7	85.0	83.3	81.7	80.0	78.3	76.6	74.9	73.2	71.5	69.8	68.1	66.3	64.5	62.7
54	88.3	86.6	84.9	83.2	81.5	79.8	78.0	76.3	74.6	72.8	71.1	69.3	67.5	65.7	63.9	62.0
55	88.3	86.5	84.8	83.0	81.3	79.5	77.7	76.0	74.2	72.4	70.6	68.7	66.9	65.1	63.2	61.3
56	88.2	86.4	84.6	82.8	81.0	79.2	77.4	75.6	73.8	71.9	70.0	68.2	66.3	64.4	62.4	60.5
57	88.2	86.3	84.5	82.6	80.8	78.9	77.1	75.2	73.3	71.4	69.5	67.6	65.6	63.6	61.6	59.6
58	88.1	86.2	84.3	82.4	80.5	78.6	76.7	74.8	72.8	70.9	68.9	66.9	64.9	62.8	60.8	58.7
59	88.1	86.1	84.2	82.2	80.3	78.3	76.3	74.3	72.3	70.3	68.3	66.2	64.1	62.0	59.8	57.6
60	88.0	86.0	84.0	82.0	80.0	77.9	75.9	73.8	71.8	69.7	67.6	65.4	63.3	61.1	58.8	56.5
61	87.9	85.9	83.8	81.7	79.6	77.5	75.4	73.3	71.2	69.0	66.8	64.6	62.4	60.1	57.7	55.4
62	87.9	85.7	83.6	81.5	79.3	77.1	75.0	72.8	70.5	68.3	66.0	63.7	61.4	59.0	56.5	54.0
63	87.8	85.6	83.4	81.2	78.9	76.7	74.4	72.1	69.8	67.5	65.1	62.7	60.3	57.8	55.2	52.6
64	87.7	85.4	83.1	80.8	78.5	76.2	73.9	71.5	69.1	66.7	64.2	61.7	59.1	56.5	53.8	51.0
65	87.6	85.3	82.9	80.5	78.1	75.7	73.2	70.8	68.3	65.7	63.2	60.5	57.8	55.1	52.2	49.3

この表では，方位角は北あるいは南から測る．すなわち天体の赤緯が北であれば北から，赤緯が南であれば南から測り，緯度の南北には関しない．この表は天体中心の真高度が０°のときの方位角を示す．

天体出没時角表
RISING AND SETTING HOUR ANGLE (True Alt.=0°)

緯度 l	赤緯 d															
	1°	2°	3°	4°	5°	6°	7°	8°	9°	10°	11°	12°	13°	14°	15°	16°
°	h m	h m	h m	h m	h m	h m	h m	h m	h m	h m	h m	h m	h m	h m	h m	h m
0	6 00	6 00	6 00	6 00	6 00	6 00	6 00	6 00	6 00	6 00	6 00	6 00	6 00	6 00	6 00	6 00
2	00	00	00	01	01	01	01	01	01	01	02	02	02	02	02	02
4	00	01	01	01	01	02	02	03	03	03	03	03	04	04	04	05
6	00	01	01	02	02	03	03	03	04	04	05	05	06	06	06	07
8	01	01	02	02	03	03	04	05	05	06	06	07	07	08	09	09
10	6 01	6 01	6 02	6 03	6 04	6 04	6 05	6 06	6 06	6 07	6 08	6 09	6 09	6 10	6 11	6 12
12	01	02	03	03	04	05	06	07	08	09	09	10	11	12	13	14
14	01	02	03	04	05	06	07	08	09	10	11	12	13	14	15	16
16	01	02	03	05	06	07	08	09	10	12	13	14	15	16	18	19
18	01	03	04	05	07	08	09	10	12	13	14	16	17	19	20	21
20	6 01	6 03	6 04	6 06	6 07	6 09	6 10	6 12	6 13	6 15	6 16	6 18	6 19	6 21	6 22	6 24
21	02	03	05	06	08	09	11	12	14	16	17	19	20	22	24	25
22	02	03	05	06	08	10	11	13	15	16	18	20	21	23	25	27
23	02	03	05	07	09	10	12	14	15	17	19	21	22	24	26	28
24	02	04	05	07	09	11	13	14	16	18	20	22	24	25	27	29
25	6 02	6 04	6 06	6 07	6 09	6 11	6 13	6 15	6 17	6 19	6 21	6 23	6 25	6 27	6 29	6 31
26	02	04	06	08	10	12	14	16	18	20	22	24	26	28	30	32
27	02	04	06	08	10	12	14	16	19	21	23	25	27	29	31	34
28	02	04	06	09	11	13	15	17	19	22	24	26	28	30	33	35
29	02	04	07	09	11	13	16	18	20	22	25	27	29	32	34	37
30	6 02	6 05	6 07	6 09	6 12	6 14	6 16	6 19	6 21	6 23	6 26	6 28	6 31	6 33	6 36	6 38
31	02	05	07	10	12	14	17	19	22	24	27	29	32	34	37	40
32	02	05	08	10	13	15	18	20	23	25	28	31	33	36	39	41
33	03	05	08	10	13	16	18	21	24	26	29	32	34	37	40	43
34	03	05	08	11	14	16	19	22	25	27	30	33	36	39	42	45
35	6 03	6 06	6 08	6 11	6 14	6 17	6 20	6 23	6 25	6 28	6 31	6 34	6 37	6 40	6 43	6 46
36	03	06	09	12	15	18	20	23	26	29	32	36	39	42	45	48
37	03	06	09	12	15	18	21	24	27	31	34	37	40	43	47	50
38	03	06	09	13	16	19	22	25	28	32	35	38	42	45	48	52
39	03	06	10	13	16	20	23	26	29	33	36	40	43	47	50	54
40	6 03	6 07	6 10	6 13	6 17	6 20	6 24	6 27	6 31	6 34	6 38	6 41	6 45	6 48	6 52	6 56
41	03	07	10	14	17	21	25	28	32	35	39	43	46	50	54	6 58
42	04	07	11	14	18	22	25	29	33	37	40	44	48	52	56	7 00
43	04	07	11	15	19	22	26	30	34	38	42	46	50	54	6 58	02
44	04	08	12	15	19	23	27	31	35	39	43	47	52	56	7 00	04
45	6 04	6 08	6 12	6 16	6 20	6 24	6 28	6 32	6 36	6 41	6 45	6 49	6 53	6 58	7 02	7 07
46	04	08	12	17	21	25	29	33	38	42	46	51	55	7 00	04	09
47	04	09	13	17	22	26	30	35	39	44	48	53	57	02	07	12
48	04	09	13	18	22	27	31	36	41	45	50	55	6 59	04	09	14
49	05	09	14	18	23	28	32	37	42	47	52	57	7 02	07	12	17
50	6 05	6 10	6 14	6 19	6 24	6 29	6 34	6 39	6 44	6 49	6 54	6 59	7 04	7 09	7 14	7 20
51	05	10	15	20	25	30	35	40	45	50	56	7 01	06	12	17	23
52	05	10	15	21	26	31	36	41	47	52	6 58	03	09	14	20	26
53	05	11	16	21	27	32	38	43	49	54	7 00	06	11	17	23	29
54	06	11	17	22	28	33	39	45	50	56	02	08	14	20	27	33
55	6 06	6 11	6 17	6 23	6 29	6 35	6 40	6 46	6 52	6 58	7 04	7 11	7 17	7 23	7 30	7 37
56	06	12	18	24	30	36	42	48	54	7 01	07	13	20	27	34	41
57	06	12	19	25	31	37	44	50	56	03	10	16	23	30	37	45
58	06	13	19	26	32	39	45	52	6 59	06	12	20	27	34	42	49
59	07	13	20	27	33	40	47	54	7 01	08	15	23	30	38	46	54
60	6 07	6 14	6 21	6 28	6 35	6 42	6 49	6 56	7 04	7 11	7 19	7 26	7 34	7 42	7 51	7 59
61	07	14	22	29	36	44	51	6 59	06	14	22	30	38	47	56	8 05
62	08	15	23	30	38	46	53	7 01	09	17	26	34	43	52	8 01	11
63	08	16	24	32	40	48	56	04	12	21	30	39	48	57	07	17
64	08	16	25	33	41	50	6 58	07	16	25	34	43	53	8 03	13	24
65	6 09	6 17	6 26	6 34	6 43	6 52	7 01	7 10	7 19	7 29	7 39	7 48	7 59	8 09	8 20	8 32

赤緯と緯度とが同名のときは表値をそのまま用い,異名のときは12^{h}から引いて用いる.
この表は天体中心の真高度が0°のときの時角を示す.

天体出没方位角表
RISING AND SETTING AZIMUTH (True Alt.=0°)

緯度 l	赤緯 d														
	16°	17°	18°	19°	20°	21°	22°	23°	24°	25°	26°	27°	28°	29°	30°
°	°	°	°	°	°	°	°	°	°	°	°	°	°	°	°
0	74.0	73.0	72.0	71.0	70.0	69.0	68.0	67.0	66.0	65.0	64.0	63.0	62.0	61.0	60.0
2	74.0	73.0	72.0	71.0	70.0	69.0	68.0	67.0	66.0	65.0	64.0	63.0	62.0	61.0	60.0
4	74.0	73.0	72.0	71.0	69.9	68.9	67.9	66.9	65.9	64.9	63.9	62.9	61.9	60.9	59.9
6	73.9	72.9	71.9	70.9	69.9	68.9	67.9	66.9	65.9	64.9	63.8	62.8	61.8	60.8	59.8
8	73.8	72.8	71.8	70.8	69.8	68.8	67.8	66.8	65.7	64.7	63.7	62.7	61.7	60.7	59.7
10	73.7	72.7	71.7	70.7	69.7	68.7	67.6	66.6	65.6	64.6	63.6	62.5	61.5	60.5	59.5
12	73.6	72.6	71.6	70.6	69.5	68.5	67.5	66.5	65.4	64.4	63.4	62.3	61.3	60.3	59.3
14	73.5	72.5	71.4	70.4	69.4	68.3	67.3	66.3	65.2	64.2	63.1	62.1	61.1	60.0	59.0
16	73.3	72.3	71.2	70.2	69.2	68.1	67.1	66.0	65.0	63.9	62.9	61.8	60.8	59.7	58.7
18	73.2	72.1	71.0	70.0	68.9	67.9	66.8	65.7	64.7	63.6	62.6	61.5	60.4	59.4	58.3
20	72.9	71.9	70.8	69.7	68.7	67.6	66.5	65.4	64.4	63.3	62.2	61.1	60.0	58.9	57.9
21	72.8	71.7	70.7	69.6	68.5	67.4	66.3	65.3	64.2	63.1	62.0	60.9	59.8	58.7	57.6
22	72.7	71.6	70.5	69.4	68.4	67.3	66.2	65.1	64.0	62.9	61.8	60.7	59.6	58.5	57.4
23	72.6	71.5	70.4	69.3	68.2	67.1	66.0	64.9	63.8	62.7	61.6	60.4	59.3	58.2	57.1
24	72.4	71.3	70.2	69.1	68.0	66.9	65.8	64.7	63.6	62.4	61.3	60.2	59.1	57.9	56.8
25	72.3	71.2	70.1	68.9	67.8	66.7	65.6	64.5	63.3	62.2	61.1	59.9	58.8	57.7	56.5
26	72.1	71.0	69.9	68.8	67.6	66.5	65.4	64.2	63.1	62.0	60.8	59.7	58.5	57.4	56.2
27	72.0	70.8	69.7	68.6	67.4	66.3	65.1	64.0	62.8	61.7	60.5	59.4	58.2	57.0	55.9
28	71.8	70.7	69.5	68.4	67.2	66.1	64.9	63.7	62.6	61.4	60.2	59.1	57.9	56.7	55.5
29	71.6	70.5	69.3	68.1	67.0	65.8	64.6	63.5	62.3	61.1	59.9	58.7	57.5	56.3	55.1
30	71.4	70.3	69.1	67.9	66.7	65.6	64.4	63.2	62.0	60.8	59.6	58.4	57.2	56.0	54.7
31	71.2	70.1	68.9	67.7	66.5	65.3	64.1	62.9	61.7	60.5	59.2	58.0	56.8	55.6	54.3
32	71.0	69.8	68.6	67.4	66.2	65.0	63.8	62.6	61.3	60.1	58.9	57.6	56.4	55.1	53.9
33	70.8	69.6	68.4	67.2	65.9	64.7	63.5	62.2	61.0	59.7	58.5	57.2	56.0	54.7	53.4
34	70.6	69.3	68.1	66.9	65.6	64.4	63.1	61.9	60.6	59.4	58.1	56.8	55.5	54.2	52.9
35	70.3	69.1	67.8	66.6	65.3	64.1	62.8	61.5	60.2	58.9	57.6	56.3	55.0	53.7	52.4
36	70.1	68.8	67.5	66.3	65.0	63.7	62.4	61.1	59.8	58.5	57.2	55.9	54.5	53.2	51.8
37	69.8	68.5	67.2	65.9	64.6	63.3	62.0	60.7	59.4	58.1	56.7	55.4	54.0	52.6	51.2
38	69.5	68.2	66.9	65.6	64.3	62.9	61.6	60.3	58.9	57.6	56.2	54.8	53.4	52.0	50.6
39	69.2	67.9	66.6	65.2	63.9	62.5	61.2	59.8	58.4	57.1	55.7	54.3	52.8	51.4	50.0
40	68.9	67.6	66.2	64.8	63.5	62.1	60.7	59.3	57.9	56.5	55.1	53.7	52.2	50.7	49.3
41	68.6	67.2	65.8	64.4	63.1	61.7	60.2	58.8	57.4	55.9	54.5	53.0	51.5	50.0	48.5
42	68.2	66.8	65.4	64.0	62.6	61.2	59.7	58.3	56.8	55.3	53.9	52.3	50.8	49.3	47.7
43	67.9	66.4	65.0	63.6	62.1	60.7	59.2	57.7	56.2	54.7	53.2	51.6	50.1	48.5	46.9
44	67.5	66.0	64.6	63.1	61.6	60.1	58.6	57.1	55.6	54.0	52.5	50.9	49.3	47.6	46.0
45	67.1	65.6	64.1	62.6	61.1	59.5	58.0	56.5	54.9	53.3	51.7	50.1	48.4	46.7	45.0
46	66.6	65.1	63.6	62.1	60.5	58.9	57.4	55.7	54.1	52.5	50.9	49.2	47.5	45.7	44.0
47	66.2	64.6	63.1	61.5	59.9	58.3	56.7	55.0	53.4	51.7	50.0	48.3	46.5	44.7	42.8
48	65.7	64.1	62.5	60.9	59.3	57.6	56.0	54.3	52.6	50.8	49.1	47.3	45.4	43.6	41.6
49	65.2	63.5	61.9	60.2	58.6	56.9	55.2	53.4	51.7	49.9	48.1	46.2	44.3	42.4	40.3
50	64.6	62.9	61.3	59.6	57.9	56.1	54.4	52.6	50.7	48.9	47.0	45.1	43.1	41.0	38.9
51	64.0	62.3	60.6	58.8	57.1	55.3	53.5	51.6	49.7	47.8	45.8	43.8	41.8	39.6	37.4
52	63.4	61.6	59.9	58.1	56.3	54.4	52.5	50.6	48.7	46.7	44.6	42.5	40.3	38.1	35.7
53	62.7	60.9	59.1	57.2	55.4	53.5	51.5	49.5	47.5	45.4	43.2	41.0	38.7	36.3	33.8
54	62.0	60.2	58.3	56.4	54.4	52.4	50.4	48.3	46.2	44.0	41.8	39.4	37.0	34.4	31.7
55	61.3	59.4	57.4	55.4	53.4	51.3	49.2	47.1	44.8	42.5	40.2	37.7	35.1	32.3	29.3
56	60.5	58.5	56.5	54.4	52.3	50.1	47.9	45.7	43.3	40.9	38.4	35.7	32.9	29.9	26.6
57	59.6	57.5	55.4	53.3	51.1	48.9	46.5	44.2	41.7	39.1	36.4	33.5	30.5	27.1	23.4
58	58.7	56.5	54.3	52.1	49.8	47.4	45.0	42.5	39.9	37.1	34.2	31.1	27.6	23.8	19.3
59	57.6	55.4	53.1	50.8	48.4	45.9	43.3	40.7	37.8	34.9	31.7	28.2	24.3	19.7	13.9
60	56.5	54.2	51.8	49.4	46.8	44.2	41.5	38.6	35.6	32.3	28.7	24.8	20.1	14.2	0.0
61	55.4	52.9	50.4	47.8	45.1	42.3	39.4	36.3	33.0	29.3	25.3	20.5	14.5	0.0	
62	54.0	51.5	48.8	46.1	43.2	40.2	37.1	33.7	30.0	25.8	21.0	14.8	0.0		
63	52.6	49.9	47.1	44.2	41.1	37.9	34.4	30.6	26.4	21.4	15.1	0.0			
64	51.0	48.2	45.2	42.0	38.7	35.2	31.3	27.0	21.9	15.4	0.0				
65	49.3	46.2	43.0	39.6	36.0	32.0	27.6	22.4	15.8	0.0					

この表では，方位角は北あるいは南から測る．すなわち天体の赤緯が北であれば北から，赤緯が南であれば南から測り，緯度の南北には関しない．この表は天体中心の真高度が0°のときの方位角を示す．

天体出没時角表
RISING AND SETTING HOUR ANGLE (True Alt.=0°)

緯度 l	赤緯 d														
	16°	17°	18°	19°	20°	21°	22°	23°	24°	25°	26°	27°	28°	29°	30°
°	h m	h m	h m	h m	h m	h m	h m	h m	h m	h m	h m	h m	h m	h m	h m
0	6 00	6 00	6 00	6 00	6 00	6 00	6 00	6 00	6 00	6 00	6 00	6 00	6 00	6 00	6 00
2	02	02	03	03	03	03	03	03	04	04	04	04	04	04	05
4	05	05	05	06	06	06	06	07	07	07	08	08	09	09	09
6	07	07	08	08	09	09	10	10	11	11	12	12	13	13	14
8	09	10	10	11	12	12	13	14	14	15	16	16	17	18	19
10	6 12	6 12	6 13	6 14	6 15	6 16	6 16	6 17	6 18	6 19	6 20	6 21	6 22	6 22	6 23
12	14	15	16	17	18	19	20	21	22	23	24	25	26	27	28
14	16	17	19	20	21	22	23	24	25	27	28	29	30	32	33
16	19	20	21	23	24	25	27	28	29	31	32	34	35	37	38
18	21	23	24	26	27	29	30	32	33	35	36	38	40	42	43
20	6 24	6 26	6 27	6 29	6 30	6 32	6 34	6 36	6 37	6 39	6 41	6 43	6 45	6 47	6 49
21	25	27	29	30	32	34	36	38	39	41	43	45	47	49	51
22	27	28	30	32	34	36	38	39	41	43	45	48	50	52	54
23	28	30	32	34	36	38	39	42	44	46	48	50	52	54	6 57
24	29	31	33	35	37	39	41	44	46	48	50	52	55	6 57	7 00
25	6 31	6 33	6 35	6 37	6 39	6 41	6 43	6 46	6 48	6 50	6 53	6 55	6 57	7 00	7 02
26	32	34	36	39	41	43	45	48	50	53	55	6 58	7 00	03	05
27	34	36	38	40	43	45	48	50	52	55	6 58	7 00	03	06	08
28	35	37	40	42	45	47	50	52	55	6 57	7 00	03	06	09	12
29	37	39	42	44	47	49	52	54	6 57	7 00	03	06	09	12	15
30	6 38	6 41	6 43	6 46	6 49	6 51	6 54	6 57	7 00	7 02	7 05	7 08	7 12	7 15	7 18
31	40	42	45	48	51	53	56	6 59	02	05	08	11	15	18	21
32	41	44	47	50	53	56	6 58	7 02	05	08	11	14	18	21	25
33	43	46	49	52	55	6 58	7 01	04	07	11	14	17	21	24	28
34	45	48	51	54	57	7 00	03	07	10	13	17	20	24	28	32
35	6 46	6 49	6 53	6 56	6 59	7 02	7 06	7 09	7 13	7 16	7 20	7 24	7 27	7 31	7 35
36	48	51	55	6 58	7 01	05	08	12	15	19	23	27	31	35	39
37	50	53	57	7 00	04	07	11	15	18	22	26	30	34	39	43
38	52	55	6 59	02	06	10	14	17	21	25	30	34	38	43	47
39	54	57	7 01	05	09	12	16	20	25	29	33	37	42	47	51
40	6 56	6 59	7 03	7 07	7 11	7 15	7 19	7 23	7 28	7 32	7 37	7 41	7 46	7 51	7 56
41	6 58	7 02	06	10	14	18	22	27	31	36	40	45	50	7 55	8 00
42	7 00	04	08	12	17	21	25	30	35	39	44	49	54	8 00	05
43	02	06	11	15	19	24	29	33	38	43	48	53	7 59	04	10
44	04	09	13	18	22	27	32	37	42	47	52	7 58	8 04	09	16
45	7 07	7 11	7 16	7 21	7 25	7 30	7 35	7 40	7 46	7 51	7 57	8 03	8 08	8 15	8 21
46	09	14	19	24	29	34	39	44	50	7 55	8 01	07	14	20	27
47	12	17	22	27	32	37	43	48	54	8 00	06	12	19	26	33
48	14	19	25	30	35	41	47	53	7 59	05	11	18	25	32	40
49	17	22	28	33	39	45	51	7 57	8 03	10	17	24	31	38	46
50	7 20	7 25	7 31	7 37	7 43	7 49	7 55	8 02	8 08	8 15	8 22	8 30	8 37	8 45	8 54
51	23	29	35	41	47	53	8 00	06	13	21	28	36	44	8 53	9 02
52	26	32	38	45	51	7 58	05	12	19	27	35	43	8 52	9 01	11
53	29	36	42	49	7 56	8 02	10	17	25	33	41	50	9 00	09	20
54	33	40	46	53	8 00	08	15	23	31	40	49	8 58	08	19	30
55	7 37	7 44	7 51	7 58	8 05	8 13	8 21	8 29	8 38	8 47	8 57	9 07	9 18	9 29	9 42
56	41	48	7 55	8 03	11	19	27	36	45	8 55	9 05	16	28	41	9 55
57	45	52	8 00	08	16	25	34	43	8 53	9 04	15	27	40	9 54	10 11
58	49	7 57	05	14	22	32	41	8 51	9 02	13	25	39	9 53	10 10	30
59	54	8 02	11	20	29	39	49	9 00	11	24	37	9 52	10 09	29	10 56
60	7 59	8 08	8 17	8 26	8 36	8 47	8 58	9 09	9 22	9 35	9 51	10 08	10 28	10 55	12 00
61	8 05	14	24	34	44	8 55	9 07	20	34	9 49	10 07	27	10 54	12 00	
62	11	20	31	41	8 53	9 05	18	32	9 47	10 05	26	10 54	12 00		
63	17	27	38	8 50	9 02	16	30	9 46	10 04	25	10 53	12 00			
64	24	35	47	9 00	13	28	9 44	10 02	24	10 52	12 00				
65	8 32	8 44	8 57	9 10	9 25	9 42	10 00	10 22	10 51	12 00					

赤緯と緯度とが同名のときは表値をそのまま用い，異名のときは12^{h}から引いて用いる．
この表は天体中心の真高度が0°のときの時角を示す．

標　準　時
STANDARD TIME

地方標準時 L.S.T.	地　　　域 Districts
h　m ＋14　00	Kiribati (Line Is.)
＋13　00	Tonga, Kiribati(Phoenix Is.), Samoa*〔Western Samoa〕, Tokelau Is.
＋12　45	Chatham Is.*
＋12　00	Fiji*, Kiribati(Gilbert Is.), Marshall Is.(Ebon Atoll), Nauru, New Zealand*, Rotuma I., Russia (Magadan, Kamchatka, Chukotka), Tuvalu, Wake I., Wallis and Futuna Is.
＋11　30	Norfolk I.
＋11　00	Caroline Is.(Kosrae I., Pingelap Atoll, Pohnpei), New Caledonia, Santa Cruz Is., Solomon Is., Vanuatu, Russia(Khabarovsk, Vladivostok, Yuzhno-Sakhalin)
＋10　00	Australia(Queensland, Whitsunday I.), Australia*(Australian Capital Territory, New South Wales, Tasmania, Victoria), Caroline Is.(Yap Is.～Chuuk Is.〔Truk Is.〕), Guam, Northern Mariana Is., Papua New Guinea(Admiralty Is., Bougainville, New Britain, New Ireland), Russia(Yakutsk, Chita)
＋ 9　30	Australia(Northern Territory), Australia *(South Australia)
＋ 9　00	Caroline Is.(Palau Is.), Timor-Leste, Indonesia 東部標準時(Aru I., Kai I., Maluku, Papua, Tanimbar I.), 日本, Korea, Russia(Bratsk, Ulan-Ude)
＋ 8　00	Australia(Western Australia), Brunei, China, Hong Kong, Indonesia 中部標準時 (Kalimantan, Kalimantan Timur, Nusa Tenggara, Selatan, Sulawesi, West Timor), Macao, Malaysia, Mongolia, Philippines, Russia(Kyzyl, Norilsk), Singapore, Taiwan
＋ 7　00	Cambodia, Christmas I.｛インド洋｝, Indonesia 西部標準時(Bangka, Barat, Belitung, Jawa, Kalimantan, Kalimantan Tengah, Sumatera), Laos, Russia(Kemerova, Novosibirsk, Omsk), Thailand, Vietnam
＋ 6　30	Cocos Is., Myanmar
＋ 6　00	Bangladesh, Bhutan, Chagos Archipelago, Kazakhstan(東部,中部), Russia(Ekaterinburg, Perm)
＋ 5　45	Nepal
＋ 5　30	Andaman Is., India, Laccadive Is., Nicobar Is., Sri Lanka
＋ 5　00	Amsterdam I., Kazakhstan 西部, Kerguelen Is., Maldives, Pakistan, Tajikistan, Turkmenistan, Uzbekistan
＋ 4　30	Afghanistan
＋ 4　00	Amirantes I., Armenia, Azerbaijan*, Crozet Is., Georgia, Mauritius, Oman, Reunion, Seychelles, United Arab Emirates, Russia(Astrakhan, Izhevsk, Moskva, Naryan-Mar, Samara, St. Petersburg)
＋ 3　30	Iran*
＋ 3　00	Bahrain, Belarus, Comores, Djibouti, Eritrea, Ethiopia, Iraq, Jordan, Kenya, Kuwait, Madagascar, Qatar, Russia(Kaliningrad) Saudi Arabia, Somalia, Tanzania, Uganda, Yemen

*日光利用時(Daylight Saving Time)を使用している.

標準時
STANDARD TIME

地方標準時 L.S.T.	地域 Districts
h m + 2 00	Botswana, Bulgaria*, Burundi, Cyprus*, D.R.of Congo(東部), Egypt, Estonia*, Finland*, Greece*, Israel*, Latvia*, Lebanon*, Libya Lithuania*, Malawi, Moldova*, Mozambique, Romania*, Rwanda, South Africa, Syria*, Turkey*, Ukraine*, Zambia, Zimbabwe
+ 1 00	Albania*, Algeria, Andorra*, Angola, Austria*, Belgium*, Benin, Bosnia and Herzegovina*, Cameroon, Chad, Congo, Corse*, D.R.of Congo(西部), Denmark*, Equatorial Guinea(Annobon Is., Macias Nguema Biyogo), France*, Gabon, Germany*, Gibraltar*, Hungary*, Italy*, Jan Mayen I.*, Liechtenstein*, Luxembourg*, Macedonia*, Malta*, Monaco*, Namibia*, Netherlands*, Niger, Nigeria, Norway*, Poland*, San Marino*, Sardegna*, Sicilia*, Slovakia*, Slovenia*, Spain*, Svalbard*, Sweden*, Switzerland*, Tunisia
0 00	Ascension I., Burkina Faso, Canarias Is.*, Gambia, Ghana, Gough I., Guinea, Guinea-Bissau, Iceland, Ireland*, Liberia, Madeira Is.*, Mali, Mauritania, Morocco*, Portugal*, Sao Tome And Principe, Senegal, Sierra Leone, St. Helena, Togo, Tristan da Cunha, United Kingdom*
− 1 00	Azores Is.*, Cape Verde, Greenland*(Nerlerit Inaat)
− 2 00	Fernando de Noronha, South Georgia, South Sandwich Is., Trindade Is.{南大西洋}
− 3 00	Argentina, Brazil(北東部の州, Para), Brazil南東部*(北東部の州, Paraを除く), Falkland Is., Greenland* (Pituffik, Ittoqqortoormiit, Nerlerit Inaatを除く), Surinam, St. Pierre and Miquelon*, Uruguay*
− 3 30	Canada* (Newfoundland)
− 4 00	Barbados, Bermuda*, Bolivia, Brazil(Acre, Amazonas, Rondonia, Roraima), Barbuda, Brazil*(Mato Grosso), Canada大西洋標準時*(New Brunswick, Nova Scotia, Anticosti 63°W以東), Canada大西洋標準時(Quebec 東部), Chile*, Dominica, Dominican Republic, Greenland*(Pituffik), Guyana, Juan Fernandez Is.*, Paraguay*, Puerto Rico, Trinidad and Tobago, Virgin Is.
− 4 30	Venezuela
− 5 00	Bahamas*, Canada東部標準時* (NW Territories 東部, Ontario 東部, Ottawa, Quebec 西部, Anticosti 63°W以西), Canada東部標準時 (Ontario 西部, Nunavut 西部), Cayman Is., Colombia, Cuba*, Ecuador, Haiti, Jamaica, Panama, Peru, USA 東部標準時*, Turks and Caicos Is.*
− 6 00	Belize, Canada 中部標準時*(Cambridge Bay, NW Territories 中部, Manitoba), Canada 中部標準時(Saskatchewan), El Salvador, Easter I.*, Guatemala, Honduras, Mexico*(南部 Baja California, Nayarit, Sinaloa, 北部 Baja California, Sonora を除く), Nicaragua, USA 中部標準時*(中部諸州)

＊日光利用時(Daylight Saving Time) を使用している.

標準時
STANDARD TIME

地方標準時 L.S.T.	地域 Districts
h m − 7 00	Canada 山岳部標準時* (Alberta, NW Territories 山岳部), Canada 山岳部標準時 (some towns in NE Br. Columbia), Mexico* (南部 Baja California, Chihuahua, Nayarit, Sinaloa), Mexico (Sonora), USA 山岳部標準時 (Arizona), USA 山岳部標準時* (Arizona を除く山岳部諸州)
− 8 00	Canada 太平洋標準時* (NW Territories 西部, Yukon, Br. Columbia), Mexico* (北部 Baja California), Pitcairn I., USA 太平洋標準時* (西部諸州)
− 9 00	Gambier Is., USA アラスカ標準時*
− 9 30	Marquises Is.
− 10 00	Australes Is.〔Tubuai〕, Cook Is., Johnston I., USA ハワイ標準時 (Hawaiian Is.), USA ハワイ標準時* (Aleutian Is.), Rapa I., Societe Is.(Tahiti), Tuamotu Is.
− 11 00	Midway Is., Niue, American Samoa

( ) は経度, 地域名等で ( ) の前の説明をする.

〔 〕内は別名, 通称等を表す.

{ } 内は同名の他の地域と区別するための所在を示す.

*日光利用時(Daylight Saving Time)を使用している.

天　文　略　説
EXPLANATION

天　文　略　説

1．天　球

　　我々の見る天体はその距離にかなりの差があるが，これは単に見ただけではわからず，天体はすべて大きな球の内面に散在しており，この球面は天体を載せたまま毎日1回東から西へ向かって回転するように感じる．この仮想球面を天球といい，その運動を天球の日周運動という．これは地球自転の反映である．天球の日周運動にはその支点ともいうべき2静止点がある．これを天の北極及び南極という．天の北極，南極から等距離にある大円を天の赤道という．天の両極は地球の自転軸と天球との交点，天の赤道は地球の赤道面と天球との交線に当たる．

　　このようにして天球上における諸天体の位置は赤経 (Right Ascension, 略記 R.A.), 赤緯 (Declination, 略記 d) で表すことができる．赤経，赤緯は地球表面における経度 (Longitude, 略記 Long. 又は L), 緯度 (Latitude, 略記 Lat. 又は l) に相当する．

2．時　角

　　天球の大円のうちで天の両極を通るものを時圏といい，特に観測者の天頂を通過する時圏を子午線 (Meridian) という．天体を通る時圏と子午線とのなす角をその天体の時角 (Hour Angle, 略記 h 又はH.A.) といい，子午線から西へ向かって360°まで通算する（東へ向かって測るときは負の量として取り扱う）．子午線をグリニジ子午線に選んだときの時角をグリニジ時角 (Greenwich Hour Angle, 略記 h_0又はG.H.A.) という．時角は天体が子午線を通過してから経過する時間に比例するから度,分,秒 (°,′,″) で表すよりも時,分,秒 (h,m,s) で表すほうが便利である．360°を24^hで表すと，

$$1^h = 15°,\quad 1^m = 15′,\quad 1^s = 15″\quad あるいは\quad 1° = 4^m,\quad 1′ = 4^s$$

に相当する．例えば子午線から35°西にある天体の時角は$+2^h 20^m$である．

　　またこれに応じて，地球上の経度も時, 分, 秒単位で，グリニジ子午線から東西へ$\pm 12^h$まで測る．

3．春分点

　　恒星は天球上においてほとんどその位置を変えないが，太陽，月，惑星は毎日その位置を変える．例えば太陽は毎日約1°天球上において西から東へ向かってその位置を変え，1年かかって天球を一周する．この際の経路はほとんど大円であって，これを黄道と称する．黄道が天の赤道となす角を黄道傾角といい，現在は約$23°26′$である．黄道と天の赤道との 2交点のうちで太陽が赤道の南側から北側へ移る際に通過する点を春分点 (Vernal Equinox 又は First Point of Aries), 他方を秋分点という．

　　赤経は春分点を基準にして測る．すなわち赤経とは春分点を通る時圏と天体を通る時圏とのなす角であって，春分点から東へ向かって360°まで通算する．通常，赤経は時角に倣い時, 分, 秒で表す．例えば春分点から$123°45′$ 東にある時圏上の天体の赤経は $8^h 15^m$ で，春分点が子午線を通過してから恒星時間の$8^h 15^m$後に子午線を通過する位置にあることを示す．

　　赤緯は天の赤道面と天体とがなす角で，天の赤道を基準にして南北へ向かって90°まで通算し，北又は南の記号(N又はS)を付してこれを区別する．例えば天の赤道から$30°28′$ 北にある天体の赤緯は N$30°28′$である．

4．光　度

　　天体の光度は等級 (Magnitude, 略記 Mag.) という単位を用いて表す．これは昔ギリシアで最も輝く星の一群を 1 等級の星すなわち 1 等星,肉眼で認められる最もかすかな星の一群を 6 等級の星すなわち 6 等星とし, その間を 2 等星, 3 等星などと大別したのに始まる．これによると1等星は6等星よりも100倍明るい．それで1等の違いに対する明るさの比を$\sqrt[5]{100} = 2.512$とすれば,星の

天 文 略 説
EXPLANATION

明るさを数値によって正確に表すことができて，これは1等より明るい天体及び6等より暗い天体にも適用される．等級の原点は精密に測定された一群の星の明るさによって与えられる．

5．時

時（Time）は規則正しく反復される現象を数えることによって測られる．この種の現象として地球自転の反映である天体の日周運動が使われている．天体が日周運動を1回完了するのに要する時間を 1 日（Day）といい，何に対する日周運動かの基準として太陽を採るときは1太陽日（Solar Day），春分点を採るときは1恒星日（Sidereal Day）という．

一様な時の流れを知るためには基準の天体の動きと地球自転の動きの両者が一様でなければならない．後述の恒星時，平時は地球自転周期が一定との前提のもとにつくりあげた時刻系である．

しかし，地球の自転は厳密には規則正しい反復現象でないことが，天体の観測位置と天体暦の位置とのずれや，高精度の時を刻む原子時計との比較からわかってきた．そこで地球の公転運動から定義された1秒（これを暦表秒という）が一様時の基本単位として1960年に採用され，この秒の積算によって刻まれる時に従って運行する天体の位置によって，時刻を知ることができる時刻系を設定した．これが暦表時（Ephemeris Time，略記 ET）で1983年までの天体暦の時刻引数であった．

一方量子物理学によれば規則正しい反復現象として，分子又は原子からの電磁波の放射が知られており，この放射を連続的かつ安定的に保持し積算できる技術が進歩し，暦表時の1秒がセシウム133原子のある放射の91 9263 1770 回振動の時間に相当することがわかり，1967年にこの時間をもって1秒と定義した．この秒によって積算される時刻系を国際原子時（International Atomic Time，略記 TAI）と称し，後述の協定世界時（UTC）の基礎になっている．

1984年以降の天体暦の時刻引数は力学時（Dynamical Time，略記 TD）という一様時を導入してきたが，TDに代わり地球時（Terrestrial Time，略記 TT）が導入された．この1秒はTAIの1秒に等しく，TAIとは TT－TAI＝$32^s.184$として関係づけられている．またTTは，従来のTDと同じと扱って差し支えない．

6．恒星時

春分点の時角を恒星時（Sidereal Time）という．すなわち春分点が観測者の子午線に正中した時が恒星時 0^hであって，時角15°に達した時は恒星時の1^h，30°に達すれば同 2^hである．恒星時は0^hから24^hまで通算する．この間がすなわち1恒星日である．春分点は空間において不動ではないがその運動は緩慢であって，1恒星日の長さはほとんど一定に近く，恒星時の進みもまたほとんど等速である．太陽と春分点との位置の関係は一年を周期として変化するから，恒星日の終始は太陽の出没などと無関係であって，昼夜の交代と一致しない．したがって恒星時は日常生活に用いることはできないが，天文学では地球と天球との位置関係を結びつける極めて重要な時刻系である．

7．視　時

太陽の時角に12^hを加えたものを視太陽時（Apparent Solar Time）又は略して視時（略記 App.T.）という．視時の12^hは太陽が観測者の子午線に正中した瞬時であって，これを視正午（Apparent Noon）といい，太陽が夜間地平線下において子午線の延長に正中した瞬時は視時0^hで，これを視正子（Apparent Midnight）という．視正子から次の視正子までの間を1視太陽日（Apparent Solar Day）という．

地球の公転軌道はだ円であって，軌道上における地球の速度は一様でない．したがって黄道上を進む太陽の速度も季節によって遅速がある．仮に太陽の黄道上の速度が一定であるとしても，黄道は天の赤道と約23°26′の傾斜をなしているから，太陽の赤経は一様に増加しない．いずれにしても1視太陽日の長さは一定でない．

天文略説
EXPLANATION

8. 平時

上述のように1視太陽日の長さは一定でないから，このような時を刻む時計は日常生活には不適当な時間尺度である．それで日常生活には視時と大差なく，しかも等速に進む時刻系を制定する必要がある．このために，黄道上における太陽の平均速度に等しい速度で赤道上を等速に進む仮想天体を考え，これを平均太陽（Mean Sun）と名付ける．この平均太陽の時角に 12^h を加えた値を平均太陽時（Mean Solar Time）略して平時（M.T.）という．

平時の 0^h 及び 12^h の瞬時をそれぞれ平正子（Mean Midnight），平正午（Mean Noon）といい，平均太陽が日周運動を1回完了するのに要する時間を1平均太陽日（Mean Solar Day）という．

太陽と平均太陽との関係は次のとおりである．黄道上を一様に進む仮想天体を考え，この天体は近地点を太陽とともに出発し，遠地点でも太陽と一致し，近地点で再び一致するような運動をするものとする．平均太陽は赤道上を一様に進み，春分点と秋分点とを上記仮想天体と同時に通過する天体として定義する．このように定義する平均太陽は太陽と 17^m 以上の赤経差を生じることがないので，平時は視時と 17^m 以上の差を見ることがない（第14項均時差参照）．

9. 地方時，グリニジ時

地球自転による時刻は時角によって定義され，時角は観測者の子午線によって決まる．したがって子午線が異なれば時刻もまた異なる．ある地点の子午線を基準として定めた時刻をその子午線の地方時（Local Time）といい，時の種類によって地方恒星時，地方視時，地方平時（Local Sidereal Time, Local Apparent Solar Time, Local Mean Solar Time, 略記 L.Sid.T., L.App.T., L.M.T.）などという．特にグリニジ子午線における地方時をグリニジ時という．前述した太陽時，恒星時の定義によって明らかなように，任意の2地点における時刻の差はこの時刻を定める基準天体が両地点の子午線に対してなす時角の差に等しく，時角の差はすなわち経度差に等しい．経度はグリニジから東西に $0°\sim 180°$ まで測り，これを時間で表すと $0^h\sim 12^h$ となる．その経度の値はその地点の地方時と同じ瞬時におけるグリニジ時との差に等しく，また同じ瞬時における2地点の地方時の差は両地点の経度差に等しい．地方時がそのときのグリニジ時よりも小ならば西経，大ならば東経である．これらの関係は平時，視時あるいは恒星時それぞれについて成り立つ．

すなわち

$$\text{地方時} = \text{グリニジ時} \pm \text{経度時} \quad \cdots\cdots (1)$$
（東経のとき＋，西経のとき－）

10. 世界時，協定世界時

グリニジ平時を世界時（Universal Time，略記 UT 又は U）という．これと時間の単位で表した経度時 L in T. における地方平時との関係は（1）によって次のように表される．

$$\text{L.M.T.} = U \pm L \text{ in T.} \quad \cdots\cdots (2)$$
（東経のとき＋，西経のとき－）

しかし既述のように，地球の自転速度は厳密には一定でない．したがって世界時は一様の速さでは流れない．そこで日常社会生活では国際原子時に整数秒だけ加減した協定世界時（Coordinated Universal Time，略記 UTC）が報時信号として世界各地から標準電波等によって発射されている（主な標準電波報時 参照）．歩度一定の UTC は歩度が一定でない UT と異なる時刻を示すようになるが，その差が $\pm 0^s.9$ を越えないようにうるう秒を適宜追加（あるいは削除）して調整されている．1975年から，うるう秒は世界時12月31日又は6月30日の最後の秒に 1^s を追加又は削除，それでも調整しきれない場合には3月又は9月の最後の秒にも必要に応じて追加又は削除されることとなった．

11. 標準時，経帯時

地方時は子午線によって異なるから，各地点でそれぞれの地方平時を使用すれば，社会生活

天 文 略 説
EXPLANATION

は混乱する．それで一国，一地方など適当な区域を決めて特定の子午線に基準する時を用いる．こうして選定した時をその国又はその地方の標準時（Standard Time）という．標準子午線としては，相互の便益のためグリニジ子午線と15°の整数倍（まれに7°30′等の端数がある）の経度差がある子午線を採るのが普通である．このように定めた標準時を経帯時（Zone Time）という．

従来，標準時とはその地域の標準子午線に対する地方平時のことであったが，協定世界時の導入に伴い，協定世界時に標準子午線の東(西)経を加え(減じ)たものとなった．
すなわち(1)と同様に

　　　地方標準時＝協定世界時±標準子午線の経度時 .... (3)
　　　　　　（東経のとき＋，西経のとき－）

例えば我が国の標準時は協定世界時より9^h早い．これをこの暦では日本時（Japan Standard Time, 略記 JST）と記す．

　　　JST ＝ UTC ＋ 9^h .... (4)

$0^s.9$ 以内の誤差を無視するならば、地方平時と地方標準時は次式によって互いに換算できる（第27項 例題4参照）：

　　　地方標準時＝地方平時∓経度時±標準子午線の経度時 .... (5)
　　　　　　（東経のとき上の符号，西経のとき下の符号）

　参考：報時信号はまた，それらの与える UTC（又は JST）を U（又は天測略暦に用いる $T = U + 9^h$）に改めるための近似値も発射している．その詳細については水路要報第96号（昭和50年12月刊行）の記事「UTC運用規則の改訂」を参照されたい．

12. 時刻帯，船舶使用時

海上においても各船舶が，それぞれ勝手な時を用いれば上述と同様な不便があるから，地球表面を15°ごとの子午線で区分したものを時刻帯（Time Zone）といい，各船舶はその位置している時刻帯の時を用いるのが通例である．このような時を船舶使用時という．

時刻帯の時と協定世界時との差は1時間の整数倍であって，個々の時間帯は－12，－11，・・・－1，0，＋1，・・・・・＋11，＋12で区別し，これを時刻帯名という．グリニジ子午線は時刻帯0の中央にあり，時刻帯－12及び＋12の幅は特に7°30′である．これらの時刻帯内にある船舶はその数の示す時間だけその符号に従い，時刻帯の時すなわち船舶使用時に加減すれば直ちにその瞬時の協定世界時を得る．$0^s.9$以内の誤差を無視するならば，地方平時と船舶使用時は次式によって互いに換算できる：

　　　船舶使用時＝地方平時∓経度時±時刻帯名の絶対値 .... (6)
　　　　　　（東経のとき上の符号，西経のとき下の符号）

13. 日光利用時

経済上の理由から，一定期間に標準時を一定時間（普通1時間）ずらして使用することがある．我が国でも昭和23年から26年まで夏時刻として施行した．このようなものを日光利用時（Daylight Saving Time）という．日光利用時は経済上の便法であって一連性を欠くから，観測記録その他学術研究用等に使ってはならない．

14. 均時差

平時に加えて視時を得る量を均時差（Equation of Time, 略記 Eq. of T.）という．均時差は視太陽の時角から平均太陽の時角を引いたもの，すなわち平均太陽の赤経から視太陽の赤経を引いたものに等しい．すなわち平均太陽と視太陽の赤経をそれぞれ R.A.M.S., R.A.A.S.とすれば

　　　Eq. of T. ＝ 視時－平時
　　　　　　　　＝ R.A.M.S.－ R.A.A.S. .... (7)

天 文 略 説
EXPLANATION

均時差は毎年4回すなわち4月15日，6月14日，9月1日，12月25日ごろに0となり，2月12日ごろ第一極小（－14^{m}16^s），5月15日ごろ第一極大（＋3^{m}43^s），7月26日ごろ第二極小（－6^{m}28^s），11月3日ごろ第二極大（＋16^{m}25^s）に達する（第22項参照）．

15．時角の算式

恒星時 Sid.T. とある天体の赤経 R.A. から，その天体の時角 h は

$$h = \text{Sid.T.} - \text{R.A.} \tag{8}$$

で算出される．平時を M.T.，平均太陽の時角を H.A.M.S. で表せば

$$\begin{aligned}\text{M.T.} &= \text{H.A.M.S.} + 12^h \\ &= \text{Sid.T.} - \text{R.A.M.S.} + 12^h \end{aligned} \tag{9}$$

となる．(8)，(9) 式から Sid.T. を消去すれば

$$h = \text{M.T.} + \text{R.A.M.S.} - \text{R.A.} - 12^h$$

又は

$$R = \text{R.A.M.S.} - 12^h + (24^h) \tag{10}$$
$$E = R - \text{R.A.} + (24^h) \tag{11}$$

とおけば

$$h = \text{M.T.} + E \tag{12}$$

を得る．(10)，(11) 式中の (24^h) は R, E を常に正の数とするために必要に応じて加える数である．これらの算式を導くに当たっては特に子午線を決めていないから，R.A.M.S., R.A. などの諸量を時刻 M.T. に対して用意すれば，(12) 式は M.T. の基準子午線に対して成立するのは明らかである．特に基準子午線としてグリニジ子午線を採れば M.T. はすなわち世界時 U であって，R.A.M.S., R.A. などを U に対して用意すれば，グリニジ時角の算式は

$$h_G = U + E \tag{13}$$

を得る．したがって経度 L の子午線に対する時角は h は

$$h = h_G \pm L \text{ in T.} \tag{14}$$

（東経のとき＋，西経のとき－）

となる．(13)，(14) はこの暦において使用する時角の算式である．特に太陽では R.A.＝R.A.A.S. であるから

$$E_\odot = R - \text{R.A.A.S.} = \text{Eq. of T.} - 12^h + (24^h) \tag{15}$$

と表すことができる．

16．測高度の改正

位置の線を求めるためには，ある時刻の測高度とこの暦から得られる同じ時刻の計算高度が必要である．計算高度は地球の中心から見た天体の方向であるから，測高度（器差は既に改正したものとする）には，以下の改正をして地球の中心から見た真高度に直し，両者の比較をしなければならない．

なお，(1) ～ (4) の改正順を前後させてはならない．

(1) 眼高差の改正

観測者が海面から h メートルだけ高所にいるとすれば，このために観測者の見る視水平線は真の水平線から約 $1'.776\sqrt{h}$ だけ下方にあり，高度はそれだけ高く観測される．この差を眼高差（Dip）という．

測高度－眼高差

を作れば観測者が海面で見る高度を得る．

(2) 大気差の改正

地球を取り巻く大気のため，天体から発する光は大気内を通過する際に屈曲し，常に鉛直

天 文 略 説
EXPLANATION

方向へ近づこうとする．このために観測者の見る天体の位置は大気がない場合に見る位置より常に高い．この差を大気差（Atmospheric Refraction）という．

大気差の算式は極めて複雑であって完全な算式はまだなく，実験式から得た特殊な表によって求めるだけである．

　　　　　測高度－眼高差－大気差

を作れば観測者が大気のない地表で見る高度を得る．

(3) 視差の改正

観測者は地球表面上にいるため，観測者の見る天体の位置は地球中心で見る位置より必ず低い．

その量は天体の距離に関係し，近い天体ほど大きい．この差を視差（Parallax）という．

　　　　　測高度－眼高差－大気差＋視差

を作れば地球中心から見る高度が得られる．

(2)までの改正を行った高度を a とすると，視差は暦に掲げてある地平視差 H.P. と a から

　　　　　視差＝ H.P. cos a

によって得られる．

(4) 視半径の改正

太陽，月など大きさの見える天体では，通常直接にその中心高度が得られないで，上辺又は下辺高度だけが観測される．(3)までの順で改正された値は，地球中心から見た天体の上辺又は下辺高度に十分な精度で一致するから，これに地球中心から見た視半径すなわち暦に掲げてある視半径をそのまま加減すれば真の中心高度を得る．この場合視半径に対する大気差の微分改正は考慮する必要がない（これは極めて重要なことであって，測得上辺高度又は下辺高度から測得中心高度を直ちに得ようとする場合には，暦に掲げてある視半径を加減するとともに視半径に対する微分大気差の改正を加える必要がある）．こうして初めて地球中心から見た真高度を得る：

　　　　　真高度＝測高度－眼高差－大気差＋視差±視半径

　　　　　　　　　　　　　　　　　（＋は下辺，－は上辺を測った場合）

表 の 説 明
USE OF TABLES

表 の 説 明

17. この暦には航海者が海上で太陽，月，惑星あるいは恒星を観測して船舶の位置その他を求めるために，前記諸天体の観測上における必要事項を掲げてある．なお1月1日から年末まで通算した日数を通日という．1月1日から年末までの各ページ番号は通日をも表している．

　　例題計算に使用した数値は，2000年天測暦から抜粋したものである．付録に必要な数値を掲載している．

18. この暦に掲げてある数値は六分儀による観測値と比べるためには，十分な精度を持っており，全年を通じて世界時 U の 0^h 値又は毎 30^m，毎 2^h の値を掲げてある．ただし任意の世界時における値は付記してある比例部分表により又は普通の補間法によって求めることができる．

19. 第15項における説明に従い，この暦には天体時角の算出を簡便にするため，E 及び R という特殊な量を用いる．すなわち

　　　　太陽の表中　　　Eq. of T. の代わりに　　　$E_\odot$
　　　　月の表中　　　　R.A.　の代わりに　　　　$E_\mathbb{C}$
　　　　惑星の表中　　　〃　　　　　　　　　　　E_P
　　　　常用恒星の表中　〃　　　　　　　　　　　E_*
　　　　常用恒星欄下方　（$U=0^h$ における R）　R_0

を掲げる．これらの記号の意味は次のとおりである：

$$E_\odot = -12^h + \text{Eq. of T.} + (24^h)$$
$$E_\mathbb{C} = R - \text{R.A.}\mathbb{C} + (24^h)$$
$$E_P = R - \text{R.A.}P + (24^h)$$
$$E_* = R - \text{R.A.}* + (24^h)$$
$$R = -12^h + \text{R.A.M.S.} + (24^h)$$

上式右辺の (24^h) は E, R を常に 0^h から 24^h の間の値にするため，場合に応じて加える数である．

20. 前項の $E_\odot$, $E_\mathbb{C}$, E_P, E_* を用いれば各天体の時角 h を求める式は次のように表される．すなわちグリニジ時角 h_G は

$$h_G \odot = U + E_\odot$$
$$h_G \mathbb{C} = U + E_\mathbb{C}$$
$$h_G P = U + E_P$$
$$h_G * = U + E_*$$

となり，したがって経度 L の地点における時角 h は

$$h = h_G \pm L \text{ in T.} \quad (L \text{が東経のとき} +, \text{西経のとき} -)$$

またグリニジ恒星時も簡単に次式によって求められる：

G. Sid. T. $= U + R$

21. ある天体の正中時とはその時角が0になる瞬時であるから，$h_G = U + E$ の一般式から正中時式 $24^h - E = U$ を得る．したがって $E > 12^h$ のときは $U < 12^h$ となり，12^h 前に正中するため，この天体は平均太陽よりも西にあり，同様に $E < 12^h$ のときは東にある．例えば $E_\odot = 12^h 11^m$ のときは $U = 11^h 49^m$ となって平正午 11^m 前に正中し，$E_P = 3^h 36^m$ のときは $U = 20^h 24^m$ すなわち平正午よりも $8^h 24^m$ だけ遅れて正中する．以上はグリニジ子午線上での，ある天体の正中時が世界時 U で何時ごろになるかの目安の説明であるが，これはまた経度 L 上での正中時が地方平時 $U + L$ で何時ごろになるかの目安にもなる．それは $24^h - E = U + L$ で考えれば同じ結論になるからである．

表 の 説 明
USE OF TABLES

◉ 太　　陽

22. 各ページの表の左上方には世界時偶数時ごとの $E_\odot$ と太陽の赤緯 d 及び 0^h の視半径 S.D.を掲げる．任意の世界時における $E_\odot$ は目算により，d は同表右側に掲げてある比例部分表によって求められる．平時と視時（又は平均太陽時角と視太陽時角）との関係は，次のとおりである：

$$\text{Eq. of T.} = E_\odot - 12^h \quad (\text{Eq. of T.には} \pm \text{を付ける})$$
$$\text{視時} = \text{平時} + \text{Eq. of T.} \qquad \text{平時} = \text{視時} - \text{Eq. of T.}$$

（例1）2000年3月11日 3^h20^m（世界時）の $E_\odot$, d, 視半径及び均時差を求める．（付録 1s 参照）

世界時 $U = 3^h20^m$ 以前でこれに最も近い掲記の世界時は 2^h であって，その差は 1^h20^m である．U の前後の世界時 2^h と 4^h とにおける差は $E_\odot$ では 2^s であって，1^h20^m に対応する比例部分は目算によって求められる．このようにして得た $E_\odot$ から 12^h を引けば均時差が得られる．d は右側に掲げてある d の比例部分表を用いてその改正値を求める．

なお d の符号が S から N，N から S に変化している場合は，所要値の符号に注意する．

	$E_\odot$	d	S.D.	Eq. of T.
	h　m　s	°　　′	′　″	h　m　s
3月11日 2^h	11　49　57	S 3　38.6	16　08	11　49　58
比例部分 (1^h20^m)	1 (+	1.3 (−	0 (+	12　　　(−
3月11日 $3^h 20^m$	11　49　58	S 3　37.3	16　08	− 0　10　02

23. $E_\odot$ の表から太陽の赤経 R.A.$_\odot$ を得るには，まず世界時 U における $E_\odot$ を求め，次に R を求める．この R は常用恒星欄下方の R_0（0^h 値）に U を引数として $E*$ 比例部分表から得た改正数を加えて求めることができる．このようにして得た R から $E_\odot$ を引けば世界時 U における太陽の赤経が得られる：

$$\text{R.A.}_\odot = R - E_\odot$$

ただし右辺が負数になる場合はこれに 24^h を加えて正の値とする．またグリニジ恒星時 G. Sid. T. を求めるには R に U を加える．

$$\text{G. Sid. T.} = U + R$$

右辺が 24^h を超過した場合には 24^h を引く．

（例2）2000年3月11日 3^h20^m（世界時）の太陽の赤経と恒星時とを求める．（付録 1s 参照）

	h　m　s		h　m　s
R_0	11　15　50	U	3　20　00
比例部分 (3^h20^m)	0　33 (+	R	11　16　23 (+
R	11　16　23	G. Sid. T.	14　36　23
	+ 24		
（例1）から $E_\odot$	11　49　58 (−		
R.A.$_\odot$	23　26　25		

表 の 説 明
USE OF TABLES

P 惑 星

24. 各ページの中央に 4 個の惑星（金・火・木・土星）の世界時毎 2^h の E_P，赤緯 d 及びその比例部分表並びにグリニジ子午線正中時を掲げ，同表右側下方に金・火・木・土・水星の世界時 0^h の赤経，赤緯，等級，地平視差，視半径を掲げる．

25. 任意の世界時の E_P，d は同表右側の比例部分表を用いて求める．
    （例 5） 2000 年 4 月 9 日 15^h50^m（世界時）の金星の E_P，d を求める．（付録 1s 参照）
    　　　世界時 $U = 15^h50^m$ 以前でこれに最も近い掲記の世界時は 14^h であって，その差は 1^h50^m である．よって右側に掲げてある E_P，d の各比例部分表を用いてその改正値を求める．ただし d は北から南に変化している．1^h50^m 間に対する d の改正値は $2'.2$ であって，世界時 14^h の d の数値より大きいのでその差に反符号を付ける．

		E_P			d	
		h m s			° ′	
金星　4月9日 14^h		12 57 22		S	0 00.3	
比例部分（1^h50^m）		3 (−)			2.2 (−)	
金星　4月9日 $15^h 50^m$		12 57 19		N	0 01.9	

26. この暦に掲げてある金・火・木・土星はどれもかなり明るいので，おおよその赤経，赤緯を知れば，容易に他の星と見分けることができる．毎日の赤経，赤緯，等級，地平視差，視半径を掲げたのはこのためである．水星は太陽に最も近い惑星であって，太陽からの離角が小さいため，高緯度地方では観測しにくい．

27. 惑星の赤経 R.A.P を精密に知るには，まず世界時 U における E_P を求め，次に R を求める．
    この R は常用恒星欄下方の R_0（0^h の値）に U を引数として E_* 比例部分表から得た改正数を加えて求める．このようにして得た R から E_P を引けば惑星の赤経が得られる：
    $$\text{R.A.P} = R - E_P$$
    ただし右辺が負数となる場合はこれに 24^h を加えて正の値にする．

28. 任意地点における惑星の地方正中時は，グリニジ子午線正中時の 1 日差が小さいから，月のように複雑な計算をしないで目算で求められる．

＊ 恒 星

29. 各ページの表左下方に 45 個の常用恒星を赤緯の順序に記し（順序が逆のものが 2 箇所があるが慣用のためそのままにしてある），毎日世界時 0^h の各恒星の E_* と赤緯 d の値を掲げる．その中間時の E_* の値はこの暦の見返しと，しおりに掲げてある E_* 比例部分表を用いて求められる．恒星の d は一日中変化のないものとしてそのままの値を用いて差し支えない．
    等級は一般に第 5 基本星表（略記 FK5）により，二重星（肉眼では 1 個に見えるが望遠鏡では 2 個に見えるもの）の等級は二重星全体の等級としているが，その位置は明るい方の星の値を掲げる．変光星のうち *Algol*，*Mira* 以外の星は変光範囲が小さく，天測では変光星として取り扱う必要がないから，その等級として平均等級を用い，恒星略図には変光星として表していない．

    （例 6） 2000 年 10 月 17 日 19^h30^m（世界時）の Vega (No.13) の E_*，d を求める．（付録 1s 参照）

表 の 説 明
USE OF TABLES

	E_*	d
10月17日 0^h	7^h 06^m 15^s	
比例部分（19^{h}30^m）	3 12 (+	
10月17日 19^{h}30^m	7 09 27	N 38° 47'.4

30. 恒星の赤経 R.A.✻を精密に知るには，恒星欄下方の R_0 から 0^h の E_* を引けばその日における恒星の赤経が得られる：

$$\text{R.A.}✻ = R_0 - E_* \quad (0^h\text{の値})$$

ただし右辺が負数になる場合はこれに 24^h を加えて正の値とする．
正中時の概略の値は 24^h − E_* で与えられる（第21項参照）．

北緯日出没時・南緯日出没時

31. この表は北緯に対して赤道から 70°N，南緯に対して赤道から 70°S までの緯度別毎 10 日の日出没時を掲げたものである．表値は眼高 4.6 メートルにおいて太陽の上辺が視地平線に接するように見える時刻であって，地平大気差 34'.5，視半径 16'.0，地平視差 0'.1，眼高差 3'.8 の改正を行った値，すなわち太陽の中心高度が − 54'.2 になる時刻である．眼高が異なるときは表値と多少の差を生じるが，この差は一般に小さく通常の船舶では 1^m を超えることはないから実用上無視して差し支えない．

（例7）2000 年 2 月 5 日，80°W，37°20'N における日出没時を地方標準時で求める（標準子午線 75°W）．
（付録 1s 参照）

	日 出 時		日 没 時	
	36°N	38°N	36°N	38°N
2月5日の36°N，38°N に対して	6^h 57^m.5	7^h 01^m.0	17^h 30^m.5	17^h 27^m.5
〃　　37°20'N に対して	7^h 00^m		17^h 29^m	
経度 80°W の経度時	5 20 (+		5 20 (+	
日出没時（世界時）	12 20		22 49	
標準子午線 75°W の経度時	5 00 (−		5 00 (−	
日出没時（地方標準時）	7 20		17 49	

北緯薄明時間・南緯薄明時間

32. この表は北緯に対して赤道から 70°N，南緯に対して赤道から 70°S までの緯度別毎 10 日の眼高 4.6 メートルにおける薄明時間を掲げる．これは太陽の中心高度が − 18° になる瞬時（肉眼で 6 等星が見えなくなる，又は見え始める）と日出没時刻との間であって，表値を日出時から引くか，又は日没時に加えると天文薄明の始め又は終わり，すなわち払暁の始め，黄昏の終わりとなる．また太陽の中心が − 6° になる瞬時（肉眼で 1 等星が見えなくなる，又は見え始める）と日出没時刻との間を常用薄明といい，常用薄明時間は天文薄明時間の約 1/3 であって，常用薄明の始め又は終わりのころは洋上における天測に好適である．

(例8) 2000年4月15日，51°Nの地点における薄明時間を求める．(付録1s参照)

	北緯薄明時間	
	50°N	52°N
4月15日の50°N，52°Nに対して	$2^h03^m.0$	$2^h11^m.5$
〃　　　51°Nに対して		2^h07^m

月 出 没 時

33. この表は赤道から 60°N までの緯度別毎日の北緯月出没時を掲げる．表値は経度 0°（グリニジ子午線）において月の上辺が視地平線に接するように見える瞬時の世界時であって，眼高は0メートルとしてある．すなわち月の天頂距離が 90° + 34'（地平大気差）+視半径−地平視差に等しくなる瞬時の世界時である．月の位相については考慮していない．

34. 任意地点（緯度 l，経度 L）における北緯月出没時を求めるには，次に述べるように，はじめ表値に対し緯度補間をし，続いてこの補間結果に対し経度補間をする．まず，$l_1 \leqq l < l_2$ の緯度 l_1 に対する表値を t_1，l_2 に対する表値を t_2 とすると，グリニジ経度上，緯度 l における月出没時 S は

$$S = t_1 + \frac{l - l_1}{l_2 - l_1}(t_2 - t_1)$$

である（緯度補間）．

　与えられた地点が東経であれば，前日の時刻（S_{-1}），西経であれば翌日の時刻（S_1）も計算しておく．
　次に地点が東経であれば

$$T = S - \frac{L}{360°} \times (S - S_{-1})$$

西経であれば

$$T = S + \frac{L}{360°} \times (S_1 - S)$$

によって与えられた地点での月出没時 T が，経度 L における地方平時で得られる（経度補間）．

(例9) 2000年6月8日，152°(10^h08^m) E，41°25'N の地点における月出没時を船舶使用時（第12項参照）で求める．(付録1s参照)

$10^h08^m = 0^d.422$（補間係数）

	月 出 時		月 没 時	
	d h m　Δ'		d h m　Δ'	
41°25'N に対して	7 09 50	$+70^m$	6 23 26	$+40^m$ ········ A
	8 11 00		8 00 06	
経度補間 Δ'×(−0.422)	− 30		− 17	
地方平時（観測地点における）	8 10 30		7 23 49	················ B
船舶使用時への改正（標準子午線150°E）	− 8		− 8	(第12項(6)式参照)
所要月出没時	8 10 22		7 23 41	

A はグリニジ子午線上において緯度について補間したものであり，B はこの結果を経度について補間したものである．ここに示されたように6月8日には月没はない．すなわち7日の夜半前に没した月は翌8日の午前中に上がり，沈むときは既に日が変わって9日の 0^h17^m になる．

35. 南緯における月出没時は，北緯におけるある地点の月出（没）の瞬時には，この地点の対蹠点（地球中心に対して対称な地点）においてほとんど月没（出）の瞬時に近いことを利用し，次のようにして計算する．

　　　　東経 L，南緯 l の月出時＝西経 $180°-L$，北緯 l の月没時＋12^h＋改正数
　　　　東経 L，南緯 l の月没時＝西経 $180°-L$，北緯 l の月出時＋12^h－改正数
　　　　西経 L，南緯 l の月出時＝東経 $180°-L$，北緯 l の月没時－12^h＋改正数
　　　　西経 L，南緯 l の月没時＝東経 $180°-L$，北緯 l の月出時－12^h－改正数

これらによって得られた時刻は L の地方平時であり，±12^h によって日付けが１日前後にずれる場合が予想できるので，このような場合は北緯月出没時の表値を翌日又は前日からとって計算し，結果求めたい日におさまるようにする．
　南緯に対する改正数は北緯月出没時の下端に緯度別に掲記してある．

（例10）2000年2月15日，145°（9^h40^m）E，42°S における月出没時を地方標準時（第11項参照）で求める．この場合標準子午線は 150°E であるとする．（付録1s 参照）
　　　　（180°－145°）W ＝ 35°（2^h20^m）W
　　　　$2^h20^m = 0^d.097$（補間係数）

	月　出　時 （北緯月没時）		月　没　時 （北緯月出時）	
	d　h　m	Δ′	d　h　m	Δ′
42°N に対して	15　03　14	+64^m	14　12　12	+51^m
	16　04　18		15　13　03	
経度補間 Δ′ ×（+0.097）	+　6		+　5	
±12^h（東経なら+，西経なら−）	+ 12 00		+ 12 00	
観測地点の南緯に対する改正数	+　2		−　2	
地方平時（観測地点における）	15　15　22		15　00　15	
標準時への改正（標準子午線 150°E）	+ 20		+ 20	……（第11項(5)式参照）
所要月出没時	15　15　42		15　00　35	

ただし 15 日の月没時（北緯月出時）は +12^h の改正によって日付が変わり 16 日となる．したがって 14 日から計算した．

北　極　星　緯　度　表

36. この表は北極星を観測してその地点の緯度 l を計算するのに用いるものであり，次の式から計算したものである．式中の a は北極星の真高度，p はその赤緯の余角すなわち極距で角度の分単位で表し，h は時角である：

$$l = a - p \cos h + \frac{1}{2} \sin 1' (p \sin h)^2 \tan a$$

第１表の値は $-p \cos h$ から 1′ を引いたもので（第３表に 1′ を加えたことによる）すなわち第１改正である．第２表の値は $(1/2) \sin 1'(p \sin h)^2 \tan a$ ですなわち第２改正である．上記２表ともに p は 0°40′.3 と仮定して算出した．第３表は p の真値と仮定値との差に関する第３改正であって，計算の便宜上常に加える数値としたため，すべて 1′ を加えてある．

表 の 説 明
USE OF TABLES

37. この表を用いるには，観測して得た高度に眼高差，大気差などの改正をして真高度 a を求める．次に観測時の世界時 U にそのときの $E*$ を加え，更に経度時を加減して観測時の時角を算出し，これによって第1表の改正数を求め，符号に従って前記の真高度を改正する．ただし U における $E*$ は同日 0^h の北極星の $E*$ に，U を引数として $E*$ 比例部分表から得た改正数を加えて求める．更に真高度 a と時角 h とによって第2表の改正数を，また日付と時角 h とによって第3表の改正数を得て，これらの両改正数を前に得た値に加えれば緯度 l を得る．

(例11) 2000年4月30日 10^h25^m（世界時），136°E の地点で北極星の高度を観測し，器差，眼高差及び大気差を改正して真高度 30°46′.3 を得た．この地点の緯度を求める．（付録2s 参照）

```
U       4月30日           10h 25m           真高度      30° 46′.3
E* {    30日 0h            12  03           第1改正        +16.6
        比例部分(10h25m)     2                           31  02.9
L in T.(E)                  9  04  (+       第2改正         0.1
        h                   7  34            第3改正         1.1  (+
                                             l          31  04.1N
```

38. 払暁あるいは黄昏に北極星を観測しようとして，これを発見しにくいときは，推定緯度に第1表の改正数を反対の符号で逆に改正し，その得た概略の高度を六分儀に整え，北方へ向ければ容易に発見できる．

北 極 星 方 位 角 表

39. この表は北極星を観測してコンパスの自差を求める場合などに用いるもので，北極星の極距を 0°40′.3 として計算した．

(例12) 2000年4月30日 0^h（世界時），43°E，46°N の地点における北極星の真方位 Z を求める．（付録2s 参照）

```
U       4月30日      0h 00m        h   14h 55m  }
E*                  12  03        l   46° 00′N   Z 0°.7E
L in T.(経度時)      2  52  (+
        h           14  55
```

常 用 恒 星 概 略 位 置 表

40. この表は毎日の天体位置の恒星欄に掲げてある常用恒星（45個）の年央平位と等級を掲げる．また参考として星名（学名）と固有名とを比較させて，星座又は他の暦との関係が得られるようにした．（第29項参照）

表 の 説 明
USE OF TABLES

天体出没方位角表

41. この表は出没時における太陽，月あるいは惑星などを観測してコンパスの自差を求めるときに用いるものである．方位角はすべて天体中心の真高度が 0°になるときの値を示す．このとき天体の中心は眼高差＋大気差－地平視差 だけ視地平線の上に見えるから，この表を使うにはだいたいその高度で測ればよい．太陽の場合には眼高 4.6 メートルとすれば，下辺が視地平線から約 20′ すなわちほぼ視半径だけ上に見えるときのものである．

表には天体の赤緯が北（南）のとき北（南）から測った方位角が掲げてある．

天体出没時角表

42. この表は天体中心の真高度が 0°になるとき（第 48 項参照）のその天体の時角を示すものであり，これと正中時からその天体のだいたいの出没時を知ることができる．表値は観測地点の緯度とその天体の赤緯とが同名のときに子午線から東又は西へ測った時角を与えるものであって，異名のときには 12^h から表値を引かなければならない．

43. 太陽の場合には，この時角を 12^h から引くと日出の視時となり，12^h に加えると日没の視時になる．惑星，恒星の場合には，この時角を子午線正中時から引いたものを出時の平時，子午線正中時に加えたものを没時の平時とみなして差し支えない．月の場合にはそれ自体の動きが比較的大きく一様でないので惑星，恒星の場合のようにして算出しても近似的なものしか得られない．

標　　準　　時

44. 同じ標準時を用いる地域を一つにまとめて掲げ，左欄に基準子午線の経度，すなわち（協定）世界時 0^h における各地域の標準時を示す．したがってこれは（協定）世界時に加えて地方標準時を得るものである．地方平時を M，基準子午線の経度を L，その地点の経度を $λ$ および標準時を T とすれば，その土地の標準時は次のようになる．（$0^s.9$ 以内の誤差を無視する）：

$T = M - λ + L$　　　東経の場合，
$T = M + λ - L$　　　西経の場合，

この表は 2014 年 3 月までに得られた資料による．

（例 13）地方平時 19^h59^m のときの Singapore（103°52′E）の標準時を求める．

	h	m	
M	19	59	
$λ$	6	55	E（－
U	13	04	
L	8	00	E（＋
T	21	04	············ 所要標準時

表 の 説 明
USE OF TABLES

恒 星 略 図（巻 末）

45. この図は恒星相互の関係位置を示したもので，傍記の数字はこの暦の毎日の表中に常用恒星として掲げてある星の番号である．また参考として黄道の毎月1日の太陽の位置を掲げてある．

付録 2000年天測暦抜粋（例題計算用）

（例1） 3月11日の☉太陽

U	$E_☉$	d
h	h m s	° ′
2	11 49 57	S 3 38.6
4	11 49 59	S 3 36.7

d のP.P.

h m	′
1 20	1.3

視半径 S.D.

日	′ ″
11	16 08
12	16 07

（例2） 3月11日の✳恒星のR_0

R_0 11h 15m 50s
U 比例部分 P.P.
3h 20m   33s

（例3） 9月28日の☾月

U	$E_☾$	d
h m	h m s	° ′
7 00	11 39 31	N 0 01.1
7 30	11 38 32	S 0 05.4

P.P.	$E_☾$	d
m	s	′
29	57	6.3

	H.P.	S.D.
h	′	′ ″
3 (0h～5h)	58.5	15 57
h	′	′ ″
9 (6h～11h)	58.4	15 54

（例4） ☾月の正中時

1月20日 23h 59m
1月22日   1h 00m

（例5） 4月9日の♀金星

U	E_P	d
h	h m s	° ′
14	12 57 22	S 0 00.3
16	12 57 19	N 0 02.1

比例部分 P.P.

U	E_P	d
h	m s	′
1	50 3	2.2

（例6） 10月17日の✳恒星

No.	✳恒星	$E_✳$ h m s	d ° ′
13	Vega	7 06 15	N 38 47.4

U 比例部分 P.P.
19h 30m   3m 12s

（例7） 2月5日の日出没時

日出時   36° N   38° N

月	日	h m	h m
1	31	7 02	7 06
2	10	6 53	6 56

日没時   36° N   38° N

月	日	h m	h m
1	31	17 25	17 22
2	10	17 36	17 33

（例8） 4月15日の薄明時間

薄明時間   50° N   52° N

月	日	h m	h m
4	10	1 59	2 06
4	20	2 07	2 17

（例9） 6月8日の月出没時

月出時   40° N   45° N

月	日	h m	h m
6	7	9 53	9 42
6	8	11 02	10 54

月没時   40° N   45° N

月	日	h m	h m
6	6	23 23	23 35
6	7	.. ..	.. ..
6	8	0 03	0 12

（例10） 2月15日の月出没時

月出時   40° N   45° N

月	日	h m	h m
2	14	12 18	12 04
2	15	13 09	12 54

月没時   40° N   45° N

月	日	h m	h m
2	15	3 08	3 22
2	16	4 12	4 28

南緯に対する改正数
40° 2m
45° 2m

付録　2000年天測暦抜粋（例題計算用）

（例11）4月30日の北極星

No.	✴恒星	E_* h m s	d ° ′
1	Polaris	12 02 32	N 89 15.8

E_*　比例部分 P.P.

T	20m	30m
h	m s	m s
10	1 42	1 43

第1表

h m	′
7 34	+16.6

第2表

Alt.	7h	8h
°	′	′
30	0.2	0.1
35	0.2	0.1

第3表

月	日	7h	8h
		′	′
4	30	1.0	1.1

（例12）4月30日北極星の真方位

No.	✴恒星	E_* h m s	d ° ′
1	Polaris	12 02 32	N 89 15.8

北極星方位角表

l	14h	15h
°	°	°
45	0.5	0.7
50	0.6	0.8

| | 平成27年 練習用 天測暦 | 定価は表紙に表示してあります。 |

平成27年5月8日 初版発行

編 者	航海技術研究会
発行者	小 川 典 子
印 刷	亜細亜印刷株式会社
製 本	株式会社難波製本

発行所 株式会社 成山堂書店

〒160-0012 東京都新宿区南元町4番51　成山堂ビル
TEL：03(3357)5861　　FAX：03(3357)5867
URL　http://www.seizando.co.jp
落丁・乱丁本はお取り換えいたしますので，小社営業チームにお送りください。

©2015　　　　　　　　ISBN978-4-425-42254-8
Printed in Japan

成山堂書店発行航海運用関係図書案内

書名	著者	仕様・価格
操船の理論と実際	井上欣三 著	B5・312頁・4400円
船舶通信の基礎知識【2訂版】	鈴木治 著	A5・236頁・2800円
海事一般がわかる本	山崎祐介 著	A5・250頁・2800円
航海学概論【2訂版】	鳥羽商船高専ナビゲーション技術研究会編	A5・234頁・3200円
操船通論【8訂版】	本田啓之輔 著	A5・312頁・4400円
操船実学	石畑崔郎 著	A5・292頁・5000円
船舶運用学のABC	和田忠 著	A5・262頁・3400円
平成27年 練習用天測暦	航海技術研究会編	B5・112頁・1500円
新版 電波航法	今津隼馬・樫野純 共著	A5・160頁・2600円
航海計器シリーズ① 基礎航海計器【改訂版】	米澤弓雄 著	A5・186頁・2400円
航海計器シリーズ②【新訂増補】 ジャイロコンパスとオートパイロット	前畑幸弥 著	A5・296頁・3800円
航海計器シリーズ③ 電波計器【5訂増補版】	西谷芳雄 著	A5・368頁・4000円
詳説 航海計器-六分儀からECDISまで-	若林伸和 著	A5・400頁・4200円
舶用電気・情報基礎論	若林伸和 著	A5・296頁・3600円
航海学【上巻・下巻】	辻稔・航海学研究会 共著	A5・各巻4000円
実践航海術 Practical Navigator	関根博 監修 日本海洋科学 著	A5・240頁・3800円
魚探とソナーとGPSとレーダーと舶用電子機器の極意（改訂版）	須磨はじめ 著	A5・256頁・2500円
航海訓練所シリーズ 読んでわかる 三級航海 航海編	海技教育機構 編著	B5・360頁・3500円
航海訓練所シリーズ 読んでわかる 三級航海 運用編	海技教育機構 編著	B5・276頁・3000円
新訂 船舶安全学概論	船舶安全学研究会 著	A5・288頁・2800円
図解 海上衝突予防法【10訂版】	藤本昌志 著	A5・236頁・3200円
図解 海上交通安全法【8訂版】	藤本昌志 著	A5・224頁・3000円
図解 港則法【改訂版】	國枝佳明・竹本孝弘 共著	A5・208頁・3200円
四・五・六級 航海読本【改訂版】	藤井春三著/野間忠勝改訂	A5・250頁・3600円
四・五・六級 運用読本	藤井春三著/野間忠勝改訂	A5・230頁・3600円
四・五・六級 海事法規読本【改訂版】	及川実 著	A5・224頁・3150円

最新総合図書目録無料進呈　　　　　　　　　　　　　　　※定価は税別

恒星

南半球

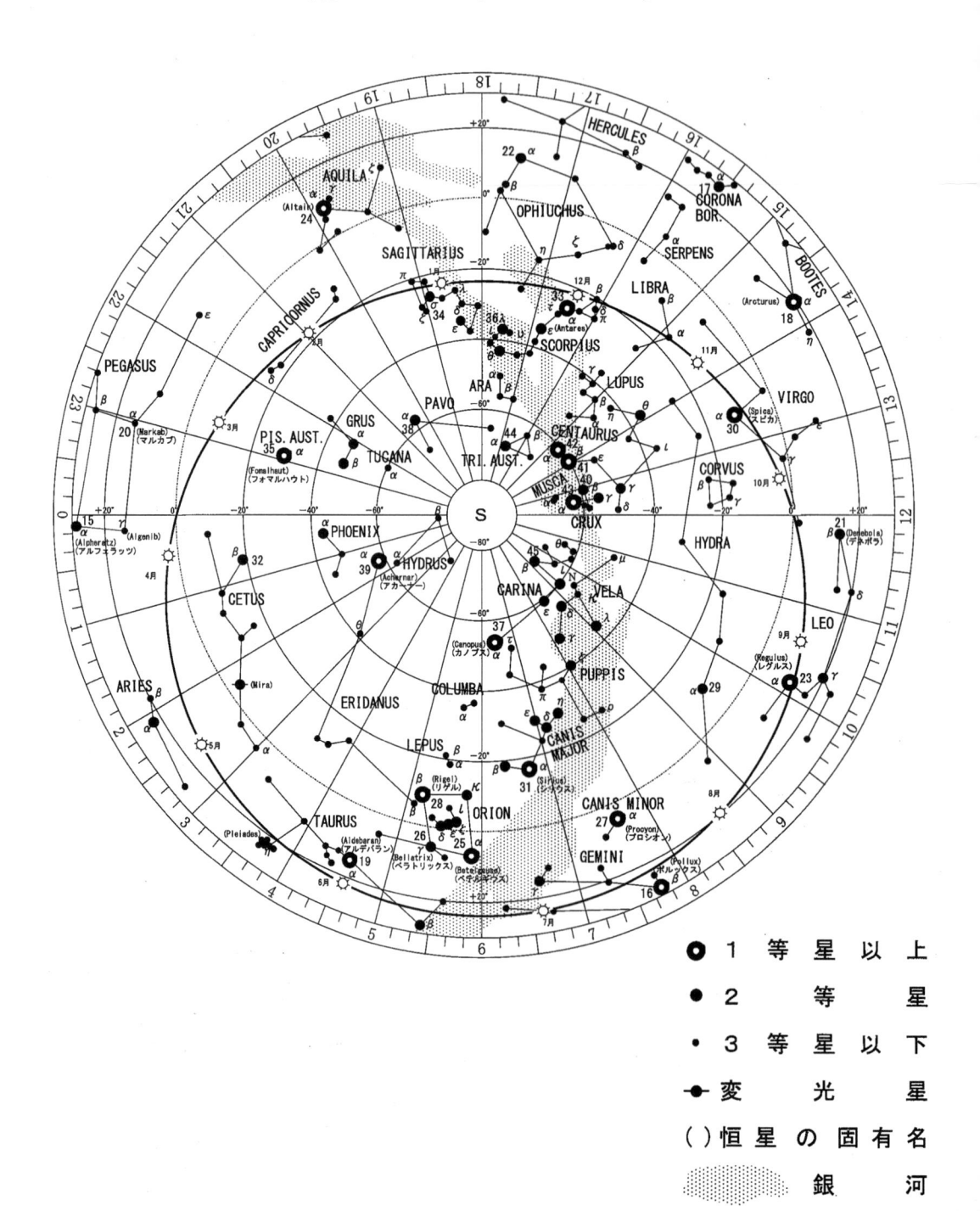